Datenanalyse mit R

Datenanalyse mit R

Beschreiben, Explorieren, Schätzen und Testen

Peter Sedlmeier
Markus Burkhardt

Pearson

Bibliografische Information der Deutschen Nationalbibliothek

Die Deutsche Nationalbibliothek verzeichnet diese Publikation in der Deutschen Nationalbibliografie; detaillierte bibliografische Daten sind im Internet über http://dnb.dnb.de abrufbar.

Der Umwelt zuliebe verzichten wir auf Einschweißfolie.

10 9 8 7 6 5 4 3 2 1

26 25 24 23 22 21

ISBN 978-3-86894-412-9 (Buch)
ISBN 978-3-86326-307-2 (E-Book)

St.-Martin-Straße 82, D-81541 München

www.pearson.de
A part of Pearson plc worldwide

Programmleitung: Doris Knuff, dknuff@pearson.de
Lektorat: Markus Stahmann, markus.stahmann@pearson.com
Korrektorat: Korrektorat: Christian Schneider, Traunstein
Coverabbildung: ©TarikVision, Shutterstock
Herstellung: Claudia Bäurle, cbaeurle@pearson.de
Satz: Gerhard Alfes, mediaService, Siegen (www.mediaservice.tv)
Druck und Verarbeitung: Drukkerij Wilco, Amersfoort

Printed in the Netherlands

Inhaltsverzeichnis

Vorwort 9

Kapitel 1 Wie beginne ich mit R? – Grundlagen 11

1.1 Was ist R überhaupt? 12
1.2 Zur Arbeit mit diesem Buch 13
1.3 Bevor es richtig losgeht – Installation und Projekterstellung 14
1.4 Grundlagen in R – Werte und Operatoren 15
1.5 Funktionen in R 18
1.6 Variablen und Datensätze 20
1.7 Elemente auswählen 23
1.8 Fehlende Werte 25
1.9 Pakete verwenden 26
1.10 Einlesen von Datensätzen 28
1.11 Datensätze zu diesem Buch 33

Kapitel 2 Wie beginne ich mit der Datenanalyse? Lage und Streuung 37

2.1 Warum Streuungsmaße? Eine Illustration 39
2.2 Mittelwert und Standardabweichung versus Median und Interquartilsabstand 46
2.3 Stamm-Blatt-Diagramme 51
2.4 Boxplots 53
2.5 Kategoriale (nominalskalierte) Daten 57
2.6 Weitere Lage- und Streuungsmaße 61
 2.6.1 Lagemaße 61
 2.6.2 Streuungsmaße 63
 2.6.3 *z*-Werte 64

Kapitel 3 Zusammenhang zwischen Variablen: Korrelation 71

3.1 Was ist eine Korrelation? 73
3.2 Produkt-Moment-Korrelationskoeffizient 75
 3.2.1 Ausreißer durch visuelle Inspektion finden: Streuungsdiagramme mit Boxplots 77
 3.2.2 Mehrfacheinträge sichtbar machen: Sonnenblumendiagramme . 79
3.3 Auswirkungen von Nichtlinearität auf den Produkt-Moment-Korrelationskoeffizienten 82
3.4 Viele Korrelationen auf einen Blick: Streuungsdiagramm-Matrix 83
3.5 Partialkorrelation: der Einfluss von Drittvariablen 86
 3.5.1 Bubble Plots 86
 3.5.2 Der Partialkorrelationskoeffizient 88
3.6 Haben zwei Verteilungen die gleiche Form? Quantilplots 90
3.7 Weitere Zusammenhangsmaße 92
 3.7.1 Ordinalskalierte Daten 92
 3.7.2 Nominalskalierte Daten 94

Kapitel 4 Gerichteter Zusammenhang zwischen zwei Variablen: Regression 103

4.1 Regression: Wie funktioniert sie? 105
 4.1.1 Ein einfaches Beispiel 106
 4.1.2 Ein komplexeres Beispiel 111
 4.1.3 Standardisierte Regressionskoeffizienten 113
 4.1.4 Regression und Partialkorrelation 115
4.2 Wann funktioniert (lineare) Regression nicht? 116
 4.2.1 Nichtlinearität und Ausreißer 116
 4.2.2 Unzulässige Zusammenfassung unterschiedlicher Gruppen 118
4.3 Nichtlineare Zusammenhänge erkennen: *Lowess* 124
4.4 Nichtlineare Zusammenhänge geradebiegen: *Potenzleiter* 127

Kapitel 5 Inferenzstatistik zum Ausprobieren 135

5.1 Die Grundüberlegung der konventionellen Inferenzstatistik: Was käme raus, wenn eine Studie unendlich oft repliziert würde? 137
 5.1.1 Stichprobenverteilung für Anteile 137
 5.1.2 Stichprobenverteilung für Mittelwerte 141
5.2 Der Einfluss der Stichprobengröße in der Inferenzstatistik 145
 5.2.1 Empirisches Gesetz der großen Zahlen 145
 5.2.2 Zentraler Grenzwertsatz 151
5.3 Konfidenzintervalle: mit einer vorgegebenen Wahrscheinlichkeit den wahren Wert überdecken 153
 5.3.1 Konfidenzintervalle für Anteile 157
 5.3.2 Konfidenzintervalle für Mittelwerte 159
5.4 Signifikanztests: Kann das noch Zufall sein? 162
 5.4.1 Stichprobenverteilungen für Null- und Alternativhypothese 162
 5.4.2 Poweranalyse 163
 5.4.3 Signifikanztest für Anteile 166
 5.4.4 Signifikanztest für Mittelwerte (Einstichprobenfall) 167
5.5 Konfidenzintervall versus Signifikanztest 169

Kapitel 6 Mittelwertsvergleiche: *t*-Test und Varianzanalyse 175

6.1 Der *t*-Test für Mittelwertsunterschiede 176
 6.1.1 Mittelwertsunterschiede bei zwei unabhängigen Gruppen 176
 6.1.2 Mittelwertsunterschiede bei zwei abhängigen Messungen 181
 6.1.3 Poweranalysen für *t*-Tests 184
6.2 Die Varianzanalyse 185
 6.2.1 Einfaktorielle Varianzanalyse: Vergleich von zwei unabhängigen Gruppen 186
 6.2.2 Einfaktorielle Varianzanalyse: Vergleich von mehr als zwei Gruppen 188
 6.2.3 Mehrfaktorielle Varianzanalyse: mehrere Faktoren in derselben Analyse 190
 6.2.4 Post-hoc-Tests: Testen spezifischer Unterschiede 193
 6.2.5 Effektgrößen für die Varianzanalyse 195
 6.2.6 Varianzanalyse für abhängige Messungen 196

6.2.7 Varianzanalyse mit *ezANOVA* 198
6.2.8 Kovarianzanalyse mit *ezANOVA* 204
6.2.9 Poweranalyse für Varianzanalysen 205

Kapitel 7 Spezifische Mittelwertsvergleiche: Kontrastanalyse 211
7.1 Kontrastanalyse für unabhängige Stichproben 212
7.1.1 Eine unabhängige Variable 213
7.2 Kontrastanalyse bei abhängigen Stichproben 219
7.2.1 Eine unabhängige Variable 220
7.2.2 Mehrere unabhängige Variablen 221
7.3 Kontrastanalysen in gemischten Designs 222
7.4 Poweranalyse bei Kontrastanalysen 223

Kapitel 8 Nonparametrische Verfahren 227
8.1 Verfahren für nominalskalierte Variablen 229
8.1.1 Vergleich eines Anteils mit einem vorgegebenen Wert 229
8.1.2 Vergleich zweier Anteile 230
8.1.3 Anpassungstest 232
8.1.4 Unabhängigkeitstest 233
8.2 Verfahren für ordinalskalierte Variablen 236
8.2.1 Nonparametrische Alternativen zu *t*-Tests 236
8.2.2 Nonparametrische Alternative für die einfaktorielle Varianzanalyse 239
8.2.3 Poweranalyse und Effektgrößenberechnung 240

Kapitel 9 Erweiterungen der Regressionsrechnung 243
9.1 Ein Prädiktor 245
9.2 Zwei Prädiktoren 247
9.2.1 Unstandardisierte Regressionskoeffizienten 247
9.2.2 Standardisierte Regressionskoeffizienten 247
9.2.3 Diagnostische Plots 248
9.3 Poweranalyse für Regressionsmodelle 251
9.4 „Varianzanalyse“ mit Regression 253
9.5 „Kovarianzanalyse“ mit Regression 256
9.6 Kontrastkodierte Prädiktoren 257
9.7 Schrittweise Regression 259
9.7.1 Theoriegeleitete Reihenfolge: Prädiktoren selbst auswählen 259
9.7.2 Reihenfolge nach „Erklärungskraft“: Algorithmus wählt Prädiktoren aus 261
9.7.3 Wann welche Vorgehensweise? 262
9.8 Moderatoranalyse 263
9.8.1 Prädiktoren zentrieren: wann und warum? 263
9.8.2 Interaktion zwischen nominalskaliertem und intervallskaliertem Prädiktor 265
9.8.3 Interaktion zweier intervallskalierter Prädiktoren 268
9.9 Mediatoranalyse 272

Kapitel 10 Multivariate Zusammenhänge explorieren: explorative Faktorenanalyse 277
10.1 Visualisierung multivariater Zusammenhänge: Korrelogramme 278
10.2 Explorative Faktorenanalyse 281
10.3 Hauptkomponentenanalyse (PCA) 283
10.3.1 Bestimmung der Hauptkomponenten 283
10.3.2 Extraktion 285
10.3.3 Rotation 287
10.4 Hauptachsenanalyse (PFA) 289
10.5 Weitere Variationen der explorativen Faktorenanalyse 291

Kapitel 11 Kategorisieren und Gruppieren: Clusteranalyse 295
11.1 Grafische Clusteranalyse: multivariate Grafiken 297
11.1.1 Multivariate Barplots 297
11.1.2 Star-Plot 300
11.1.3 Chernoff-Gesichter 301
11.2 Formale Clusteranalyse: ein Überblick 303
11.2.1 Ähnlichkeits- oder Distanzmaße wählen 303
11.2.2 Clusteralgorithmus wählen 308
11.2.3 Clusteranzahl bestimmen 314
11.3 Partitionierende Verfahren: Variationen 317
11.3.1 Bestimmung der Clusteranzahl mithilfe der Silhouetten-Methode 318
11.3.2 K-Medoid Lösung für das Jahreszeitenbeispiel 320
11.4 Hierarchische Verfahren: Variationen 323
11.4.1 Ward Methode für das Jahreszeitenbeispiel 323
11.4.2 Complete Linkage Methode für das Jahreszeitenbeispiel 326
11.5 Weitere Aspekte der Clusteranalyse 328
11.5.1 Behandlung nominal- und ordinalskalierter Daten 328
11.5.2 Wie kann man Ergebnisse aus unterschiedlichen Verfahren vergleichen? 330
11.5.3 Was ist die beste Methode? 331

Literaturverzeichnis 337

Index 343

Vorwort

Dieses Buch soll Ihnen helfen, beliebige statistische Analysen mit R durchzuführen. Wir gehen davon aus, dass Sie schon über statistisches Grundwissen verfügen oder es sich gerade aneignen. Trotzdem konnten wir an manchen Stellen der Versuchung nicht widerstehen, auch ein wenig auf Hintergründe und technische Aspekte der hier beschriebenen Verfahren einzugehen. In diesem Buch geht es jedoch nicht in erster Linie um das Verstehen von Statistik, sondern darum, wie Sie mit R statistische Analysen durchführen können. Inhaltlich orientieren wir uns weitgehend an dem Methoden- und Statistikbuch von Sedlmeier und Renkewitz (2018), aber die grundlegende Struktur, die wir benutzen, findet sich in den meisten Statistikbüchern für Psychologie, Sozialwissenschaften und Erziehungswissenschaften. Die Abfolge der Themen folgt der Methoden- und Statistikausbildung für Psychologiestudierende im Bachelorstudiengang an der TU Chemnitz.

In ▶*Kapitel 1* geben wir eine kurze Einführung in R und legen dabei besonderes Augenmerk auf das „Datenhandling", insbesondere das Einlesen von Daten aus externen Dateien. Das ist für viele NutzerInnen erfahrungsgemäß die größte Schwierigkeit beim Einstieg in R, aber erfahrene R-NutzerInnen finden die Flexibilität, die R hier bietet, sehr vorteilhaft. Die nächsten drei Kapitel befassen sich mit den üblicherweise ersten Schritten der Datenanalyse, dem Beschreiben und Explorieren der Daten. ▶*Kapitel 2* illustriert, wie man in R die Lage und Streuung von Variablen analysiert. In ▶*Kapitel 3* sehen wir uns an, wie man Zusammenhänge (Korrelationen) beschreibt und illustriert, und ▶*Kapitel 4* behandelt die Analyse gerichteter Zusammenhänge (Regression). ▶*Kapitel 5* schlägt einen neuen Weg ein, um Studierende mit den Grundlagen der Inferenzstatistik vertraut zu machen: mithilfe von einfachen Simulationen. Die klassischen Verfahren zur Analyse von Mittelwertsunterschieden werden in ▶*Kapitel 6* behandelt. In ▶*Kapitel 7* empfehlen wir eine spezifischere Alternative hierzu, die Kontrastanalyse. ▶*Kapitel 8* behandelt gängige nonparametrische Verfahren und in ▶*Kapitel 9* zeigen wir die vielfältigen Möglichkeiten der Regressionsanalyse mithilfe von R auf. Die letzten zwei Kapitel befassen sich mit der Exploration multivariater Zusammenhänge. ▶*Kapitel 10* widmet sich dem Explorieren von Zusammenhängen zwischen Variablen, insbesondere der explorativen Faktorenanalyse, und im ▶*Kapitel 11* lernen Sie, visuelle und formale Verfahren zur Gruppierung von Untersuchungsobjekten (meist Personen) anzuwenden, insbesondere mithilfe verschiedener Ansätze der Clusteranalyse.

Dieses Buch ist ein Buch zum Üben und dazu braucht man bei der statistischen Analyse natürlich Daten. Wir waren zunächst versucht, nach „schönen" Daten zu suchen, haben uns aber dann entschlossen, auch Daten aus Befragungen zu verwenden, die wir selbst durchgeführt haben, weil in solchen Datensätzen naturgemäß Schwierigkeiten auftauchen, die in geschönten Datensätzen nicht vorhanden sind. Solche Probleme sind im Analysealltag nicht selten und das Umgehen damit, welches wir, gewissermaßen „im Vorbeigehen" ab und zu illustrieren, bringt oft die größten Lerneffekte. Wir haben daher meist einen einfachen Datensatz zur Erläuterung neuer Befehle und

Techniken genutzt und wenden die so erarbeiteten Kenntnisse anschließend auf komplexere Datenbeispiele an.

Eine Übersicht aller Datensätze finden Sie auf der Webseite zum Buch unter *https://www.pearson-studium.de/einfuehrung_r*. Auch der R-Code, den wir verwendet haben, steht Ihnen dort natürlich zur Verfügung. Zudem können die Datensätze auch direkt nach R importiert werden über die URLs bei den einzelnen Beispielen. Wie Sie hierbei genau vorgehen müssen, wird in ▶*Kapitel 1* erklärt.

Wir haben bei der Arbeit an diesem Buch sehr von den Rückmeldungen der Studierenden in unseren Lehrveranstaltungen profitiert, wofür wir uns an dieser Stelle herzlich bedanken möchten. Dank verdienen auch Katrin Sedlmeier, die selbst schwierige R-Fragen immer spontan beantworten konnte, sowie Eva Henschke und Vivien Lungwitz für ihre wertvollen Rückmeldungen zu einigen Kapitel-Rohfassungen. Ganz besonders bedanken möchten wir uns bei drei LeserInnen, die das gesamte Buchmanuskript durchgesehen haben: Jonas Brockhaus, unserem professionellen studentischen Leser, Johannes Titz, unserem R-Experten vor Ort, und Isabell Winkler, unserer zunächst „R-naiven“ Leserin, die uns mit ihren hartnäckigen Fragen manchmal ganz schön in Bedrängnis gebracht hat (aber jetzt offensichtlich bereit ist, auf R „umzusteigen“). Wir hoffen, dass nach dem Einarbeiten aller Rückmeldungen nicht zu viele Fehler verblieben sind, und möchten alle LeserInnen auffordern, uns Rückmeldungen zu geben, wenn sie welche finden.

Zu guter Letzt möchten wir uns auch bei unseren Ansprechpartnern beim Pearson Verlag, Doris Knuff, Markus Stahmann und Wolfgang Achatz, herzlich für ihre Unterstützung und die stets angenehme Arbeitsatmosphäre bedanken.

Chemnitz

Peter Sedlmeier & Markus Burkhardt

Wie beginne ich mit R? – Grundlagen

1

1.1 Was ist R überhaupt? 12
1.2 Zur Arbeit mit diesem Buch 13
1.3 Bevor es richtig losgeht – Installation und Projekterstellung 14
1.4 Grundlagen in R – Werte und Operatoren 15
1.5 Funktionen in R 18
1.6 Variablen und Datensätze 20
1.7 Elemente auswählen 23
1.8 Fehlende Werte 25
1.9 Pakete verwenden 26
1.10 Einlesen von Datensätzen 28
1.11 Datensätze zu diesem Buch 33

ÜBERBLICK

Lernziele

In diesem Kapitel lernen Sie einige Grundlagen der Programmiersprache R kennen, die es Ihnen ermöglichen, mit Ihren Datenanalysen zu beginnen. Nach dem Durcharbeiten des Kapitels sollten Sie in der Lage sein

- eine Arbeitsumgebung für das Arbeiten mit R einzurichten,
- R als Taschenrechner zu nutzen,
- Variablen und Datensätze zu erstellen und mit ihnen flexibel umzugehen,
- R-Pakete zu verwenden und
- Datensätze aus externen Dateien einzulesen.

Als einer von uns (PS) 2002 zum ersten Mal auf die alle vier Jahre stattfindende *ICOTS* (International Conference on Teaching Statistics) fuhr, war er überrascht, dass Statistiker aus der ganzen Welt ein Programm benutzen, von dem er noch nie gehört hatte: R. Diese Statistiker lehrten in allen möglichen Fächern, allerdings kaum jemand in der Psychologie. Besonders überraschend waren zwei Dinge: R ist Gemeingut! Und R lebt! Seit der Zeit haben wir R auch an der TU Chemnitz immer wieder in unseren Lehrveranstaltungen eingesetzt, anfangs hauptsächlich um Monte-Carlo-Simulationen in Seminaren zu üben. Mittlerweile haben wir jedoch die Statistiksoftwareausbildung vollständig auf R umgestellt. Wir hoffen, dass Sie nach dem Durcharbeiten des Buchs mit uns übereinstimmen, dass das eine gute Idee war!

1.1 Was ist R überhaupt?

R wurde Anfang der 1990er-Jahre von den Statistikern Ross Ihaka und Robert Gentleman an der Universität Auckland in Neuseeland entwickelt und nach dem Anfangsbuchstaben ihrer Vornamen benannt. Dass sie dabei nur einen Buchstaben benutzten (es hätte ja auch *Ro* sein können) hängt damit zusammen, dass sie sich bei der Benennung an einem Statistikpaket orientierten, dem R ähnlich ist, und dieses Statistikpaket hat auch nur einen Buchstaben als Namen: S. Der andere Pate für R ist SCHEME, ein Dialekt der Programmiersprache Lisp, die häufig in der KI-Programmierung benutzt wird. Reste davon sieht man noch in der Syntax und an den vielen Klammern, die am Anfang etwas verwirren können (keine Sorge: Sie werden sich schnell daran gewöhnen). Eine weitere Ähnlichkeit liegt in der erfreulichen Eigenschaft von R, dass Ausdrücke sofort ausgewertet (interpretiert) werden können und nicht wie bei den üblichen Programmiersprachen, etwa der Sprache C, erst kompiliert, also in ein ausführbares Programm übersetzt werden müssen. R ist eine Programmiersprache für die Datenanalyse. Das umfasst die gängigen statistischen Verfahren, aber auch Grafiken und mittlerweile sogar qualitative Analysemöglichkeiten. R bietet Ihnen einen riesigen Werkzeugkasten für wissenschaftliches Arbeiten und die angewandte Forschung. Natürlich gibt es auch eine Vielzahl anderer Datenanalyseprogramme. Möglicherweise kennen Sie das Tabellenkalkulationsprogramm Excel, SPSS oder Open Source Varianten wie Open Office. Aus unserer Sicht bietet R aber gleich eine ganze Reihe an Vorteilen gegenüber anderen Statistik- und Tabellenanwendungen.

R ist kostenfrei, aktuell, und neue Analysetechniken werden fortlaufend von Experten auf der ganzen Welt sehr zügig implementiert und sind jedem zugänglich. Vor allem ist R aber unglaublich flexibel. Für jede datenanalytische Fragestellung finden Sie in R meist mehrere Lösungsmöglichkeiten. Diese Flexibilität kann allerdings gerade anfangs eine Herausforderung sein und es fühlt sich für EinsteigerInnen manchmal so an, als müssten sie viel zu viel auf einmal lernen. Aber so ist das mit den meisten Dingen, wenn es darum geht, etwas Neues zu erlernen. Vielleicht erinnern Sie sich noch an Ihre ersten Fahrstunden. Da mussten Sie auch lernen, den Verkehr zu beobachten, zu kuppeln, den Gang zu wechseln, über die Schulter zu blicken, zu bremsen usw. Aber mit etwas Übung sind Sie sehr sicher darin geworden. Also lassen Sie sich nicht entmutigen, wenn Sie etwas nicht auf Anhieb verstehen. Nach und nach werden Sie eine Logik in R entdecken, und Sie werden sie schätzen lernen. Und mit der Zeit werden Sie entdecken, dass die Arbeit mit R viel Spaß machen kann!

1.2 Zur Arbeit mit diesem Buch

Wenn Studierende zum ersten Mal mit R konfrontiert sind, ist das häufig eine eher frustrierende Erfahrung: so viel zu schreiben, so viele Klammern, so viele Funktionen und Pakete, so viel Durcheinander! Wenn Sie schon mit anderen verbreiteten Statistikpaketen (z. B. SPSS) gearbeitet haben, könnten Sie den Eindruck bekommen, dass R deutlich schwieriger anzuwenden ist. Sobald Sie sich aber ein wenig mit R beschäftigt haben, werden Sie merken, dass das nicht stimmt. Nicht wenige Studierende haben uns berichtet, dass es ihnen großen Spaß macht, mit R zu arbeiten. Das liegt vermutlich an einem „Verstärkereffekt": Mit R sehen Sie nach jedem kleinen Analyseschritt, ob Sie etwas richtig gemacht haben oder nicht, und Sie können jede Analyseidee sofort ausprobieren.

In diesem ersten Kapitel behandeln wir die Grundlagen. Unser Ziel in diesem Buch ist es, Ihnen R an echten Analysebeispielen nahezubringen und Sie immer wieder bei der Datenanalyse über unsere Schultern schauen zu lassen. Für die Grundlagen in R (und auch fortgeschrittene Anwendungen) haben wir bereits viele Lehrveranstaltungen für Studierende durchgeführt und einer von uns (MB) hat dazu begleitendes Videomaterial erstellt, das den Einstieg erleichtern kann: *https://mytuc.org/xpzg*.

Wir haben in diesem Lehrbuch alle Code-Beispiele so geschrieben, dass Sie diese direkt in die Console übernehmen und ausführen können. Es gibt aber auch eine grafische Benutzeroberfläche (GUI), *RStudio* (RStudio Team, 2020), die sich nach unserer Auffassung sehr bewährt hat und die wir für das Einlesen von Daten, für die Strukturierung Ihrer Analyseprojekte und die Durchführung Ihrer Datenanalysen sehr empfehlen können.

Mittlerweile gibt es auch Web-Applikationen (z. B. Mimosa, Titz, 2020) oder Softwareprojekte wie JASP (JASP Team, 2020) oder jamovi (The jamovi project, 2021) auf der Basis von R, die Ihnen das Schreiben von Befehlen ersparen und Schaltflächen für die meisten Analysen bieten. In Hinblick auf die Flexibilität Ihrer Datenanalysen halten wir uns aber an R-Code und verweisen gegebenenfalls ergänzend auf einfache Analysemöglichkeiten.

Wie schon erwähnt, ist R unglaublich flexibel und Sie werden sehen, dass man viele Analysen auf unterschiedliche Weisen durchführen kann. Wir versuchen, diese Flexibilität auch in diesem Buch ein wenig zu demonstrieren. Dieses Buch ist gewissermaßen der erste Schwimmkurs in R. Wenn Sie sich freigeschwommen haben, werden Sie bemerken, dass das Internet voller Hinweise und Erklärungen zur Datenanalyse in R ist. Wir empfehlen Ihnen, auch von diesen Angeboten Gebrauch zu machen. Wenn Sie in diesem Buch ein Thema nicht erörtert finden, dann ist die Chance groß, dass Sie in unserem zweiten R-Buch (für Fortgeschrittene) fündig werden (Burkhardt, Titz & Sedlmeier 2022).

1.3 Bevor es richtig losgeht – Installation und Projekterstellung

Bevor es losgehen kann, müssen Sie zunächst R installieren. Hierzu können Sie über die offizielle Website R für Ihr Betriebssystem herunterladen und anschließend installieren. Installieren Sie R über die Website *https://cran.r-project.org/* und RStudio über *https://rstudio.com/*. In diesem Buch haben wir mit der R-Version 4.0.4 gearbeitet. Aber bereits zum Zeitpunkt der Veröffentlichung des Buches gibt es eine aktuellere Version und auch RStudio entwickelt sich fortlaufend. Daher kann es vorkommen, dass eine Ausgabe oder eine Schaltfläche nicht exakt so aussieht, wie im Buch beschrieben. Wir bemühen uns aber auf entsprechende Veränderungen von R zu reagieren und stets ein R-Script auf der Internetseite des Verlags bereitzustellen. sodass Sie immer die Möglichkeit haben, den aktuellen R-Code nachzuvollziehen.

Wenn Sie R dann starten, sind Sie vielleicht etwas enttäuscht, denn R wirkt zunächst wie ein Texteditor. Aber bereits hier können Sie Befehle eingeben und ausführen. Etwas anspruchsvoller ist dagegen die Ansicht von RStudio aus, in der wir nachfolgend arbeiten. Nach dem ersten Start von RStudio sehen Sie ein Programmfenster mit drei Teilbereichen (▶*Abbildung 1.1*):

- Console (zur Eingabe von R-Befehlen und für die Ausgabe)
- Workspace-Browser (Übersicht über den temporären Arbeitsspeicher in R)
- Ordner mit Zielverzeichnissen

Workspace-Browser und Zielverzeichnis enthalten mehrere Registerkarten mit verschiedenen Funktionen. Die wichtigsten Registerkarten erläutern wir im Zusammenhang mit deren Funktion später. Nun wollen wir zunächst ein *R-Projekt* erstellen.

Ein R-Projekt ist eine übergeordnete Datei für Ihre Datenanalyse. Diese Datei ordnet Ihre Daten, Analysen und den Arbeitsspeicher, sodass Sie alles auch nach längerer Unterbrechung wiederfinden und übersichtlich strukturiert haben. Sie können ein neues R-Projekt in RStudio in der Dateileiste über: *File* → *New Project* → *New Directory* → *New Project* erstellen. Sie könnten beispielsweise ein leeres Projekt (*Empty Project*) namens *R_Buch* erstellen (Sie können auch beliebige andere Namen vergeben) und dieses Projekt nutzen, um die Inhalte des Buches zu üben. Da die Kapitel aufeinander aufbauen, können Sie innerhalb des Projektes sehr schnell frühere Inhalte wiederholen oder nachvollziehen. Wenn Sie später Ihre eigenen Daten analysieren, sollten Sie dafür wieder ein neues Projekt erstellen. Haben Sie erste Inhalte erarbeitet und wollen RStudio schließen, erhalten Sie immer eine Abfrage, ob Sie Ihre Änderungen im Workspace speichern wollen. Wir empfehlen, das zu tun. Dadurch kommen Sie nach dem Neustart Ihres Projekts genau an den Punkt, an dem Sie Ihre Analyse verlassen haben.

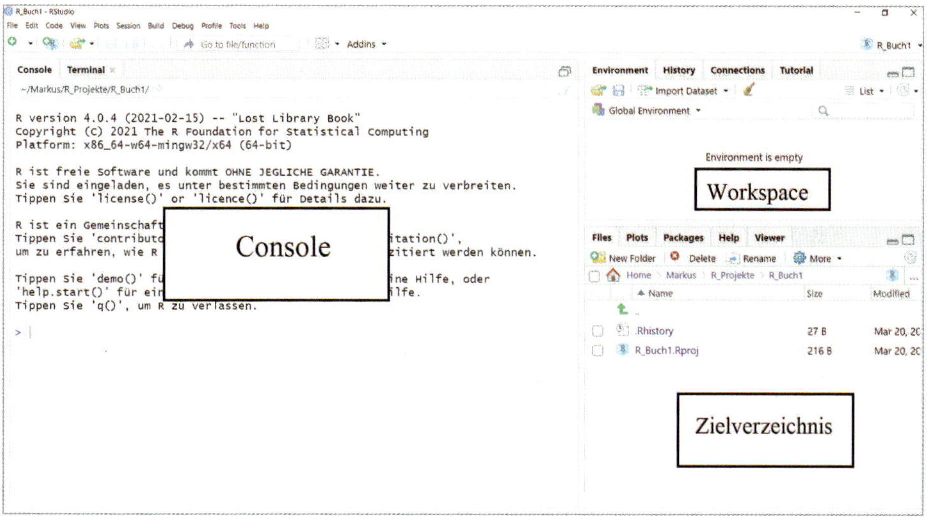

Abbildung 1.1: Ansicht von RStudio nach dem ersten Start.

Nachdem wir ein Projekt erstellt haben, erstellen wir über *File* → *New File* → *R Script* ein neues *R-Script*. Ein R-Script ist ein Textdokument, in das nacheinander Befehle oder Berechnungen geschrieben werden. Vielleicht fragen Sie sich nun, warum Sie diese Befehle nicht einfach in die Console schreiben. Grundsätzlich ist das möglich, aber die Nutzung eines Skripts macht die Arbeit an einem Datensatz bzw. an einer Programmierung viel einfacher und übersichtlicher. Sie können nämlich immer wieder in den vorangegangenen Zeilen sehen, was Sie gerade in R eingegeben haben. Wenn wir Ihnen Code-Beispiele anbieten, dann schreiben oder kopieren Sie diese am besten in ein R-Script, um unsere Analysen und Erklärungen besser nachzuvollziehen und zu modifizieren – und um gegebenenfalls auch Fehler zu finden (und uns dann darüber zu informieren).

1.4 Grundlagen in R – Werte und Operatoren

Numerische Werte

Nun beginn wir endlich mit den ersten Eingaben in R. Fangen wir mit der Console an. Sie zeigt Ihnen mit dem ">" an, dass R auf eine Eingabe wartet. Wir geben die Zahl 5 in die Console ein und bestätigen diese Eingabe mit *Enter*.

```
> 5
  [1] 5
```

R interpretiert diese Eingabe, das heißt die Eingabe wird verarbeitet und gibt daraufhin den Wert 5 aus. Wir erhalten keine Fehlermeldung, sondern R „versteht" die numerische Eingabe des Wertes 5 und erzeugt die Ausgabe des numerischen Wertes 5. Wir sehen also, dass R schon von Anfang an etwas „weiß" bzw. „kennt". Natürlich können wir auch Dezimalzahlen verwenden. Diese werden in R mit einem Punkt anstelle des Kommas eingegeben. (Wir benutzen deswegen aus Konsistenzgründen den Dezimalpunkt auch durchgehend im Text.)

```
> 1.23
  [1] 1.23
```

Vielleicht wundern Sie sich, dass Sie zunächst eine eckige Klammer mit einer Zahl sehen und danach erst die Ausgabe. Bitte ignorieren Sie erst einmal diese eckigen Klammern. Wir werden in den nachfolgenden Beispielen diese Klammern der besseren Lesbarkeit halber nicht mehr aufführen. In *Abschnitt 1.5* erfahren Sie jedoch, was es damit auf sich hat.

Zeichenketten

Neben den numerischen Werten (Zahlen) versteht R auch Zeichenketten (Buchstabenfolgen). Diese Zeichenketten müssen in R mit Anführungszeichen gekennzeichnet sein, z. B.

```
> "Rlernen"
  "Rlernen"
```

Alternativ sieht man manchmal auch die Variante mit einem Anführungsstrich. Diese kann genutzt werden, wenn Anführungszeichen ein Teil der Zeichenkette sind.

```
'cofad'
  "cofad"
```

Logische Werte

Es gibt noch eine weitere Art von Werten: die logischen Werte (auch boolesche Werte). Logische Werte können entweder *TRUE* (kurz *T*) oder *FALSE* (kurz *F*) sein. Logische Werte spielen eine wichtige Rolle bei der Arbeit mit R, wenn Sie bestimmte Bedingungen definieren (z. B. Werte nur analysieren, wenn sie von über 60-jährigen Personen stammen)

```
> TRUE
  TRUE
> F
  FALSE
```

Operatoren

Natürlich kommen wir mit einzelnen Werten noch nicht sehr weit. R „kennt" aber auch Operatoren. Das sind die Zeichen, die Werte miteinander verknüpfen. Die einfachsten Operatoren sind Rechenzeichen. Damit können Sie R als Taschenrechner benutzen. Wenn wir also die Aufgabe 5 + 4 rechnen, versteht R: Verknüpfe beide numerischen Werte durch eine Addition. Wir erhalten die Ausgabe 9. Zur Abwechslung schreiben wir nun diese Werte nicht mehr in die Console, sondern in unser Script. Ein RScript wird in der Regel Zeile für Zeile interpretiert und wird durch die Schaltfläche *Run* (rechts oben im RScript-Fenster) oder die Tastenkombination *Strg* + *Enter* ausgeführt (der Cursor muss sich in der Befehlszeile oder einer der Befehlszeilen befinden). Da wir jetzt in einem Skript arbeiten, lassen wir das ">" weg.

```
4 + 5
```

```
   9
```

Daneben gibt es vergleichende Operatoren. Diese geben uns logische Werte zurück. Wir können die Gleichheit zweier Werte prüfen (mit ==) oder bei numerischen Werten auch, ob sie größer (>) oder kleiner (<) sind.

```
"Rlernen.de" == "rlernen.de"
```

```
   FALSE
```

```
9 < 11
```

```
   TRUE
```

Sie sehen an der ersten Abfrage, dass R bei Zeichenketten sensitiv für die Groß- und Kleinschreibung ist. Das ist insbesondere für Zuweisungsoperatoren von Bedeutung. Diese Operatoren weisen Ihren Werten einen Namen zu und speichern diesen im Arbeitsspeicher von R. Der Zuweisungsoperator ist ein Pfeil <- und gibt die Richtung der Zuweisung an.

```
neun <- 4 + 5
```

Wenn Sie diesen Befehl ausführen, sehen Sie in der Console nur die Wiederholung der Eingabe, aber kein Ergebnis. Dafür ist nun aber in Ihrem Arbeitsspeicher (der Workspace in ▶*Abbildung 1.1*) ein neues Objekt namens *neun* entstanden. Dieses Objekt enthält die Ausgabe von 4 + 5 (also nur den numerischen Wert neun, nicht aber die Rechenaufgabe).

```
neun
```

```
   9
```

Sie können mit dem Zuweisungsoperator auch Zeichenketten speichern.

```
Mein_wohnort <- "Chemnitz"
```

Typischerweise nutzt man den Unterstrich oder aber einen Punkt für komplexere Objektnamen, denn Leerzeichen sind nicht erlaubt und erzeugen einen Fehler in R. Ihnen fällt sicher auch auf, dass die Zuweisungen (wie z. B. *Mein_wohnort*) nicht mit Anführungsstrichen geschrieben wurden. Das ist auch naheliegend, denn es handelt sich ja nicht um Werte, sondern um einen Speichernamen. In vielen anderen Programmiersprachen wird anstelle des Pfeils (<-) ein "=" als Zuweisungsoperator genutzt. Das funktioniert auch in R. Allerdings nutzen wir "=", um Argumente in einer Funktion (*Abschnitt 1.5*) zu definieren, und das könnte zu Verwechslungen führen. Natürlich können Sie das nach Ihrer eigenen Vorliebe gestalten, aber wenn Sie Code oder ein Script mit anderen R-Nutzern teilen, ist es oft einfacher, einen konventionell geschriebenen Code zu lesen und zu verstehen.[1] ▶*Tabelle 1.1* gibt Ihnen abschließend einen Überblick über die wichtigsten Operatoren.

Operatoren (mit Semikolon getrennt)	Beschreibung
+ ; - ; * ; /	Addition; Subtraktion; Multiplikation; Division
^ ; **	Exponent
< ; <=	kleiner als; kleiner gleich
> ; >=	größer als; größer gleich
==	gleich
!=	ungleich
!	logisches NICHT
&	logisches UND
|	logisches ODER
<- ; =	Zuweisung

Tabelle 1.1: Wichtige Operatoren, die wir in diesem Buch benutzen

1.5 Funktionen in R

Funktionen sind ein zentraler Bestandteil in R. Sie fassen bestimmte Befehle zusammen, sodass Sie sehr schnell eine gewünschte Operation oder Berechnung ausführen lassen können. Optisch erkennen Sie eine Funktion an den Klammern "( )", die hinter der Funktionsbezeichnung stehen. In diesen Klammern stehen Argumente. Das sind die Inhalte, die eine Funktion benötigt, damit diese korrekt ausgeführt werden kann. Eine sehr wichtige Funktion ist `c()`. Diese Funktion kombiniert Elemente zu einer Variable. Die Argumente dieser Funktion sind die Werte, die Sie zu einer Variablen verknüpfen wollen. Dies können beispielsweise verschiedene Zahlen sein. Enthält eine Variable die Werte 2, 5, 5, 6 und 9, nutzen Sie die Funktion `c(2, 5, 5, 6, 9)`, um die Werte als Variable zu kombinieren. Auch das Komma hat eine wichtige Funktion. Es trennt verschiedene Argumente voneinander ab. Wenn Sie mehrere Dezimalzahlen eingeben wollen, werden auch diese durch ein Komma getrennt, denn Dezimalzahlen werden, wie Sie bereits wissen, mit einem Punkt geschrieben. Wir können nun unsere erste Variable erstellen. Diese soll das Alter von fünf Studierenden enthalten.

```
Alter <- c(19, 22, 20, 31, 24)
```

1 Auch in manchen R-Büchern werden Sie als Zuweisungsoperator das Gleichheitszeichen finden (=), aber insgesamt kommt `<-` deutlich häufiger vor als `=`. Wir halten es in diesem Buch mit den „Traditionalisten".

Nachdem die Variable *Alter* erfolgreich erstellt wurde, erscheint diese auch im Workspace. Nun können wir mit dieser Variablen weiterarbeiten. Beispielsweise können wir berechnen, wie viele Monate die Personen mindestens alt sind.

```
Alter * 12
```

```
[1] 228 264 240 372 288
```

Jetzt ist es Zeit, wieder einen Blick auf die eckigen Klammern zu werfen. Eckige Klammern geben einen Index an. Der Index zeigt, an welcher Stelle ein Element steht. An der ersten Stelle der Variablen Alter, also [1], steht der Wert 228. An der zweiten Stelle [2] der Wert 264. Da es natürlich sehr unübersichtlich wäre, vor jedem Wert die jeweilige Stelle anzugeben, wird dies nur am Anfang einer Zeile gemacht. Wir kommen auf den Index in *Abschnitt 1.7* noch mal zurück.

Jede Funktion, die in R implementiert ist, besitzt eine eigene Hilfe-Datei, welche die Benutzung erläutert. Die Hilfe können Sie ganz einfach mit dem `?` oder der Funktion `help` aufrufen. Schauen wir uns zur Demonstration die Funktion `seq` an.

```
help(seq)
```

oder

```
?seq
```

Der Aufruf der Funktion zeigt keine Ausgabe, öffnet aber die Hilfe-Datei (entweder im Browser oder im Hilfe-Fenster von RStudio). Die Hilfe-Datei besitzt einen definierten Aufbau. Dabei sind die wichtigsten Bereiche Beschreibung (*Description*), Argumente (*Arguments*), Ausgabe (*Value*) und Beispiele (*Examples*). Die Beschreibung sagt uns, dass die Funktion `seq` eine Zahlenreihe erzeugt. Die Argumente `from` und `to` legen dabei den Beginn und das Ende der Reihe fest. Mit dem Argument `by` können wir den Abstand der einzelnen Zahlen in der Zahlenreihe angeben. Für die Zuweisung von Argumenten nutzen wir das `=`. Sie kennen schon einen anderen Zuweisungsoperator: `<-`. Wie bereits erläutert, hat sich in R weitgehend die Konvention durchgesetzt, als Zuweisungsoperator das `<-` zu benutzen, aber innerhalb von Funktionen ein `=` für die Definition von Argumenten. Schauen wir uns folgendes Beispiel an:

```
seq(from = 1, to = 9, by = 2)
```

```
[1] 1 3 5 7 9
```

Diese Zahlenreihe beginnt mit dem Wert 1, endet mit dem Wert 9 und geht in Zweierschritten voran. Anstelle des Arguments `by` können wir auch das Argument `length.out` benutzen. Dies gibt die Anzahl der Zahlen (mit gleichen Abständen dazwischen) an, die in unserer Zahlenreihe enthalten sein sollen. Wenn wir diesem Argument den Wert 5 zuweisen, erhalten wir die exakt gleiche Reihe wie oben.

```
seq(from = 1, to = 9, length.out = 5)
```

```
[1] 1 3 5 7 9
```

Als Nächstes schauen wir uns die Beispiele an, die in der Hilfe-Datei bereitgestellt werden. Die Zeile `seq(1, 9, by = 2)` sollte Ihnen bekannt vorkommen. Allerdings fehlen in diesem Beispiel die Namen einiger Argumente. Wenn Sie die Funktion in der „*Default*-Einstellung" benutzen, können Sie auf die Namen der Argumente verzichten, aber nur, wenn Sie die Definitionen in der korrekten Reihenfolge angeben. Die „*Default*-Einstellung" beinhaltet die Standarddefinition einer Funktion. Diese ist in der Hilfe unter *Usage* angegeben. Dabei sieht man die Reihenfolge der Argumente und Definitionen, wenn die NutzerInnen keine Argumentnamen eingeben. Die kürzeste Schreibweise unserer Reihe lautet somit:

```
seq(1, 9, 2)
```

Aber Achtung, wenn `length.out` das dritte Argument in der Funktion sein soll, dann muss es angegeben werden, weil es ja eigentlich an vierter Stelle steht.

```
seq(1, 9, length.out = 5)
```

Wenn in der „*Default*-Einstellung" bereits eine Definition durchgeführt wurde (z. B. `from = 1`), können wir auch in der Funktion darauf verzichten. So wird in der nachfolgenden Funktion der Wert für `from` aus der *Default*-Einstellung übernommen. Diese Einstellung gilt so lange, bis Sie explizit eine andere Zuweisung vornehmen.

```
seq(to = 9, by = 2)
```

Scheuen Sie sich nicht, die Beispiele aus der Hilfe-Datei zu nutzen, um eine Funktion zu verstehen. Ausprobieren ist gerade zu Beginn ein sehr effektiver Weg, um zu verstehen.

1.6 Variablen und Datensätze

In den vorangegangenen Abschnitten haben wir bereits numerische Werte und Zeichenketten genutzt. Beide Arten von Werten können Inhalte einer Variablen sein. Mit der Variable *Alter* haben wir schon eine numerische Variable erstellt. Wir können nun auch eine Variable für das biologische Geschlecht unserer fünf Personen erstellen.[2] Teilweise wird in Studien die Antwort einer Person direkt als Zahl kodiert (z. B. 1 = männlich und 2 = weiblich), manchmal wird aber auch die Bezeichnung selbst oder eine Abkürzung für die Variablenwerte genutzt (z. B. "m" = männlich, "w" = weiblich). Im letzteren Fall könnte unsere Variable folgendermaßen aussehen:

```
Geschlecht <- c("w", "w", "m", "w", "m")
```

Diese Variable besteht aus Zeichenketten und es liegt auf der Hand, dass Sie mit dieser Variablen viele mathematische Operationen nicht ausführen können. In R wird diese Art von Variablen als `character`-Variable, also Zeichenkettenvariable, bezeichnet. Sie sehen das im Workspace unter der Bezeichnung *chr*. Es gibt in R auch Prozeduren für solche Variablen, z. B. um Teilstichproben in Abhängigkeit der jeweiligen Kategorie zu analysieren. Wenn Sie eine solche Zeichenkettenvariable für statistische Analysen nutzen möchten, muss diese in vielen Fällen in einen *factor* konvertiert werden. Ein *factor* ist eine neue Klasse einer Variablen, die Zeichenketten beinhaltet. Sie zeigen

2 Vereinfachend beschränken wir uns hier auf „weiblich" und „männlich".

einer Funktion damit, dass es sich bei dieser Variablen um eine nominalskalierte Variable handelt, mit der bestimmte Prozeduren durchgeführt werden dürfen. Entweder wir konvertieren eine bestehende Variable mit `as.factor` oder wir erstellen die Variable neu mit `factor`.

```
Geschlecht2 <-  factor(c("w", "w", "m", "w", "m"))
```

```
Geschlecht3 <- as.factor(Geschlecht)
```

Es erscheint Ihnen vielleicht etwas umständlich, mit `character` und `factor` zwei Klassen von Datentypen zu besitzen. Sehen wir uns den Unterschied kurz an.

```
Geschlecht
```

```
  "w" "w" "m" "w" "m"
```

```
Geschlecht2
```

```
  w w m w m
  Levels: m w
```

Der *factor Geschlecht2* „weiß" also, welche Kategorien (*Levels*) die Variable *Geschlecht* hat. Dieser Unterschied ist für viele statistische Verfahren, die wir noch kennenlernen, wichtig. Zu Übungszwecken erzeugen wir noch eine weitere Zeichenkettenvariable mit den Vornamen unserer fünf befragten Personen. Diese Variable müssen wir nun nicht konvertieren, wenn wir die Vornamen nicht für Analysezwecke benutzen wollen, was in unserem Beispiel auch nicht sinnvoll ist.

```
Vornamen <- c("Anna", "Bea", "Chris", "Dana", "Emil")
```

Nun besitzt unser Arbeitsspeicher in R mehrere Variablen. Wir fassen die Variablen *Vornamen, Alter* und *Geschlecht* zu einem Datensatz zusammen. Datensätze sind eine eigene Klasse in R und werden mit der Funktion `data.frame` erzeugt.

```
Befragung_1 <- data.frame(Vornamen, Alter, Geschlecht2)
```

Auch nach dieser Definition sehen Sie, dass ein neues Element in Ihrem Workspace erzeugt wurde. Dieses steht jetzt sogar in der Rubrik *Data*. Sie können entweder auf *Befragung_1* klicken, um den Inhalt dieses Objekts als Tabelle in R anzeigen zu lassen, oder evaluieren den Namen des Datensatzes im Script (mit *Run* oder *Strg + Enter*) und betrachten ihn in der Console.

```
Befragung_1
```

```
    Vornamen Alter Geschlecht2
  1     Anna    19           w
  2      Bea    22           w
  3    Chris    20           m
  4     Dana    31           w
  5     Emil    24           m
```

Ein Datensatz besteht aus mehreren Variablen und in der Ausgabe der Console können wir gut die zweidimensionale Struktur von Datensätzen erkennen, denn es gibt Spalten (die Variablen) und Zeilen (die Fälle oder Personen). Bei der statistischen Datenanalyse ist eine solche Datenstruktur meistens der Ausgangspunkt. Wir löschen nun mit der Funktion `rm` die Variablen *Vornamen*, *Alter* und *Geschlecht* aus dem Workspace.

```
rm(Vornamen, Alter, Geschlecht, Geschlecht2, Geschlecht3)
```

Wir haben immerhin noch den Datensatz *Befragung1*, der die Variablen enthält. Allerdings können wir die Variablen nun nicht mehr einfach mit der Variablenbezeichnung ausführen. Versuchen Sie es einmal, dann werden Sie die Fehlermeldung erhalten, dass die Variable nicht vorhanden ist. Um Variablen aus Datensätzen anzusprechen, muss zunächst der Name des Datensatzes gewählt und anschließend mit `$` und dem Variablennamen verknüpft werden.

```
Befragung_1$Vornamen
```

```
[1] "Anna"  "Bea"   "Chris" "Dana"  "Emil"
```

```
Befragung_1$Alter
```

```
[1] 19 22 20 31 24
```

```
Befragung_1$Geschlecht2
```

```
[1] w w m w m
Levels: m w
```

Datensätze können natürlich auch selbst gewählte Spalten- oder Zeilennamen erhalten. Dazu können die Funktionen `colnames` und `rownames` genutzt werden. Wir erstellen für unseren Datensatz eine Kopie mit englischen Bezeichnungen.

```
survey_1 <- Befragung_1
colnames(survey_1) <- c("firstname", "age", "sex")
survey_1
```

```
  firstname age sex
1      Anna  19   w
2       Bea  22   w
3     Chris  20   m
4      Dana  31   w
5      Emil  24   m
```

Um für die Auswahl von Variablen aus einem Datensatz nicht immer den Namen des Datensatzes zu benutzen (z. B. *survey_1$age*) kann man auch den gesamten Datensatz mit der Funktion `attach` anbinden und die Variablennamen direkt verwenden. Sie sollten jedoch nicht vergessen, nach Gebrauch die Anbindung des Datensatzes mit der Funktion `detach` wieder rückgängig zu machen. Gerade bei komplexeren Datenanalysen kann es schnell verwirrend werden, da gebräuchliche Variablennamen, wie beispielsweise „Alter", häufig in mehreren Datensätzen vorkommen.

```
age
```

```
Error: object 'age' not found
```

```
attach(survey_1)
age
```

```
[1] 19 22 20 31 24
```

```
detach(survey_1)
age
```

```
Error: object 'age' not found
```

Wir werden im Folgenden beide Wege benutzen, um auf Variablen zuzugreifen. Es gibt in R noch weitere Datentypen wie etwa Listen oder Matrizen. Diese werden wir erläutern, wenn wir damit arbeiten. Wir widmen uns nun noch einer weiteren Grundlage für die Datenanalyse in R, der Auswahl bestimmter Elemente.

1.7 Elemente auswählen

Wir haben im *Abschnitt 1.5* bereits die eckigen Klammern in der Ausgabe angesprochen. Sie können die eckigen Klammern aber auch innerhalb eines Befehls benutzen. Wir können beispielsweise in unserem Datensatz *Befragung_1* den dritten Vornamen auswählen, indem wir eine eckige Klammer an die Variable anfügen und die entsprechende Stelle auswählen.

```
Befragung_1$Vornamen[3]
```

```
[1] "Chris"
```

Sie erhalten den dritten Wert der Variablen *Vornamen* aus dem Datensatz *Befragung_1*. Die Ausgabe [1] bedeutet, dass es sich um den ersten Wert der neuen Ausgabe handelt. Es ist auch möglich, mehrere Elemente in Abhängigkeit ihrer Position in der Ursprungsvariablen auszuwählen. Dafür benutzen wir die Funktion `c` innerhalb der eckigen Klammer, um mehrere Indizes zu kombinieren.

```
Befragung_1$Vornamen[c(1, 5)]
```

```
[1] "Anna" "Emil"
```

Auch die Reihenfolge der Namen könnten wir umkehren. Wir zeigen Ihnen hier eine Möglichkeit mithilfe der Funktion `seq`.

```
Befragung_1$Vornamen[seq(from = 5, to = 1, by = -1)]
```

```
[1] "Emil"  "Dana"  "Chris" "Bea"   "Anna"
```

Bei Datensätzen, Tabellen und Matrizen erfolgt eine Auswahl der Elemente über einen Spalten- und einen Zeilenwert nach dem Schema: [*Zeilenwert*, *Spaltenwert*], z. B. `Befragung_1[5, 2]` für den Wert 24 (das Alter von Emil).

```
Befragung_1[5, 2]
```

```
[1] 24
```

Das Besondere bei Objekten des Typs data.frame ist, dass Sie auch ganze Zeilen und Spalten aufrufen können, wenn Sie die jeweils andere Bezugsgröße freilassen.

```
# Aufruf von Zeile 2
Befragung_1[2, ]
```

```
  Vornamen Alter Geschlecht2
2      Bea    22           w
```

```
# Aufruf von Spalte 2
Befragung_1[ , 2]
```

```
[1] 19 22 20 31 24
```

Für Datensätze ist es auch möglich, die Spaltenbezeichnung zur Auswahl der Variablen zu nutzen.

```
Befragung_1[ , c("Vornamen", "Alter")]
```

```
  Vornamen Alter
1     Anna    19
2      Bea    22
3    Chris    20
4     Dana    31
5     Emil    24
```

Der Index (die Elementauswahl) kann wiederum Funktionen enthalten (z. B. c oder seq), aber auch zur Neudefinition von Werten genutzt werden. Ersetzen wir den Namen Bea durch Beate.

```
Befragung_1$Vornamen[2] <- "Beate"
Befragung_1$Vornamen
```

```
[1] "Anna"  "Beate" "Chris" "Dana"  "Emil"
```

Wenn Sie wissen wollen, welche Personen älter als 23 Jahre sind, lässt sich die Frage in R mithilfe der Elementauswahl beantworten. Die Funktion which ist hierfür sehr hilfreich. Mit dieser Funktion können Sie den Index bestimmen und diesen dann auf die gesuchte Variable anwenden. Wir gehen hier aus didaktischen Gründen in zwei Schritten vor, natürlich geht das Ganze auch kürzer.

```
Index_aelter_23 <- which(Befragung_1$Alter > 23)
Befragung_1$Vornamen[Index_aelter_23]
```

```
[1] "Dana" "Emil"
```

Tatsächlich können Sie sogar auf die Funktion which() verzichten. Dann erhalten Sie eine Ausgabe für alle gültigen Werte (das heißt alle Elemente mit dem Wert *TRUE*).

```
Befragung_1$Vornamen[Befragung_1$Alter > 23]
```

```
[1] "Dana" "Emil"
```

Damit Sie sich an die Flexibilität in R gewöhnen, werden wir in diesem Buch beide Möglichkeiten verwenden.

1.8 Fehlende Werte

Wenn Sie „echte" Daten analysieren, werden Sie sehr schnell mit fehlenden Werten konfrontiert sein. Diese werden in R als `NA` („not available") bezeichnet. Beispielsweise wollen wir unseren fünf Personen eine weitere Person, den Fritz, hinzufügen. Dazu gehen wir in die sechste Zeile (diese ist noch imaginär) und fügen unseren Fritz hinzu.

```
Befragung_1[6, 1] <- "Fritz"
```

Allerdings sind von Fritz das Alter und das Geschlecht unbekannt. Wenn wir nun den Datensatz betrachten, sehen wir, dass R automatisch die Werte *NA* zu Fritz hinzugefügt hat, denn die zweidimensionale Gestalt des *data.frame* muss stets vollständig gewahrt sein. Da wir das Geschlecht von Fritz aber aus seinem Vornamen erschließen, können wir dies auch nachträglich im Datensatz ergänzen.

```
Befragung_1[6, 3] <- "m"
Befragung_1

  Vornamen Alter Geschlecht2
1     Anna    19           w
2      Bea    22           w
3    Chris    20           m
4     Dana    31           w
5     Emil    24           m
6    Fritz    NA           m
```

Die meisten R-Funktionen enthalten Argumente zum Umgang mit fehlenden Werten. Schauen Sie sich z. B. die Hilfe der Funktion `mean` an. Sie sehen, dass ein Argument `na.rm` (NA remove) standardmäßig auf den Wert *FALSE* gesetzt ist. Das heißt, wenn diese Variable fehlende Werte enthält, werden diese nicht für die Berechnung gelöscht und der Mittelwert kann nicht berechnet werden. Im nächsten Kapitel werden wir uns die Funktion `mean` genauer anschauen. Viele Funktionen haben Argumente für den Umgang mit fehlenden Werten. Manchmal ist es allerdings sinnvoll, die fehlenden Werte aus dem Datensatz zu entfernen. Dazu können Sie anwenden, was Sie im vorangegangenen Abschnitt gelernt haben. Mit der Funktion `is.na` können Sie eine logische Abfrage für eine Variable oder einen Datensatz durchführen, um fehlende Werte zu identifizieren.

```
is.na(Befragung_1)

  Vornamen Alter Geschlecht2
1    FALSE FALSE       FALSE
2    FALSE FALSE       FALSE
3    FALSE FALSE       FALSE
4    FALSE FALSE       FALSE
5    FALSE FALSE       FALSE
6    FALSE  TRUE       FALSE
```

Um Werte einer Variablen auszuschließen, nutzen wir die Nummern der Indices mit negativen Vorzeichen. Wir lassen uns im folgenden Beispiel nur die Vornamen ausgeben, bei denen eine Altersangabe verfügbar ist.

```
Befragung_1$Vornamen[
  -which(
    is.na(Befragung_1$Alter)
    )
  ]
```

```
"Anna"  "Beate" "Chris" "Dana"  "Emil"
```

Dieser Befehl sieht auf den ersten Blick kompliziert aus, setzt sich aber aus vielen einzelnen Schritten zusammen. Gesucht sind Vornamen, daher gehen wir in den Datensatz *Befragung_1* und in die Variable *Vornamen*. Anschließend wird herausgefunden, an welcher Stelle (`which`) ein Wert *NA* enthält. Das Symbol "`-`" (Minus) zeigt an, dass dieser Wert aus der Variablen entfernt werden soll. Alternativ könnten Sie auch mit dem logischen *nicht* (`!`) arbeiten.

```
Befragung_1$Vornamen[!is.na(Befragung_1$Alter)]
```

```
"Anna"  "Beate" "Chris" "Dana"  "Emil"
```

Auch hier gibt es kein Richtig oder Falsch. Nutzen Sie einfach eine Variante, mit der sie sich vertraut fühlen. Sie werden im Verlauf des Buches immer wieder mit fehlenden Werten konfrontiert sein, sodass Sie den Umgang damit weiter üben können.

1.9 Pakete verwenden

Eingangs hatten wir bereits erwähnt, dass R sehr vielfältig und aktuell ist, also auch neueste statistische Analysemethoden benutzt werden können. Damit das gewährleistet wird, ist R in Paketen (*packages*) organisiert. Pakete enthalten meist eine Reihe von Funktionen zu einem bestimmten Themenbereich, wie beispielsweise zur Varianzanalyse oder Faktorenanalyse, die wir in späteren Kapiteln behandeln. Wir werden im Verlauf unseres Buches immer wieder auf Pakete zurückgreifen. An dieser Stelle wollen wir das Paket *readr* (Wickham & Hester, 2020) installieren, da wir im nächsten Abschnitt darauf Bezug nehmen. Dieses Paket bietet eine grafische Schnittstelle zum Einlesen verschiedener Datenformate. Installiert wird ein Paket mit dem Befehl `install.packages`. Ein Paket müssen Sie nur ein einziges Mal installieren. Danach muss es noch mit dem Befehl `library` geladen (zugänglich gemacht) werden. Wenn ein Paket aktiv ist, bedeutet das, dass R die neuen Befehle „kennt" und auch Hilfe-Dateien dafür bereitstellt. Vielleicht erscheint es Ihnen etwas umständlich, ein Paket zu installieren und nochmals separat zu laden, aber bei der Vielzahl an R-Paketen kommt es nicht selten vor, dass Funktionsnamen in mehreren Paketen verwendet werden. Damit Sie nicht durcheinanderkommen, ist es sehr praktisch, immer wieder die Verwendung von Paketen durch das Laden explizit zu machen. Ein Paket muss außerdem bei jeder neuen R-Sitzung (also jedem Neustart) aktiviert werden, daher empfiehlt es sich, den Befehl `library` stets an den Anfang eines Scripts oder einer Analyse zu schreiben, sodass Sie nicht vergessen, diese Bibliothek zu laden. Wir installieren und aktivieren hier das Paket *readr*.

```
install.packages("readr")
library(readr)
```

Beim ersten Laden eines Pakets kommt es vor, dass Sie noch den Server auswählen müssen, von dem das Paket heruntergeladen werden soll. Welche Auswahl Sie treffen, bleibt Ihnen überlassen. RStudio ermöglicht eine komfortable Paketverwaltung für R. Auf dem Bildschirm können Sie rechts unten über die Registerkarte *Packages* die installierten und angewählten Pakete sehen (▶*Abbildung 1.2*). Über die Schaltfläche *Install* können Sie Pakete sehr einfach per Klick installieren, dabei ist nur der gewünschte Paketname einzugeben.

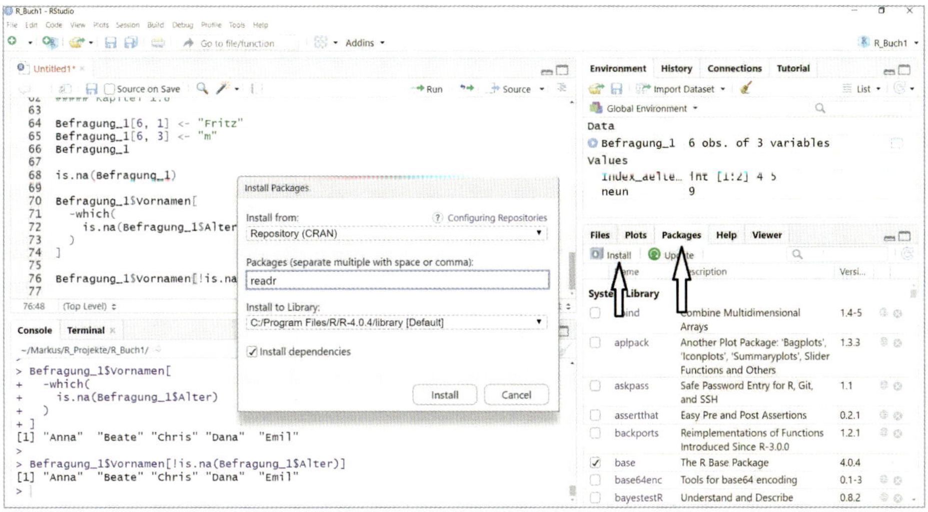

Abbildung 1.2: Paketinstallation mit RStudio.

Wenn ein Paket mit `library` aktiviert ist, sehen Sie ein kleines Häkchen an der entsprechenden Checkbox. Beispielsweise ist das Paket `base` standardmäßig aktiviert, da es viele grundständige Funktionen enthält, wie die Funktion `c`. Vielleicht fällt Ihnen auch auf, dass Pakete eine Versionsnummerierung haben. Daran können Sie sehen, dass die Paketentwicklung ein fortlaufender Prozess ist und eine kontinuierliche Aktualisierung erfolgt. Neue Pakete finden Sie typischerweise dadurch, dass Sie im Internet Antworten auf entsprechende Probleme oder Fragestellungen suchen. Oftmals werden Sie dann den Hinweis auf ein Paket finden. Ab und an sollten Sie Ihre Pakete mit der Schaltfläche UPDATE oder mit dem Befehl `update.packages` aktualisieren.

```
update.packages()
```

Pakete besitzen eine sehr umfassende Dokumentation, teilweise sogar mit eigenen Internetseiten. Manche enthalten eine Vignette, eine Art Tutorial, andere sind eher puristisch und bieten Ihnen nur die Hilfe-Datei und eine kurze Beschreibung. Sie können sich einen Überblick über das Paket verschaffen, indem Sie entweder den Paketnamen in der Paketliste anklicken oder durch die Eingabe von `??` und dem Paketnamen.

```
??readr
```

Pakete müssen nicht immer vollständig geladen werden. Eine Funktion kann auch durch die Syntax *Paketname::Funktion* aufgerufen werden. Gerade bei gleichlautenden Funktionsnamen ist dies sehr günstig. Außerdem wird mit dieser Schreibweise kenntlich gemacht, aus welchem Paket eine Funktion stammt. Wir benutzen diese Schreibweise am Ende jedes Kapitels. Dort finden Sie jeweils eine Tabelle mit den wichtigsten Funktionen für die in dem Kapitel behandelten Inhalte. Wenn eine Funktion im *base* oder *utils* Paket genutzt wird, verzichten wir auf die Nennung des Pakets, da diese Pakete automatisch geladen werden. Manchmal kommt es vor, dass ein Paket nicht funktioniert. Am häufigsten tritt dies auf, wenn Sie eine alte R-Version benutzen. Dann hilft die Neuinstallation von R. Ihre benutzte R-Version wird Ihnen beispielsweise immer bei dem Neustart von R in der Console angezeigt.

1.10 Einlesen von Datensätzen

Typischerweise erstellen Sie Ihren Datensatz nicht in R, sondern in einem anderen Programm, wie z. B. einem Tabellenkalkulationsprogramm, denn die Dateneingabe ist darin meist wesentlich komfortabler. Daher liegt oft ein Datensatz in einem Tabellenformat vor. Wenn Sie gerade erst angefangen haben, R zu erlernen, stellt das Einlesen von Datensätzen erfahrungsgemäß eine besondere Herausforderung dar. Für den Import von Datensätzen gibt es sehr viele Varianten, wir greifen hier zwei davon heraus. Außerdem beschränken wir uns hier auf den Dateityp *csv* (comma-separated-values). Das Einlesen kann aber auch mit einer einfachen *txt*-Datei erfolgen und funktioniert genauso.[3] Es gibt auch die Möglichkeit, Daten aus anderen Statistikprogrammen einzulesen, worauf wir am Ende verweisen. Das *csv*-Format ist ein offenes Tabellenformat, bei dem keine technischen Einschränkungen vorliegen. Daher kann nahezu jedes Tabellenprogramm eine Datei in dieses Format konvertieren. Auch bei Online-Fragebogen gibt es typischerweise die Möglichkeit, Datensätze als *csv*-Datei zu exportieren. Manchmal gibt es sogar Schnittstellen, um Ihre Daten direkt in R einzulesen. Das trifft aber bei Weitem nicht für alle Anbieter von Befragungswerkzeugen zu, daher gehen wir hier nicht darauf ein.

Wir lesen zunächst eine lokal gespeicherte Datei ein. Dazu laden Sie bitte die Datei *Die_Simpsons.csv* von *https://www.pearson-studium.de/einfuehrung_r/Die_Simpsons.csv* herunter. Sinnvoll ist es, diese Datei direkt in Ihrem Arbeitsverzeichnis zu speichern. Falls Sie noch einmal nachschauen wollen, wo sich Ihr Arbeitsverzeichnis befindet, können Sie sich dies mit der Funktion `getwd()` anzeigen lassen. Wir geben zur Demonstration unser eigenes Arbeitsverzeichnis an. Sie haben natürlich einen anderen Pfad.

```
getwd()

  "C:/Users/R_Projekte/R_Buch1"
```

Nun können Sie mit dem Befehl `read.csv` die Datei in R einlesen. Dafür müssen Sie den Dateipfad `file` als Zeichenkette in der Funktion definieren und an Ihre eigene Verzeichnisstruktur anpassen. Wenn Sie die Datei in Ihr Arbeitsverzeichnis gespeichert haben, können Sie diesen Pfad direkt kopieren. Wir zeigen das wieder mit unserem

3 Die einzige Bedingung ist, dass die *txt*-Datei auch ein festes Trennzeichen zwischen den Variablen besitzt.

Dateipfad, damit Sie eine Vorstellung bekommen, wie das Ganze aussieht. Achten Sie darauf, dass ein einfacher Schrägstrich verwendet wird und kein umgekehrter Schrägstrich. Manchmal führen Sonderzeichen oder Umlaute wie ä, ö oder ü zu Fehlern. Wenn Ihr Dateipfad ein solches Zeichen enthält, ist es das Einfachste, Sie kopieren die Datei in einen anderen Ordner. Wir zeigen Ihnen später noch, wie Sie mit Sonderzeichen umgehen können.

```
read.csv(file = "C:/Users/R_Projekte/R_Buch1/Die_Simpsons.csv")

   Simpsons Alter Familien_funktion
 1    Homer    40            Eltern
 2    Marge    35            Eltern
 3     Bart    10              Kind
 4     Lisa     8              Kind
 5   Maggie     1              Kind
```

Da wir den Datensatz in unseren Arbeitsspeicher laden wollen, ist es natürlich zielführend, diesen mit einem Zuweisungsoperator zu speichern. Damit erhalten Sie einen neuen Datensatz in Ihrem Arbeitsspeicher.

```
Die_Simpsons <- read.csv(file = "C:/Users/R_Projekte/R_Buch1/Die_Simpsons.csv")
```

Manchmal führt das Einlesen dazu, dass der Datensatz nicht korrekt aussieht, obwohl Sie keine Fehlermeldung erhalten. Schauen wir uns dazu als Beispiel die Datei *Pokemon.csv* an, welche auch von *https://www.pearson-studium.de/einfuehrung_r/Pokemon.csv* abgerufen werden kann.

```
read.csv(file = " C:/Users/R_Projekte/R_Buch1/Pokemon.csv")

                         Indexnr.Name.Typ..Gewicht
 4;Glumanda;Feuer;8                              5
 7;Shiggy;Wasser;9                              NA
 25;Pikachu;Elektro;9                           NA
```

Hier ist offensichtlich etwas schiefgegangen. Sie sehen in der Ausgabe, dass die Werte mit einem Semikolon (;) getrennt sind. In einem solchen Fall können wir mit dem Argument `sep = ";"` das Trennzeichen einstellen.

```
Pokemon <- read.csv(file = "C:/Users/R_Projekte/R_Buch1/Pokemon.csv", sep = ";")
Pokemon

  Indexnr     Name    Typ Gewicht
 1      4 Glumanda  Feuer     8,5
 2      7   Shiggy Wasser       9
 3     25  Pikachu Elektro      9

Pokemon$Gewicht

 "8,5" "9"  "9"
```

Allerdings gibt es ein weiteres Problem. Das Gewicht der Pokemon wird als Zeichenkette und nicht als numerische Variable erfasst (erkennbar an den Anführungszeichen). Wir haben bereits besprochen, dass Dezimalzahlen in R einen Punkt (und kein Komma) als Trennzeichen benutzen. Das Gewicht von Glumanda ist allerdings mit 8,5 im Datensatz enthalten. Daher fügen wir der Funktion `read.csv` das Argument `dec = ","` für Dezimalzahlen hinzu. Nun wird im Datensatz das Komma als Dezimaltrennzeichen erkannt und wir erhalten eine numerische Variable.

```
Pokemon <- read.csv(file = " C:/Users/R_Projekte/R_Buch1/Pokemon.csv", sep = ";", dec = "," )
Pokemon$Gewicht
   8.5 9.0 9.0
```

In seltenen Fällen haben Sie eine Datei vorliegen, in der das Komma sowohl ein Trennzeichen als auch ein Dezimalzeichen ist. In solchen Fällen müssen Sie die Variablen in einem Tabellenkalkulationsprogramm anpassen (z. B. alle Dezimalkommata in Punkte umwandeln). In R lässt sich diese Problematik nur mit großem Aufwand lösen. Es gibt eine ganze Reihe an Einstellungsmöglichkeiten für die Funktion `read.csv`, auf die wir hier nicht im Einzelnen eingehen wollen, denn es gibt in RStudio eine recht komfortable Möglichkeit des Einlesens mithilfe eines Editors. Dazu nutzen Sie die Schaltfläche *Import Dataset File → From Text (base)* über dem Workspace (▶ *Abbildung 1.3*).

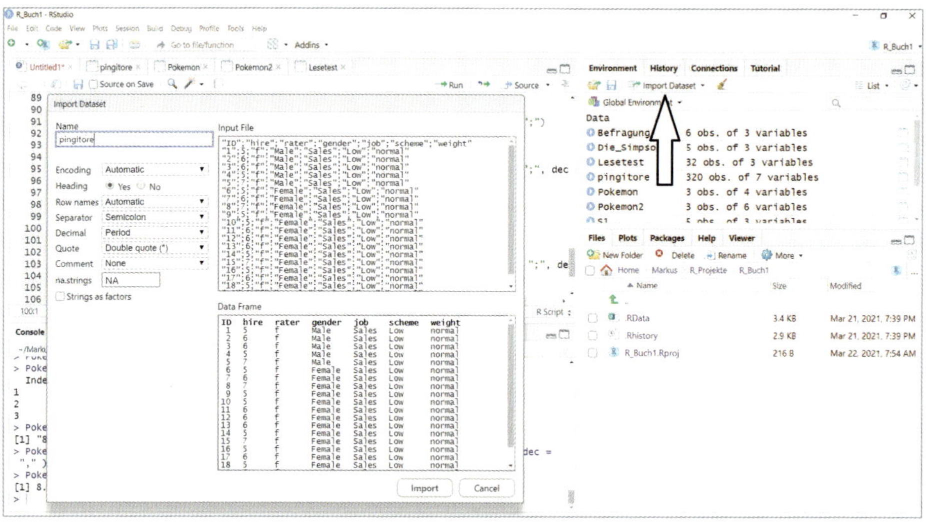

Abbildung 1.3: Einlesen von Daten in RStudio mit der Schaltfläche „Import Dataset" (mit dem *base* Paket).

Zur Übung lesen wir den Datensatz *Pingitore.csv* ein: *https://www.pearson-studium.de/einfuehrung_r/pingitore.csv*. Wenn Sie auf *From Text (base)* klicken, öffnet sich Ihr Dateimanager (z. B. der Windows Explorer). Damit wählen Sie die Datei aus und laden sie in R. Diesen Datensatz werden wir in ▶ *Kapitel 6* für die Demonstration der Varianzanalyse nutzen.

Der Editor ermöglicht Ihnen, alle Einstellungen auszuprobieren, und die Vorschau zeigt Ihnen einen Vorschlag dafür, wie Ihr Datensatz aussehen könnte. Dadurch sehen Sie sofort, ob Ihre gewählte Konfiguration fehlerhaft ist oder nicht. Wenn das Ergebnis nicht so aussieht, wie Sie es sich vorstellen, können Sie alle Einstellungsmöglichkeiten links im Fenster durchprobieren. Empfehlenswert für die spätere statistische Datenanalyse ist oft die Checkbox „String as factors". Diese wandelt sofort alle Zeichenketten in den Datentyp *factor* um. Das kann Ihnen später einige Arbeit abnehmen. Nach einem Klick auf die Schaltfläche *Import* wird der Befehl zum Einlesen in die Console kopiert. Es ist sinnvoll diesen Code in Ihr Script zu kopieren (ohne „>“), denn dadurch können Sie immer wieder zum Ausgangspunkt Ihrer Analyse zurückkehren, und es sollte immer die Möglichkeit geben, die Analyse erneut zu beginnen.[4]

```
pingitore <- read.csv("C:/Users/R_Projekte/R_Buch1/pingitore.csv", sep=";",
   stringsAsFactors=TRUE)
```

Es gibt auch die Möglichkeit, Daten direkt aus dem Internet einzulesen. Diese Methode findet immer stärkere Verbreitung, weil oftmals schon passend formatierte Daten unter einer Webadresse zur Verfügung stehen, so wie die Daten zu diesem Buch. Dazu können Sie einfach die Webadresse als Zeichenkette für das Argument `file` eingeben.

```
read.csv(file = "https://www.pearson-studium.de/einfuehrung_r/Die_Simpsons.csv")
```

Allerdings gibt es mit den Möglichkeiten, die Sie bislang kennengelernt haben, keinen Weg, die Daten im Editor anzupassen. Eine Alternative stellt das Paket *readr* da. Dieses Paket ist (wie auch das *base* Paket) direkt in RStudio integriert und kann über die Schaltfläche *Import Dataset → From Text (readr)* ausgewählt werden.[5] In dem Editorfenster, das daraufhin erscheint, können Sie direkt die Internetadresse Ihrer Daten eingeben (und dann auf *Update* klicken, siehe ▶*Abbildung 1.4*).

Dieser Dateneditor bietet Ihnen vielfältige Möglichkeiten. Sie sehen eine Datenvorschau (*Data Preview*) und darin die Variablen und Kategorien. (Allerdings kann es sein, dass bei manchen externen Dateien anfangs die Werte für alle Variablen hintereinandergeschrieben sind oder nicht so aussehen, wie sie sollten – dazu gleich mehr). So ist in ▶*Abbildung 1.4* die Variable *Simpsons* als *character* voreingestellt, was wir auch so belassen. Für die Variable *Alter* sehen Sie die Klassifikation *double*. Diese ist in R identisch mit dem Typ *numeric*.[6] Für die Variable *Familien_funktion* ist auch die Voreinstellung *character* gewählt. Für diese Variable lassen sich aber statistische Analysen vorstellen, z. B. Vergleiche anhand des Alters. Daher verändern wir diesen Datentyp mit einem Klick darauf zum Datentyp *factor*. Daraufhin öffnet sich ein Fenster, in das wir die beiden Ausprägungen der Variablen mit dem Komma als Trennzeichen eingeben. Im unteren Bereich (links) haben Sie weitere Einstellungen (*Import Options*). Die beiden wichtigsten für Sie sind wahrscheinlich *Delimiter* und *Locale*. Unter Delimiter stellen Sie das Trennzeichen ein. In unserem Beispiel wurde das Trennzeichen bereits korrekt voreingestellt. Sollten Sie in der Datenvorschau einmal eine Tabelle sehen, die nicht korrekt formatiert ist, probieren Sie zunächst ein anderes Trennzeichen. Unter *Locale* lassen sich weitere datensatzspezifische Einstellungen auswählen. Besonders wichtig für die deutschsprachigen NutzerInnen ist die korrekte Wahl des Dezimalzeichens (*Decimal Mark*). Des Weiteren können Sie unter

4 Manchmal wird R automatisch die Funktion `read.csv2` zum Einlesen benutzen. Dieser Befehl ist äquivalent zu `read.csv`, hat aber als *Default*-Einstellung `sep = ";"` und `dec = ","` und ist daher manchmal ein bisschen kürzer.

5 Es kann vorkommen, dass Sie zunächst aufgefordert werden, einige Pakete zu installieren oder ein Update für einige Pakete durchzuführen. Folgen Sie dafür der entsprechenden Aufforderung.

6 Der Datentyp *double* bezieht sich üblicherweise auf die Präzision von Dezimalzahlen (Anzahl der Nachkommastellen). Dass *double* und *numeric* in R die gleiche Bedeutung haben, ist eher eine historische Anomalie.

Encoding die Zeichenkodierung festlegen. Manchmal gibt es ein Problem mit der Darstellung von Umlauten oder Sonderzeichen wie „ß". Dieses Problem lässt sich durch Auswahl der Zeichenkodierung ISO-8859-1 beheben (siehe unten).

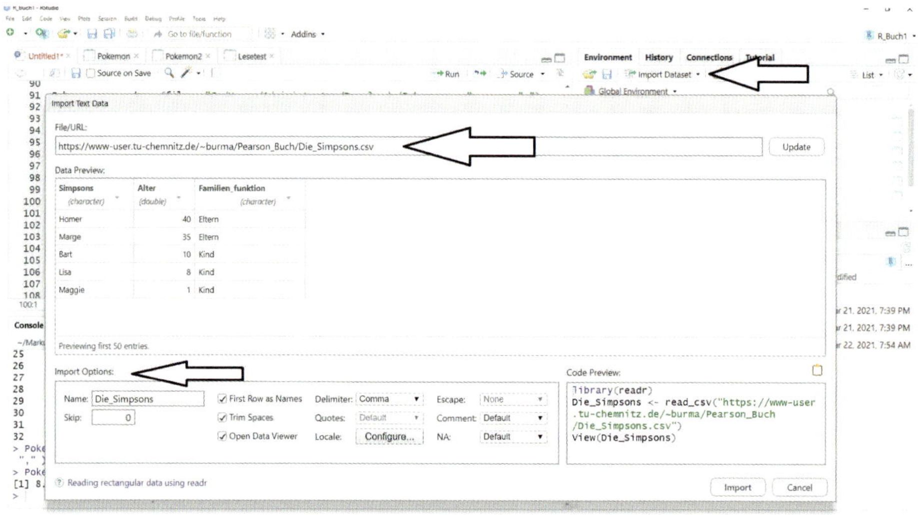

Abbildung 1.4: Dateneditor mit dem Paket *readr*.

Im rechten unteren Teil des Fensters (*Code Preview*) sehen Sie schließlich die entsprechenden R-Befehle. Es bietet sich an, den Code zu kopieren und in Ihr Skript einzufügen. Wenn Sie einen Datenimport mit *readr* durchführen, werden Sie sich möglicherweise wundern, dass dieses Objekt kein *data.frame* sondern *tibble* ist. Dies ist im Grunde aber nichts weiter als ein „moderner" *data.frame*. Eine Einführung zu diesem Objekt findet sich bei Wickham und Grolemund (2017).

Data Preview:

Indexnr (double)	Name (character)	Typ (character)	Gewicht (double)	Gr��e (character)	Art (character)
4	Glumanda	Feuer	85	0,60	Echse
7	Shiggy	Wasser	9	0,50	Schildkr�te
25	Pikachu	Elektro	9	0,40	Maus

Abbildung 1.5: Umlaute und Sonderzeichen werden falsch eingelesen.

Wir importieren noch die Beispieldatei *Pokemon2.csv*, die Umlaute und Sonderzeichen enthält. Nach Einstellung des Semikolons als Trennzeichen zeigt die Datenvorschau folgende Tabelle (▶*Abbildung 1.5*), die einige merkwürdige Zeichen enthält. Um diese Zeichen lesbar zu machen, wählen Sie im Feld *Import Options* in der Schaltfläche *Locale Configure* → *Encoding* → *ISO-8859-1 aus* und erhalten eine korrekte Datenvorschau.

Als R-Befehl (ohne die RStudio-Nutzeroberfläche):

```
library(readr)
Pokemon2 <- read_delim("https://www.pearson-studium.de/einfuehrung_r/Pokemon2.csv",
    ";", escape_double = FALSE, locale = locale(decimal_mark = ",",
        encoding = "ISO-8859-1"), trim_ws = TRUE)
```

Die Zeichenkodierung hängt auch von Ihren Systemeinstellungen ab. Es kann also vorkommen, dass die Umlaute gleich korrekt interpretiert werden, dann müssen Sie natürlich keine Einstellungen anpassen. Wenn Sie Daten mit anderen Nutzern teilen, ist es sinnvoll, ganz auf Umlaute und Sonderzeichen zu verzichten. Damit stellen Sie sicher, dass Ihre Daten und Skripte auch international ohne Schwierigkeiten geteilt werden können. Am besten nehmen Sie diese Änderungen in einem Tabellen- oder Textprogramm vor.

Zum Schluss wollen wir der Vollständigkeit halber noch demonstrieren, dass auch Datendateien mit anderen Trennzeichen eingelesen werden können. In der Datei *Multivariat* sind die Werte durch Leerzeichen getrennt – sie ist im *txt*-Format (einem simplen Textformat) abgespeichert. Zum Einlesen nutzen wir erneut den Editor des Pakets *readr* in RStudio. Dort geben wir den Link *https://www.pearson-studium.de/einfuehrung_r/Multivariat.txt* direkt als Zieladresse ein. Das Trennzeichen (*Delimiter*) ist diesmal ein Leerzeichen (Probieren Sie *Whitespace* oder *tab*). Wir werden auf diese Datei im ▶*Kapitel 3* zurückkommen. Und das ist der R-Code, der nach dem Importieren in der Console zu sehen ist:

```
Multivariat <- read_table2("https://www.pearson-studium.de/einfuehrung_r/Multivariat.txt")
```

Manchmal liegen Daten in einem Dateiformat einer anderen Statistiksoftware vor. Hierfür finden Sie unter der Schaltfläche *Import Dataset* noch weitere Optionen. Zum Teil basieren diese Werkzeuge auf anderen Paketen. Falls Ihnen das Einlesen einer solchen externen Datei nicht gelingt, speichern Sie (von dieser anderen Statistiksoftware aus) diesen Datensatz einfach extern als csv und lesen ihn danach konventionell in R ein.

Durch den Import eines Datensatzes entsteht im Arbeitsspeicher von R ein neues *data.frame*-Objekt. Dieses ist nicht zu verwechseln mit der *csv*-Datei. Die Ausgangsdaten werden (normalerweise) nicht verändert, das Abbild in Ihrem Arbeitsspeicher aber schon. Damit gibt es ungeachtet aller Operationen, die Sie in R durchgeführt haben, immer die Möglichkeit, die gesamte Analyse erneut zu beginnen.

1.11 Datensätze zu diesem Buch

Wir verwenden in diesem Buch eine ganze Reihe von Datensätzen. Diese können Sie direkt über die Website des Verlags *https://www.pearson-studium.de/einfuehrung_r* herunterladen bzw. mit den Webadressen einlesen. Wir stellen alle Dateien im *csv*-Format oder *txt*-Format zur Verfügung. In den kommenden Kapiteln werden wir nur noch den Namen der Datei angeben, aber nicht mehr das Einlesen erklären. Falls das Einlesen einmal nicht gelingt oder Sie gerne alle Datensätze lokal speichern möchten, finden Sie unter *https://www.pearson-studium.de/einfuehrung_r/Alle_Daten.R* ein R-Skript, welches Sie ausführen können, um alle Datensätze zu erhalten.

Zusammenfassung

R ist eine Programmiersprache, die sich ausgezeichnet zum Durchführen statistischer Analysen eignet (darüber hinaus kann man auch noch einiges andere damit machen). Die Grundlage von R bilden Werte, Operatoren und Funktionen. Wir haben mithilfe von Funktionen Variablen und Datensätze erstellt. Außerdem haben wir erste kleine Teilstichproben durch Benutzung des Index ausgewählt. Weiterhin haben wir fehlende Werte eingefügt, gefunden, ersetzt und ausgeschlossen. Und Sie haben gelernt, dass R in Form von Paketen organisiert ist. Diese helfen Ihnen, sehr spezifische Aufgaben und Probleme zu lösen. Schließlich haben wir uns noch mit dem Einlesen von Daten beschäftigt, wofür es vielfältige Möglichkeiten gibt. Sie haben beispielsweise Daten aus dem *csv*-Format importiert, die entweder lokal oder im Internet gespeichert waren.

Die R Funktionen in diesem Kapitel

In diesem Kasten stellen wir Ihnen die Funktionen, die wir in diesem Kapitel benutzt haben, noch einmal zusammen. Wir bieten diese Zusammenstellung für das Auffinden der einzelnen Funktionen an, lassen jedoch aus Gründen der Überschaubarkeit meist die Argumente weg (die Argumente der jeweiligen Funktionen und deren mögliche Belegungen erhalten Sie immer durch die Eingabe von `?funktionsname`). Wenn Funktionen nicht schon vorinstalliert sind, werden sie zusammen mit dem Paket aus dem sie stammen, aufgelistet (`Paket::Funktion`).

Funktion	Kurze Beschreibung
`attach / detach`	bindet bzw. löst einen Suchpfad zu einem Datensatz
`c`	kombiniert Werte zu einer Variable
`colnames`	ruft die Spaltennamen eines Datensatzes auf
`data.frame`	erzeugt einen Datensatz
`factor / as.factor`	konvertiert eine Variablezum Datentyp *factor*
`getwd`	gibt den Pfad zum aktuellen Arbeitsverzeichnis aus
`help / ?`	ruft die Hilfe zu einer Funktion auf
`install.packages`	installiert ein Paket
`is.na`	fragt Elemente danach ab, ob sie fehlen
`library`	lädt ein Paket
`read.csv`	liest eine *csv*-Datei ein
`rm`	löscht Objekte des Arbeitsspeichers
`seq`	erzeugt eine Zahlenreihe
`which`	gibt die Stellen einer Variablen aus, bei denen eine logische Abfrage den Wert TRUE besitzt
`readr::read_delim`	liest eine Datei ein

Tabelle 1.2: Nützliche Funktionen für den Einstieg in R

Wie beginne ich mit der Datenanalyse? Lage und Streuung

2

2.1 Warum Streuungsmaße? Eine Illustration 39

2.2 Mittelwert und Standardabweichung versus Median und Interquartilsabstand 46

2.3 Stamm-Blatt-Diagramme 51

2.4 Boxplots 53

2.5 Kategoriale (nominalskalierte) Daten 57

2.6 Weitere Lage- und Streuungsmaße 61

2.6.1 Lagemaße 61

2.6.2 Streuungsmaße 63

2.6.3 z-Werte 64

ÜBERBLICK

Lernziele

Dieses Kapitel beinhaltet die Verfahren, die üblicherweise am Anfang einer Datenanalyse benutzt werden. Nach dem Durcharbeiten dieses Kapitels sollten Sie in der Lage sein, mithilfe von R

- alle üblichen Lage- und Streuungsmaße für Variablen mit unterschiedlichen Skalenniveaus zu berechnen,
- Mittelwerte und Standardabweichungen grafisch darzustellen,
- Häufigkeitsverteilungen zu erstellen,
- robuste grafische und semigrafische Analysen durchzuführen (Stamm-Blatt-Diagramme, Boxplots) und
- mit z-Werten zu arbeiten.

Wenn Sie eine Studie durchgeführt und einen Datensatz erstellt haben (oder von jemand anderem bekommen haben) stellt sich die Frage, was Sie nun als Erstes machen. Sie haben ja sicher eine Fragestellung oder Hypothese (oder auch mehrere), die Sie untersuchen wollen. Vielleicht wissen Sie auch schon, welches Verfahren Sie dafür anwenden wollen. Trotzdem sollten Sie diese – möglicherweise recht komplexen – Analyseverfahren nicht sofort durchführen. Denn viele Verfahren beruhen auf Voraussetzungen, die die Daten erfüllen müssen. Außerdem ist es nicht so selten, dass Datensätze „merkwürdige" Zahlen enthalten, die es aufzuspüren und zu interpretieren gilt. Es lohnt sich jedoch auch generell, sich am Anfang der Analyseprozedur mit seinen Daten vertraut zu machen. Der erste Schritt bei der Datenanalyse besteht deswegen meist darin, sich zunächst typische oder zusammenfassende Werte – sogenannte *Maße der zentralen Tendenz* oder kurz *Lagemaße* anzusehen. Nicht weniger wichtig ist, herauszufinden, wie die Werte dieser Variablen um die Lagemaße herum variieren oder streuen – das gelingt mithilfe von *Streuungsmaßen*. In diesem Kapitel erhalten Sie eine Einführung darüber, wie man in R die gebräuchlichsten Lage- und Streuungsmaße berechnet und vor allem visualisiert – ein Bild sagt ja bekanntermaßen mehr als tausend Worte (oder Zahlen). Dass Lagemaße zentral für die Beschreibung von Daten sind, ist sofort intuitiv nachvollziehbar. Aber warum braucht man auch Streuungsmaße?

2.1 Warum Streuungsmaße? Eine Illustration

Stellen Sie sich vor, der Direktor einer Schule schickt Ihnen, weil er weiß, dass Sie fundierte Kenntnisse in Statistik haben, die Klausurergebnisse von vier Schulklassen mit je 20 Schülerinnen und Schülern. Er will wissen, ob die Klassen hinsichtlich ihrer Noten vergleichbar sind oder ob Sie etwas auffällig finden. Hier sind die Noten für die vier Klassen in R-Notation:

```
Klasse_A <- c(3, 3, 3, 3, 3, 3, 3, 3, 3, 3, 3, 3, 3, 3, 3, 3, 3, 3, 3, 3)
Klasse_B <- c(1, 2, 2, 2, 2, 2, 3, 3, 3, 3, 3, 3, 3, 3, 4, 4, 4, 4, 4, 5)
Klasse_C <- c(1, 1, 1, 1, 2, 2, 2, 2, 3, 3, 3, 3, 4, 4, 4, 4, 5, 5, 5, 5)
Klasse_D <- c(1, 1, 1, 2, 2, 2, 2, 2, 2, 2, 2, 3, 3, 5, 5, 5, 5, 5, 5, 5)
```

Um uns mit den Daten vertraut zu machen, fangen wir mit einem Lagemaß an. Das wohl bekannteste Lagemaß ist das arithmetische Mittel, oft auch einfach Mittelwert genannt. Sie wissen vermutlich, dass es nicht unumstritten ist, bei Schulnoten das arithmetische Mittel zu berechnen, weil gleiche inhaltliche Abstände (im schulischen Wissen) nicht unbedingt gleichen numerischen Abständen (in den Noten) entsprechen. Diese Korrespondenz ist aber die Voraussetzung dafür, dass die Messwerte als intervallskaliert betrachtet werden können. Nur wenn das der Fall ist, kann man streng genommen einen Mittelwert berechnen. Sie wissen aber auch, dass Ihre eigenen Schulnoten im Zeugnis immer gemittelt wurden. In diesem Fall, wie auch in vielen anderen, in denen Rating-Skalen für die Messung benutzt werden, geht man meist pragmatisch vor. Das tun wir hier auch. Wir nehmen an, dass die Klausurnoten intervallskaliert sind, und berechnen die arithmetischen Mittelwerte mit der Funktion `mean`.

```
mean(Klasse_A)
```

    3

```
mean(Klasse_B)
```

    3

```
mean(Klasse_C)
```

    3

```
mean(Klasse_D)
```

    3

Die Durchschnittsnote ist in allen vier Klassen gleich: $\overline{X} = 3$. Sind die Ergebnisse also vergleichbar? Schon ein kurzer Blick auf die Noten in den einzelnen Klassen zeigt, dass das wohl nicht der Fall ist: die Noten scheinen unterschiedlich stark zu variieren. Sehen wir uns das mithilfe eines Maßes an, das die Variation oder Streuung quantifiziert. Das passende Streuungsmaß zum arithmetischen Mittel ist die Varianz (s^2) oder die Wurzel daraus: die Standardabweichung (s). Meist wird die Standardabweichung benutzt, weil sie dieselben Einheiten hat wie die ursprünglichen Werte. Hier zur Erinnerung die entsprechenden Formeln:

$$s^2 = \frac{1}{n}\sum_{i=1}^{n}\left(X_i - \overline{X}\right)^2 \text{ und } s = \sqrt{s^2}.$$

Allerdings berechnen die entsprechenden Funktionen in R, nämlich `var` und `sd`, leicht unterschiedliche Werte:

$$\text{var}=\hat{\sigma}^2 = \frac{1}{n-1}\sum_{i=1}^{n}\left(X_i-\overline{X}\right)^2 \text{ und } sd = \hat{\sigma} = \sqrt{\hat{\sigma}^2}.$$

`var` und `sd` werden in englischsprachigen Lehrbüchern manchmal als Stichprobenvarianz (sample variance) und Stichproben-Standardabweichung (sample standard deviation) bezeichnet, was streng genommen nicht stimmt. Denn durch ***n***-1 (statt durch ***n***) teilt man die Summe der Abweichungsquadrate deswegen, weil dies zu einer genaueren Schätzung der Populationsvarianz führt. Populationskennwerte werden oft mit griechischen Buchstaben bezeichnet, also σ statt ***s***. Dass es sich um eine Schätzung handelt, wird durch das Dach über dem σ gekennzeichnet. Diese Populationsschätzungen von Varianz und Standardabweichung werden in der Statistik viel häufiger benutzt als s^2 und s, und in den meisten Fällen sind die Unterschiede vernachlässigbar. Wenn man aber trotzdem s^2 und s haben möchte, kann man sich die Funktionen dafür leicht selbst erstellen (siehe Kasten *„Eigene Funktionen für s^2 und s“*)

Eigene Funktionen für s^2 und s

In R kann man sich eigene Funktionen erstellen. Und das ist auch ein Teil des Erfolgsgeheimnisses von R. Wenn Statistiker und Methodiker nicht mit den vorhandenen Funktionen zufrieden waren, haben sie eben neue erstellt und die meisten *Pakete*, mit denen wir es in diesem Buch zu tun haben, sind Sammlungen solcher neuen Funktionen zu einem bestimmten inhaltlichen Bereich. Wir erstellen jetzt eine Funktion, die aus $\hat{\sigma}^2$ (das Ergebnis der Funktion `var`) $\boldsymbol{s}^2$ berechnet. Zur Erinnerung noch einmal der Zusammenhang:

$$s^2 = \frac{n-1}{n}\hat{\sigma}^2$$

Wir brauchen also neben der geschätzten Populationsvarianz nur n, die Anzahl der Werte der Variablen. Die R-Funktion, die uns das n liefert, ist `length`. Wenn wir also wissen wollten, wie viele Schüler sich in Klasse B befinden, würden wir das so herausfinden:

```
length(Klasse_B)
```

```
   [1] 20
```

R-Funktionen sind nicht schwierig. Das „Gerüst“ dafür sieht so aus:

```
meine_funktion <- function()
{
#Anweisungen
}
```

Zwischen den zwei geschweiften Klammern stehen alle Anweisungen, die die Funktion ausführen soll. Das Ergebnis der Anweisung in der letzten Zeile ist automatisch der Wert, den die Funktion ausgibt.

Hier also die selbstgebastelte Funktion `s_quadrat`:

```
s_quadrat <- function (variable)
{
  n = length (variable)
  ((n - 1) / n) * var(variable)
}
```

Und nun die zwei Funktionen im Vergleich:

```
var(Klasse_B)
   0.9473684
s_quadrat(Klasse_B)
   0.9
```

Die Funktion für `s` ist denkbar einfach (`sqrt` ist die Wurzel-Funktion in R):

```
s <- function (variable)
{
 sqrt(s_quadrat(variable))
}
```

Auch hier wieder die zwei Alternativen zum Vergleich:

```
sd(Klasse_B)
   0.9733285
s(Klasse_B)
   0.9486833
```

Berechnen wir also die Standardabweichungen und benutzen hierfür die in R eingebaute Funktion `sd`. (Sie können es zur Übung auch mit der neuen Funktion `s` probieren).

```
sd(Klasse_A)
   0
sd(Klasse_B)
   0.9733285
```

Wie Sie sehen, gibt die Funktion `sd` sieben Nachkommastellen aus. So viele Zahlen können leicht verwirren. Deswegen runden wir hier auf zwei Nachkommastellen und benutzen hierfür die Funktion `round`. Für die Klasse A ist das jedoch nicht notwendig. Denn wie ein Blick auf die Daten zeigt, haben alle Schüler hier dieselbe Note – es variiert also nichts und dieses Ergebnis erhält man auch, wenn man die Standardabweichung berechnet. Bei den anderen Klassen lohnt es sich jedoch zu runden:

```
round(sd(Klasse_B), 2)
```

```
0.97
```

```
round(sd(Klasse_C), 2)
```

```
1.45
```

```
round(sd(Klasse_D), 2)
```

```
1.59
```

Es wird deutlich, dass die Variation der Noten in den vier Klassen nicht gleich ist. Auch Standardabweichungen lassen sich leichter miteinander vergleichen, wenn man sie bildlich darstellt. Allerdings sind sogenannte Fehlerbalken, eine häufig genutzte grafische Abbildungsmöglichkeit für Mittelwerte und Standardabweichungen, nicht im R-Grundpaket enthalten. Wir verwenden die Funktion `errbar` aus dem Paket *Hmisc* (Harrell, 2020). Dieses Paket müssen wir zunächst installieren, falls das noch nicht geschehen ist, und dann laden (mit dem Befehl `library`):

```
library(Hmisc)
```

Die Funktion `errbar` kann sowohl vertikale als auch horizontale Fehlerbalken erstellen. Wir nehmen die horizontale Version. Dazu brauchen wir für alle vier Schulklassen zunächst die Beschriftungen, dann die Mittelwerte und schließlich die Ober- und Untergrenzen der Fehlerbalken. Das könnten wir alles zusammen direkt als Argumente in die Funktion `errbar` schreiben, aber das wäre etwas unübersichtlich. Deswegen definieren wir diese Attribute vorher und setzen sie nachher in die Funktion ein:

```
Klassen_labels <- c("Klasse A", "Klasse B", "Klasse C", "Klasse D")
Mittelwerte <- c(mean(Klasse_A), mean(Klasse_B), mean(Klasse_C), mean(Klasse_D))
```

Die Ober- und Untergrenzen der Fehlerbalken sind immer eine Standardabweichung vom Mittelwert entfernt. Deswegen müssen wir die Mittelwerte zu den positiven Standardabweichungen (für die Obergrenzen) und den negativen Standardabweichungen (für die Untergrenzen) addieren.

```
Obergrenzen <- c(sd(Klasse_A), sd(Klasse_B), sd(Klasse_C), sd(Klasse_D)) + Mittelwerte
Untergrenzen <- -c(sd(Klasse_A), sd(Klasse_B), sd(Klasse_C), sd(Klasse_D)) + Mittelwerte
```

Nun die Funktion:

```
errbar(Klassen_labels, Mittelwerte, Obergrenzen, Untergrenzen)
```

In der „horizontalen Version" erzeugt `errbar` keine Beschriftung für die X-Achse. Deswegen benutzen wir hierfür die flexibel verwendbare Funktion `mtext`.[1]

```
mtext(side = 1, "Standardabweichungen der Notenwerte", line = 2.5)
```

1 Die einfachste Möglichkeit, den Text zu entfernen oder durch einen anderen zu ersetzen, besteht darin, die Hauptfunktion (hier: `errbar`) wieder aufzurufen und dann den neuen Text mit `mtext` einzufügen.

Bei `side` steht „1“ für unten, „2“ für links, „3“ für oben und „4“ für rechts. Mit `line` bestimmt man, wie weit die Beschriftung von der Achse entfernt ist.

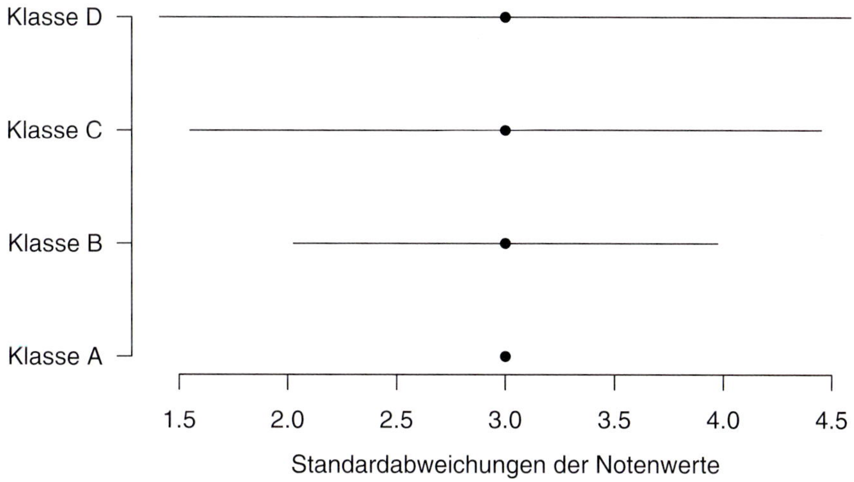

Abbildung 2.1: Mittelwerte (immer $\overline{X} = 3$) und (geschätzte Populations-)Standardabweichungen der Klausurergebnisse aus den vier fiktiven Klassen.

Die Visualisierung der Standardabweichungen in ▶*Abbildung 2.1* macht noch einmal deutlich, dass die vier Klassen nicht miteinander vergleichbar sind. Zumindest die Verteilung der Notenwerte in Klasse A (Standardabweichung von 0) und Klasse D (Standardabweichung geht fast über den gesamten Wertebereich) sind sehr merkwürdig. Wo kommen diese merkwürdigen Unterschiede her? Mittelwerte und Standardabweichungen reichen offensichtlich nicht aus, um darauf eine Antwort zu geben. In solchen Fällen hilft oft eine detailliertere grafische Darstellung.

Wir benutzen die Funktion `hist`, um die Verteilung der Notenhäufigkeiten zu zeichnen, zunächst die Häufigkeitsverteilung für Klasse B. Diese Funktion hat eine voreingestellte Möglichkeit, um die Intervallgrenzen (auf der X-Achse) für die Balken des Histogramms zu zeichnen. Diese Voreinstellung ist aber nicht immer optimal – probieren Sie es mal mit `hist(Klasse_B)`. Später wollen wir die Häufigkeitsverteilungen für die vier Klassen vergleichen und brauchen dafür natürlich immer dieselben Balkenabstände. Deswegen definieren wir sie selbst (mit dem Argument `breaks`). Damit in einer Säule des Histogramms nur die Häufigkeit für jeweils eine Note steht, machen wir die Intervallgrenzen eine Einheit voneinander entfernt. Die Intervallgrenzen für die Note 1 sind also 0.5 und 1.5, die für die Note 2 1.5 und 2.5 usw. Wir benutzen die Funktion `seq`, um diese Intervallgrenzen zu erzeugen:

```
Intervalle <- seq(.5, 5.5)
```

Die Variable `Intervalle` enthält nun die Intervallgrenzen (zur Wiederholung: die Schrittlänge für die Funktion `seq` ist standardmäßig 1, andere Schrittlängen erhält man mit dem Argument `by` – z. B. `seq(.5, 5.5, by 1.5)`).

```
Intervalle

  0.5 1.5 2.5 3.5 4.5 5.5
```

Wir wählen eigene Achsentitel (mit `xlab` und `ylab`) und fügen auch einen Titel über der Abbildung ein (mit dem Argument `main`). Zur besseren Sichtbarkeit verwenden wir in diesem Beispiel für jedes Argument eine eigene Zeile (später werden wir meist mehrere Argumente in eine Zeile schreiben).

```
hist(Klasse_B,
     breaks = Intervalle,
     main = "Häufigkeitsverteilung für Klasse B",
     xlab = "Noten für Klasse B",
     ylab = "Häufigkeit")
```

Die Häufigkeitsverteilung der Noten in Klasse B sieht nicht außergewöhnlich aus – die meisten Noten liegen in der Mitte, aber es gibt auch eine 1 und eine 5 (▶*Abbildung 2.2*).

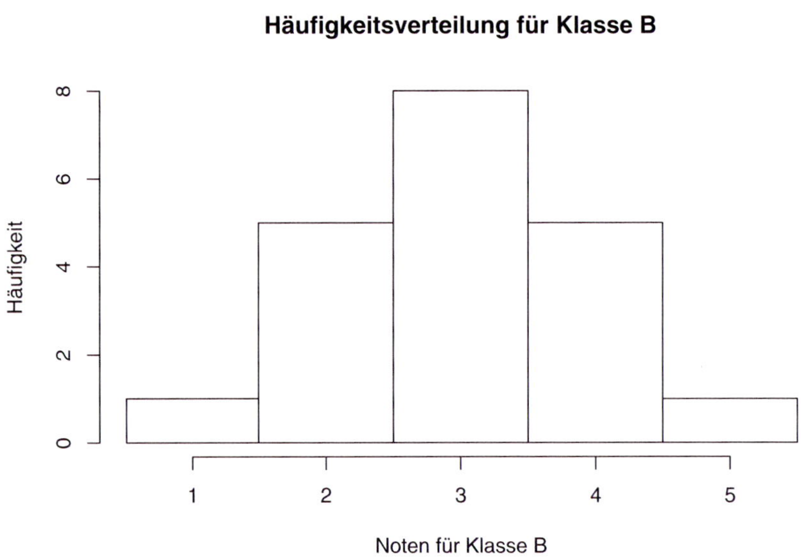

Abbildung 2.2: Verteilung der Notenhäufigkeiten für Klasse B.

Eigentlich wollen wir aber die vier Klassen miteinander vergleichen. Am besten wäre es hierfür, mehrere Grafiken zusammen in einer Abbildung zu platzieren. Kein Problem in R, da kann man die Zeichenfläche beliebig aufteilen. Eine einfache Möglichkeit bietet die Funktion `par` mit dem Argument `mfrow = c(n_zeilen, n_spalten)`. Wir zeichnen die vier Häufigkeitsverteilungen in vier Felder, die wir mit zwei Zeilen und zwei Spalten erzeugen.

```
par(mfrow = c(2, 2))
```

Für das Zeichnen der Häufigkeitsverteilungen benutzen wir wieder die Funktion `hist`. Jetzt werden hintereinander die vier Abbildungen angefertigt und in die jeweiligen „Zeichen-Slots" eingefügt. Wir wählen dafür wieder eigene Achsentitel (mit `xlab` und `ylab`), aber den Titel über den jeweiligen Zeichnungen lassen wir weg (`main = ""`).[2] Damit man die Häufigkeiten in den vier Abbildungen besser vergleichen kann, benutzen wir immer dieselbe Y-Achsenlänge (mit `ylim`):

```
hist(Klasse_A, breaks = Intervalle, main = "",
     xlab = "Klasse A", ylab = "Häufigkeit", ylim = c(0, 20))
hist(Klasse_B, breaks = Intervalle, main = "",
     xlab = "Klasse B", ylab = "Häufigkeit", ylim = c(0, 20))
hist(Klasse_C, breaks = Intervalle, main = "",
     xlab = "Klasse C", ylab = "Häufigkeit", ylim = c(0, 20))
hist(Klasse_D, breaks = Intervalle, main = "",
     xlab = "Klasse D", ylab = "Häufigkeit", ylim = c(0, 20))
```

Wenn Sie so eine kombinierte Abbildung gezeichnet haben sollten Sie anschließend nicht vergessen, die Zeichenfläche wieder in den Ausgangszustand zu versetzen.[3] Das geht entweder mit

```
par(mfrow = c(1, 1))
```

oder mit einer generelleren Funktion, mit der man alle Parametereinstellungen (wie in unserem Fall die Aufteilung der Zeichenfläche) zurücksetzen möchte:

```
dev.off()
```

▶*Abbildung 2.3* zeigt die Häufigkeitsverteilungen der Notenwerte für die vier Klassen. Die Verteilung für Klasse B kennen wir schon, aber in den anderen drei Klassen sind die Verteilungen tatsächlich außergewöhnlich. In Klasse A streuen die Noten überhaupt nicht, in Klasse C sind sie gleichverteilt über alle Notenwerte und in Klasse D sieht es so aus, wie wenn es zwei unterschiedliche Gruppen von SchülerInnen gäbe. In diesem Beispiel ging es nicht darum, eine Hypothese zu überprüfen – es handelte sich um eine explorative Fragestellung. Mit den Informationen, die wir nach der Analyse zur Verfügung haben, sollte es dem Schuldirektor möglich sein, passende Schlüsse zu ziehen.

2 Wenn Sie das Argument `main` weglassen, erzeugt die Funktion einen eigenen Titel (beim ersten Histogramm beispielsweise „Histogram of Klasse_A").

3 Die Abbildung kann bei Ihnen etwas anders aussehen als hier. Die einfachste Möglichkeit, das Aussehen der Abbildung zu verbessern, besteht darin, die Größe des Zeichenfensters in RStudio zu verändern. Außerdem können Sie sich den R-Code aus dem Internet ansehen. Dort bieten wir manchmal Alternativen an. Sie können die Abbildungen in mehreren Dateiformaten abspeichern und weiterverwenden (mit dem Reiter „Export").

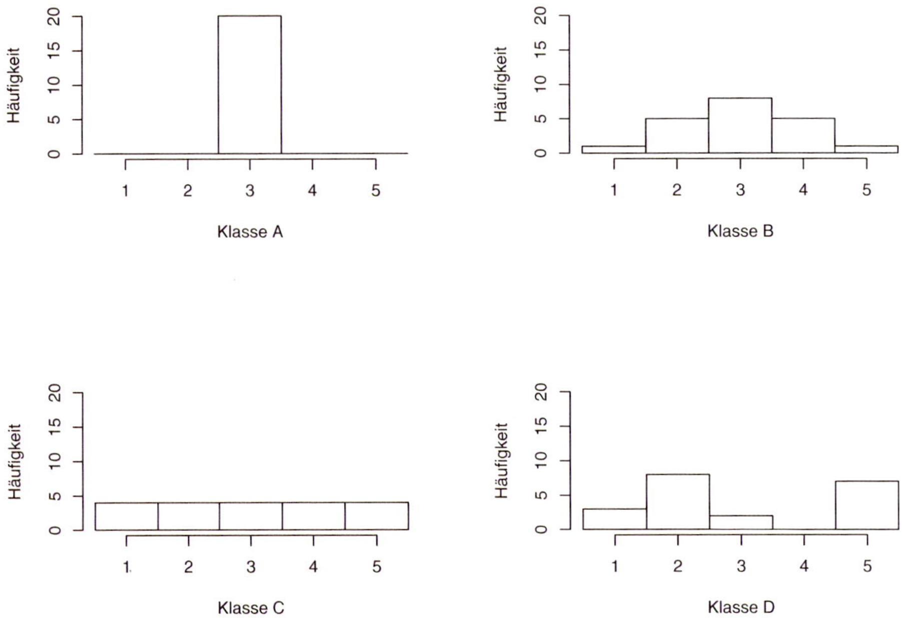

Abbildung 2.3: Histogramme für die Häufigkeitsverteilungen der Noten aus vier fiktiven Schulklassen mit jeweils 20 SchülerInnen und identischen Mittelwerten ($\overline{X} = 3$).

Das Beispiel sollte illustrieren, dass ein Lagemaß allein manchmal ziemlich irreführend sein kann und dass man in jedem Fall Informationen über die Streuung der Werte benötigt. Das unterschiedliche Ausmaß der Streuung in den einzelnen Klassen konnten wir schon mithilfe der Standardabweichung erkennen. Unterschiede zwischen den Standardabweichungen sind leichter zu erkennen, wenn man sie grafisch abbildet (▶*Abbildung 2.1*), aber oft liefert eine grafische Darstellung der gesamten Verteilung wie in ▶*Abbildung 2.3* noch deutlich mehr wertvolle Informationen. Dies illustriert, dass es zu Beginn der Datenanalyse eigentlich immer eine gute Idee ist, sich nicht nur einzelne Lage- und Streuungsmaße anzusehen, sondern sich besser einen visuellen Gesamteindruck zu verschaffen. Das gilt insbesondere dann, wenn man die Daten noch nicht kennt, denn Mittelwerte und Standardabweichungen sind manchmal keine sehr aussagekräftigen Maße, insbesondere wenn die Verteilungen stark asymmetrisch sind.

2.2 Mittelwert und Standardabweichung versus Median und Interquartilsabstand

Wir illustrieren die eingeschränkte Aussagekraft von Mittelwerten und Standardabweichungen an einem weiteren, von uns leicht modifizierten Datensatz aus der Literatur (*pedersen_2002.txt*). In dem Originalartikel (Pedersen et al., 2002) geht es um die Frage, ob es einen evolutionär bedingten Geschlechtsunterschied hinsichtlich der Antworten auf die Frage gibt, wie viele SexualpartnerInnen sich Männer und Frauen in einem bestimmten Zeitraum (30 Jahre) wünschen.[4] In früheren Befragungen hatte man immer große Unterschiede gefunden. Die fanden die Autoren auch in dieser Studie, allerdings nur, wenn sie arithmetische Mittelwerte berechneten.

Wir lesen zunächst die Datei ein (vom Pearson-Server, wie in ▶*Kapitel 1* beschrieben). Sie enthält die Variable *desired* (Anzahl der gewünschten SexualpartnerInnen) und die Variable *sex* (mit den Ausprägungen *male* und *female*). Damit wir direkt mithilfe der Variablennamen auf die Variablen zugreifen können (ohne immer vorher den Namen der Datei zu schreiben – z. B. *pedersen_2002$desired*) aktivieren wir zunächst den Datensatz mit der Funktion `attach`:

```
attach(pedersen_2002)
```

Da wir die Analyse getrennt für Frauen und Männer durchführen wollen, teilen wir die StudienteilnehmerInnen nach dem Geschlecht (Variable `sex`) auf:

```
Desired_m <- desired[sex == "male"]
Desired_f <- desired[sex == "female"]
```

Jetzt können wir die Mittelwerte für Frauen und Männer berechnen. Da R standardmäßig sechs hier unnötige Nachkommastellen ausgibt, runden wir mit der Funktion `round` auf eine Nachkommastelle:

```
round(mean(Desired_f), 1)
```

```
  2.8
```

```
round(mean(Desired_m), 1)
```

```
  7.9
```

Es sieht also auch in der Studie von Pedersen et al. (2002) zunächst so aus, als gäbe es einen deutlichen Unterschied zwischen den zwei Geschlechtern in Bezug auf die Anzahl der gewünschten SexualpartnerInnen in den nächsten 30 Jahren. Nun sehen wir uns jedoch die Verteilungen etwas genauer an. Wir benutzen wieder die Funktion `hist`. Diesmal sind wir an einem Vergleich der Anteile für Männer und Frauen interessiert und setzen dazu das Argument `freq` auf `FALSE` (oft mit `F` abgekürzt), was uns die Dichtefunktion liefert. Bei einer diskreten Funktion sind das automatisch die Anteile pro Intervall. Wir bereiten zunächst zwei untereinanderliegende Zeichenfenster vor, um die Verteilung der Anteile für die Frauen und Männer direkt miteinander vergleichen zu können:

```
par(mfrow = c(2, 1))
```

Dann bestimmen wir die Unter- und Obergrenze der Intervalle für die Variable *desired* mit den Funktionen `min` und `max` und erstellen alle dazwischenliegenden Intervallgrenzen mit der Funktion `seq`.

```
Intervalle = seq(min(desired) - 0.5, max(desired) + 0.5)
```

4 Es wurden keine Angaben zu weiteren Geschlechtskategorien gemacht.

Wir zeichnen nun zunächst das Histogramm für die Männer mit grünen Balken (`col = "green"`),[5]

```
hist(Desired_m, breaks = Intervalle, col = "green", ylim = c(0, 0.65), main = "",
     xlab = "Anzahl gewünschter Sexualpartnerinnen",
     ylab = "Anteil der Männer", freq = F)
```

und dann das für die Frauen (wenn man das Argument `col` weglässt, zeichnet `hist` automatisch weiße oder graue Balken).

```
hist(Desired_f, breaks = Intervalle, ylim = c(0, 0.65), main = "",
     xlab = "Anzahl gewünschter Sexualpartner",
     ylab = "Anteil der Frauen", freq = F)
par(mfrow = c(1, 1))
```

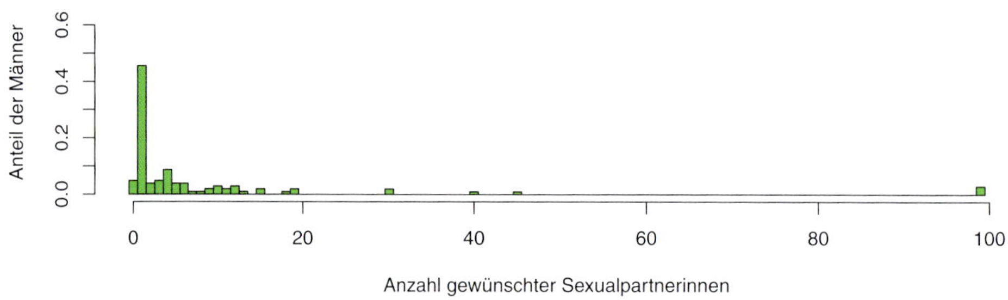

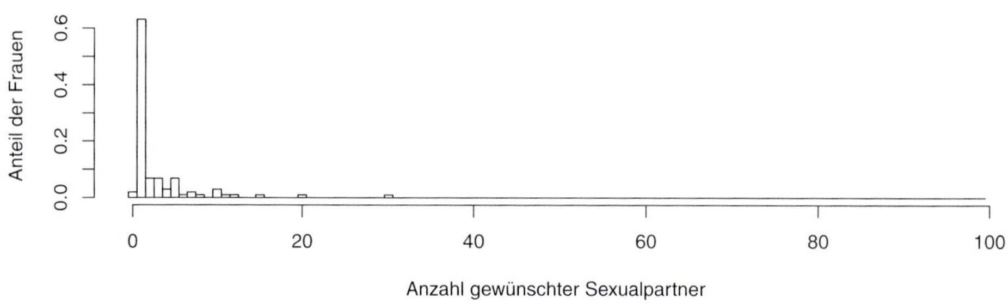

Abbildung 2.4: Verteilungen der Anteile der befragten Männer (oben) und Frauen (unten), die sich jeweils eine bestimmte Anzahl von SexualpartnerInnen in den nächsten 30 Jahren wünschen.

Ein Blick auf ▶*Abbildung 2.4* macht klar, dass die Mittelwerte sowohl für Männer als auch für Frauen dadurch verzerrt sind, dass die Verteilungen deutlich rechtsschief sind. Bei den Männern kommt noch dazu, dass es einige deutliche „Ausreißer" rechts am Rand der Verteilung gibt, die das arithmetische Mittel noch weiter nach oben treiben. In diesem Fall ist ein anderer Mittelwert als Lagemaß besser geeignet: der *Median*. Wenn man alle Zahlen, für die der Median berechnet werden soll, in eine Rangreihe

5 Farben können auch mithilfe von Zahlen eingegeben werden (grün wäre beispielsweise 3) – siehe z. B.: *http://fenon.de/linientypen-symbole-und-farben-in-r-plots/* (oder viele andere Quellen im Internet).

bringt, dann ist der Median der Wert in der Mitte (bei einer ungeraden Anzahl von Werten) oder das arithmetische Mittel der beiden mittleren Werte (bei einer geradzahligen Anzahl von Werten – im *Abschnitt 2.3* beschreiben wir eine von dem bekannten Statistiker Tukey (1977) vorgeschlagene Methode, um den Median mithilfe eines Algorithmus zu bestimmen). Wie wir gleich sehen werden, weichen die Mediane in unserem Beispiel stark von den arithmetischen Mitteln ab:

```
median(Desired_m)
```

```
1
```

```
median(Desired_f)
```

```
1
```

Das Streuungsmaß, das zum Median „gehört" (wie die Standardabweichung zum arithmetischen Mittel), ist der Interquartilsabstand, der Abstand zwischen dem oberen und dem unteren Quartil. Das obere Quartil ist, grob gesagt, das 75%-Quantil, unter dem 75% aller Werte liegen, und das untere Quartil ist das 25%-Quantil, unter dem 25% aller Werte liegen. In der Praxis gibt es mehrere Möglichkeiten, Quantile zu bestimmen (siehe Hyndman & Fan, 1996) und auch R bietet neun unterschiedliche Algorithmen an (siehe die R-Dokumentation zur Funktion `quantile`). Wir verwenden im Folgenden die Voreinstellung. Bevor wir uns die Interquartilsabstände ansehen, zunächst zum Vergleich die Standardabweichungen:

```
sd(Desired_m)
```

```
17.66702
```

```
sd(Desired_f)
```

```
4.239768
```

Und nun die Interquartilsabstände, berechnet mit der Funktion `IQR`:

```
IQR(Desired_m)
```

```
5
```

```
IQR(Desired_f)
```

```
2
```

Die Funktion `IQR` benutzt die Funktion `quantile`, mit deren Hilfe wir uns jetzt auch noch das untere Quartil (25%-Quantil), den Median (50%-Quantil) und das obere Quartil (75%-Quantil) ansehen:

```
quantile(Desired_m, probs = c(0.25, 0.5, 0.75))
```

```
25% 50% 75%
  1   1   6
```

```
quantile(Desired_f, probs = c(0.25, 0.5, 0.75))
```

```
25% 50% 75%
  1   1   3
```

Für eine noch weiter gehende Zusammenfassung hat Tukey (1977) das *Five-Number-Summary* vorgeschlagen. Das Five-Number-Summary (Funktion `fivenum`) beinhaltet sowohl die zwei Quartile und den Median als auch den kleinsten und den größten Wert:

```
fivenum(Desired_m)
```

```
  0  1  1  6 99
```

```
fivenum(Desired_f)
```

```
  0  1  1  3 30
```

R bietet auch die Funktion `summary` an, die zusätzlich noch das arithmetische Mittel ausgibt. Wir runden wieder auf zwei Nachkommastellen:

```
round(summary(Desired_m), 2)
```

```
  Min. 1st Qu.  Median    Mean 3rd Qu.    Max.
  0.00    1.00    1.00    7.88    6.00   99.00
```

```
round(summary(Desired_f), 2)
```

```
  Min. 1st Qu.  Median    Mean 3rd Qu.    Max.
  0.00    1.00    1.00    2.84    3.00   30.00
```

Die *Spannweite* oder den *Range*, also die Differenz zwischen dem größten und dem kleinsten Wert (auch ein Streuungsmaß) kann man auf unterschiedliche Weisen erhalten. Man kann beispielsweise den Minimalwert vom Maximalwert abziehen

```
max(Desired_f) - min(Desired_f)
```

```
  30
```

oder man benutzt die Ergebnisse des Five-Number-Summary und zieht vom fünften Wert der Ausgabe den ersten Wert ab:

```
fivenum(Desired_f)[5] - fivenum(Desired_f)[1]
```

```
  30
```

In diesem Datenbeispiel liefern die „robusten“ Lage- und Streuungsmaße Median und Interquartilsabstand eindeutig sinnvollere Aussagen als das arithmetische Mittel und die Standardabweichung. Mittelwerte und Standardabweichungen kann man nur bei intervallskalierten Daten verwenden, aber Mediane und Quantile machen auch bei ordinalskalierten Daten Sinn. Die zwei Verfahren, die wir Ihnen im Folgenden vorstellen möchten – *Stamm-Blatt-Diagramme* und *Boxplots* – funktionieren sowohl bei ordinal- als auch intervallskalierten Daten. Sie haben – weil es sich um semigrafische bzw. grafische Verfahren handelt – den unschätzbaren Vorteil, dass man Informationen sowohl über die Lage als auch die Streuung von Daten auf einen Blick bekommt.

Wir haben die Variable `desired` bislang „per Hand“ in zwei Gruppen aufgeteilt. Das geht schneller mit der Funktion `tapply`, die eigentlich eher eine Hilfsfunktion ist. Sie wendet eine andere Funktion, wie z. B. `summary`, auf alle Untergruppen an. Ihre Argumente sind `X` für die numerische Variable, `INDEX` für die gruppierende Variable und `FUN` für die gewünschte Funktion (man kann die Funktionsnamen natürlich auch weglassen, wenn die Argumente in der richtigen Reihenfolge stehen). Hier ist ein Beispiel (zur Erinnerung: `sex` ist die kategoriale Variable mit den Ausprägungen `female` und `male`):

```
tapply(X = desired, INDEX = sex, FUN = summary)
$female

   Min. 1st Qu.  Median    Mean 3rd Qu.    Max. 
  0.000   1.000   1.000   2.845   3.000  30.000 


$male

   Min. 1st Qu.  Median    Mean 3rd Qu.    Max. 
  0.000   1.000   1.000   7.883   6.000  99.000 
```

Der Einsatz von `tapply` lohnt sich natürlich insbesondere dann, wenn man viele Subgruppen hat und sich einen schnellen Überblick über die entsprechenden Kennwerte verschaffen möchte.

2.3 Stamm-Blatt-Diagramme

Stamm-Blatt-Diagramme nehmen eine Zwischenstellung zwischen Zahlen und Grafiken ein – manchmal auch semigrafische Darstellung genannt. Bei dieser Darstellung können alle ursprünglichen Zahlenwerte rekonstruiert werden und man hat zusätzlich Informationen zu Lage und Streuung. Fangen wir zunächst mit einem einfachen (fiktiven) Beispiel an, der Reaktionszeit von acht Studierenden. Die mussten, sobald sie einen Ton hörten, so schnell wie möglich auf eine Taste drücken. Das sind ihre Reaktionszeiten (in Millisekunden):

```
RT <- c(189, 172, 169, 175, 160, 151, 279, 168)
```

Die Standardfunktion `stem` hat nicht viele Argumente, aber eines, `scale`, bezieht sich auf die Aufteilung des „Stamms“. Damit kann man experimentieren, bis ein passendes Darstellungsformat gefunden ist. Für unser Beispiel passt `scale = 3` ganz gut.

```
stem(RT, scale = 3)

  15 | 1
  16 | 089
  17 | 25
  18 | 9
  19 | 
  20 | 
  21 | 
  22 | 
  23 | 
  24 | 
  25 | 
  26 | 
  27 | 9
```

Im „Stamm" links von den vertikalen Strichen stehen in unserem Beispiel nun die Hunderter- und Zehnereinheiten und rechts davon die Einereinheiten: die „Blätter". Wir sehen, dass sich die meisten Werte zwischen 151 Millisekunden (der Wert ganz oben) und 189 Millisekunden bewegen und nahezu symmetrisch in diesem Bereich verteilt sind. Allerdings gibt es einen Wert (279 Millisekunden), der deutlich größer ist als alle anderen. Dieser Wert sollte natürlich in der Analyse extra behandelt werden.

Es gibt auch eine komfortablere R-Funktion für Stamm-Blatt-Diagramme, die sich näher an den Vorgaben von Tukey (1977), dem Erfinder der Stamm-Blatt-Diagramme orientiert. Dafür brauchen wir das Paket *aplpack* (Wolf, 2019).

```
library(aplpack)
stem.leaf(RT)
```

```
                n: 8
      1    15* | 1
           15. |
      2    16* | 0
     (2)   16. | 89
     (1)   17* | 2
      3    17. | 5
           18* |
      2    18. | 9
   HI: 279
```

Die Funktion `stem.leaf` liefert nun zusätzliche Informationen. Beginnen wir mit der linken Spalte. Hier sehen Sie die sogenannte „Tiefe". Tukey schlägt vor, mithilfe des Konzepts der Tiefe den Median und die Quartile zu bestimmen. Man zählt dabei immer von „außen" (vom kleinsten bzw. größten Wert) nach innen. Der Wert 151 hat beispielsweise die Tiefe 1 und der Wert 160 die Tiefe 2. Die Tiefe der Zeile, die den Median enthält, wird von der Funktion `stem.leaf` in Klammern gesetzt (in der Klammer steht dann nicht die Tiefe, sondern die Anzahl der Blätter für den entsprechenden Stamm-Wert). In unserem Beispiel sehen wir zwei Klammern, weil die Tiefe des Medians ((n + 1) / 2) hier 4.5 beträgt. Der Median ist somit das arithmetische Mittel zwischen der vierten und der fünften Zahl, egal ob man von oben oder unten her durchzählt: *Median* = (169 + 172) / 2 = 170.5. In unserem Beispiel wird der Ausreißer (der hat die Tiefe 1, wenn wir von unten zählen) natürlich mitgezählt.

Nun zu den anderen beiden Spalten, dem „Stamm" und den „Blättern". Für dieses Stamm-Blatt-Diagramm wird im Stamm eine der von Tukey (1977) vorgeschlagenen Stamm-Aufteilungsmöglichkeiten benutzt: „*" steht als Platzhalter für alle „Blätter" (Einerzahlen) zwischen 0 und 4 und „." für alle Blätter zwischen 5 und 9. Hinter „15*" können also beispielsweise Zahlen von 0 (= 150) bis 4 (= 154) stehen und hinter „15." Zahlen von 5 (= 155) bis 9 (= 159). Der oder die Ausreißer sind extra angegeben (in unserem Beispiel: „HI: 279").

Nehmen wir an, wir wollten die Reaktionszeiten dieser Studierenden vergleichen mit denen von elf anderen Studierenden, die in einem Depressionstest auffällige Werte hatten (wenn man sich niedergeschlagen fühlt, reagiert man oft etwas langsamer).

```
RT_depr <- c(172, 180, 182, 194, 195, 198, 203, 203, 203, 205, 213)
```

Für den Vergleich der Werte zweier Variablen gibt es auch eine zweiseitige Version von Stamm-Blatt-Diagrammen (back to back stem-and-leaf plot), die mit der Funktion `stem.leaf.backback` (auch aus dem Paket *aplpack*) erstellt wird:

```
stem.leaf.backback(RT, RT_depr)
```

```
           RT        RT_depr

_______________________________
   1        1| 15 |
  (3)     980| 16 |
  (2)      52| 17 |2         1
   2        9| 18 |02        3
             | 19 |458      (3)
             | 20 |3335      5
             | 21 |3         1
             | 22 |
_______________________________
HI: 279
n:          8        11
```

Weil die Gruppe der Studierenden mit den erhöhten Depressivitätswerten aus einer ungeraden Anzahl von Personen (11) besteht, ist diesmal der Median direkt identifizierbar. Wenn wir von oben oder unten (11 + 1)/2 = 6 (die Tiefe des Medians) Schritte nach innen zählen, landen wir in der Zeile, deren Tiefe mit „(3)“ markiert ist. Der sechste Wert ist, egal ob von oben oder unten her gezählt, immer 198 Millisekunden. Wir sehen, dass die leicht depressiven Studierenden insgesamt langsamer auf den Tonreiz reagiert haben. Allerdings ist der langsamste Wert in dieser Gruppe (213 ms) noch deutlich kleiner als der Ausreißer in der ersten Gruppe. Für einen weitergehenden Gruppenvergleich sollte deswegen in diesem Fall der Ausreißer zunächst einmal nicht mit einbezogen, sondern gesondert analysiert werden.

Stamm-Blatt-Diagramme eignen sich besonders für einen ersten Eindruck sowie in allen Fällen, in denen man die vollständige Information über seinen Datensatz haben möchte. Allerdings kann die Darstellung bei großen Stichproben etwas unübersichtlich werden. Dafür eignen sich jedoch Boxplots hervorragend.

2.4 Boxplots

Auch die Boxplots wurden von John Tukey (1977) erfunden. Wenn Sie nur eine Methode anwenden möchten, um sich einen ersten (und manchmal auch letzten) Eindruck von Lage und Streuung Ihrer Daten zu verschaffen, empfehlen wir den Boxplot. Das zentrale Lagemaß in Boxplots, der Median, ist durch einen dicken Strich in der Mitte der Box gekennzeichnet. Dazu gibt es zwei Streuungsmaße. Zunächst die Länge der Box, die nichts anderes ist als der Interquartilsabstand. Tukey, der ein Faible für außergewöhnliche Ausdrücke hatte, nennt die Endpunkte des Interquartilsabstands *Hinges* (Scharniere). Das zweite Streuungsmaß wird durch die Länge der *Whiskers* (Schnurrbarthaare) ausgedrückt. Um deren Länge zu bestimmen, geht man vom Rand der Box 1,5 Interquartilsabstände nach „außen" (vom oberen Quartil nach oben und vom unteren Quartil nach unten) und erhält imaginäre *Zäune* (Fences). Der tatsächliche Datenpunkt, der am nächsten zu dem jeweiligen Zaun (auf der Seite der Box) ist, markiert den Endpunkt des jeweiligen Whiskers. Alle Datenpunkte, die außerhalb der Zäune liegen, sind als außergewöhnliche Punkte oder Ausreißer definiert. Zunächst ein einfaches Beispiel mit den Reaktionszeit-Daten aus *Abschnitt 2.3* (wir haben für die Füllung der Balken die Farbe Weiß gewählt – `col = 0` – die Voreinstellung sind graue Balken):

```
boxplot(RT, RT_depr, names = c("Nicht depressiv", "Depressiv"),
       ylab ="Reaktionszeiten (msek)", col = 0)
```

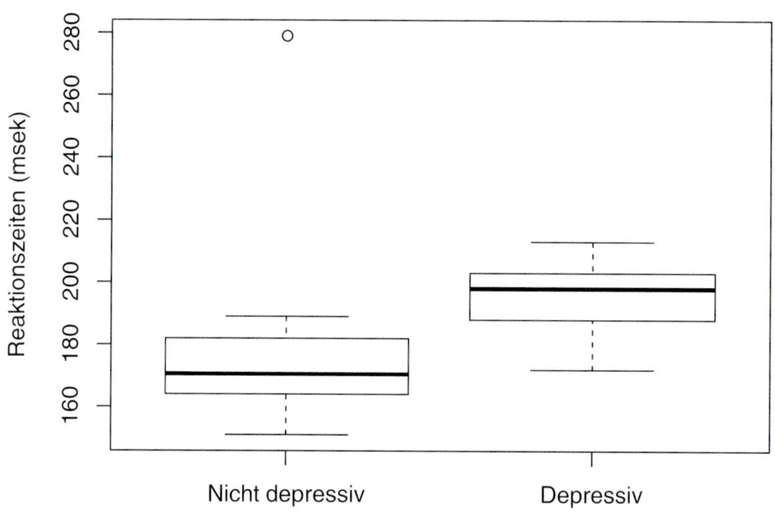

Abbildung 2.5: Boxplots für die Reaktionszeiten der acht nicht depressiven (links) und der elf depressiven Studierenden (rechts) aus *Abschnitt 2.3*. Der Punkt oben im linken Diagramm markiert den Ausreißer (279 msek).

Boxplots werden häufig (wie auch in ▶*Abbildung 2.5*) dazu benutzt, Informationen über Lage und Streuung mehrerer Variablen miteinander zu vergleichen. Sehen wir uns den Unterschied zwischen Männern und Frauen hinsichtlich ihrer Wünsche zur Anzahl von SexualpartnerInnen in den nächsten 30 Jahren mithilfe von Boxplots an. Dazu öffnen wir zunächst wieder die Datei *pedersen_2002* (außer sie ist bei Ihnen noch aktiv):

```
attach(pedersen_2002)
```

Weil die Beschriftungen in der ursprünglichen Datei auf Englisch sind, ersetzen wir sie vor dem Zeichnen der Boxplots für die Variable `sex` durch deutsche Beschriftungen.

```
Sex_d <- ifelse (sex == "male", "männlich", "weiblich")
```

Das erste Argument der (Wenn-Dann-)Funktion `ifelse` ist ein „Test". Wenn das Ergebnis stimmt (wahr ist), gilt das zweite Argument, und wenn nicht, das dritte. Nun zeichnen wir die zwei Boxplots, eines für die Männer und eines für die Frauen, in eine Abbildung.

```
boxplot(desired ~ Sex_d, ylab = "Geschlecht",
        xlab = "Anzahl der gewünschten SexualpartnerInnen", horizontal = T, col = 0)
```

Die Tilde (~) steht vor der Gruppenvariable, nach der die Daten aufgeteilt werden. Die Voreinstellung bei der Funktion `boxplot` ist, dass die Boxplots nebeneinander gezeichnet werden (`horizontal = FALSE`), wir haben das Argument `horizontal` hier auf `TRUE` (abgekürzt `T`) gesetzt.

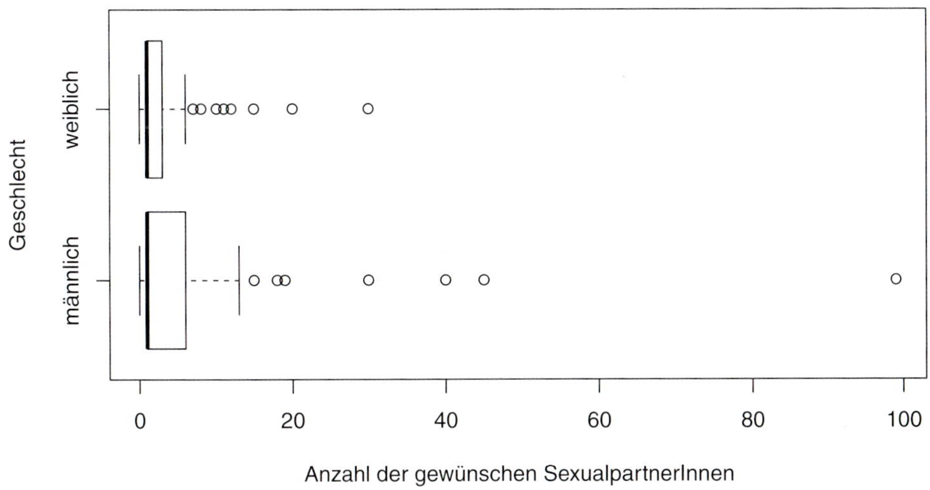

Abbildung 2.6: Boxplots für die Anzahl der gewünschten SexualpartnerInnen in den nächsten 30 Jahren, aufgeteilt nach Männern und Frauen. Diese Abbildung enthält dieselben Werte wie *Abbildung 2.4*

Ein Blick auf ▶*Abbildung 2.6* zeigt sofort, dass, wie wir das ja auch schon berechnet haben, die Mediane für beide Geschlechter gleich sind (Median = 1) und dass beide Gruppen zahlreiche Ausreißer enthalten. Die Streuung ist jedoch in der Gruppe der Männer größer, sowohl gemessen am Interquartilsabstand (die Breite der Box) als auch an der Länge der Whiskers. Außerdem fällt unmittelbar die Asymmetrie beider Verteilungen auf. Der Median befindet sich nicht in der Mitte der Box, sondern deutlich in Richtung des 25%-Quantils.

Boxplots kann man für beliebig viele Untergruppen zeichnen, wobei es natürlich irgendwann etwas unübersichtlich wird. Hier ist ein Beispiel mit zehn Untergruppen. Die Daten dazu stammen aus einer Vorlesungsbefragung mit 108 Studierenden (Datei *ML_I.csv*). Sie sollten unter anderem angeben, wie gerne sie Hunde und Katzen mögen (auf einer Skala von 0 = „mag ich überhaupt nicht" bis 10 = „mag ich sehr gerne"). Der Boxplot zeigt auch Unterschiede zwischen den Gruppengrößen an (verantwortlich dafür: `varwidth = T`). Die Unterschiede in den Gruppengrößen spiegeln sich in der Breite der Box (relativ zur Wurzel der Gruppengrößen).

```
attach(ML_I)
```

Das `Hunde ~ Katzen` in der Funktion bezieht sich auf das (hier und auch im vorigen Beispiel weggelassene) Argument `formula`. Dieses vereinfacht die Analyse bei gruppierten Daten (generell: `Y ~ X`, wobei `X` die Gruppenvariable ist. In unserem Beispiel werden dadurch die Ratings für die Präferenz von Hunden nach den Ratings für die Katzen aufgeteilt – also wie gern mögen die StudienteilnehmerInnen Hunde, deren Rating für die Präferenz von Katzen 0, 1, 2 usw. beträgt?

```
boxplot(Hunde ~ Katzen, varwidth = T, col = 0,
        ylab = "Wie gerne mögen Sie Hunde?", xlab = "Wie gerne mögen Sie Katzen?")
```

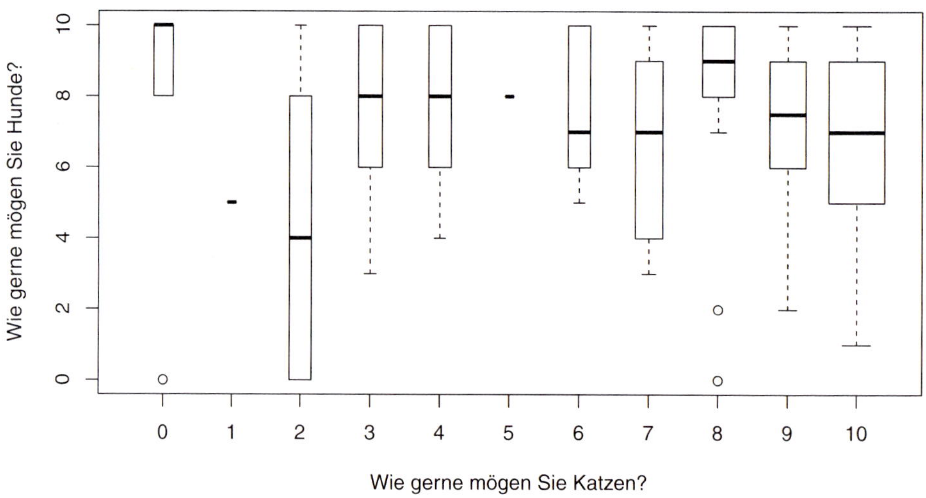

Abbildung 2.7: Boxplots für die Vorliebe für Hunde (0 = „mag ich überhaupt nicht" bis 10 = „mag ich sehr gerne") aufgeteilt nach der Vorliebe für Katzen (0 = „mag ich überhaupt nicht" bis 10 = „mag ich sehr gerne").

Sehen wir uns für einige ausgewählte „Katzenwerte" an, wie viele der Studierenden sie jeweils angekreuzt haben:

```
length(Katzen[Katzen == 0])
  5
length(Katzen[Katzen == 1])
  1
length(Katzen[Katzen == 5])
  1
length(Katzen[Katzen == 10])
  38
detach(ML_I)
```

So gab es beispielsweise fünf Studierende, die angaben, dass sie Katzen überhaupt nicht mögen („0" auf der X-Achse). Mindestens eine Person in dieser Gruppe mag Hunde überhaupt nicht (Wert von „0" auf der Y-Achse) und mindestens eine mag Hunde sehr gerne („10" auf der Y-Achse). Weit mehr, nämlich 38 Studierende, gaben an, dass sie Katzen sehr gerne mögen („10" auf der X-Achse). Aber auch in dieser Gruppe verteilt sich die Vorliebe für Hunde über nahezu den gesamten Wertebereich (von „1" bis „10"). Die Striche über der „1" und der „5" auf der X-Achse repräsentieren jeweils eine(n) Studierende(n): Quartile, Median und auch alle anderen Werte sind hier identisch.

Insgesamt zeigen die Boxplots in ▶*Abbildung 2.7* zwar Lage und Streuung für die Vorliebe für Hunde, aufgeteilt nach Untergruppen, die nach ihrer Katzenliebe geordnet sind, aber die Abbildung zeigt auch den Zusammenhang zwischen den beiden Variablen. Genauer gesagt zeigt sich, dass die meisten Studierenden eine relativ große Zuneigung sowohl für Katzen (breite Boxen am Ende der Skala) als auch für Hunde (hohe Wert für die Mediane) haben. Wir werden uns diesen Zusammenhang im nächsten Kapitel noch etwas genauer ansehen.

Es gibt in R noch eine unglaubliche Vielzahl von interessanten Boxplot-Varianten (mit jeweils leicht abgeänderten Funktionsnamen), auf die wir in diesem Buch nicht näher eingehen können. Einige dieser Varianten finden Sie, wenn Sie in folgenden Paketen suchen: `aplpack`, `ggplot`, `gplots`, `sfsmisc`, `Rlab`, oder `vioplot`. Eine kleine pragmatische Einschränkung für den Boxplot gibt es aber: Wenn Sie eine ordinale Variable mit sehr wenigen (z. B. nur zwei oder drei) Ausprägungen haben, ist eine kategoriale Darstellung oft sinnvoller.

2.5 Kategoriale (nominalskalierte) Daten

Wie schon erwähnt, sind die klassischen „Paare" für Lage- und Streuungsmaße zum einen arithmetisches Mittel und Standardabweichung, sowie zum anderen Median und Interquartilsabstand. Ersteres kann nur bei intervallskalierten Daten verwendet werden und sowohl das arithmetische Mittel als auch die Standardabweichung sind sehr sensibel für Abweichungen von einer symmetrischen Verteilung der Daten (siehe Abschnitt *2.2*). Allerdings sind sie die Grundlage für sehr viele interessante statistische Methoden, die wir in den nächsten Kapiteln noch beschreiben werden. Median und Interquartilsabstand sind dagegen weitaus robuster (siehe z. B. ▶*Abbildung 2.5*), aber auch weniger flexibel nutzbar. Wenn die Daten jedoch kategorial sind, also nur auf einer Nominalskala gemessen werden können, ergeben weder Mittelwerte noch Mediane Sinn. Hier ist man meist daran interessiert, wie viele Werte die einzelnen Kategorien beinhalten.

In unserer Vorlesungsbefragung haben wir u. a. das Geschlecht der TeilnehmerInnen abgefragt (unsere Datei *ML_I.csv*). Zur Darstellung benutzen wir die sehr nützliche Funktion `table`. Hier ist das Ergebnis (diesmal zur Abwechslung ohne `attach`):

```
Geschlecht_tab <- table(ML_I$Geschlecht)
```

Wir benutzen die Tabellenwerte auch noch später und haben sie deswegen dem neuen R-Objekt *Geschlecht_tab* zugewiesen:

```
Geschlecht_tab

   divers maennlich  weiblich
        1        23        84
```

Oft interessiert bei nominalskalierten Daten auch, welcher Wert am häufigsten vorkommt. Für diesen Wert, den *Modalwert* oder *Modus*, gibt es im Standard-R, das heißt in den Funktionen, die automatisch beim Start von R geladen werden, keine dieses Namens, aber eine, die genau das macht (`which.max`). Für diese Funktion brauchen wir die Häufigkeiten in den einzelnen Kategorien, also eine Tabelle, die wir für die Variable Geschlecht schon mit `table` erzeugt haben und der wir den Namen *Geschlecht_tab* zugewiesen haben:

```
which.max(Geschlecht_tab)

   weiblich
```

Allerdings hat `which.max` den Nachteil, dass es bei mehreren Modalwerten nur den ersten angibt. Alternativ kann auch die Funktion `Mode` aus dem Paket *DescTools* (Signorell et al., 2020) benutzt werden.[6] Hierfür ist es nicht notwendig, vorher eine Tabelle zu erzeugen.

```
library(DescTools)
Mode(ML_I$Geschlecht)

   "weiblich"
   attr(,"freq")
   84
```

Die Funktion `Mode` findet zunächst dasselbe heraus wie die Funktion `which.max`, nämlich dass „weiblich“ die häufigste Kategorie ist. Darüber hinaus stellt sie fest, dass die Häufigkeit (`"freq"`) in dieser Kategorie 84 beträgt.

Wir können die Werte in den einzelnen Kategorien natürlich auch als Grafik darstellen (siehe ▶*Abbildung 2.8*). Dazu bietet sich die Funktion `barplot` an.

```
barplot(Geschlecht_tab, xlab = "Geschlecht", ylab = "Häufigkeit", col = 0)
```

6 Das Paket *DescTools* enthält eine große Menge nützlicher Funktionen für alle Bereiche der Statistik.

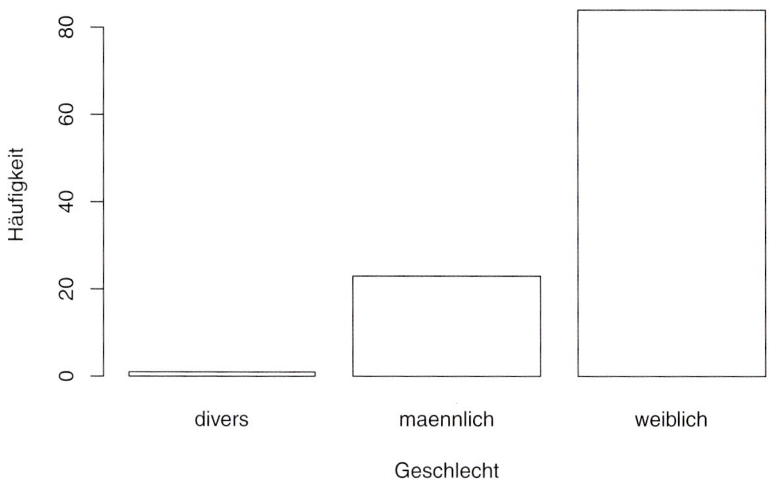

Abbildung 2.8: Häufigkeitsverteilung für die kategoriale Variable *Geschlecht*.

Sehen wir uns nun noch an, wie die Geschlechterverteilung in Abhängigkeit davon aussieht, ob die Studierenden VegetarierInnen sind oder nicht. Dazu brauchen wir eine zweidimensionale Häufigkeitsverteilung. Auch das geht wieder mit der Funktion `table`.

```
Geschlecht_veg_tab <- table(ML_I$Geschlecht, ML_I$Vegetarier)
Geschlecht_veg_tab
```

```
           ja nein
divers      0    1
maennlich   2   21
weiblich   27   57
```

Wir sehen also beispielsweise, dass 27 Studentinnen, aber nur zwei Studenten fleischlos leben. Wenn man auch die Randsummen dazu haben möchte, geht das mit der Funktion `addmargins`:

```
addmargins(Geschlecht_veg_tab)
```

```
            ja nein Sum
divers       0    1   1
maennlich    2   21  23
weiblich    27   57  84
Sum         29   79 108
```

Insgesamt waren also in unserer Stichprobe von 108 Studierenden 29 VegetarierInnen und 79 Nicht-VegetarierInnen. Die Verteilungen für beide Gruppen können wir auch bildlich darstellen (▶*Abbildung 2.9a*). Wir benutzen für den Vergleich zweier Darstellungsmöglichkeiten zwei nebeneinanderliegende Fenster:

```
par(mfrow = c(1, 2))
barplot(Geschlecht_veg_tab, beside = T, ylim = c(0,60),
```

```
        col = c("black", "grey", "white"), main = "a)",
        xlab = "VegetarierInnen", ylab = "Anzahl")
```

In diesem Fall ist eine Legende sehr hilfreich:

```
legend("top", legend = c("divers", "männlich", "weiblich"),
       fill = c("black", "grey", "white"))
```

Für die Platzierung der Legende gibt es folgende Auswahlmöglichkeiten: `"bottomright"`, `"bottom"`, `"bottomleft"`, `"left"`, `"topleft"`, `"top"`, `"topright"`, `"right"`, und `"center"` – wir haben `"top"` gewählt. Auch hier sollten Sie nicht vergessen, die Aufteilung der Zeichenfläche wieder „auszuschalten" (z. B. mit `dev.off()`). Aber selbst wenn Sie es vergessen haben, werden Sie es bemerken, wenn Sie die übernächste Grafik zeichnen.

In ▶*Abbildung 2.9a* sieht man gut, dass sich die Mehrheit der Studierenden *nicht* vegetarisch ernährt, und dass die relative Häufigkeit der Männer bei den Nicht-VegetarierInnen höher ist. Nun wäre natürlich auch noch interessant, wie sich Geschlechteranteile innerhalb der beiden Gruppen verteilen. Das sieht man in ▶*Abbildung 2.9b*. Erzeugt wurde diese Abbildung mit der Funktion `prop.table`. Als Voreinstellung gibt `prop.table` die Anteile für alle Felder einer Tabelle an. Wir wollen jedoch die Geschlechteranteile getrennt für VegetarierInnen und Nicht-VegetarierInnen wissen (die Summe der Anteile der drei Geschlechter in beiden Gruppen ist 100%). Dazu muss man noch das Argument `2` (oder ausführlich: `margin = 2`)[7] für die Spaltenanteile angeben (für die Zeilenanteile wäre das die `1`):

```
Geschlecht_veg_tab_prop <- prop.table(Geschlecht_veg_tab, 2)
```

Wir runden die Ausgabe auf zwei Nachkommastellen:

```
round(Geschlecht_veg_tab_prop, 2)

             ja nein
  divers    0.00 0.01
  maennlich 0.07 0.27
  weiblich  0.93 0.72
```

Und die ▶*Abbildung 2.9b* erstellen wir mit:

```
barplot(Geschlecht_veg_tab_prop, beside = T, ylim = c(0, 1),
        col = c("black", "grey", "white"), main = "b)",
        xlab = "VegetarierInnen", ylab = "Anteil")
legend("topright", legend = c("divers", "männlich", "weiblich"),
       fill = c("black", "grey", "white"))
```

▶*Abbildung 2.9b* zeigt noch deutlicher als ▶*Abbildung 2.9a* das größere Interesse der Studentinnen an fleischloser Kost (bei den VegetarierInnen ist der Frauenanteil insgesamt deutlich höher als bei den Nicht-VegetarierInnen).[8]

7 Zur Erinnerung: Generell gilt, dass Sie die Namen der Argumente (wie z. B. `margin`) nicht extra schreiben müssen, wenn Sie sich an die vorgesehene Reihenfolge halten (die finden Sie, wenn Sie `"?"` und den Namen der Funktion eingeben, z. B. `?prop.table`). Dann reichen die zugewiesenen Werte (also z. B. `2` statt `margin = 2`).

8 Wenn die Abbildung bei Ihnen anders aussieht oder die Legende ungünstig platziert ist, dann probieren Sie doch mal, die Größe des Zeichenfensters zu ändern und die Abbildung erneut zu zeichnen.

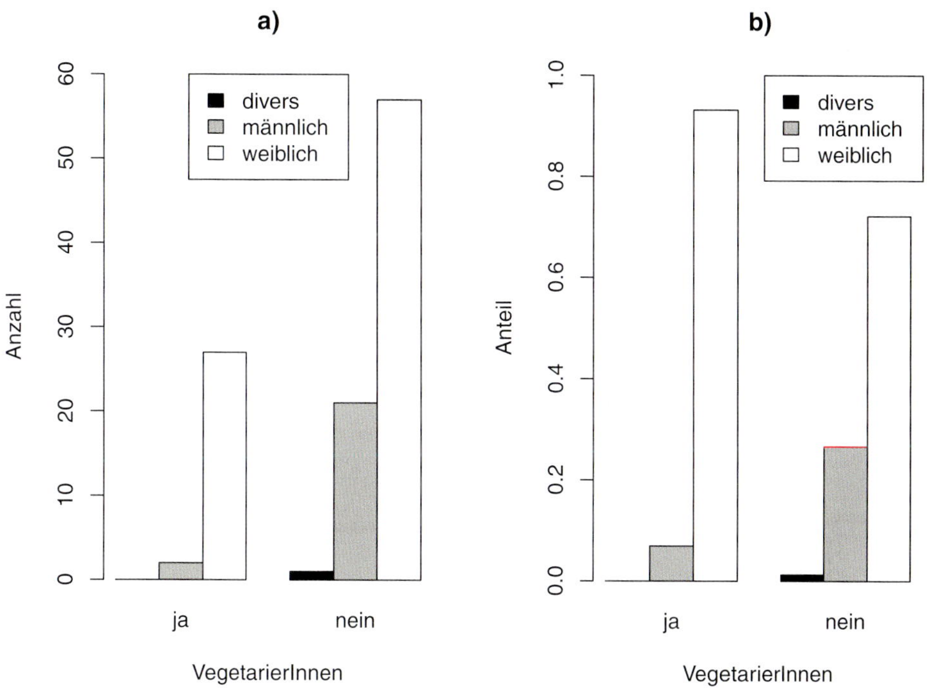

Abbildung 2.9: Wie verteilen sich VegetarierInnen und Nicht-VegetarierInnen auf die Geschlechter? Links sind die absoluten Anzahlen dargestellt und rechts die Anteile.

2.6 Weitere Lage- und Streuungsmaße

Die Lage- und Streuungsmaße sowie die grafischen und semigrafischen Abbildungsmöglichkeiten, die wir bislang behandelt haben, werden in den meisten Fällen für eine erste Analyse Ihrer Variablen ausreichen. Darüber hinaus existiert noch eine Fülle weiterer Verfahren, die eher selten eingesetzt werden. Einige von ihnen sehen wir uns nun auch noch an.

2.6.1 Lagemaße

Gewichtetes arithmetisches Mittel

Wenn man mehrere Gruppenmittelwerte hat, sie aber zu einem Gesamtmittelwert zusammenfassen möchte, könnte man die Mittelwerte ja einfach aufsummieren und durch die Anzahl der Gruppen teilen. Das geht jedoch nur, wenn alle Gruppen gleich groß sind. Wenn das nicht der Fall ist, müssen die einzelnen Gruppenmittelwerte erst mit der jeweiligen Stichprobengröße gewichtet werden. Sehen wir uns ein Beispiel mit drei Gruppen an. Wenn die Werte aller Gruppen vorhanden sind, kann man natürlich das arithmetische Mittel ganz normal berechnen. Allerdings stehen die Einzelwerte nicht immer zur Verfügung – das wäre eine Einsatzmöglichkeit für das gewichtete arithmetische Mittel.

```
Gruppe1 <- c(2, 3, 4, 5, 5)
Gruppe2 <- c(1, 1)
Gruppe3 <- c(4, 4, 4, 4, 5, 5, 5, 5, 5, 5, 5)
```

Nun könnten wir einfach eine Gesamtgruppe bilden und den Mittelwert berechnen:

```
mean(c(Gruppe1, Gruppe2, Gruppe3))
```

```
  4
```

Andernfalls benötigen wir die Gewichte – das sind einfach die Stichprobengrößen:

```
Gewichte <- c(5, 2, 11)
```

Die Funktion `weighted.mean` ist im Paket `DescTools` zu finden:

```
library(DescTools)
Mittelwerte <- c(mean(Gruppe1), mean(Gruppe2), mean(Gruppe3))
weighted.mean (Mittelwerte, Gewichte)
```

```
  4
```

Getrimmtes arithmetisches Mittel

Manchmal ergibt eine erste visuelle Inspektion der Daten (z. B. mithilfe einer Häufigkeitsverteilung oder eines Boxplots), dass die Verteilung der Daten einigermaßen symmetrisch ist, jedoch einen oder mehrere Ausreißer enthält. Diese Ausreißer können den Mittelwert stark verzerren, insbesondere wenn die Stichprobe relativ klein ist. Wenn man aber dennoch ein arithmetisches Mittel berechnen möchte, bietet sich das sogenannte *getrimmte arithmetische Mittel* an, bei dem vor der Berechnung an beiden Enden der Verteilung ein bestimmter Prozentsatz abgeschnitten (getrimmt) wird. Zum passgenauen Abschneiden benutzen Sie das Argument `trim` in der Funktion `mean`: so schneidet beispielsweise `trim = 0.1` links und rechts 5% der Verteilung ab, also insgesamt 10%.

Sehen wir uns zur Illustration an, wie sich der getrimmte Mittelwert der von den Männern gewünschten Anzahl von SexualpartnerInnen verändert (siehe ▶*Abbildung 2.4*), wenn wir immer mehr Werte (jeweils gleich viele links und rechts) von der entsprechenden Verteilung abschneiden.

Hier noch mal zur Erinnerung:

```
round(mean(Desired_m), 2)
```

```
  7.88
```

Nun schneiden wir 10% der Werte ab („links" und „rechts" je 5%):

```
round(mean(Desired_m, trim = 0.1), 2)
```

```
  3.72
```

nun 20%:

```
round(mean(Desired_m, trim = 0.2), 2)
```

```
2.83
```

und nun das Maximum, 50%:

```
round(mean(Desired_m, trim = 0.5), 2)
```

```
1
```

Wir sehen, dass der Mittelwert immer kleiner wird, je mehr wir abschneiden, aber bei einer so asymmetrischen Datenverteilung ist der getrimmte Mittelwert kein gutes Maß, weil solche außergewöhnlichen Verteilungen in aller Regel nicht ohne Grund entstehen. Und die Analyse sollte entweder überprüfen, ob vermutete Gründe zutreffen, oder sie sollte Ideen für solche Gründe liefern.

2.6.2 Streuungsmaße

Sie haben sich vielleicht zunächst gefragt, warum das Streuungsmaß, das zusammen mit dem arithmetischen Mittel verwendet wird, nicht einfach die Summe der Abweichungen der einzelnen Werte vom Mittelwert ist, sondern stattdessen die Summe der *quadrierten* Abweichungen (geteilt durch die Anzahl der Werte). Wenn, dann sind Sie sicher auch schon auf die Antwort gekommen: Die Summe dieser einfachen Abweichungen ist immer 0, hat also keinerlei diagnostische Aussagekraft:

$$\frac{1}{n}\sum_{i=1}^{n}\left(X_i-\overline{X}\right)=0$$

Bei der Varianz können sich die Differenzen der Einzelwerte vom Mittelwert nicht gegenseitig aufheben, weil sie durch das Quadrieren immer positiv sind. Ausschließlich positive Werte bekommt man jedoch auch, indem man die Absolutwerte dieser Differenzen benutzt, die *mittlere absolute Abweichung*, auch im Deutschen oft mit *MAD* (mean absolute deviation) abgekürzt. Die gibt es für Mittelwerte und Mediane:

$$MAD_{\underline{\overline{X}}}=\frac{1}{n}\sum_{i=1}^{n}\left(\left|X_i-\overline{X}\right|\right) \text{ und } MAD_{\underline{Median}}=\frac{1}{n}\sum_{i=1}^{n}\left(\left|X_i-Median\right|\right)$$

Beide Werte können in R mit der Funktion `MeanAD` aus dem Paket *DescTools* berechnet werden. Betrachten wir ein einfaches Zahlenbeispiel:

```
Beispiel <- c(2, 3, 4, 5, 5)
library (DescTools)
```

Zunächst berechnen wir MAD für das arithmetische Mittel:

```
MeanAD(Beispiel, center = mean)
```

```
1.04
```

und dann für den Median:

```
MeanAD(Beispiel, center = median)
```

```
1
```

Zum Vergleich noch die Standardabweichung, wie wir sie im Kasten *„Eigene Funktionen für s^2 und s“* definiert haben:

```
round(s(Beispiel), 2)
```

```
1.17
```

und der Vollständigkeit halber auch noch die Schätzung für die Populationsstandardabweichung:

```
round(sd(Beispiel), 2)
```

```
1.3
```

Die MAD für den Mittelwert wird in der Praxis kaum benutzt, aber die MAD für den Median wird manchmal als Ergänzung oder Ersatz für den Interquartilsabstand angegeben.

2.6.3 *z*-Werte

Eigentlich sind *z*-Werte weder Lage- noch Streuungsmaße, aber sie beruhen auf beidem, nämlich auf arithmetischem Mittel und Standardabweichung, und spielen in der Statistik auch aus praktischen Gründen eine besondere Rolle. Hierzu transformiert man die ursprünglichen Variablenwerte so, dass sie den Mittelwert 0 und eine Standardabweichung von 1 haben. Alle *z*-Werte sind also ein Vielfaches ihrer Standardabweichung. Die Berechnung ist einfach:

$$z_i = \frac{X_i - \bar{X}}{s}$$

Ist die ursprüngliche Variable X normalverteilt, dann ist auch die transformierte Variable z normalverteilt, und zwar mit Mittelwert 0 und Standardabweichung 1: die sogenannte *Standardnormalverteilung*. Die Standardnormalverteilung wird oft auch *z*-Verteilung genannt. Daher der Name. Wenn die ursprüngliche Variable nicht normalverteilt ist, sind natürlich auch die *z*-Werte nicht normalverteilt. Trotzdem erhält man durch die *z*-Transformation immer Verteilungen mit Mittelwert 0 und einer Standardabweichung von 1. Hier gelten natürlich dieselben Vorbehalte hinsichtlich der Anwendung von arithmetischem Mittel und Standardabweichung, die wir in *Abschnitt 1.2* diskutiert haben. *z*-Werte lassen sich am leichtesten miteinander vergleichen, wenn sie aus einigermaßen symmetrischen Verteilungen stammen.

Sehen wir uns ein Beispiel aus der Datei *ML_I.csv* an. Die Studierenden wurden in der betreffenden Untersuchung unter anderem nach ihren Punktwerten im Deutsch- und Matheabitur gefragt. Wenn nun Andreas 14 Punkte in Mathe hat und Andrea 14 Punkte in Deutsch: Wer von beiden hat, relativ zu allen anderen Studierenden, die bessere Note? Das ist eine Frage, die wir durch den Vergleich der zwei *z*-Werte beantworten können.

Die Verteilung der Punktewerte sieht man in ▶*Abbildung 2.10* (Originaldaten). Insbesondere die Verteilung der Mathe-Punkte enthält einige merkwürdige Werte (0, 1 und 2 Punkte). Solche Werte kommen manchmal dadurch zustande, dass die Fragen nicht richtig verstanden werden und in unserer Umfrage die Studierenden möglicherweise Noten statt Punkte angegeben haben. Im rechten Teil der ▶*Abbildung 2.10* haben wir diese Ausreißer in den Mathepunkten entfernt. Für unsere Vermutung (Aufgabe falsch verstanden) spricht, dass dadurch auch die Personen mit den zwei Punkten beim Deutschabitur verschwunden sind. Wir verwenden die Daten aus der rechten Abbildung für die Berechnung der *z*-Werte:

```
par(mfrow = c(2, 1))
```

Wir zeichnen zunächst den linken Boxplot:

```
boxplot(ML_I$Mathe, ML_I$Deutsch, names = c("Mathe", "Deutsch"),
        ylab = "Punkte im Abitur", main = "Originaldaten")
```

Dann entfernen wir die „Mathe-Punkte-Ausreißer“ für beide Variablen:

```
Mathe_ohne <- ML_I$Mathe[ML_I$Mathe > 3]
Deutsch_ohne <- ML_I$Deutsch[ML_I$Mathe > 3]
length(Mathe_ohne)
```

```
  104
```

Wir sehen, dass vier der ursprünglich 108 Studienteilnehmer nun nicht mehr im Datensatz sind. Nun noch der rechte Boxplot:

```
boxplot(Mathe_ohne, Deutsch_ohne, ylim = c(0,15), names = c("Mathe", "Deutsch"),
        ylab = "Punkte im Abitur", main = "Mathe > 3 Punkte")
```

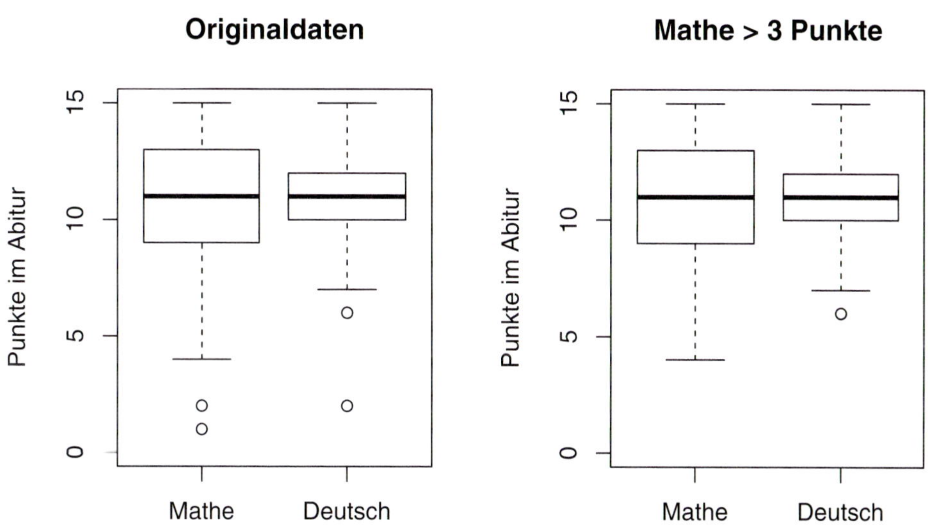

Abbildung 2.10: Verteilungen der Punktewerte in Mathematik und Deutsch. Links die Originaldaten und rechts die Daten für die Studierenden, die einen Mathepunktwert größer als 3 angegeben haben.

Jetzt berechnen wir die z-Werte, zunächst mit der geschätzten Populationsstandardabweichung:

```
z_14_Andreas = round ((14 - mean(Mathe_ohne)) / sd(Mathe_ohne), 2)
z_14_Andreas
```

```
  1.29
```

und

```
z_14_Andrea = round ((14 - mean(Deutsch_ohne)) / sd(Deutsch_ohne), 2)
z_14_Andrea
```

```
  1.52
```

Andrea ist also, relativ zu allen Studierenden, deutlich besser als Andreas. Was passiert, wenn wir die „normale" Standardabweichung nehmen, die wir im *Kasten – Eigene Funktionen für s^2 und s* definiert haben?

```
z_14_Andreas = round ((14 - mean(Mathe_ohne)) / s(Mathe_ohne), 2)
z_14_Andreas
```

```
  1.3
```

```
z_14_Andrea = round ((14 - mean(Deutsch_ohne)) / s(Deutsch_ohne), 2)
z_14_Andrea
```

```
  1.53
```

Die z-Werte vergrößern sich etwas, aber da es nur um relative Vergleiche geht, macht es keinen Unterschied, ob man `sd` oder `s` benutzt.

Wenn Sie alle Werte einer Variablen zur Verfügung haben, können Sie diese Werte einfach mit der Funktion `scale` in z-Werte transformieren. Wenn wir dann Mittelwert und Standardabweichung der z-transformierten Variablen berechnen, sollten wir 0 und 1 erhalten. Überprüfen wir diese Annahme:

```
mean(scale(Mathe_ohne))
```

```
  -1.449728e-16
```

Eigentlich sollte das ja 0 sein, denken Sie vielleicht. Wieso haben wir dann -1.449728e-16 rausbekommen (*e* steht für Exponent)? Das `e-16` bedeutet, dass Sie den Wert der vorne dransteht noch durch 10^{16} teilen müssen. Wenn Sie den Wert auf 15 Nachkommastellen runden, erhalten Sie eine glatte 0.

```
round(mean(scale(Mathe_ohne)), 15)
```

```
  0
```

Solche Ergebnisse kommen dadurch zustande, dass das R-Programm (wie im Übrigen auch alle anderen Statistikprogramme) bei Kommazahlen mit sehr vielen Nachkommastellen irgendwann runden muss. Das kann zu (winzig) kleinen und deswegen vernachlässigbaren Ungenauigkeiten führen:

```
sd(scale(Mathe_ohne))
```

```
  1
```

Auch wenn man die Standardisierung mit `sd` durchführt (`scale` benutzt `sd`), hat die Verteilung der z-Werte also wie gewünscht den Mittelwert 0 und die Standardabweichung 1.

Zusammenfassung

In diesem Kapitel machen wir Vorschläge dafür, wie man sich mithilfe von R mit seinen Daten vertraut macht. Das sind, wie gesagt, nur Vorschläge und mit etwas Praxis werden Sie viele andere Möglichkeiten (meist Varianten dessen, was wir Ihnen hier vorschlagen) finden, die R für die ersten Schritte der Datenanalyse zur Verfügung stellt. Dabei möchten wir Sie ermutigen, die weiteren Möglichkeiten der Funktionen, die wir Ihnen hier vorschlagen, auszuprobieren, indem Sie die Argumente der Funktionen „durchprobieren". Wenn Sie den Eindruck haben, dass Sie noch weitere Informationen aus den Daten benötigen, möchten wir Sie ermuntern, selbst nach alternativen Möglichkeiten in weiteren Paketen zu suchen (eine gute Quelle dafür ist das Internet!).

Wir empfehlen, die Datenanalyse mit grafischen oder semigrafischen Verfahren zu beginnen. Solche Verfahren erlauben es, Besonderheiten oder Irregularitäten in den Daten zu sehen, die Sie nicht erkennen, wenn Sie sofort statistische Kennwerte wie arithmetisches Mittel oder Standardabweichung berechnen.

Bei der Berechnung von Lage- und Streuungsmaßen ist es wichtig, sich im Klaren darüber zu sein, welchem Skalenniveau Ihre Daten genügen. Die meisten Verfahren existieren für intervallskalierte Variablen, aber wenn Ihre Daten nur ordinal- oder nominalskaliert sind, machen beispielsweise arithmetische Mittelwerte und Standardabweichungen keinen Sinn und Sie müssen auf andere Verfahren ausweichen. R stellt aber auch für diesen Fall eine Vielzahl von Analysemöglichkeiten zur Verfügung (siehe ▶*Kapitel 8*).

Die R-Funktionen in diesem Kapitel

In diesem Kasten stellen wir Ihnen die Funktionen, die wir in diesem Kapitel benutzt haben, noch einmal zusammen. Dabei lassen wir aus Gründen der Überschaubarkeit die Argumente weg (die Argumente der jeweiligen Funktionen und deren mögliche Belegungen erhalten Sie immer durch die Eingabe von `?funktionsname`). Wenn Funktionen nicht schon vorinstalliert sind, werden sie zusammen mit dem Paket, aus dem sie stammen, aufgelistet (`Paket::Funktion`). Funktionen, die Sie bereits aus dem ersten Kapitel kennen, sind hier weggelassen.

Funktion	Kurze Beschreibung
`boxplot`	Erstellt einen Boxplot
`errbar`	Erstellt Fehlerbalken
`hist`	Erstellt ein Histogramm
`stem`	Erstellt ein Stamm-Blatt-Diagramm
`aplpack::stem.leaf`	Erstellt ein Stamm-Blatt-Diagramm (komfortabler als `stem`)
`aplpack::stem.leaf.backback`	Erstellt ein zweiseitiges Stamm-Blatt-Diagramm

Tabelle 2.1: (Semi-)Grafik-Funktionen

Funktion	Kurze Beschreibung
`fivenum`	Berechnet Median, Quartile, sowie kleinsten und größten Wert
`mean`	Berechnet das arithmetische Mittel
`DescTools::MeanAD`	Berechnet die mittlere absolute Abweichung
`median`	Berechnet den Median
`DescTools::Mode`	Bestimmt den Modalwert (oder die Modalwerte) und gibt seine (ihre) Häufigkeit(en) aus
`quantile`	Berechnet beliebige Quantile
`summary`	Wie `fivenum`, berechnet aber zusätzlich das arithmetische Mittel
`DescTools::weighted.mean`	Berechnet einen gewichteten Mittelwert
`which.max`	Bestimmt den den Index für den häufigsten Wert (Modalwert)

Tabelle 2.2: Funktionen zur Berechnung von Lagemaßen

Funktion	Kurze Beschreibung
`IQR`	Berechnet den Interquartilsabstand
`sd`	Berechnet die Standardabweichung (geschätzte Populationsstandardabweichung)
`var`	Berechnet die Varianz (geschätzte Populationvarianz)

Tabelle 2.3: Funktionen zur Berechnung von Streuungsmaßen

Funktion	Kurze Beschreibung
`addmargins`	Fügt die Randsummen einer Tabelle hinzu
`attach`	Macht eine Datendatei zur aktuellen Datei
`detach`	Macht die Wirkung von `attach` rückgängig
`dev.off()`	Setzt alle Parameter auf ihren Ausgangswert zurück
`legend`	Fügt eine Legende zu einer Abbildung hinzu
`length`	Berechnet die Anzahl der Datenpunkte
`mtext`	Erstellt Beschriftungen an den Rändern eine Grafik
`par(mfrow=c(n1, n2))`	Legt ein Zeichenfenster mit *n1* Zeilen und *n2* Spalten fest
`prop.table`	Erstellt eine Tabelle mit Anteilen (statt Häufigkeiten)
`round`	Rundet Zahlenwerte
`seq`	Erstellt Sequenzen von Zahlen
`sqrt`	Berechnet die Wurzel
`table`	Erstellt eine Tabelle mit absoluten Häufigkeiten
`tapply`	Erlaubt die Anwendung einer Funktion auf alle Subgruppen einer Variablen

Tabelle 2.4: Weitere Funktionen

Ergänzende und weiterführende Literatur

Kapitel 6 in Sedlmeier, P. & Renkewitz, F. (2018). *Forschungsmethoden und Statistik: Ein Lehrbuch für Psychologen und Sozialwissenschaftler* (3., überarbeitete und erweiterte Auflage). Hallbergmoos: Pearson.

(Einige Hintergrundinformationen zu den beschriebenen Verfahren)

Tukey, J. W. (1977). *Exploratory data analysis.* Reading, MA: Addison Wesley.

(nach wie vor der Standardtext zur explorativen Datenanalyse)

Burkhardt, M., & Sedlmeier, P. (2015). *Deskriptive und explorative Datenanalyse mit R.* Mering: Rainer Hampp Verlag.

(Weitere R-Anwendungen zum Thema dieses Kapitels)

Zusammenhang zwischen Variablen: Korrelation

3

3.1 Was ist eine Korrelation? 73

3.2 Produkt-Moment-Korrelationskoeffizient 75

3.2.1 Ausreißer durch visuelle Inspektion finden: Streuungsdiagramme mit Boxplots 77

3.2.2 Mehrfacheintrage sichtbar machen: Sonnenblumendiagramme 79

3.3 Auswirkungen von Nichtlinearität auf den Produkt-Moment-Korrelationskoeffizienten 82

3.4 Viele Korrelationen auf einen Blick: Streuungsdiagramm-Matrix 83

3.5 Partialkorrelation: der Einfluss von Drittvariablen 86

3.5.1 Bubble Plots 86

3.5.2 Der Partialkorrelationskoeffizient 88

3.6 Haben zwei Verteilungen die gleiche Form? Quantilplots 90

3.7 Weitere Zusammenhangsmaße 92

3.7.1 Ordinalskalierte Daten 92

3.7.2 Nominalskalierte Daten 94

ÜBERBLICK

Lernziele

In diesem Kapitel sollen Sie lernen, wie man den Zusammenhang zwischen zwei oder mehr Variablen mithilfe von R analysiert. Dabei lernen Sie sowohl verschiedene Koeffizienten kennen, die die Stärke des Zusammenhangs zweier Variablen beschreiben, als auch grafische Verfahren, die in der Regel deutlich mehr Informationen über solche Zusammenhänge liefern. Nach dem Durcharbeiten des Kapitels sollten Sie in der Lage sein

- einfache Streuungsdiagramme für intervallskalierte (metrische) Variablen zu erstellen,
- mithilfe von Streuungsdiagrammen außergewöhnliche Werte (Ausreißer) und Muster (z. B. Nichtlinearität) zu identifizieren,
- sinnvolle Streuungsdiagramme für intervallskalierte Variablen mit wenigen Merkmalsausprägungen zu zeichnen (Sonnenblumendiagramme),
- mehrere Streuungsdiagramme auf einmal abzubilden (Streuungsdiagramm-Matrix),
- den Einfluss von Drittvariablen sichtbar zu machen (Bubble Plots),
- Korrelationskoeffizienten und Partialkorrelationskoeffizienten für metrische Variablen zu berechnen,
- Korrelationskoeffizienten für ordinal- und nominalskalierte (kategoriale) Variablen zu berechnen und
- Abbildungen für den Zusammenhang von nominalskalierten Variablen (Assoziations- und Mosaikplots) zu erstellen.

Die meisten Fragestellungen in der Psychologie und den Sozialwissenschaften beschränken sich nicht auf eine einzelne Variable, sondern beinhalten die Analyse von Zusammenhängen zwischen zwei oder mehreren Variablen. Wir werden uns in diesem Kapitel auf Zusammenhänge zwischen zwei Variablen konzentrieren. (Die Analyse von Zusammenhängen zwischen mehr als zwei Variablen beschreiben wir ausführlicher in ▶*Kapitel 10*.) Wenn man Zusammenhänge betrachtet, kann man entweder beide Variablen gleichberechtigt behandeln – diese Art von Zusammenhang wird meist als *Korrelation* bezeichnet. Damit befassen wir uns in diesem Kapitel. Eine andere Möglichkeit ist, die eine Variable als Vorhersage- oder *Prädiktorvariable* zu betrachten und die andere als Ergebnis- oder *Kriteriumsvariable* – diese Art der Analyse nennt man in der Regel *Regression*: das Thema des nächsten Kapitels. Wir werden uns in diesem Kapitel hauptsächlich mit *linearen* Zusammenhängen zwischen intervallskalierten oder metrischen Variablen beschäftigen. Das ist der Standardfall in Psychologie und Sozialwissenschaften. Ein besonderes Augenmerk legen wir dabei darauf, wie Besonderheiten in diesen Zusammenhängen mithilfe spezieller Streuungsdiagramme aufgedeckt werden können. Natürlich stellen wir auch einige Verfahren für ordinal- und nominalskalierte oder kategoriale Variablen vor und zeigen, wie man auch Zusammenhänge zwischen solchen Variablen grafisch analysieren kann.

3.1 Was ist eine Korrelation?

Eine hohe positive Korrelation bedeutet, grob gesagt, dass die Höhe der Werte der einen Variablen mit der Höhe der Werte der anderen Variablen korrespondiert oder kovariiert. Eine hohe negative Korrelation bedeutet das Gegenteil: Hohe Werte auf der einen Variablen korrespondieren mit niedrigen auf der andern und umgekehrt. Sehen wir uns zwei illustrative Beispiele an, zusammen mit zwei Zufalls-Korrelationen (▶*Abbildung 3.1*). Das erste Beispiel ist ein idealisierter Zusammenhang zwischen Gewicht und Körpergröße für zehn Personen: ein Zentimeter mehr Körpergröße korrespondiert mit einem Zuwachs von zwei Kilogramm Gewicht:

```
Gewicht <- c(65, 67, 69, 71, 73, 75, 77, 79, 81, 83)
Körpergröße <- c(175, 176, 177, 178, 179, 180, 181, 182, 183, 184)
```

Ein negativer Zusammenhang besteht wohl üblicherweise zwischen dem Sättigungsgrad und dem Hunger, den jemand hat. Nehmen wir an, wir könnten beides auf einer Skala von 1 bis 10 messen, dann wäre ein idealisierter negativer Zusammenhang dieser hier:

```
Sättigung <- c(1, 2, 3, 4, 5, 6, 7, 8, 9, 10)

Hunger <- rev(Sättigung)
```

Die Funktion `rev` dreht eine Liste einfach um:

```
Hunger

  10  9  8  7  6  5  4  3  2  1
```

Nun besteht dieser Zusammenhang zwischen Sättigungsgrad und Hunger nicht immer. In einer Gruppe von Personen mit Essstörungen könnte dieser Zusammenhang sogar zufällig sein. Wir paaren zur Illustration einfach mal eine zufällige Reihenfolge der Werte für den Sättigungsgrad mit den Werten für Hunger.[1] Dazu benutzen wir die Funktion `sample`:

```
Zufallsziehung1 <- sample(Sättigung)
Zufallsziehung1

  3 10 9  1  4  6  7  5  2  8
```

Und noch einmal:

```
Zufallsziehung2 <- sample(Sättigung)
Zufallsziehung2

  6 4  8  7  2  1  9  3 10  5
```

Und jetzt zeichnen wir die vier grafischen Zusammenhänge (▶*Abbildung 3.1*) mit der Funktion `plot`. Zuerst bereiten wir vier Zeichenfelder vor

```
par(mfrow = c(2, 2))
```

1 Wir könnten auch eine Zufallsauswahl der Hunger-Werte treffen. Es sind ja dieselben Zahlen.

und zeichnen dann die vier Streuungsdiagramme (die unteren beiden Zusammenhänge in ▶*Abbildung 3.1* können bei Ihnen natürlich ganz anders aussehen – die Werte werden ja immer zufällig ausgewählt):

```
plot(Gewicht, Körpergröße)
plot(Hunger, Sättigung)
plot(Zufallsziehung1, Hunger)
plot(Zufallsziehung2, Hunger)
dev.off()
```

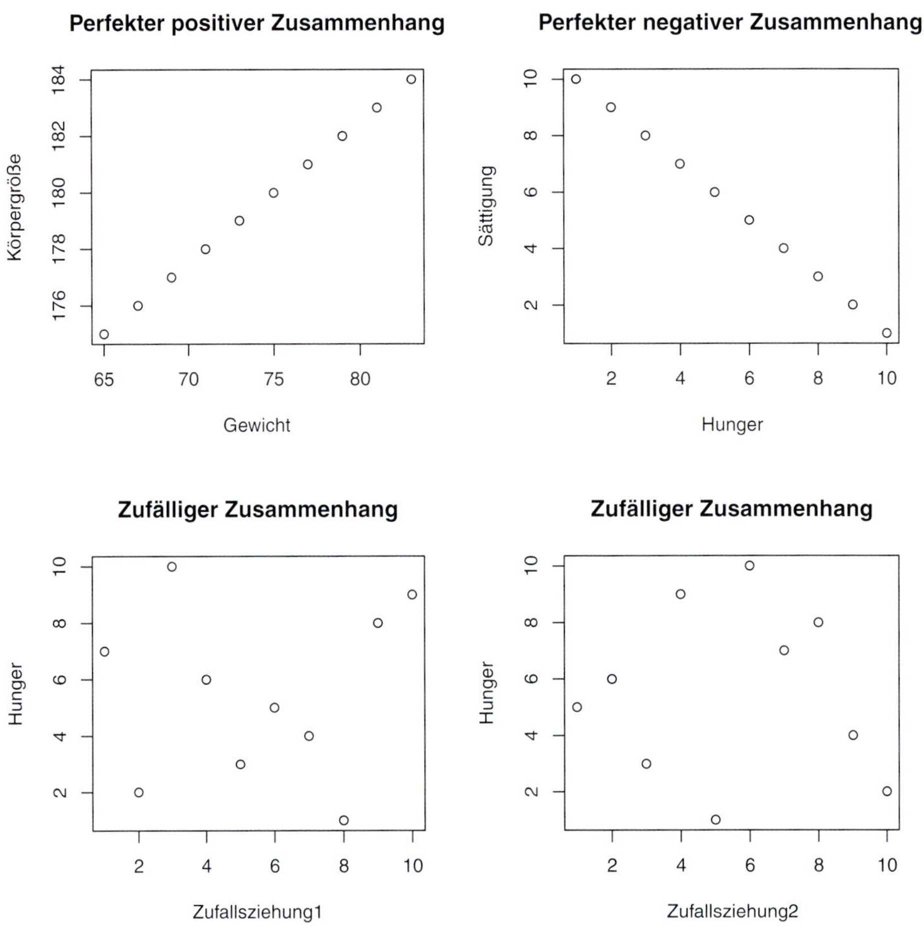

Abbildung 3.1: Arten von Zusammenhängen zwischen zwei intervallskalierten Variablen

3.2 Produkt-Moment-Korrelationskoeffizient

Die Zusammenhänge in ▶*Abbildung 3.1* lassen sich auch quantifizieren. Das Maß hierfür ist der Produkt-Moment-Korrelationskoeffizient[2] *r*, manchmal nach seinem „Erfinder" Karl Pearson auch Pearson-Korrelationskoeffizient oder, weil auch Auguste Bravais an seiner mathematischen Ableitung beteiligt war, Bravais-Pearson-Korrelation genannt. Meist ist dieser Koeffizient gemeint, wenn man von einem Korrelationskoeffizienten spricht, aber wir werden in *Abschnitt 3.5* auch noch einige andere Koeffizienten zur Beschreibung von Zusammenhängen kennenlernen. Der Pearson-Korrelationskoeffizient kann nach folgender Formel berechnet werden:

$$r_{xy} = \frac{\frac{1}{n}\sum_i^n (x_i - \bar{x}) \times (y_i - \bar{y})}{s_x \times s_y} = \frac{Kovarianz(x,y)}{s_x \times s_y}$$

Nun sieht man auch eher, was mit Kovariation gemeint ist. Im Zähler des Koeffizienten steht nichts anderes als die *Kovarianz*, das arithmetische Mittel der Produkte der Abweichungen der beiden Variablen von ihrem jeweiligen Mittelwert. Weil die Kovarianz stark von den Messeinheiten abhängig ist (denken Sie beispielsweise an den Unterschied, den eine Messung in Millimetern statt in Metern machen würde), wird der Wert noch durch das Produkt der Standardabweichungen geteilt. Man kann zeigen, dass der Wert von *r* auf diese Weise maximal 1 und minimal –1 werden kann.

Sehen wir uns nun an, wie hoch *r* für die Beispiele in ▶*Abbildung 3.1* ist. Hierfür benutzen wir die Funktion `cor`:

```
cor(Gewicht, Körpergröße)
  1
cor(Sättigung, Hunger)
  -1
```

Wie erwartet ist die erste Korrelation maximal und die zweite minimal. Zwei Nachkommastellen reichen in der Regel für die Darstellung von Korrelationen (mehr verwirren eher):

```
round(cor(Zufallsziehung1, Hunger), 2)
  0.07
round(cor(Zufallsziehung2, Hunger), 2)
  -0.08
```

In diesen zwei Beispielen ist der Wert der Korrelation nahe 0, wie man es erwarten würde.[3]

2 In der Statistik ist ein „Moment" eine quantitative Maßzahl zur Beschreibung einer Verteilung. Beispielsweise ist das 1. Moment der Erwartungswert (der Mittelwert der Population, geschätzt durch das arithmetische Mittel) und das 2. Moment die Varianz.

3 Sie werden aber, wenn Sie selbst Zufallsziehungen mit `sample(Sättigung)` durchführen, auch manchmal relativ große Korrelationen erhalten. Das liegt daran, dass die Stichprobe sehr klein ist und deswegen rein durch Zufall auch solche substanziellen Zusammenhänge entstehen können. Das ändert sich jedoch mit steigender Stichprobengröße: je größer die Stichprobe, desto höher ist die Wahrscheinlichkeit, dass *r* nahe 0 ist (warum das so ist, illustrieren wir in ▶*Kapitel 5*).

Sehen wir uns nun ein etwas realitätsnäheres (aber immer noch hypothetisches) Beispiel an. Nehmen Sie an, zehn Studierende hätten drei Arten von IQ-Tests bearbeitet. Die entsprechenden Werte hierfür sind in der Datei *IQ_Daten.txt*:

```
attach(IQ_Daten)
```

Betrachten wir zunächst den Zusammenhang zwischen den (Roh-)Werten für Verbale Intelligenz (`Verb.Test`) und für numerische Intelligenz (`Num.Test`):

```
plot(Verb.Test, Num.Test)
```

▶*Abbildung 3.2* zeigt einen deutlich sichtbaren Zusammenhang zwischen den Testwerten für verbale und numerische Intelligenz. Wie hoch ist der?

```
round(cor(Verb.Test, Num.Test), 2)
```

```
0.75
```

```
detach(IQ_Daten)
```

Der Zusammenhang zwischen den zwei Variablen in unserem Beispiel – eine Korrelation von $r = 0.75$ – ist recht hoch und in Psychologie und Sozialwissenschaften selten zu finden. In *Abschnitt 3.5.1* werden wir sehen, dass dieser Zusammenhang tatsächlich überhöht ist und dass diese Verzerrung durch eine dritte Variable in diesem Datensatz (*IQ*) verursacht wird.

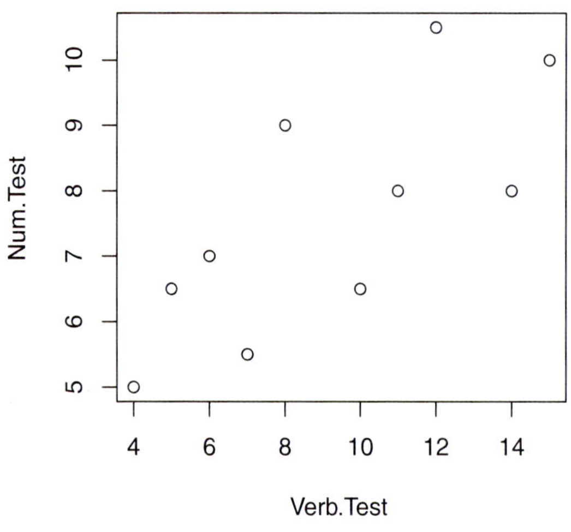

Abbildung 3.2: Zusammenhang zwischen Testwerten in verbaler Intelligenz und numerischer Intelligenz für zehn hypothetische Studierende.

3.2.1 Ausreißer durch visuelle Inspektion finden: Streuungsdiagramme mit Boxplots

Im vorhergehenden Kapitel haben wir die Werte von Studierenden im Mathe- und Deutschabitur separat analysiert. Wir haben Boxplots gezeichnet und dabei gesehen, dass es für beide Variablen Ausreißer gab. Diese Suche nach Ausreißern kann man auch mit einem Streuungsdiagramm kombinieren. Es gibt in R viele Pakete, die Boxplots oder andere Verteilungsplots an die Ränder von Streuungsdiagrammen zeichnen. Sehen wir uns als Beispiel die Funktion `scatterplot` aus dem Paket *car* (Fox & Weisberg, 2019) an.

Zunächst laden wir die Daten aus der Vorlesungsbefragung, die wir auch schon im vorhergehenden Kapitel benutzt haben:

```
attach(ML_I)
```

Wir brauchen nun noch das Paket `car`:

```
library(car)
```

Die Funktion `scatterplot` enthält schon voreinstellungsmäßig die Zeichnung einiger Linien, auf die wir im nächsten Kapitel zurückkommen werden. Für die jetzige Analyse setzen wir sie jedoch auf `FALSE` (abgekürzt durch `F`). Um Mehrfachwerte sichtbar zu machen, benutzen wir das Argument `jitter`, das dazu führt, dass die übereinanderliegenden Punkte leicht versetzt geplottet werden (das Ausmaß des „Jitters" kann man einstellen: hier mit `list(x = 1, y = 1)`). Man könnte Boxplots auch für einzelne Variablen zeichnen (z. B. für die *x*-Variable mit dem Argument `boxplots = "x"`), aber wir zeichnen sie für beide Variablen (▶*Abbildung 3.3*). Die Funktion `scatterplot` zeichnet die Boxplots sehr dicht an den Zeichenrand. Um den Abstand zum äußeren Rand zu erhöhen, kann man bei der Parametereinstellungsfunktion `par` das Argument `oma` (outer margins) verwenden (Größe in Textzeileneinheiten; die Reihenfolge der Ränder: unten, links, oben, rechts):

```
par(oma = c(2, 1, 0, 0))
scatterplot(Mathe, Deutsch, boxplots = "xy", jitter =  list(x = 1, y = 1),
            regLine = F, grid = F, smooth = F)
```

Und am besten danach die Ränder wieder auf normal setzen:

```
dev.off()
```

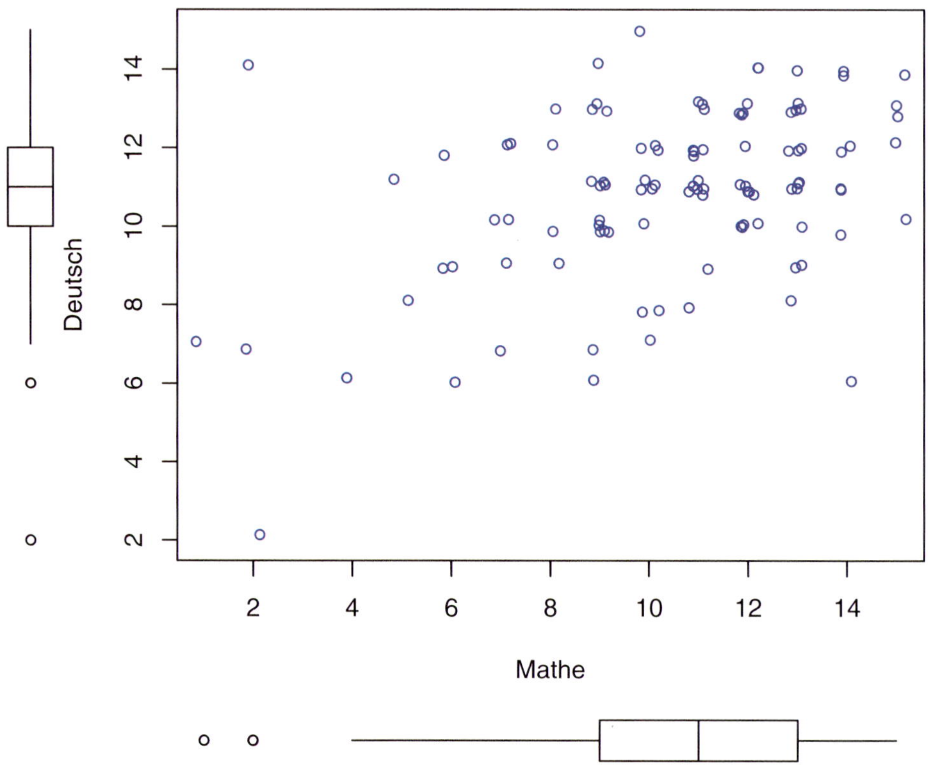

Abbildung 3.3: Streuungsdiagramm mit Boxplots für den Zusammenhang zwischen den Werten im Matheabitur (Mathe) und Deutschabitur (Deutsch).

Wir sehen in ▶*Abbildung 3.3*, dass ein Großteil der Werte für beide Variablen wohl zwischen neun und 13 Punkten liegt – da sieht man viel „Jitter“. Für unsere weitere Analyse ist jedoch noch wichtiger, dass sechs und weniger Punkte im Deutschabitur und drei und weniger Punkte im Matheabitur außergewöhnlich sind (liegen außerhalb der Whiskers). Wir wissen nicht, wie diese Werte entstanden sind (vielleicht durch Verwechslung von Punkten und Noten) und sie dürfen auf keinen Fall unterschlagen werden, aber man kann trotzdem Analysen mit dem „normalen“ Anteil der Werte durchführen. Dazu wählen wir die Personen aus, für die zutrifft, dass ihre Werte größer sind als die Ausreißerwerte:

```
Mathe_o_A <- Mathe[Mathe > 3 & Deutsch > 6]
Deutsch_o_A <- Deutsch[Mathe > 3 & Deutsch > 6]
```

Wie viele von den ursprünglich 108 Befragungsteilnehmern bleiben dann noch übrig?

```
length(Mathe_o_A)
```

```
   100
```

Wir haben also nun 100 der 108 ursprünglich Befragten noch in der Analyse. Vergleichen wir die beiden Korrelationen mit und ohne Ausreißer:

```
round (cor(Mathe, Deutsch), 2)
```

```
0.44
```

```
round (cor(Mathe_o_A, Deutsch_o_A), 2)
```

```
0.33
```

Das Ausschließen der Ausreißer bewirkt, dass sich die Höhe des Zusammenhangs zwischen den zwei Variablen merklich verringert.

3.2.2 Mehrfacheinträge sichtbar machen: Sonnenblumendiagramme

Wenn die zwei Variablen in einem Streuungsdiagramm nur wenige mögliche Ausprägungen haben und die Stichproben groß sind (in vielen Teildisziplinen der Psychologie ist eine Stichprobe von n = 100 schon relativ groß), kann das dazu führen, dass bestimmte Werte-Kombinationen häufig vorkommen und dann im Streuungsdiagramm nicht mehr sichtbar sind, weil sie einfach übereinander geplottet werden. Auf diese Weise geht manchmal wertvolle Information verloren. Wir haben in ▶*Abbildung 3.3* schon eine Möglichkeit benutzt, diese Information sichtbar zu machen, nämlich durch eine zufällige leichte „Schwankung" der Werte, den „Jitter". Besser sichtbar ist das Ausmaß des Überplottens jedoch, wenn man eine andere Technik verwendet: das sogenannte *Sonnenblumendiagramm*. Die Idee ist einfach: jedes „Blütenblatt" steht für einen Fall. Sehen wir uns das für den Zusammenhang zwischen den Werten für das Mathe- und das Deutschabitur an, diesmal schon bereinigt um die Ausreißer:

```
par(mfrow = c(1, 2))
```

Zunächst zeichnen wir ein konventionelles Streuungsdiagramm:

```
plot(Mathe_o_A, Deutsch_o_A,
     xlab = "Wert im Matheabitur", ylab = "Wert im Deutschabitur")
```

und dann zum Vergleich das Sonnenblumendiagramm mit der Funktion `sunflowerplot`:

```
sunflowerplot(Mathe_o_A, Deutsch_o_A,
              xlab = "Wert im Matheabitur", ylab = "Wert im Deutschabitur")
```

Sähe man nur das konventionelle Streuungsdiagramm links in ▶*Abbildung 3.4*, bekäme man den Eindruck, dass die Abiturnoten in Deutsch und Mathe gleichmäßig über die zwei Wertebereiche streuen. Das Sonnenblumendiagramm (rechts in ▶*Abbildung 3.4*) verändert diesen Eindruck: Nun wird deutlich, dass die Werte für beide Abiturprüfungen schwerpunktmäßig zwischen 10 und 13 Punkten liegen.

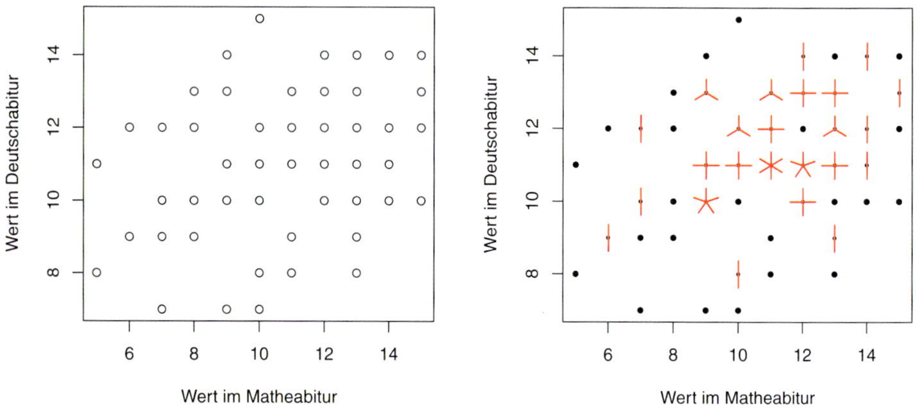

Abbildung 3.4: Vergleich von konventionellem Streuungsdiagramm (links) und Sonnenblumendiagramm (rechts) für denselben Datensatz.

Ein Extrembeispiel für wenige Variablenausprägungen sind dichotome Variablen. Eine solche Variable in unserem Datensatz ist *Vegetarier* mit den Ausprägungen „ja“ und „nein“. Die Funktion `sunflowerplot` funktioniert allerdings nur mit numerischen Werten. Deswegen müssen wir „ja“ und „nein“ erst in Zahlen umwandeln. Wir kreieren eine neue Variable `Veg`. Die Umwandlung bewerkstelligen wir mit der Funktion `ifelse`, bei der zunächst für jeden Wert der Variablen `Vegetarier` geprüft wird, ob er „ja“ ist. Wenn das der Fall ist, bekommt die neue Variable `Veg` den Wert 1, wenn nicht, den Wert 0:

```
Veg <- ifelse (Vegetarier == "ja", 1, 0)
```

Nun können wir ein Sonnenblumendiagramm zeichnen, das uns Aufschluss darüber gibt, ob das Ergebnis im Deutschabitur womöglich damit zusammenhängt, ob jemand VegetarierIn ist oder nicht. Wir vergleichen das Sonnenblumendiagramm nachher mit einer anderen Möglichkeit, und zeichnen zunächst das Sonnenblumendiagramm:

```
sunflowerplot(Veg, Deutsch, xlim = c(-0.5, 1.5), ylab = "Wert im Deutschabitur",
              xlab = "VegetarierIn (0 = nein, 1 = ja)", main = "Sonnenblumendiagramm")
```

Eine Alternative zum Sonnenblumendiagramm ist ein *Größendiagramm*, bei dem die Größe der gezeichneten Symbole die Anzahl der übereinandergeplotteten Werte widerspiegelt. Ein solches Diagramm können wir mit der Funktion `sizeplot` aus dem Paket *plotrix* (Lemon, 2006) zeichnen:

```
library(plotrix)
sizeplot(Veg, Deutsch, xlim = c(-0.5, 1.5), xlab = "VegetarierIn (0 = nein, 1 = ja)",
         ylab = "Wert im Deutschabitur", main = "Größendiagramm")
```

Was wir in ▶*Abbildung 3.5* sehen, deutet auf einen solchen Zusammenhang hin: Die Punktzahl im Deutschabitur ist für die VegetarierInnen tatsächlich etwas höher:

```
round(mean(Deutsch[Vegetarier == "ja"]), 1)

  11.9
```

```
round(mean(Deutsch[Vegetarier == "nein"]), 1)
```

```
10.5
```

Und wie sieht es mit der Korrelation zwischen Vegetariertum und Punktezahl im Deutschabitur aus?

```
round(cor(Veg,Deutsch),2)
```

```
0.28
```

Ein $r = 0.28$ ist zwar nicht sehr hoch, aber Zusammenhänge dieser Größe werden in der Psychologie oft schon als bedeutsam bewertet.[4] Sie haben vermutlich bemerkt, dass wir die Ausreißer in der Variablen *Deutsch* diesmal mit drinnen gelassen haben. Wie sieht die Korrelation ohne diese Ausreißer im Fach Deutsch aus?

```
Veg_ohne <- Veg[Deutsch > 6]
Deutsch_ohne <- Deutsch[Deutsch > 6]
round(cor(Veg_ohne,Deutsch_ohne), 2)
```

```
0.26
```

```
detach(ML_I)
```

So gut wie kein Unterschied.

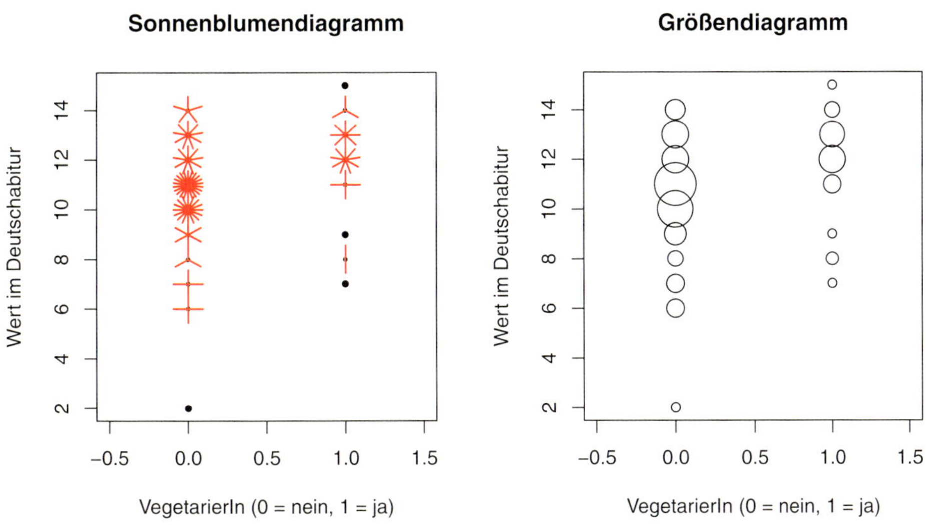

Abbildung 3.5: Zwei Möglichkeiten, die Anzahl der übereinanderliegenden Datenpunkte in Streuungsdiagrammen sichtbar zu machen: Sonnenblumendiagramm (links) und Größendiagramm (rechts) für den Zusammenhang zwischen Vegetariertum und der Punktzahl im Deutschabitur.

4 Sie werden sich vielleicht fragen, ob man hier überhaupt eine Pearson-Korrelation berechnen kann – die Variable Vegetarier ist ja nominalskaliert. Ja, kein Problem, weil dichotome Variablen auch die Definition für intervallskalierte Variablen erfüllen: Gleiche inhaltliche Unterschiede entsprechen gleichen numerischen Unterschieden. (Diese Art von Korrelation wird auch als *punktbiseriale Korrelation* bezeichnet).

3.3 Auswirkungen von Nichtlinearität auf den Produkt-Moment-Korrelationskoeffizienten

Wenn der Korrelationskoeffizient hoch ist, hat man einen hohen Zusammenhang zwischen den zwei betreffenden Variablen gefunden. Das könnte man denken – stimmt aber leider nicht immer, sondern nur, wenn der Zusammenhang tatsächlich linear ist. Das hat der Statistiker Francis Anscombe anhand eines Beispiels mit vier Zusammenhängen illustriert (Anscombe, 1973). Die Daten dafür sind in der Datei *anscombe.txt*. Berechnen wir zunächst die Korrelationen für die vier Zusammenhänge:

```
attach(anscombe)
round(cor(x1, y1), 2)
  0.82
round(cor(x2, y2), 2)
  0.82
round(cor(x3, y3), 2)
  0.82
round(cor(x4, y4), 2)
  0.82
detach(anscombe)
```

Sähen wir nur die Korrelationskoeffizienten, schlössen wir daraus, dass die vier Zusammenhänge gleich groß sind. Das wäre in diesem Fall eine völlig falsche Schlussfolgerung. Das werden Sie gleich bemerken, wenn Sie sich die Streuungsdiagramme ansehen (▶*Abbildung 3.6*).

```
par(mfrow = c(2, 2))
plot(x1, y1, main = "Linearer Zusammenhang")
plot(x2, y2, main = "Kurvilinearer Zusammenhang")
plot(x3, y3, main = "Perfekter Zusammenhang")
plot(x4, y4, main = "Kein Zusammenhang")
par(mfrow = c(1, 1))
```

Nur der Zusammenhang links oben in ▶*Abbildung 3.6* wird durch den Korrelationskoeffizienten adäquat beschrieben. Der kurvilineare Zusammenhang (rechts oben in ▶*Abbildung 3.6*) ist perfekt, wird jedoch unterschätzt, und auch der Zusammenhang links unten sieht aus wie ein perfekter linearer Zusammenhang, der durch einen einzigen Wert stark verzerrt wird. Und schließlich sieht das Beispiel rechts unten so aus, als ob überhaupt kein Zusammenhang zwischen den zwei Variablen bestünde (keine Kovariation zwischen *x*4 und *y*4), dass jedoch der Ausreißer diesen Nichtzusammenhang massiv überhöht hat. Es ist also eine gute Idee, jedes Mal, wenn Sie den Zusammenhang zwischen zwei Variablen analysieren, zunächst einmal ein Streuungsdiagramm zu zeichnen. Sollte sich dabei herausstellen, dass der Zusammenhang nicht linear ist, ist der Korrelationskoeffizient nicht aussagekräftig. Wir werden uns im nächsten Kapitel eine Möglichkeit ansehen, mit (manchen) nichtlinearen Zusammenhängen umzugehen.

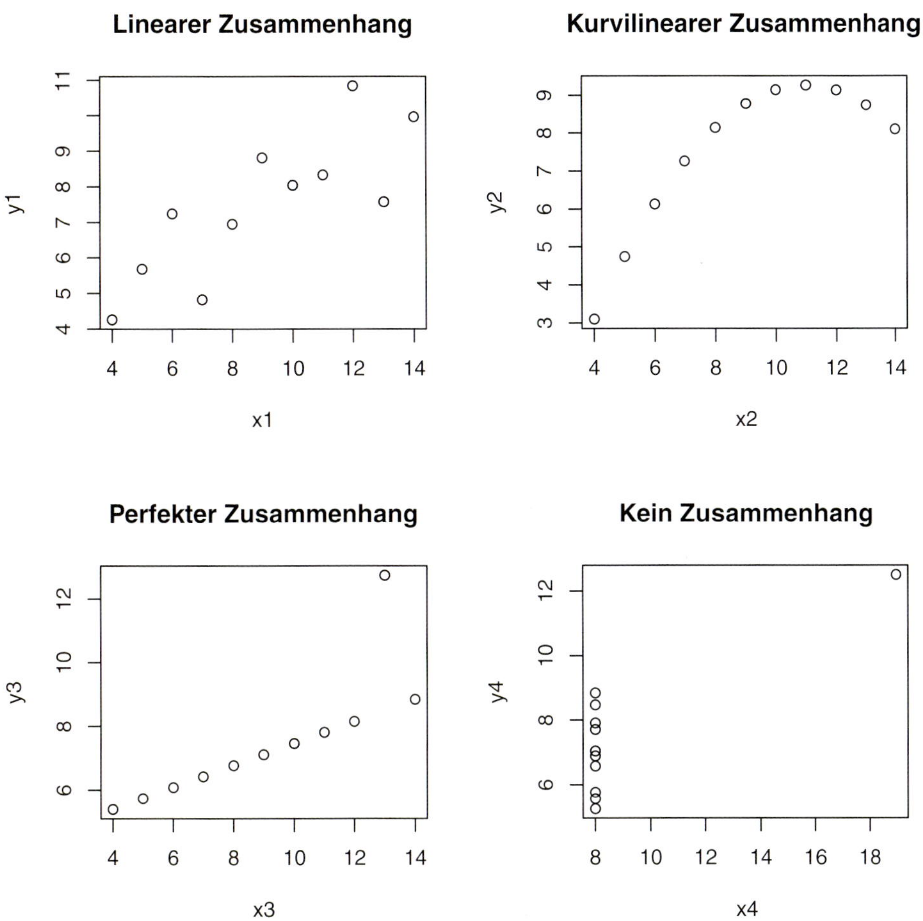

Abbildung 3.6: Ilustration der Fehleranfälligkeit des Produkt-Moment-Korrelationskoeffizienten, wenn der Zusammenhang zwischen zwei Variablen nicht linear ist: $r = 0.82$ für alle vier Zusammenhänge.

3.4 Viele Korrelationen auf einen Blick: Streuungsdiagramm-Matrix

Wenn man sich die Zusammenhänge zwischen mehreren Paaren von Variablen ansehen möchte, kann man das natürlich sukzessive tun. Zum Aufdecken von systematischen Zusammenhängen einer Variablen mit allen anderen, oder um Besonderheiten schnell zu entdecken, wäre es jedoch günstig, mehrere bivariate Zusammenhänge auf einen Blick miteinander vergleichen zu können. Das geht mithilfe der sogenannten *Streuungsdiagramm-Matrix*. Um das Prinzip zu illustrieren, verwenden wir einen Datensatz mit den Werten von acht hypothetischen Patienten auf den Variablen *IQ*, *Angst*, *Reaktionszeit*, *Genauigkeit*, und *Problemlösen*. Die finden Sie in der Datei *Multivariat.txt*. Eine Funktion, mit der man Streuungsdiagramm-Matrizen in Standard-R zeichnen kann, ist `pairs`. Wir zeichnen den Zusammenhang aller fünf Variablen, die in der Datei stehen.

```
pairs(Multivariat)
```

In der ▶*Abbildung 3.7* stehen die Variablennamen in der Diagonale und die Einheiten für die jeweilige Variable finden sich an den Rändern. Sehen wir uns die Variable *IQ* in der ersten Reihe an. Am rechten Rand der ersten Zeile und unten an der ersten Spalte sehen wir den Wertebereich: Die Beschriftungen der Skala gehen von 100 bis 120 (der tatsächliche Wertebereich von *IQ* erstreckt sich von 100 bis 123). Die Skala für *Angst* reicht von 10 bis 20 (siehe oben an der zweiten Spalte und links an der zweiten Reihe) usw. Sie sehen also, dass keine einheitliche Skala für alle Variablen benutzt wird. Das würde auch keinen Sinn machen, weil man sonst manche Zusammenhänge überhaupt nicht erkennen könnte: Eine Streuungsdiagramm-Matrix operiert mit *z*-Werten (siehe ▶*Kapitel 2*), aber die Achsenbeschriftungen sind der leichteren Nachvollziehbarkeit halber in Originaleinheiten.

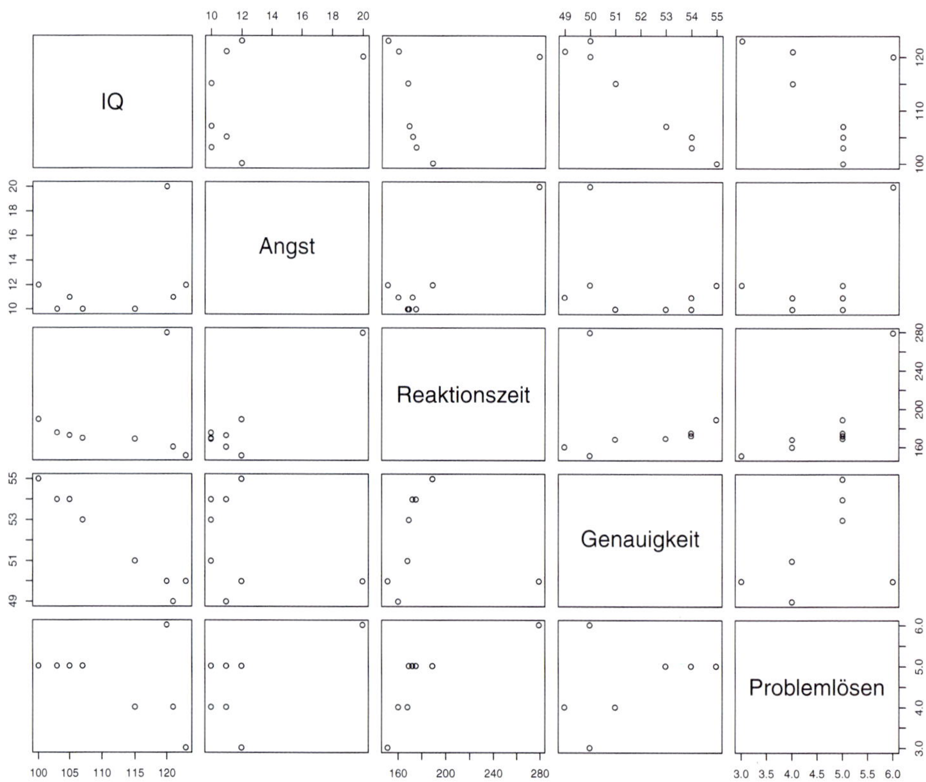

Abbildung 3.7: Streuungsdiagramm-Matrix für fünf Variablen mit jeweils acht Datenpunkten.

Wie hängt beispielsweise die Variable *Reaktionszeit* mit den anderen Variablen zusammen? Dazu können wir uns die dritte Zeile (oder die dritte Spalte) ansehen. Es wird deutlich, dass eine Person sehr viel langsamer reagiert hat (279 Millisekunden ist der genaue Wert) als die anderen. Diese Person ist ein deutlicher Ausreißer und verzerrt natürlich die Korrelationen sehr stark. Wie stark diese Verzerrung ist, können wir in einer Variante der Streuungsdiagramm-Matrix mit der Funktion `pairs.panels` erkennen. Diese Funktion ist eine Weiterentwicklung der Funktion `pairs` und stammt aus dem Paket *psych* (Revelle, 2019):

```
library(psych)
pairs.panels(Multivariat, pch = 19, smooth = F, density = F, ellipses = F)
```

Wir haben einige Argumente in der Funktion `pairs.panels` auf F(ALSE) gesetzt, weil wir sie im Moment nicht brauchen. (Das sollte Sie jedoch nicht davon abhalten, bei Gelegenheit alles auszuprobieren!). ▶*Abbildung 3.8* zeigt uns eine sogenannte Dreiecksmatrix (der Teil links unten von der Diagonale), aber zusätzlich auch noch die (an der Diagonale gespiegelte) Korrelationsmatrix und die Häufigkeitsverteilungen der einzelnen Variablen. Wir sehen sofort, dass die Werte für *Angst* und *Reaktionszeit* nicht gleichmäßig verteilt sind: In beiden Fällen gibt es einen deutlichen Ausreißerwert.

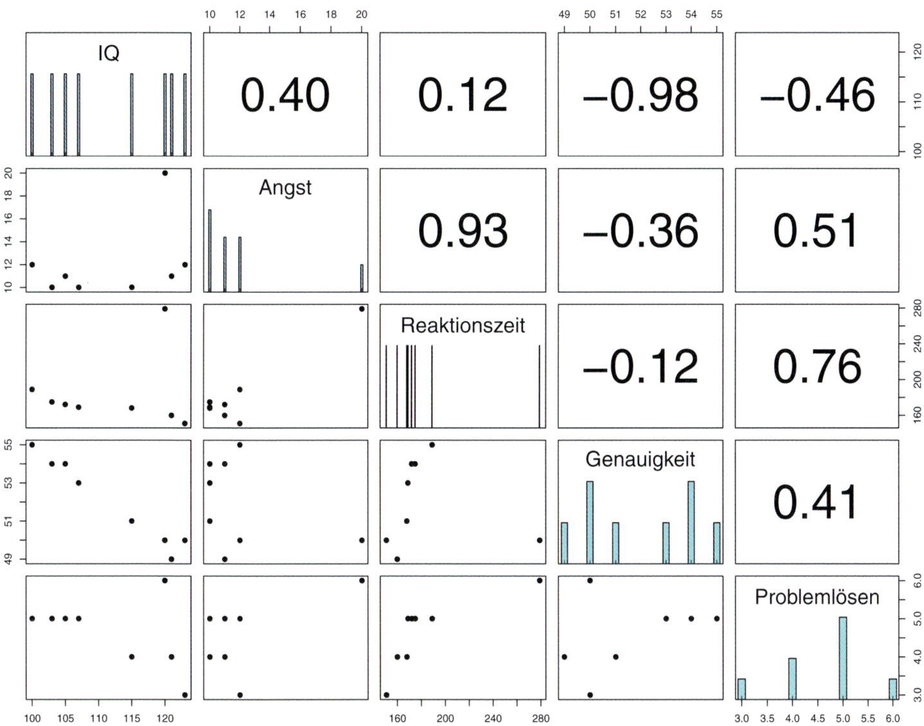

Abbildung 3.8: Erweiterte Streuungsdiagramm-Matrix für fünf Variablen mit jeweils acht Datenpunkten.

Nun betrachten wir noch einmal die Größe der Zusammenhänge zwischen *Reaktionszeit* und den anderen Variablen. Der Zusammenhang zwischen *Reaktionszeit* und *IQ* (erstes Diagramm in der dritten Reihe) ist eigentlich deutlich negativ: Kleinere IQ-Werte kovariieren mit längeren Reaktionszeiten und umgekehrt. Die Korrelation ist jedoch sogar leicht positiv: $r = 0.12$ (dritte Spalte, erste Reihe). Diese Umkehrung wird durch den Ausreißer verursacht. Vergleichbar drastisch sind die Auswirkungen des

Ausreißers für den Zusammenhang zwischen *Reaktionszeit* und *Angst* (eigentlich kein Zusammenhang, aber $r = 0.93$) und *Genauigkeit* (eigentlich starker positiver Zusammenhang, aber $r = -0.12$).

3.5 Partialkorrelation: der Einfluss von Drittvariablen

Selbst wenn die Beziehung zwischen zwei (intervallskalierten) Variablen linear ist, kann die Höhe des Zusammenhangs durch eine oder weitere Variablen, sogenannte *Drittvariablen* beeinflusst sein. Die Stärke dieses Einflusses kann man sich grafisch mithilfe eines sogenannten *Bubble Plots* ansehen.

3.5.1 Bubble Plots

Wir verwenden eine einfache Variante, die Funktion `PlotBubble` aus dem Paket *DescTools*. Allerdings verwendet die Funktion `PlotBubble` für die Darstellung der Drittvariablen (Argument `area` in der Funktion) die absoluten und nicht die relativen Abstände zwischen den Werten der Drittvariablen. Das kann dazu führen, dass man den Einfluss der Drittvariablen nicht gut sieht, obwohl er stark ausgeprägt ist. Um dem abzuhelfen, basteln wir eine eigene Funktion, `Rel_Abst_o_Null,` die absolute Abstände in relative umwandelt (siehe *Kasten Relative Abstände zwischen Variablenwerten*).

Relative Abstände zwischen Variablenwerten

Eine wichtige Eigenschaft des Korrelationskoeffizienten ist, dass es immer um relative und nicht absolute Abstände zwischen den Werten geht. Das bekannteste Maß für relative Abstände sind *z*-Werte, und die findet man auch in der Formel für die Produkt-Moment-Korrelation, wenn man genauer hinsieht (rechts in der Gleichung):

$$r_{xy} = \frac{\frac{1}{n}\sum_i^n (x_i - \bar{x}) \times (y_i - \bar{y})}{s_x \times s_y} = \frac{1}{n}\sum_i^n \frac{(x_i - \bar{x})}{s_x} \times \frac{(y_i - \bar{y})}{y_x} = \frac{1}{n}\sum_i^n z_{x_i} \times z_{y_i}$$

Wir erstellen nun eine Funktion, die die absoluten Abstände in relative umwandelt. Der größte Wert der umgewandelten Variablen soll 1 sein und der kleinste 0:

```
Rel_Abst <- function(variable)
{
  variable_neu = variable - (min(variable))
  #wir ziehen von jedem Wert den kleinsten Wert ab, was dazu führt,
  #dass der neue kleinste Wert 0 ist, dann teilen wir durch den maximalen Wert
  #der Variable, was dazu führt, dass der neue Maximalwert 1 beträgt
  variable_neu / max(variable_neu)
}
```

Das ist allerdings noch nicht die Lösung für unser „Drittvariablen-Problem". Wenn der kleinste Wert der Drittvariablen 0 ist, zeichnet die Funktion BubblePlot ihn nicht. Deswegen müssen wir den kleinsten Wert etwas größer als 0 machen. Modifizieren wir also unsere Funktion noch ein wenig. Wir vergrößern unseren kleinsten Wert um 1% des Ranges (Wertebereichs) der Drittvariablen.

```
Rel_Abst_o_Null <- function(variable)
{
  variable_neu = variable - min(variable) + (max(variable) - min(variable)) / 100
  variable_neu / max(variable_neu)
}
```

Sehen wir uns den Unterschied zwischen dem Ergebnis der beiden Funktionen an einem Beispiel an:

```
Drittvariable <- c(1, 4, 16)
Rel_Abst (Drittvariable)

   0.0 0.2 1.0

Rel_Abst_o_Null(Drittvariable)

   0.00990099 0.20792079 1.00000000
```

Kommen wir nun zurück auf das eingangs erwähnte IQ-Test-Beispiel (▶*Abbildung 3.2*). Wir hatten dort erwähnt, dass der Zusammenhang zwischen den Werten in einem verbalen und numerischen Intelligenztest noch von einer dritten Variable, nämlich einem generellen IQ-Wert (*IQ* in der Datei *IQ_Daten*), zusammenhängen könnte. Wenn dieser generelle IQ-Wert sowohl mit den Werten im verbalen als auch denen im numerischen IQ-Test zusammenhängt, dann sollte man das im Bubble Plot sehen.

```
attach(IQ_Daten)
library(DescTools)
PlotBubble(Verb.Test, Num.Test, area = Rel_Abst_o_Null(IQ),
           xlab = "Verbaler Test", ylab = "Numerischer Test")
```

▶*Abbildung 3.9* zeigt einen eindeutigen Zusammenhang mit der Drittvariablen: je größer in der Tendenz die Werte im verbalen und numerischen Test, desto größer auch die Werte der Drittvariablen (desto größer die Bubbles). Wir werden diesen Zusammenhang zwischen den drei Variablen in ▶*Kapitel 9* wieder aufgreifen.

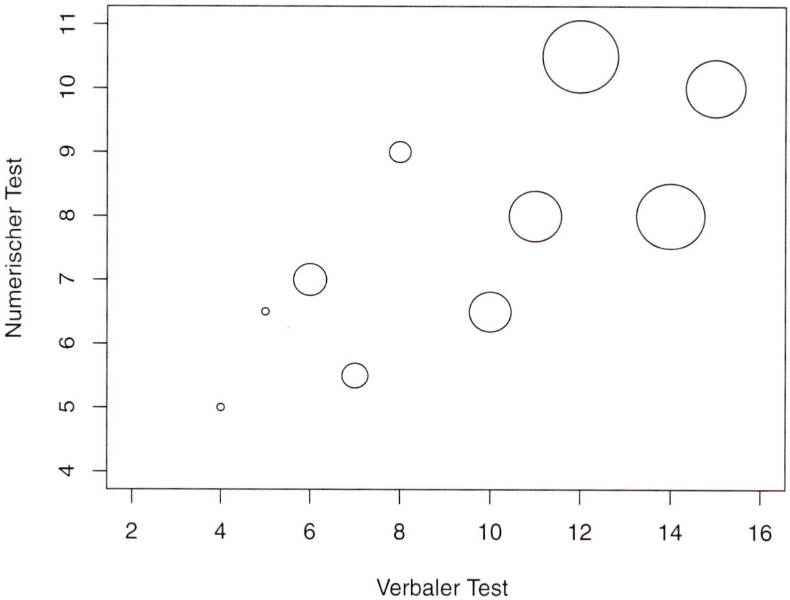

Abbildung 3.9: Bubble Plot für den Zusammenhang zwischen Werten in einem verbalen und einem numerischen IQ-Test. Der Zusammenhang mit einer Drittvariablen, einem generellen IQ-Wert, ist durch die Größe der Bubbles angezeigt (je größer die Bubbles, desto größer dieser generelle IQ-Wert).

3.5.2 Der Partialkorrelationskoeffizient

Der Partialkorrelationskoeffizient beschreibt den Zusammenhang zwischen zwei Variablen, wenn der Einfluss einer oder mehrerer Drittvariablen statistisch konstant gehalten oder *auspartialisiert* wird. Wir werden im nächsten Kapitel versuchen, eine intuitive Erklärung dafür zu geben, was das bedeutet. Aber nun erst einmal die Formel dazu, der Einfachheit halber nur für eine Drittvariable z:

$$r_{xy.z} \frac{r_{xy} - r_{xz} \times r_{yz}}{\sqrt{1-r_{xz}^2} \times \sqrt{1-r_{yz}^2}}$$

Der Partialkorrelationskoeffizient ist in R keine Standardfunktion, aber es gibt ihn in vielen Paketen. Wir stellen hier nur die Funktionen `pcor` und `pcor.test` aus dem Paket *ppcor* (Kim, 2014) vor. Die Funktion `pcor` benutzt als Argument einen *data.frame*, also eine Datenmatrix oder Teile daraus. Wir benutzen zur Demonstration wieder die Datei *IQ_Daten*. Sie enthält zunächst eine Laufvariable (*Person*) und dann die Variablen *Verb.Test*, *Num.Test* und *IQ*. Auf die drei letztgenannten Variablen kann man mit `IQ_Daten[,2:4]` zugreifen.[5]

5 Eine alternative Möglichkeit bestünde darin, die drei Variablen als Matrix zusammenzufassen, z. B. mit `cbind(Verb.Test, Num.Test, IQ)`.

```
library(ppcor)
pcor(IQ_Daten[, 2:4])$estimate
```

```
          Verb.Test  Num.Test        IQ
Verb.Test 1.0000000 0.3093721 0.7022314
Num.Test  0.3093721 1.0000000 0.2841940
IQ        0.7022314 0.2841940 1.0000000
```

Das ist nur ein Teil des Outputs der Funktion. Der Rest des Outputs bezieht sich auf inferenzstatistische Ergebnisse (siehe dazu ▶*Kapitel 5* und spätere Kapitel). Was wir hier haben, ist eine Matrix der Partialkorrelationen, also eine Matrix der Korrelationen aller Variablenpaare, wobei jeweils der Einfluss *aller* Drittvariablen auspartialisiert ist (in unserem Beispiel gibt es allerdings nur jeweils eine Drittvariable). Was uns besonders interessiert, ist der Zusammenhang zwischen *Verb.Test* und *Num.Test*, wenn der Einfluss von *IQ* auspartialisiert ist. Das ist der zweite Wert in der ersten Zeile: $r_{xy.z} = 0.31$. Wenn man den Einfluss der generellen Intelligenz auspartialisiert, reduziert sich der Zusammenhang zwischen der verbalen und der numerischen Intelligenz auf weniger als die Hälfte: von $r_{xy} = 0.75$ (siehe *Abschnitt 3.2*) zu $r_{xy.z} = 0.31$. Das stimmt natürlich mit der Information überein, die wir aus ▶*Abbildung 3.9* entnehmen können. Wir sehen auch, dass der Zusammenhang zwischen genereller Intelligenz und verbaler Intelligenz immer noch deutlich höher ist als der zwischen genereller Intelligenz und numerischer Intelligenz, wenn man die entsprechenden Drittvariablen (numerische Intelligenz im ersten und verbale Intelligenz im zweiten Fall) auspartialisiert: $r_{zx.y} = 0.70$ und $r_{zy.x} = 0.28$. Das sieht man in den ursprünglichen (unkorrigierten) Korrelationen noch nicht:

```
cor(IQ_Daten[,2:4])
```

```
          Verb.Test  Num.Test    IQ_ges
Verb.Test 1.0000000 0.7456011 0.8666518
Num.Test  0.7456011 1.0000000 0.7406631
IQ_ges    0.8666518 0.7406631 1.0000000
```

Oft ist man jedoch nur an bestimmten Partialkorrelationen interessiert. Diese Information bekommt man mit der Funktion `pcor.test` (die dritte Variable wird auspartialisiert).

```
pcor.test (Verb.Test, Num.Test, IQ)
```

```
0.3093721
```

Auch diese Funktion liefert noch weitere (inferenzstatistische) Ergebnisse, die wir hier weggelassen haben. Wie gesagt, wir werden uns ab ▶*Kapitel 5* ausführlich mit Inferenzstatistik befassen. Wenn man nur die Partialkorrelationen ohne viele Zusatzinformationen haben möchte und außerdem nur an der Auspartialisierung bestimmter Drittvariablen interessiert ist, kann man die Funktion `partial.r` aus dem Paket *psych* benutzen. Diese Funktion liefert ebenfalls eine Matrix von Partialkorrelationen. Sehen wir uns die Zusammenhänge zwischen den Variablen *IQ*, *Reaktionszeit*, *Genauigkeit*, und *Problemlösen* an (die Variablen 1, 3, 4 und 5 in der Datei *Multivariat*), wenn der Einfluss von *Angst* (die Variable 2 in der Datei *Multivariat*) auspartialisiert ist. Nun müssten wir jedoch aufpassen, dass wir nicht die falsche IQ-Variable bekommen. Deswegen „deaktivieren“ wir den Datensatz *IQ_Daten* und binden dafür den Datensatz *Multivariat* an. (Wir machen das nicht immer extra, aber Sie sollten nicht vergessen, das zu tun, insbesondere, wenn Sie gleiche Variablennamen verwenden).

```
detach(IQ_Daten)
attach(Multivariat)
library(psych)
partial.r(Multivariat,c(1, 3, 4, 5), 2)
```

```
                  IQ Reaktionszeit Genauigkeit Problemloesen
IQ              1.00         -0.73       -0.98         -0.84
Reaktionszeit -0.73           1.00        0.61          0.90
Genauigkeit   -0.98           0.61        1.00          0.75
Problemloesen -0.84           0.90        0.75          1.00
```

Wenn Sie diese Werte mit den ursprünglichen Korrelationen vergleichen (siehe ▶*Abbildung 3.8*), werden Sie bemerken, dass sie sich teilweise drastisch geändert haben. Beispielsweise wird der Zusammenhang zwischen Reaktionszeit und IQ (ursprünglich $r = 0.11$) nun deutlich negativ ($r_{IQ,RT.Angst} = -0.73$), was auch mit dem Muster in ▶*Abbildung 3.8* übereinstimmt.

3.6 Haben zwei Verteilungen die gleiche Form? Quantilplots

Es gibt eine Methode, mit der man sehr leicht sehen kann, ob zwei Verteilungen die gleiche Form haben, die sogenannten *Quantilplots*. Wenn der Zusammenhang zwischen den beiden Verteilungen optimal ist, wenn sie also beide dieselbe Form haben, ergibt sich eine Gerade. Sehen wir uns das zunächst an zwei Beispielen mit statistischen Verteilungen an, von denen wir wissen, dass sie gleich, bzw. ungleich sind. Wir machen Zufallsziehungen (jeweils 10.000 Ziehungen) aus einer Standardnormalverteilung (mit `rnorm`) und einer Gleichverteilung (mit `runif`) – mehr dazu in ▶*Kapitel 5*. Die Funktion `qqplot` zeichnet die Quantilplots für die Vergleiche:

```
Normalverteilung_1 <- rnorm(10000)
Normalverteilung_2 <- rnorm(10000)
Gleichverteilung <- runif(10000)
par(mfrow = c(1, 2))
qqplot(Normalverteilung_1, Normalverteilung_2)
qqplot(Normalverteilung_1, Gleichverteilung)
```

Links in ▶*Abbildung 3.10* hat sich, wie erwartet, eine Gerade ergeben (Verteilungen haben die gleiche Form) und die Kurve rechts in ▶*Abbildung 3.10* weicht deutlich von einer Geraden ab (Form der Verteilungen sehr unterschiedlich).[6]

6 Die Form Ihrer Verteilungen kann geringfügig abweichen, da ja immer neue Zufallsziehungen vorgenommen werden.

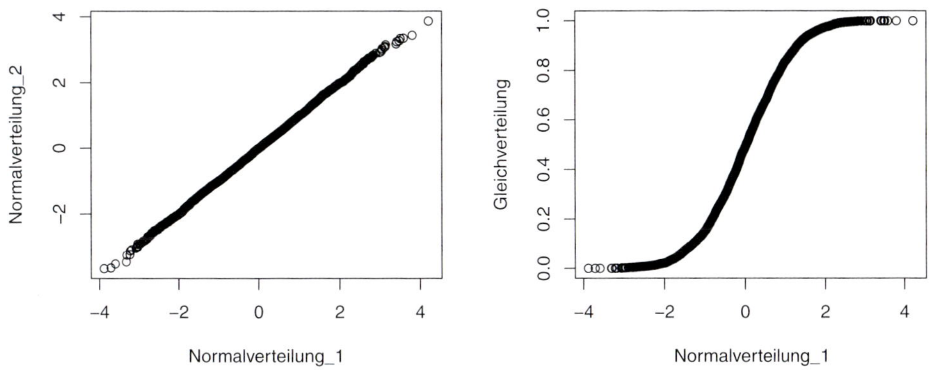

Abbildung 3.10: Quantilplots für den Vergleich der Form von theoretischen Verteilungen. Links werden zwei Normalverteilungen verglichen und rechts eine Normalverteilung mit einer Gleichverteilung.

Vergleichen wir nun auch noch die Form von empirischen Verteilungen. Dazu nehmen wir wieder unsere IQ-Daten. Haben die Werte im verbalen Test dieselbe Verteilung wie die im Gesamt-IQ-Test?

Zunächst, damit Sie es nicht vergessen:

```
detach(Multivariat)
attach(IQ_Daten)
```

und dann den Quantilplot (wir lassen noch Platz für einen zweiten Plot). Damit man die Verbindung zwischen den Punkten besser sieht, zeichnen wir die Verbindungslinie gleich mit ein (mit der Funktion `lines`):

```
lines(qqplot(Verb.Test, IQ, xlab = "Verbaler Test"))
```

Links in ▶*Abbildung 3.11* wird deutlich, dass die Verteilungen der Werte für den verbalen Test und die für den Gesamt-IQ-Test nicht gleich sind. Nun vergleichen wir die Verteilung der Werte im verbalen Test aber auch noch mit einer Gleichverteilung (dieselbe wie in ▶*Abbildung 3.10*)

```
lines(qqplot(Verb.Test, Gleichverteilung,
          xlab = "Verbaler Test", ylab = "Gleichverteilung"))
par(mfrow = c(1, 1))
```

Der Zusammenhang sieht nun schon deutlicher linear aus, was darauf hindeutet, dass die Werte im verbalen IQ-Test annähernd gleichverteilt sind (das sehen Sie auch, wenn Sie für *Verb.Test* ein Histogramm zeichnen).

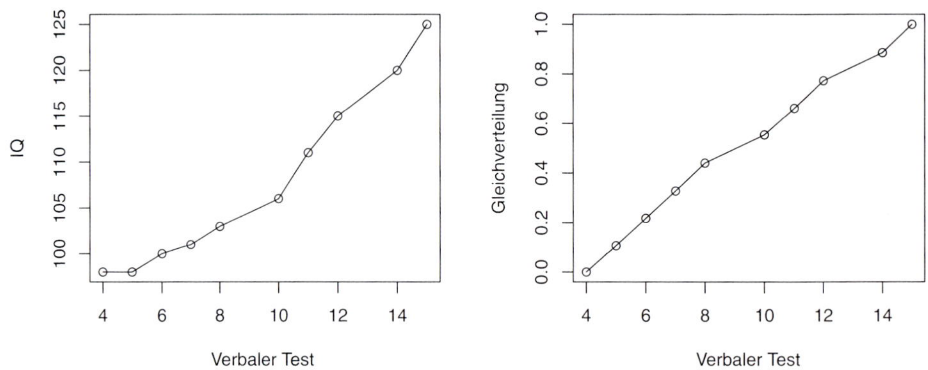

Abbildung 3.11: Quantilplots für den Vergleich der Verteilungen der Werte im verbalen Test mit denen im Gesamt-IQ-Test (links) und für den Vergleich der Werte im verbalen Test mit einer Gleichverteilung (rechts).

3.7 Weitere Zusammenhangsmaße

Bislang haben wir uns in diesem Kapitel ausschließlich mit dem Zusammenhang zwischen intervallskalierten Variablen beschäftigt. Das ist tatsächlich auch der Standardfall in Psychologie und Sozialwissenschaften. Aber manchmal sind die Variablen nicht intervallskaliert oder man kann bestimmte Verfahren für die Analyse intervallskalierter Variablen nicht anwenden, weil weitere Voraussetzungen, insbesondere für die Durchführung inferenzstatistischer Verfahren, nicht erfüllt sind, wie etwa Varianzgleichheit oder Normalverteilung der Werte in der Population (siehe ▶*Kapitel 8*). Deswegen stellen wir nun auch noch einige andere Zusammenhangsmaße und grafische Analysemöglichkeiten für nicht intervallskalierte Variablen vor.

3.7.1 Ordinalskalierte Daten

Es gibt eine ganze Reihe von Korrelationskoeffizienten für ordinalskalierte Daten, aber die zwei gebräuchlichsten, auf die wir uns hier beschränken werden, sind *Spearman's* ρ *(Rho)* und *Kendall's* τ *(Tau)*. Der fundamentale Unterschied zwischen den zwei Koeffizienten besteht darin, dass ρ mit Differenzen von Rängen operiert und τ mit Rangvergleichen (größer/kleiner). Man könnte also sagen, dass τ robuster ist (siehe Gigerenzer, 1981). Kendall's τ kommt in drei Varianten vor: τ_a ist streng genommen nur bei Rangreihen anwendbar, die keine gleichen Ränge (Rangbindungen) haben. Das ist bei größeren Datenmengen wohl eher die Ausnahme. Wenn gleiche Ränge vorliegen, kann jedoch τ_b verwendet werden. Aber wenn die Skalierung der beiden Variablen, die korreliert werden sollen, nicht übereinstimmt, wenn also beispielsweise die Ränge für eine Variable von 1 bis 10 und die der anderen von 1 bis 20 gehen, dann sollte man die dritte Variante, den Stuart Kendall τ_c benutzen. Man kann ρ und τ_b mit der Funktion `cor` berechnen. Die anderen beiden Varianten von τ sind im Paket *DescTools* zu finden.

Sehen wir uns zunächst ein einfaches Beispiel an. Nehmen wir an, zwei Beobachter sollen sechs Werbeclips (A, B, C, D, E, F) für das Tragen von Atemschutzmasken in der

Öffentlichkeit in eine Rangreihe bringen. Hier sind die jeweiligen Rangreihen (Beobachter 1 sagt beispielsweise, dass ihm der Clip A am besten gefallen hat, der Clip B am zweitbesten usw.):

```
Raenge_B1 <- c(1, 2, 3, 4, 5, 6)
Raenge_B2 <- c(2, 1, 5, 3, 4, 6)
```

Nun zum Vergleich zunächst die Pearson-Korrelation (würde Sinn machen, wenn der Abstand zwischen den Rängen inhaltlich jeweils gleich groß ist):

```
cor(Raenge_B1,Raenge_B2)
  0.7714286
```

Und dann die Rangkorrelationskoeffizienten:

```
cor(Raenge_B1, Raenge_B2, method = "spearman")
  0.7714286
cor(Raenge_B1, Raenge_B2, method = "kendall")
  0.6
```

Nun die drei τ-Varianten aus dem Paket *DescTools*.

```
library(DescTools)
KendallTauA(Raenge_B1, Raenge_B2)
  0.6
KendallTauB(Raenge_B1, Raenge_B2)
  0.6
StuartTauC(Raenge_B1, Raenge_B2)
  0.6
```

Wenn es keine Rangbindungen gibt, ist es also egal, welche Variante von τ man benutzt. Was passiert, wenn wir Rangbindungen (englisch: *ties*) einfügen? Nun findet beispielsweise Beobachter 1 keinen Unterschied mehr zwischen den Videoclips C und D und vergibt deswegen für beide denselben Rang (3):

```
Raenge_B1_t <- c(1, 2, 3, 3, 5, 6)
Raenge_B2_t <- c(4, 1, 5, 4, 3, 6)
```

Wieder zunächst zum Vergleich die Pearson-Korrelation:

```
cor(Raenge_B1_t, Raenge_B2_t)
  0.4573419
```

und dann die Rangkorrelationen:

```
cor(Raenge_B1_t, Raenge_B2_t, method = "spearman")
  0.4558824
cor(Raenge_B1_t, Raenge_B2_t, method = "kendall")
  0.3571429
KendallTauA(Raenge_B1_t, Raenge_B2_t)
  0.3333333
```

```
KendallTauB(Raenge_B1_t, Raenge_B2_t)
```

```
0.3571429
```

```
StuartTauC(Raenge_B1_t, Raenge_B2_t)
```

```
0.3472222
```

Wir sehen also, dass die Pearson-Korrelation das beste Maß ist, wenn die Zahlen intervallskaliert sind. Wenn das nicht der Fall ist, wird der Zusammenhang allerdings durch diesen Koeffizienten meist überschätzt. Manche Experten argumentieren, dass auch der Spearman-Korrelationskoeffizient kein wirklich geeignetes Maß für Rangdaten ist (Gigerenzer, 1981). Im Falle von Rangbindungen wäre das beste Maß wohl Kendalls τ_b.

Ein ewiger Streitfall in den Sozialwissenschaften ist, ob Schulnoten intervallskaliert sind oder nicht. Wir haben sie bislang so behandelt, und das ist auch der Standardfall. Aber wenn wir nun sehr vorsichtig wären und sie „nur" als ordinalskaliert betrachteten – welchen Unterschied würde das machen? Wenn wir die Punkte im Mathe- und im Deutschabitur (siehe ▶*Abschnitt 3.2.1*) als ordinalskaliert betrachten, dann spielt es, rein technisch gesehen, keine Rolle, ob es sich bei manchen davon um Ausreißer handelt oder nicht. Nehmen wir also zur Illustration die Daten aller Vorlesungs-Befragungsteilnehmer (aus der Datei *ML_I.csv*).[7]

Zum Vergleich noch einmal die Pearson-Korrelation:

```
attach(ML_I)
round(cor(Mathe,Deutsch),2)
```

```
0.44
```

Und die Rangkorrelationen:

```
round(cor(Mathe, Deutsch, method = "spearman"), 2)
```

```
0.34
```

```
round(cor(Mathe, Deutsch, method = "kendall"), 2)
```

```
0.27
```

Wenn man also die begründete Annahme hat, dass die Abitur-Punktzahlen als intervallskaliert betrachtet werden können, erhält man deutlich höhere Korrelationen. Allerdings sind die Werte von ρ und τ_b ziemlich nahe an dem Wert für die Pearson-Korrelation nach Ausschluss der Ausreißer ($r = 0.33$, siehe *Abschnitt 3.2.1*).

3.7.2 Nominalskalierte Daten

Die einfachste Form eines Zusammenhangs zwischen zwei nominalskalierten Daten ist die, wenn beide Variablen nur jeweils zwei Ausprägungen haben, also dichotom sind. Diesen Fall kann man in einer sogenannten *Vierfeldertafel* analysieren. Betrachten wir

7 Die eigentliche Grundlage für die Entscheidung, die Ausreißer in die Analyse zu nehmen oder nicht, müssen jedoch immer theoretische Erwägungen sein.

ein Beispiel hierfür aus unserer Vorlesungsbefragung. Wir hatten die TeilnehmerInnen gefragt, ob sie VegetarierIn sind (*ja/nein*) und ob sie ein Haustier haben (*ja/nein*).

Sehen wir uns zunächst die Häufigkeitsverteilung (Vierfeldertafel) an:

```
Veg_Haustier <- table (Vegetarier, Haustier)
Veg_Haustier
```

```
           Haustier
Vegetarier ja nein
      ja   15   14
      nein 45   34
```

Auf den ersten Blick scheint es keinen großen Zusammenhang zu geben. Wir können uns das auch mit einem sogenannten *Assoziationsplot* ansehen. In dieser Art der Darstellung wird angegeben, wie weit die tatsächlichen Häufigkeiten von den zufällig zu erwartenden Häufigkeiten abweichen (siehe dazu auch ▶*Kapitel 8*).

```
assocplot(Veg_Haustier, xlab = "VegetarierIn")
```

Die Breite der Balken in ▶*Abbildung 3.12* repräsentiert dabei die Häufigkeiten in den vier Quadranten der Tabelle. Man sieht, dass die größte Gruppe in der Umfrage Nicht-VegetarierInnen mit Haustier sind (das Rechteck rechts oben ist das breiteste). Verglichen mit den zufällig zu erwartenden Anteilen weicht bei den VegetarierInnen der tatsächliche Anteil der Haustiere leicht nach unten ab (der Balken links oben) und bei den NichtvegetarierInnen nach oben.

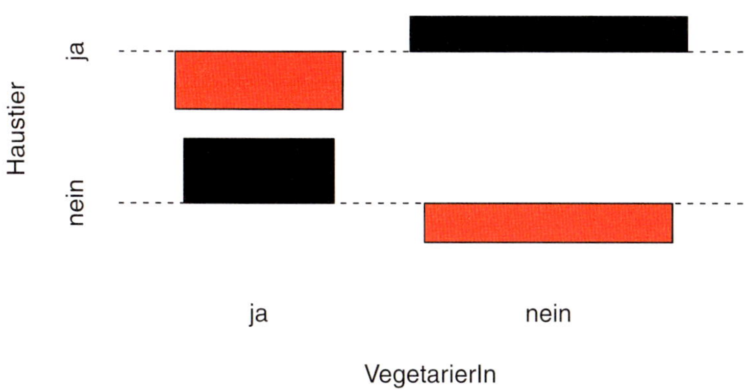

Abbildung 3.12: Assoziationsplot für den Zusammenhang zwischen vegetarischer Ernährung und Tierwunsch.

Wie hoch ist dann der Zusammenhang zwischen vegetarischer Ernährung und Haustierhaltung? Die Antwort darauf gibt uns der φ(Phi)-Koeffizient (aus dem Paket *DescTools*):

```
library(DescTools)
round(Phi(Vegetarier, Haustier), 2)
```

```
0.05
```

Das ist ein recht kleiner Zusammenhang. Im Fall einer Vierfeldertafel liefert *Cramer's V* (auch aus dem Paket *DescTools*) identische Ergebnisse (siehe Sedlmeier & Renkewitz, 2018, 566).

```
round(CramerV(Vegetarier, Haustier), 2)
```

```
0.05
```

Die zwei Koeffizienten aus dem *DescTools*-Paket liefern immer positive Werte, man muss die Richtung des Zusammenhangs also zusätzlich interpretieren. Was würde passieren, wenn wir den Produkt-Moment-Korrelationskoeffizienten verwenden würden? Das geht ja auch, weil dichotome Daten automatisch intervallskaliert sind (gleiche inhaltliche Abstände entsprechen gleichen numerischen Abständen). Probieren wir es aus. Allerdings brauchen wir dafür Zahlenwerte: Wir vergeben 1 für „ja" und 0 für „nein".

```
Vegetarier1 <- ifelse(Vegetarier == "ja", 1, 0)
Haustier1 <- ifelse(Haustier == "ja", 1, 0)
round(cor(Vegetarier1, Haustier1), 2)
```

```
-0.05
```

Jetzt haben wir auch den erwarteten negativen Zusammenhang: Ein „ja" bei der vegetarischen Ernährung geht (minimal) tendenziell einher mit einem „nein" bei der Haustierhaltung. Das Ergebnis illustriert zudem, dass der φ-Koeffizient nur eine Sonderform des Produkt-Moment-Korrelationskoeffizienten für zwei dichotome Variablen ist. Was würde passieren, wenn wir nicht 1 und 0, sondern andere Zahlenwerte vergeben? Probieren Sie es aus!

Sie werden sehen: Es ist völlig egal, welche Zahlen man hierbei vergibt. Wichtig ist jedoch das Verhältnis der zugeordneten Zahlen: Wenn Sie beispielsweise statt „Haustier" = 1 und „kein Haustier" = 0 die umgekehrten Zahlen vergeben, dann ändert sich das Vorzeichen der Korrelation.

Nun sehen wir uns noch einen Zusammenhang an, bei dem eine der nominalskalierten (oder kategorialen) Variablen mehr als zwei Ausprägungen hat. Die entsprechende Häufigkeitstabelle nennt man oft *Kontingenztafel*. Wir hatten in unserer Umfrage die Studierenden auch gefragt, welches Tier sie haben. Wir zeigen wieder getrennt für VegetarierInnen und Nicht-VegetarierInnen, wie viele Befragte jeweils angaben, kein Tier zu wollen (*Keines*), sowie die Häufigkeiten für die zwei beliebtesten Kategorien, *Hunde* und *Katzen*, und die, mit denen andere Tiere (*Andere*) genannt wurden:

```
Veg_Haustiere <- table(Vegetarier, Haustiere)
Veg_Haustiere
```

```
          Haustiere
Vegetarier Andere Hund Katze Keines
      ja        3    3     9     14
      nein     11   11    22     35
```

Sehen wir uns auch wieder den Assoziationsplot an:

```
assocplot(Veg_Haustiere)
```

▶*Abbildung 3.13* legt nahe, dass man hinsichtlich der Tiere noch einmal etwas differenzieren muss. Katzen werden offensichtlich gegenüber Hunden präferiert (breitere Balken) und bezüglich dieser beiden Tierarten weichen auch die Präferenzen von VegetarierInnen und Nicht-VegetarierInnen voneinander ab.

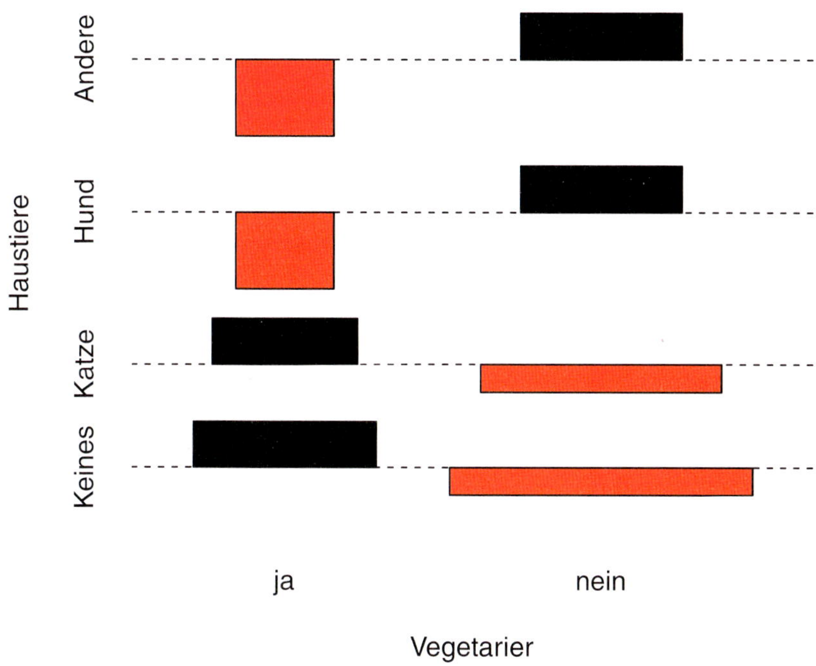

Abbildung 3.13: Assoziationsplot für den Zusammenhang zwischen Vegetariertum und Tierwunsch.

Wenn mindestens eine kategoriale Variable nicht dichotom ist, sondern mehr als zwei Ausprägungen hat, kann nur mehr Cramer's V berechnet werden:

```
round(CramerV(Vegetarier, Haustiere), 2)
```

```
0.07
```

Auch dieser Wert ist ziemlich klein, könnte aber, konsistent mit dem, was wir in ▶*Abbildung 3.13* sehen, darauf hindeuten, dass die Vorliebe für bestimmte Tiere mit Ernährungspräferenzen zusammenhängen könnte, dass also die Variablen *Vegetarier* und *Haustiere* nicht völlig unabhängig voneinander sind. Dieser Frage müsste man jedoch angesichts der unklaren Datenlage in weiteren Studien nachgehen.

Nun sehen wir uns zum Schluss noch eine weitere grafische Darstellungsform für nominalskalierte Variablen an, den *Mosaikplot*. Mosaikplots können auch für die Visualisierung von mehr als zwei nominalskalierten Variablen verwendet werden.

Aus pragmatischen Gründen beschränken wir uns hier jedoch auf die zwei Variablen, deren Zusammenhang wir uns auch in ▶*Abbildung 3.13* angesehen haben. Die Variable, für deren Ausprägungen getrennte Abbildungen entlang der *X*-Achse gezeichnet werden sollen, wird mit einer Tilde (~) in der Argumentliste gekennzeichnet und als Erste aufgeführt. Die weiteren Variablen werden mit "+" angefügt (die Farben: 1 = schwarz, 2 = rot, 3 = grün, und 4 = blau):

```
mosaicplot(~ Vegetarier + Haustiere, xlab = "VegetarierIn", ylab = "Haustier",
        main = NULL, color = c(1, 2, 3, 4))
```

Die Größe der Flächen in ▶*Abbildung 3.14* repräsentiert jeweils die Häufigkeit von Personen in der entsprechenden Kategorie:

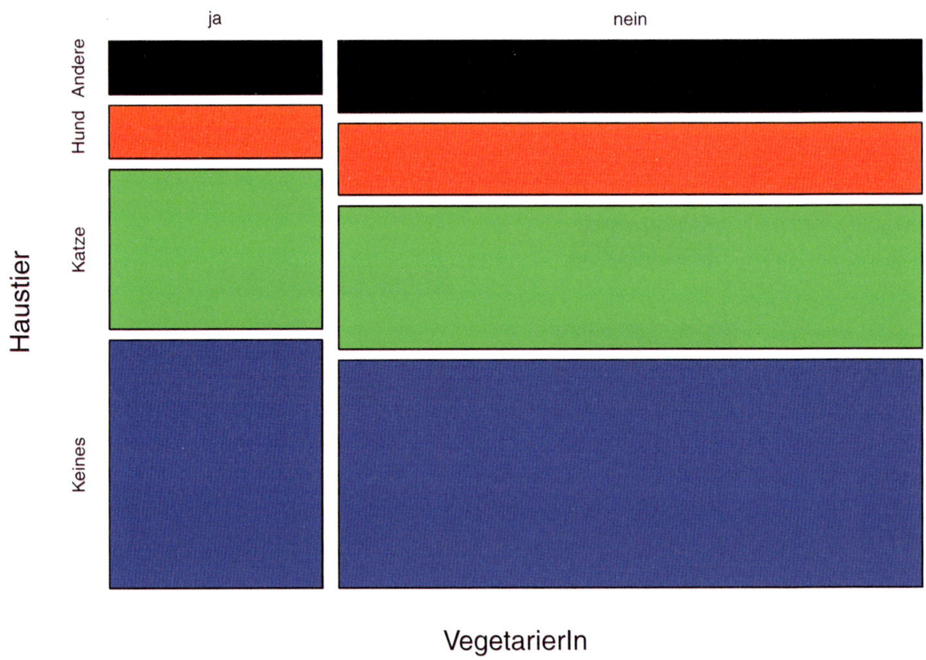

Abbildung 3.14: Mosaikplot für den Zusammenhang zwischen Ernährungspräferenz und Tierwunsch.

Wir sehen zunächst wieder, dass in der Stichprobe deutlich mehr Nicht-VegetarierInnen als VegetarierInnen sind (die rechten Blocks verglichen mit den linken Blocks). Zudem sieht man kleine Ungleichgewichte in der Präferenz für bestimmte Tiere für diese beiden Gruppen. Aber es wird auch deutlich, dass die Unterschiede hinsichtlich der Tier-Präferenzen ziemlich klein sind. Nach allem, was wir uns bislang zu diesem Thema angesehen haben, ist die plausibelste Schlussfolgerung, dass in der Stichprobe, die wir hier untersucht haben, der Zusammenhang zwischen Ernährungspräferenzen und der Präferenz für Haustiere zwar eine minimale Tendenz zeigt, aber wohl vernachlässigbar ist. In ▶*Kapitel 5* werden wir sehen, wie man mithilfe der Inferenzstatistik Schlussfolgerungen über die untersuchte Stichprobe hinaus ziehen kann, und in ▶*Kapitel 8* kommen wir auf entsprechende Verfahren für ordinal- und nominalskalierte Variablen zurück.

Zusammenfassung

Zusammenhänge zwischen Variablen spielen eine zentrale Rolle in der Datenanalyse. Manchmal ist die Analyse schon beendet, wenn man etwas über die Art und Stärke eines Zusammenhangs herausgefunden hat, manchmal sind Zusammenhänge, insbesondere Korrelationskoeffizienten, die Grundlage für weitere komplexe Analysen. Aber auch dann ist die Analyse von bivariaten Zusammenhängen oft der erste entscheidende Schritt.

Wir haben in diesem Kapitel erläutert, wie man mit R bivariate Zusammenhänge grafisch analysiert und dabei zunächst herausfindet, ob der Zusammenhang wirklich linear ist, was bei intervallskalierten (metrischen) Variablen die Voraussetzung für die Berechnung von Korrelationskoeffizienten ist. Darüber hinaus haben wir einige spezielle Versionen von Streuungsdiagrammen vorgestellt, mit deren Hilfe man Ausreißer entdecken kann (Streuungsdiagramme mit visualisierten Randverteilungen, z. B. Boxplots), Mehrfacheinträge sichtbar machen kann (Sonnenblumendiagramme), mehrere bivariate Zusammenhänge auf einen Blick vergleichen kann (Streuungsdiagramm-Matrix) und den Einfluss von Drittvariablen sichtbar machen kann (Bubble Plots).

Zur Quantifizierung des Zusammenhangs von linearen bivariaten Zusammenhängen haben wir vorgemacht, wie man die Produkt-Moment-Korrelation berechnet und den Einfluss von Drittvariablen mit der Partialkorrelation untersuchen kann. Zudem haben wir gezeigt, wie man mit R Rangkorrelationen für ordinalskalierte Daten berechnen kann und den Zusammenhang zwischen zwei nominalskalierten Variablen. Für Letztere haben wir anhand von Assoziations- und Mosaikplots demonstriert, dass auch solche Zusammenhänge mithilfe von R-Funktionen grafisch sichtbar gemacht werden können.

Die R-Funktionen in diesem Kapitel

In diesem Kasten stellen wir Ihnen die Funktionen, die wir in diesem Kapitel benutzt haben, noch einmal zusammen. Dabei lassen wir aus Gründen der Überschaubarkeit die Argumente weg (die Argumente der jeweiligen Funktionen und deren mögliche Belegungen erhalten Sie immer durch die Eingabe von `?funktionsname`). Wenn Funktionen nicht schon vorinstalliert sind, werden sie zusammen mit dem Paket, aus dem sie stammen, aufgelistet (`Paket::Funktion`). Funktionen, die Sie bereits aus früheren Kapiteln kennen, sind hier weggelassen.

Funktion	Kurze Beschreibung
`assocplot`	Zeichnet Assoziationsplot (kategoriale Variablen)
`mosaicplot`	Zeichnet Mosaikplot (kategoriale Variablen)
`pairs`	Zeichnet Streuungsdiagramm-Matrizen
`psych::pairs.panels`	Angereicherte Streuungsdiagramm-Matrizen
`plot`	Generelle Grafikfunktion, mit der man auch Streuungsdiagramme zeichnen kann
`DescTools::PlotBubble`	Erstellt Bubble Plots
`car::scatterplot`	Zeichnet viele Varianten für Streuungsdiagramme (visualisiert z. B. Randverteilungen mit Boxplots)
`plotrix::sizeplot`	Zeichnet Anzahl übereinandergeplotteter Punkte mit unterschiedlich großen Symbolen
`sunflowerplot`	Zeichnet Sonnenblumendiagramme

Tabelle 3.1: Grafik-Funktionen

Funktion	Kurze Beschreibung
`cor`	Berechnet standardmäßig die Produkt-Moment-Korrelation, aber auch die Spearman-Korrelation und Kendall's τ (muss in der Argumentliste spezifiziert werden)
`DescTools::CramerV`	Berechnet Cramer's V
`DescTools:Phi`	Berechnet den Phi-Koeffizienten (φ)
`psych::partial.r`	Erstellt Matrix von Partialkorrelationen, bei denen nur spezifizierte Drittvariablen auspartialisiert sind
`ppcor:pcor`	Erstellt Matrix von Partialkorrelationen, bei denen der Einfluss aller Drittvariablen in der Matrix auspartialisiert ist
`ppcor::pcor.test`	Berechnet spezifische Partialkorrelationen
`DescTools::SpearmanRho`	Berechnet Spearman's ρ
`DescTools::KendallTauA`	Berechnet Kendall's τ_a
`DescTools::KendallTauB`	Berechnet Kendall's τ_b
`DescTools::StuartTauC`	Berechnet Stuart und Kendall's τ_c

Tabelle 3.2: Korrelationskoeffizienten

Ergänzende und weiterführende Literatur

Kapitel 7 in Sedlmeier, P. & Renkewitz, F. (2018). *Forschungsmethoden und Statistik: Ein Lehrbuch für Psychologen und Sozialwissenschaftler* (3., überarbeitete und erweiterte Auflage). Hallbergmoos: Pearson.

(Einige Hintergrundinformationen zu den beschriebenen Verfahren)

Burkhardt, M., & Sedlmeier, P. (2015). *Deskriptive und explorative Datenanalyse mit R.* Mering: Rainer Hampp Verlag.

(Weitere R-Anwendungen zum Thema dieses Kapitels)

Tukey, J. W. (1977). *Exploratory data analysis.* Reading, MA: Addison Wesley.

(Der Standardtext zur explorativen Datenanalyse)

Gerichteter Zusammenhang zwischen zwei Variablen: Regression

4

4.1 Regression: Wie funktioniert sie? 105
4.1.1 Ein einfaches Beispiel 106
4.1.2 Ein komplexeres Beispiel 111
4.1.3 Standardisierte Regressionskoeffizienten 113
4.1.4 Regression und Partialkorrelation 115

4.2 Wann funktioniert (lineare) Regression nicht? 116
4.2.1 Nichtlinearität und Ausreißer 116
4.2.2 Unzulässige Zusammenfassung unterschiedlicher Gruppen 118

4.3 Nichtlineare Zusammenhänge erkennen: Lowess 124

4.4 Nichtlineare Zusammenhänge geradebiegen: Potenzleiter 127

ÜBERBLICK

Lernziele

Wenn Sie dieses Kapitel durchgearbeitet haben, sollten Sie in der Lage sein, mithilfe von R

- Regressionsanalysen mit einem Prädiktor durchzuführen und Regressionsgleichungen sowohl für unstandardisierte als auch standardisierte Regressionskoeffizienten zu erstellen,
- Streuungsdiagramme mit Regressionsgeraden sowie Residualplots zu zeichnen,
- mithilfe von diagnostischen Streuungsdiagrammen aufzudecken, ob die Voraussetzungen für die Durchführung einer Regressionsrechnung erfüllt sind,
- nichtlineare Zusammenhänge mithilfe der Lowess-Kurve zu identifizieren und
- nichtlineare Zusammenhänge, die mittels einer Potenzfunktion beschrieben werden können, durch Anwenden der Potenzleiter zu begradigen und mit dem Ergebnis eine lineare Regression durchzuführen.

Im vorhergehenden Kapitel haben wir uns den Zusammenhang zwischen gleichberechtigten Variablen angesehen: die Korrelation. Wenn man herausfinden möchte, welche Zusammenhänge es zwischen jeweils zwei Variablen gibt, wie stark diese sind und wie sie aussehen, ist eine korrelative Analyse die Methode der Wahl. Hat man jedoch Vermutungen darüber, welche Variable welche andere beeinflusst, oder hat man Grund zur Vermutung, dass die Werte der einen Variablen es erlauben, Werte einer anderen vorherzusagen, dann reicht eine symmetrische Analyse nicht mehr. In diesen Fällen haben wir es mit *gerichteten* Zusammenhängen zu tun oder, mit anderen Worten, der *Regressionsanalyse*.

Die Regressionsanalyse benutzt man zur Untersuchung kausaler und funktionaler Zusammenhänge. Die beste Möglichkeit, Kausalzusammenhänge zwischen psychologischen Variablen zu untersuchen, bestünde darin, Personen zufällig den möglichen Ausprägungen der (verursachenden) x-Variablen zuzuweisen und dann die Wirkungen auf der (Wirkungs-) y-Variablen zu untersuchen. Das ist jedoch in den meisten Fällen aus ethischen oder ganz pragmatischen Gründen nicht möglich. Stellen Sie sich vor, es gäbe die Vermutung, dass der tägliche Fettkonsum die Sterblichkeit an einer bestimmten Form von Magenkrebs beeinflusst. Es wäre natürlich aus ethischen Gründen undenkbar, Personen zufällig einer Subgruppe zuzuweisen, die jeden Tag eine bestimmte Menge Fett konsumieren muss. Aber meist funktioniert die zufällige Zuweisung schon aus pragmatischen Gründen nicht. Man kann etwa Werte in Persönlichkeitsvariablen oder kognitiven Fähigkeiten den TeilnehmerInnen in einer Studie nicht zufällig zuweisen. Trotzdem wird die Regressionsrechnung nicht selten dazu benutzt, kausale Zusammenhänge zu untersuchen. Das ist möglich und auch begründet, wenn es theoretische Vorarbeiten gibt, die *Kausalbezüge* zwischen zwei Variablen nahelegen. Mittels der Regressionsrechnung kann dann ein entsprechendes (Kausal-) Modell überprüft werden. Oft wird die Regressionsrechnung aber „nur" zur Vorhersage benutzt, ohne genau zu wissen, warum die entsprechende Vorhersage funktioniert: Dann spricht man nicht von kausalen, sondern von *funktionalen* Zusammenhängen. Man kann also mithilfe der Regressionsrechnung sowohl Modelle überprüfen als auch Vorhersagen machen.

Wir werden zunächst kurz erklären, wie die Regressionsrechnung funktioniert, und das Verfahren anhand einiger Beispiele illustrieren. Danach erläutern wir, wann es nicht (oder nicht unmittelbar) sinnvoll ist, eine Regressionsanalyse durchzuführen. Und schließlich befassen wir uns damit, wie man auch nichtlineare Zusammenhänge sichtbar machen und sie unter Umständen „geradebiegen" kann, um so mit den transformierten Werten doch noch eine sinnvolle Regressionsanalyse durchführen zu können.

4.1 Regression: Wie funktioniert sie?

Bei einer Vorhersagevariablen x, dem sogenannten *Prädiktor*, und einer vorhergesagten Variablen y, dem sogenannten *Kriterium*, ist das die Gleichung für die *Regressionsgerade*:

$$\hat{y}_i = a + b \times x_i$$

Das „Dach" über dem y zeigt an, dass es sich um eine Vorhersage, also einen probabilistischen (keinen deterministischen) Zusammenhang handelt. Die Konstante a und der Regressionskoeffizient b werden dabei so bestimmt, dass die Summe der quadrierten Abweichungen der Werte von der Regressionsgerade minimal ist. Diese sogenannte *Kleinste-Quadrate-Lösung* ergibt (für eine Ableitung siehe z. B. Bortz & Schuster, 2010):

$$b = \frac{Kovarianz(X,Y)}{s_X^2}$$

und

$$a = \bar{y} - b \times \bar{x}$$

Wie gut diese Lösung für die Vorhersage von y aufgrund der Kenntnis von x ist,[1] kann mittels dreier Arten von Gütemaßen erfasst werden, die wir uns weiter unten noch etwas genauer ansehen werden: der *Residualwerte*, des *Determinationskoeffizienten* und des *Standardschätzfehlers* (manchmal auch als *Standardfehler der Regression* bezeichnet). Die Residualwerte, die Abweichungen der einzelnen Werte (parallel zur Y-Achse) von der Regressionsgeraden, werden oft hauptsächlich visuell überprüft –

1 Der Name *Regressions*analyse kommt aus dem Lateinischen: *regredi* heißt zurückgehen. Es geht also darum, herauszufinden, wie gut die y-Werte auf die x-Werte zurückführbar sind.

anhand von entsprechenden Streuungsdiagrammen. Der Determinationskoeffizient ist nichts anderes als das Quadrat der Korrelation zwischen Prädiktor und Kriterium (r^2), und das ist wiederum nichts anderes als die durch den Prädiktor im Kriterium vorhergesagte oder aufgeklärte Varianz, also der Anteil der Varianz der vorhergesagten Werte (auf der Regressionsgeraden) an der Varianz der tatsächlichen Werte:

$$r^2 = \frac{Aufgeklärte\,Varianz}{Gesamtvarianz}$$

Und der Standardschätzfehler (s_e) ist die Streuung der Residualwerte, also ein Maß dafür, wie stark die vorhergesagten Werte im Durchschnitt von den tatsächlichen Werten abweichen:

$$s_e = s_y \sqrt{1 - r^2}$$

In der psychologischen Fachliteratur wird der Determinationskoeffizient nahezu immer berichtet, Grafiken für die Residualwerte manchmal und der Standardschätzfehler selten.

4.1.1 Ein einfaches Beispiel

Greifen wir das IQ-Beispiel aus dem letzten Kapitel wieder auf und nehmen wir an, wir möchten aufgrund der Kenntnis der Werte in einem verbalen IQ-Test die Werte in einem numerischen IQ-Test vorhersagen. Die dazu nötige Vorhersagegleichung bekommen wir mit der Funktion `lm` (linear model). Diese Funktion erzeugt eine Fülle von Ergebnissen, auf die man dann mit weiteren Funktionen zugreifen kann. Wir weisen also zunächst das Ergebnis der Regressionsrechnung dem Objekt *IQ_reg* zu. *IQ_reg* kann dann später als „Quelle“ für detailliertere Ausgaben benutzt werden:

```
attach(IQ_Daten)
IQ_reg <- lm(Num.Test ~ Verb.Test)
```

Dabei gibt die Tilde (~) an, was der Prädiktor ist (rechts von ~) und was das Kriterium (links von ~). Für die Geradengleichung brauchen wir nun die Konstante (englisch: *Intercept*) und den Regressionskoeffizienten. Diese erhalten wir mit der Funktion `coef` (wir runden die Ausgabe der Übersichtlichkeit halber auf zwei Nachkommastellen):

```
round (coef(IQ_reg), 2)
```

```
  (Intercept)    Verb.Test
         4.28         0.36
```

Die Regressionsgerade schneidet also die *Y*-Achse (bei $x = 0$) bei einem numerischen Testwert von 4.28; und wenn sich der Wert für den verbalen Test um einen Punkt erhöht, wird der Wert für den numerischen Test um 0.36 Punkte größer – das ist die Aussage, die im Regressionskoeffizienten steckt. Wenn man diese Werte in die Formel für die Regressionsgleichung einträgt, ergibt sich:

$$\hat{y}_i = 4.28 + 0.36 \times x_i$$

Das illustrieren wir nun auch grafisch. Wir erstellen eine Kombination aus drei Zeichnungen. Zunächst zeichnen wir Regressionsgerade und Konstante, danach die vorhergesagten Werte und schließlich die Residualwerte oder Residuen. Da wir für die erste Abbildung die *X*-Achse etwas verlängern (um den Schnittpunkt der Geraden auf der *Y*-Achse bei $x = 0$ zu zeigen), sollte diese Abbildung etwas breiter sein als die anderen beiden. Wie das mithilfe der Funktion `layout` geht, wird im *Kasten Komplexere Aufteilung des Zeichenfelds* beschrieben. Hier ist die Aufteilung, die wir benutzt haben:

```
layout (matrix(c(0, 0, 2, 2, 1, 1, 2, 2, 1, 1, 3, 3, 0, 0, 3, 3), 4, 4),
        width = c(1, 2, 2, 1))
```

Und nun die erste der drei Abbildungen (wir verlängern mit `xlim` und `ylim` die *X*- und *Y*-Achsen so, dass man die Konstante in der Grafik erkennen kann):

```
plot(Verb.Test, Num.Test, xlim = c(0, 15), ylim = c(4, 11),
     main = "Regressionsgerade und Konstante")
```

Dann zeichnen wir mit der Funktion `abline` die Regressionsgerade ein

```
abline(IQ_reg)
```

zeichnen eine vertikale (`v`) Linie bei $x = 0$ (mit `lty` wird die Art der Linie spezifiziert)

```
abline(v = 0,lty = 3)
```

und fügen schließlich mit der Funktion `text` das Wort „Konstante“ bei $x = 0$ und $y = 4.2$ hinzu, wobei `pos` die Position des Texts in Bezug auf die Koordinaten angibt (1 = unterhalb, 2 = links, 3 = oberhalb, 4 = rechts):

```
text(0, 4.2, "Konstante", pos = 4)
```

Nun die zweite Abbildung: Bei dieser Abbildung fügen wir die vorhergesagten Werte mittels der Funktion `points` hinzu (die darin eingebettete Funktion `fitted` ermittelt die vorhergesagten Werte). Wenn man die Punkte in ▶*Abbildung 4.1* links unten miteinander verbindet erhält man die Regressionsgerade:

```
plot(Verb.Test, Num.Test, main = "Vorhergesagte Werte")
points(Verb.Test, fitted(IQ_reg), pch = 19)
```

Das Attribut `pch` legt die Symbole fest (19 steht für schwarze Punkte).

Und schließlich zeichnen wir noch ein Streuungsdiagramm für die Residuen, die Abweichungen der Werte von den vorhergesagten Werten:

```
Residuen <- resid(IQ_reg)
plot(Verb.Test, Residuen, ylab = "Abweichung von der Vorhersage", main = "Residuen")
```

Wenn wir nun wieder eine Regressionsgerade für die Residuen erstellen, bekommen wir (immer) eine Gerade, die die *Y*-Achse bei 0 schneidet und parallel zur *X*-Achse verläuft:

```
abline(lm(Residuen ~ Verb.Test))
```

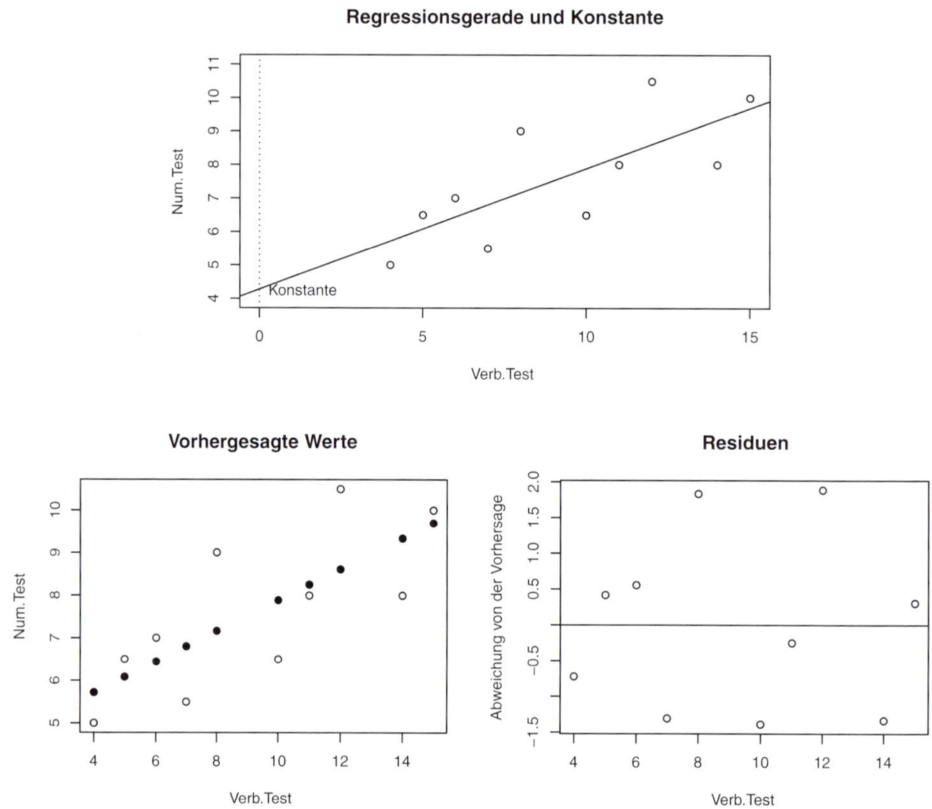

Abbildung 4.1: Illustration der Ergebnisse einer Regressionsanalyse am Beispiel des IQ-Datensatzes (siehe Text für Einzelheiten).

Gütemaße

Die Teilabbildung rechts unten in ▶*Abbildung 4.1* zeigt die Residualwerte, also die Abweichungen aller Werte von ihrem jeweils vorhergesagten Wert. Die entsprechende Punktewolke sollte nicht weit von der Nulllinie entfernt sein und einigermaßen symmetrisch dazu in Form einer Ellipse streuen. Beides trifft in unserem Beispiel zu.

Die Ergebnisse für den Determinationskoeffizienten und den Standardschätzfehler bekommt man mit der Funktion `summary`. Diese Funktion zeigt viele Werte an, auf die wir in späteren Kapiteln noch zurückkommen werden. Hier zeigen wir nur die zwei relevanten Ergebnisse:

```
summary(IQ_reg)

   Residual standard error: 1.299
   Multiple R-squared:  0.5559

detach(IQ_Daten)
```

Der Determinationskoeffizient (*Multiple R-squared*) ist also $r^2 = 0.56$ und der Standardschätzfehler (*Residual standard error*) beträgt $s_e = 1.299$. Wenn man also die Werte im verbalen Test kennt, kann man 56% der Varianz der Werte des numerischen Tests vorhersagen; und die Standardabweichung der vorhergesagten Werte von den tatsächlichen Werten ist mit 1.3 Punkten im numerischen Test (dessen Werte ja offensichtlich zwischen 5 und 10.5 variieren) relativ gering.

Komplexere Aufteilung des Zeichenfelds

Wir haben schon in ▶*Kapitel 2* (Lage und Streuungsmaße) die Funktion `par` benutzt, um ein Zeichenfeld für vier Abbildungen zu erstellen. Die Funktion `layout`, die wir Ihnen hier vorstellen, kann alles, was die Funktion `par` kann, ist aber noch weitaus flexibler. Wir demonstrieren Ihnen die Möglichkeiten anhand von zwei Beispielen. Zunächst erstellen wir ein Zeichenfeld für fünf Abbildungen, die in Form eines Kreuzes angeordnet sind (siehe ▶*Abbildung 4.2*):

```
Kreuz <- layout (matrix (c(0, 1, 0,
                            2, 3, 4,
                            0, 5, 0), 3, 3, byrow = T))
```

Das erste Argument für die Funktion `matrix` ist dabei die Liste der Fenster. Wir haben diese Liste so angebracht (auf drei Zeilen aufgeteilt), dass man die einzelnen Fenster schon „sehen" kann. Eine 0 bedeutet dabei „leeres Fenster". Nach der „Fensterliste" muss die Dimensionalität der Matrix angegeben werden – hier also eine 3 × 3 Matrix, und danach haben wir mit dem Argument `byrow = T` gewährleistet, dass die Darstellung der Fenster auch der späteren Aufteilung des Zeichenfelds entspricht. [Nähme man `byrow = F`, die Standardeinstellung, die man auch weglassen kann, werden die Fensterzuordnungen spaltenweise (und nicht zeilenweise wie hier) vergeben.] Man kann sich die Aufteilung auch schon mal ansehen, ohne etwas in die Fenster zu zeichnen. Das geht mit der Funktion `layout.show`:

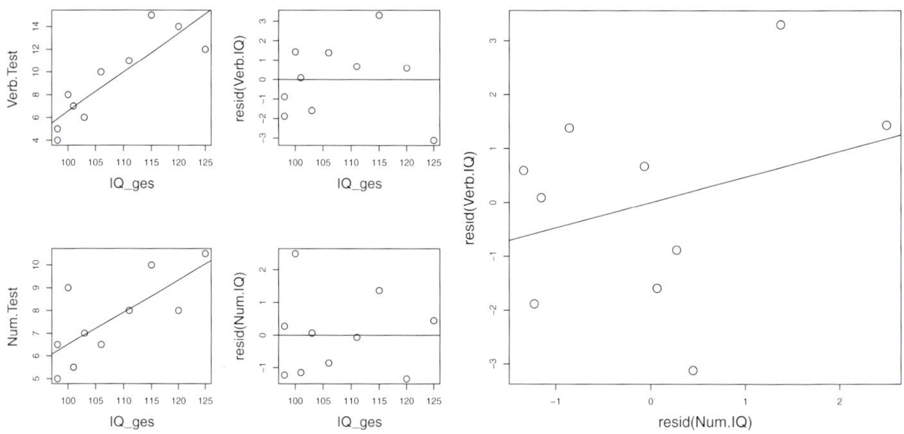

Abbildung 4.6: Illustration der Partialkorrelation (Korrelation der Residualwerte) mittels der drei Variablen aus dem IQ-Datensatz.

4.2 Wann funktioniert (lineare) Regression nicht?

Wenn, wie im vorherigen Abschnitt beschrieben, der Zusammenhang zwischen zwei Variablen von einer dritten beeinflusst wird, ist die Regressionsgerade möglicherweise nicht sehr aussagekräftig. Ob das so ist, muss mittels theoretischer Argumente geklärt werden.[4] In zwei anderen Fällen kann man jedoch durch die Verwendung geeigneter Streuungsdiagramme gut sehen, ob das Ergebnis einer Regressionsanalyse aussagekräftig ist oder nicht. Letzteres ist zum einen der Fall, wenn der Zusammenhang zwischen den beiden Variablen nicht linear ist (darunter fällt auch die Existenz von Ausreißern), und zum anderen, wenn Werte aus potenziell unterschiedlichen Gruppen unzulässigerweise zusammengefasst werden.

4.2.1 Nichtlinearität und Ausreißer

Der Einfluss der Nichtlinearität bzw. der von Ausreißern wird sofort deutlich, wenn man sich die Anscombe-Datenbeispiele ansieht (Anscombe, 1973). Wir haben uns die entsprechenden Streuungsdiagramme schon im vorherigen Kapitel angesehen, fügen jedoch nun die Regressionsgeraden hinzu, wobei wir die Wertebereiche für *x* und *y* für die vier Teilabbildungen jeweils gleich halten (mit `xlim` und `ylim`):

```
attach(anscombe)
f1 <- lm(y1 ~ x1)
f2 <- lm(y2 ~ x2)
f3 <- lm(y3 ~ x3)
```

4 Wenn es beispielsweise nur um den funktionalen Zusammenhang zwischen zwei Variablen geht – man macht, salopp ausgedrückt, eine gute Vorhersage, ohne genau zu wissen warum – dann könnte die entsprechende Regressionsgleichung durchaus Sinn machen.

```
f4 <- lm(y4 ~ x4)
par(mfrow = c(2, 2))
plot(x1,y1, main = "Linearer Zusammenhang", xlim = c(3, 20), ylim = c(3, 13))
abline(f1)
plot(x2, y2, main = "Kurvilinearer Zusammenhang", xlim = c(3, 20), ylim = c(3, 13))
abline(f2)
plot(x3, y3, main = "Perfekter Zusammenhang", xlim = c(3, 20), ylim = c(3, 13))
abline(f3)
plot(x4, y4, main = "Kein Zusammenhang", xlim = c(3, 20), ylim = c(3, 13))
abline(f4)
```

▶*Abbildung 4.7* zeigt, dass die vier Regressionsgeraden identisch sind. Allerdings wäre nur die Gerade für den Zusammenhang links oben in der Abbildung inhaltlich sinnvoll interpretierbar. Ansonsten wird der eigentliche Zusammenhang entweder deutlich unterschätzt (beim perfekten kurvilinearen Zusammenhang rechts oben und beim perfekten Zusammenhang mit einem Ausreißer links unten in der Abbildung) oder deutlich überschätzt (rechts unten in der Abbildung).

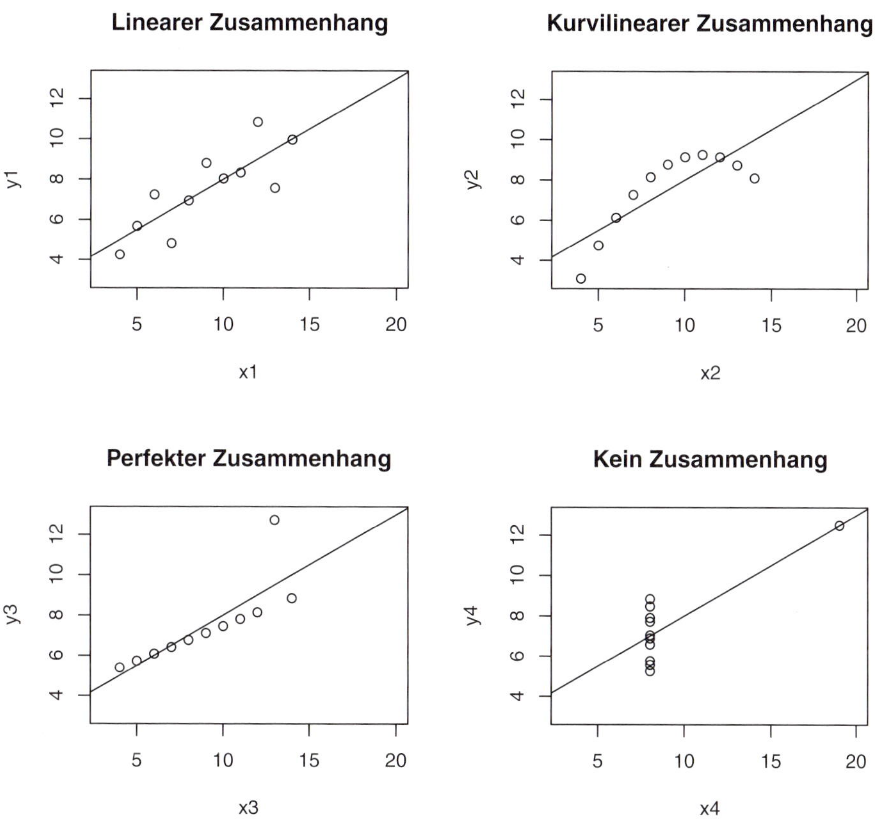

Abbildung 4.7: Regressionsgeraden für die vier Zusammenhänge aus den Anscombe-Daten.

Sehen wir uns der Vollständigkeit halber auch die Ergebnisse der vier Regressionsgleichungen an:

```
round(coef(f1), 2)
```

```
(Intercept)          x1
        3.0         0.5
```

```
round(coef(f2), 2)
```

```
(Intercept)          x2
        3.0         0.5
```

```
round(coef(f3), 2)
```

```
(Intercept)          x3
        3.0         0.5
```

```
round(coef(f4), 2)
```

```
(Intercept)          x4
        3.0         0.5
```

Egal wie das Zusammenhangsmuster aussieht, die Werte für die Regressionsgleichungen sind (bis auf zwei Nachkommastellen) identisch:

$$\hat{y}_i = 3 + 0.5 \times x_i$$

Dieses Beispiel sollte verdeutlichen, dass es eine gute Idee ist, bei jeder Regressionsanalyse zunächst einmal ein Streuungsdiagramm zu zeichnen.

4.2.2 Unzulässige Zusammenfassung unterschiedlicher Gruppen

Ausreißer und ausgeprägte nichtlineare Zusammenhänge sind oft leicht zu sehen, und wenn nicht, gibt es noch eine sehr nützliche Methode, um genauer hinzusehen. Diese lernen wir im nächsten Abschnitt kennen: die Lowess-Kurve. Die unzulässige Zusammenfassung unterschiedlicher Gruppen fällt dahingehend nicht immer sofort auf. Wir haben für Sie zur Illustration zwei simulierte Datensätze mit R erstellt. Wenn es Sie interessiert, wie wir das gemacht haben, können Sie das im *Kasten Korrelierte Daten erzeugen* nachlesen. Würde man den ersten Datensatz ohne nähere Inspektion analysieren, würde der tatsächliche Zusammenhang deutlich überschätzt und beim zweiten wäre das Gegenteil der Fall. Beide simulierten Datensätze enthalten eine x- und eine y-Variable sowie eine z-Variable, in der jeweils zwei Subgruppen kodiert sind.

Überschätzen eines Zusammenhangs

Analysieren wir zunächst nur den Zusammenhang zwischen X und Y aus der Datei *Nullkorrelation.txt* (links in ▶*Abbildung 4.9*):

```
attach(Nullkorrelation)
par(mfrow = c(1, 2))
plot(X, Y, main = "Gemeinsame Darstellung")
abline(lm(Y ~ X))
```

Wenn man die Korrelation für den gesamten Datensatz berechnet, erhält man einen recht hohen Wert:

```
round(cor(X, Y), 2)
  0.67
```

Ein Blick auf die Verteilung der Punktewolke in der Abbildung könnte allerdings schon nahelegen, dass es in diesen Daten zwei unterschiedliche „Zentren" oder Konzentrationen von Werten gibt. Dass das tatsächlich so ist, wird deutlich, wenn man die Gruppenvariable *Z* mit in die Analyse einbezieht. Die Variable *Z* hat die Werte 1 und 3, weil wir in der `plot`-Funktion eine Drittvariable dadurch sichtbar machen können, dass wir dem Argument `pch` unterschiedliche Zahlen zuweisen, die jeweils für unterschiedliche Symbole stehen: 1 steht für einen Kreis und 3 für ein Kreuz. Das Streuungsdiagramm, getrennt nach den zwei Gruppen, ist rechts in ▶*Abbildung 4.8* zu sehen:

```
plot(X, Y, pch = Z, main = "Getrennt nach Gruppen")
```

Wir zeichnen zwei separate Regressionsgeraden für die beiden Subgruppen und verwenden dazu auch unterschiedliche Linienarten (mit dem Argument `lty` spezifiziert):

```
abline(lm(Y[Z == 1] ~ X[Z == 1]), lty = 2)
abline(lm(Y[Z == 3] ~ X[Z == 3]), lty = 3)
```

Die Berechnung der Korrelationen ergibt einen Nullzusammenhang innerhalb jeder der beiden Gruppen:

```
round(cor(X[Z == 1], Y[Z == 1]), 2)
  -0.02
round(cor(X[Z == 3], Y[Z == 3]), 2)
  -0.05
detach(Nullkorrelation)
```

In diesem Beispiel käme man also zu einer völlig falschen Schlussfolgerung, würden die zwei Gruppen in der Analyse zusammengefasst.

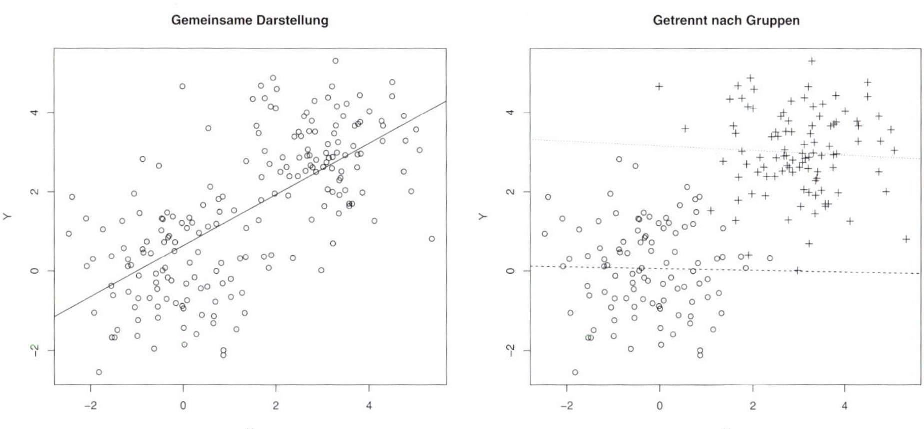

Abbildung 4.8: Illustration der unzulässigen Zusammenfassung zweier unterschiedlicher Gruppen. Innerhalb der zwei Gruppen besteht kein Zusammenhang, aber die Zusammenfassung suggeriert einen starken positiven Zusammenhang.

Unterschätzen eines Zusammenhangs

Im nächsten Beispiel (Datei *Subst_Korrelation.txt*) sind die zwei unterschiedlichen Gruppen ohne grafische Differenzierung zunächst weniger leicht zu sehen (links in ▶*Abbildung 4.9*), während die Verwendung unterschiedlicher Symbole die Gruppenzugehörigkeit sofort ins Auge springen lässt (rechts in ▶*Abbildung 4.9*):

```
attach(Subst_Korrelation)
plot(X, Y, main = "Gemeinsame Darstellung")
abline(lm(Y ~ X))
round(cor(X, Y), 2)

  0.39
```

Zur Abwechslung haben wir für die zweite Gruppe diesmal als Symbol einen gefüllten Kreis vergeben (`pch` = 16):

```
plot(X, Y, pch = Z, main = "Getrennt nach Gruppen")
abline(lm(Y[Z == 1] ~ X[Z == 1]), lty = 2)
abline(lm(Y[Z == 16] ~ X[Z == 16]), lty = 3)
round(cor(X[Z == 1], Y[Z == 1]), 2)

  0.84

round(cor(X[Z == 16], Y[Z == 16]), 2)

  0.83

detach(Subst_Korrelation)
```

Hier wird also ein recht hoher positiver Zusammenhang zwischen X und Y durch ein Zusammenfassen der zwei Gruppen unzulässigerweise halbiert ($r = 0.39$ für den gesamten Datensatz versus $r = 0.84$ und $r = 0.83$ für die Subgruppen).

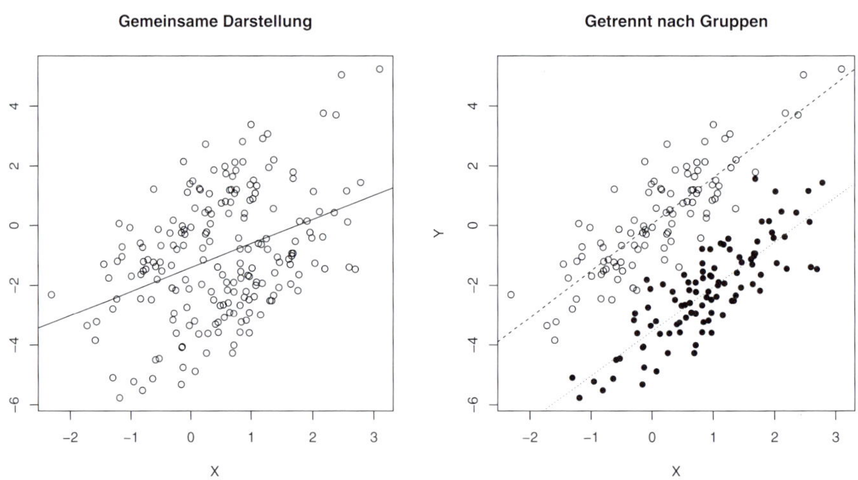

Abbildung 4.9: Illustration der unzulässigen Zusammenfassung zweier unterschiedlicher Gruppen. Innerhalb der zwei Gruppen besteht ein sehr hoher positiver Zusammenhang, der durch die Zusammenfassung in etwa halbiert wird.

Korrelierte Daten erzeugen

Manchmal versteht man seine eigenen Daten besser, wenn man sie mit simulierten Daten vergleicht. Aber vielleicht sind Sie auch einfach nur neugierig darauf, wie man simulierte Daten erzeugen kann. Wenn Sie das einmal mit Korrelationen ausprobieren wollen – hier ist eine Funktion, die aus unkorrelierten korrelierte Daten erzeugt, deren Zusammenhang nicht weit von einer vorgegebenen Korrelation (***r***) abweicht, ein Streuungsdiagramm erzeugt und dann noch eine Regressionsgerade einzeichnet:

```
Korrelierte.Daten.Demo <- function (r, x, y1)
  {
  a <- r / (1 - r^2)^0.5
  # a ist der Quotient aus Korrelation und Standardschätzfehler
  y <- a * x + y1
  # nur die y Variable wird modifiziert, die x Variable bleibt gleich
  plot(x, y, main = paste("r=", (round(cor(x, y), 2))))
  abline(lm(y ~ x))
  }
```

Unkorrelierte Daten bekommt man beispielsweise, wenn man zwei Zufallsstichproben aus einer Standardnormalverteilung zieht (mit der Funktion `rnorm`). Die Korrelation dieser zwei Variablen – wir nennen sie *X_var* und *Y_var* – wird, vor allem bei großen Stichproben, relativ nahe an 0 sein (die Funktion funktioniert nur akkurat, wenn die Werte für X und Y aus Normalverteilungen mit gleichen Mittelwerten und Standardabweichungen gezogen werden). Wir demonstrieren das mit Stichproben von $n = 100$:

```
X_var <- rnorm(100)
Y_var <- rnorm(100)
```

Wenn Sie die Werte für *X_var* und *Y_var* erzeugen, wird das Ergebnis rein durch Zufall immer von unseren Werten abweichen. (Probieren Sie das Ganze einfach mehrmals, um ein Gefühl für die Zufallsvariation zu bekommen). Unsere Demonstration benutzt die Werte, die wir bekommen haben. Sie sehen also in ▶*Abbildung 4.10* immer denselben simulierten Datensatz, der mithilfe der Funktion `Korrelierte.Daten.Demo` modifiziert wird. Man kann sehen, wie sich die Regressionsgerade mit zunehmender Größe der vorgegebenen Korrelation „aufrichtet“ und der relative Abstand der Punkte zur Regressionsgerade immer kleiner wird (der absolute Abstand bleibt gleich):

```
par(mfrow = c(2, 3))
Korrelierte.Daten.Demo (0.01, X_var, Y_var)
Korrelierte.Daten.Demo (0.1, X_var, Y_var)
Korrelierte.Daten.Demo (0.3, X_var, Y_var)
Korrelierte.Daten.Demo (0.5, X_var, Y_var)
Korrelierte.Daten.Demo (0.7, X_var, Y_var)
Korrelierte.Daten.Demo (0.99, X_var, Y_var)
par(mfrow = c(1, 1))
```

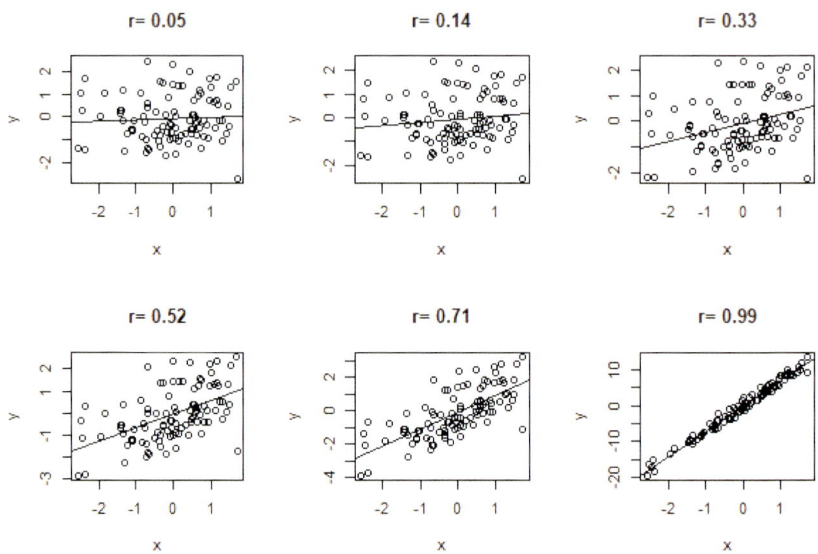

Abbildung 4.10: Tatsächliche Korrelationen (im Titel der jeweiligen Teilabbildung) bei den folgenden vorgegebenen Korrelationen (obere Zeile: r = 0.01, r = 0.1, r = 0.3, untere Zeile: r = 0.5, r = 0.7 und r = 0.99).

Wie gesagt, wenn Sie das selbst ausprobieren, werden Sie feststellen, dass Ihre Ergebnisse etwas anders, aber sehr ähnlich aussehen werden. Das liegt an den Zufallsstichproben für die zwei Ausgangsvariablen. Sie können auch mal ausprobieren, was passiert, wenn Sie statt jeweils Stichproben von 100 aus der Standardnormalverteilung deutlich größere Stichproben ziehen (mehr dazu in ▶*Kapitel 5*).[5]

Beispiel aus der Vorlesungsbefragung

Eine Variable hinsichtlich derer es häufig Unterschiede gibt, ist das Geschlecht. Nehmen wir an, wir hätten Grund zur Annahme, dass man aufgrund der Körpergröße die Lebenszufriedenheit vorhersagen könne und dass dieser Zusammenhang für Männer und Frauen unterschiedlich sei. Wie sieht das in unseren Vorlesungsdaten aus? Wir beschränken uns dabei aus pragmatischen Gründen auf *männlich* und *weiblich*: ("`!=`" ist in R das Zeichen für das logische *Nicht*):

```
attach(ML_I)
Geschlecht_mw <- Geschlecht[Geschlecht != "divers"]
```

Um die zwei verbleibenden Ausprägungen der Variablen `Geschlecht_mw` in der Grafik sichtbar zu machen, verwenden wir `pch` = 1 (ein Kreis) für die Frauen und `pch` = 3 (ein

5 Zum Erstellen der Beispiele in ▶*Abbildung 4.8* und ▶*Abbildung 4.9* fehlt natürlich noch etwas. Wir haben mit einer anderen Funktion jeweils zwei Stichproben erzeugt und in eine Datei (*Nullkorrelation.txt*) gepackt, in der auch die Gruppenvariable *Z* steht.

Kreuz) als Zeichensymbol für die Männer. Die entsprechenden Zahlen speichern wir in der neuen Variablen `Geschlecht_zahl`:

```
Geschlecht_zahl <- ifelse (Geschlecht_mw == "weiblich", 1, 3)
```

Nun zeichnen wir das Streuungsdiagramm und vergrößern dabei die Punkte und die Achsenbeschriftungen etwas (mit `cex` und `cex.lab`). Zuvor müssen wir jedoch die Variablen *Größe* und *Lebenszufriedenheit* noch entsprechend anpassen:

```
Größe_mw <- Größe[Geschlecht != "divers"]
Lebenszufriedenheit_mw <- Lebenszufriedenheit[Geschlecht != "divers"]
plot(jitter(Größe_mw), jitter(Lebenszufriedenheit_mw), pch = Geschlecht_zahl,
     xlab = "Körpergröße (in cm)", ylab = "Lebenszufriedenheit",
     cex = 1.2, cex.lab = 1.5)
```

Nun noch die zwei Regressionsgeraden für die Frauen und die Männer:

```
abline(lm((Lebenszufriedenheit[Geschlecht == "weiblich"]
          ~ Größe[Geschlecht == "weiblich"])))
abline(lm((Lebenszufriedenheit[Geschlecht == "maennlich"]
          ~ Größe[Geschlecht == "maennlich"])), lty = 3)
```

Und zuletzt die Legende (`bty = "n"` heißt, dass die Umrandung für die Legende weggelassen wird):

```
legend("bottomleft", pch = c(1, 3), legend = c("weiblich", "männlich"),
       cex = 1.5, bty = "n")
```

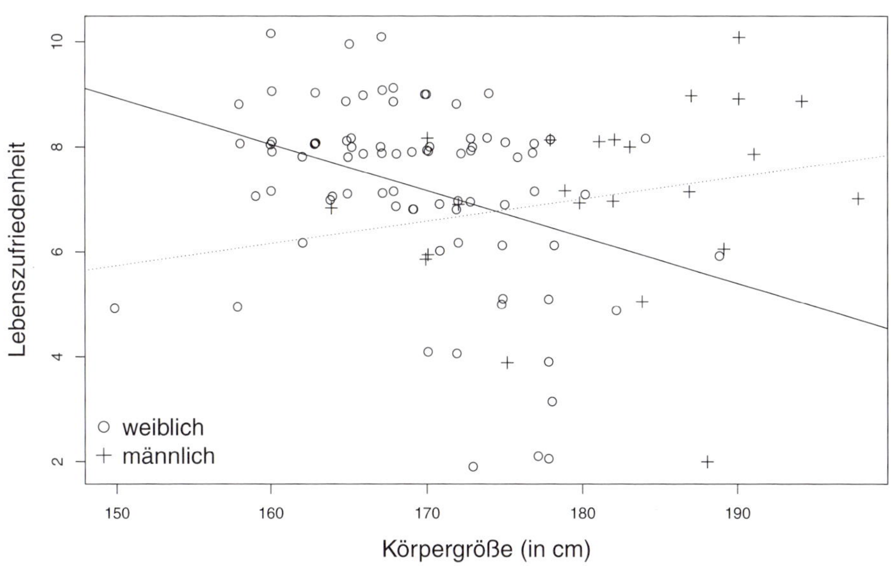

Abbildung 4.11: Beispiel für unterschiedliche Zusammenhänge (positiv für Männer, negativ für Frauen) zwischen Körpergröße und Lebenszufriedenheit aus dem Vorlesungsdatensatz.

Der Zusammenhang zwischen Körpergröße und Lebenszufriedenheit scheint sich in unserer Stichprobe tatsächlich für Männer und Frauen zu unterscheiden. Sehen wir uns die Größe der jeweiligen Zusammenhänge noch an, zunächst für die Frauen:

```
round(cor(Größe[Geschlecht == "weiblich"],
          Lebenszufriedenheit[Geschlecht == "weiblich"]), 2)
```

```
-0.34
```

Das ist schon ein recht deutlicher Zusammenhang: Je größer die Studentinnen waren, desto unzufriedener waren sie tendenziell mit ihrem Leben.[6] Der Zusammenhang für die Studenten ist hingegen umgekehrt (positiv), aber nicht so stark ausgeprägt:

```
round(cor(Größe[Geschlecht == "maennlich"],
          Lebenszufriedenheit[Geschlecht == "maennlich"]), 2)
```

```
0.19
```

4.3 Nichtlineare Zusammenhänge erkennen: *Lowess*

Wie wir schon in *Abschnitt 4.2.1* gesehen haben, liefert die Regressionsanalyse keine adäquaten Ergebnisse bei nichtlinearen Zusammenhängen. Manchmal sieht man bei einem Blick auf ein Streuungsdiagramm die Nichtlinearität sofort, aber oft, insbesondere bei größeren Datenmengen, ist sie nicht so leicht zu sehen. Eine sehr nützliche grafische Datenanalysemethode, die *Lowess*-Kurve[7] (*lo*cally *we*ighted *s*catterplot *s*moother) findet man als Option in vielen R-Funktionen, die sich mit bivariaten Zusammenhängen beschäftigen. Der Unterschied zur Regressionsgeraden besteht, grob gesagt, darin, dass die Lowess-Kurve konstruiert wird, indem sukzessive immer nur ein Teil der anderen Wertepunkte mit einbezogen wird (*locally*), und dass dabei nahe Punkte stärker gewichtet werden als weit entfernte (*weighted*). Zudem wird die Kurve geglättet (*smoother*). Das Ausmaß der Glättung kann man durch einen Parameter festlegen (ursprünglich als f bezeichnet, mittlerweile aber unter mehreren Bezeichnungen, wie z. B. *tension* oder *span*, bekannt). Dieser Parameter kann von 0 bis 1 (oder von 0 bis 100) variieren – je größer dieser Parameter, desto glatter die Kurve (für weitere Details zur Prozedur siehe Cleveland (1979) und Cleveland und Devlin (1988)).

Sehen wir uns zunächst das IQ-Beispiel aus *Abschnitt 4.1.1* noch einmal an. War es wirklich gerechtfertigt, dort eine lineare Beziehung zwischen den Werten im verbalen und numerischen IQ anzunehmen? Um diese Frage zu untersuchen, zeichnen wir Lowess-Kurven mit der Funktion `lowess` mit einem kleinen $f = 0.5$ (gestrichelte Linie: `lty = "dashed"`) und einem großen $f = 0.9$ ($f = 2/3$ ist die Voreinstellung) für den ursprünglichen Zusammenhang und die Residuen:

6 Allerdings gab es bei den Studentinnen auch einige mit sehr geringer Lebenszufriedenheit – man könnte mithilfe von Boxplots am Rand des Streuungsdiagramms (siehe ▶*Abschnitt 3.2.1* in ▶*Kapitel 3*) überprüfen, ob es sich dabei um Ausreißerwerte handelt, und die Analyse ohne diese Werte noch einmal durchführen.

7 Manchmal findet man in der Literatur auch den Ausdruck *Loess* (*lo*cally *e*stimated *s*catterplot *s*moother), der meist synonym gebraucht wird. Manche Autoren machen allerdings auch geringfügige Unterscheidungen in Bezug auf die verwendeten Algorithmen, die für unsere Belange jedoch vernachlässigbar sind.

```
attach(IQ_Daten)
par(mfrow = c(1, 2))
plot(Verb.Test, Num.Test, main = "Lowess für ursprünglichen Zusammenhang")
lines(lowess(Verb.Test, Num.Test, f = 0.5), col = "green", lty = "dashed")
lines(lowess(Verb.Test, Num.Test, f = 0.9))
IQ_reg <- lm(Num.Test ~ Verb.Test)
plot(Verb.Test, resid(IQ_reg), ylab = "Abweichung von der Vorhersage",
     main = "Lowess für Residuen")
lines(lowess(Verb.Test, resid(IQ_reg), f = 0.5), col = "green", lty = "dashed")
lines(lowess(Verb.Test, resid(IQ_reg), f = 0.9))
detach(IQ_Daten)
```

Es wird deutlich, dass der Zusammenhang zwischen den zwei Variablen tatsächlich (nahezu) linear ist (▶*Abbildung 4.12*).

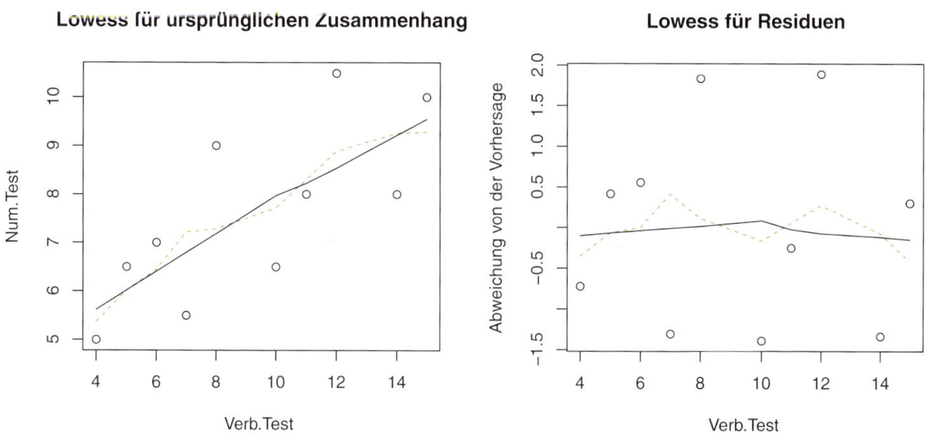

Abbildung 4.12: Lowess-Kurven mit jeweils zwei Ausprägungen von f (grüne gestrichelte Linie für $f = 0.5$ und durchgezogene Linie für $f = 0.9$) für den Zusammenhang zwischen den Ergebnissen im verbalen und numerischen IQ-Test (links für die Originalwerte, rechts für die Residuen).

Analysieren wir nun noch ein Beispiel aus der Literatur (Brown & Siegler, 1993, 533-534). Die Autoren vermuteten, dass subjektive Einschätzungen des Wissens über einen Sachverhalt gut vorhergesagt werden können, wenn man weiß, wie häufig Personen von diesem Sachverhalt gehört oder gelesen haben. In dem konkreten Beispiel ging es um den subjektiven Eindruck darüber, wie viel man über ein Land weiß (*knowledge rating*). Die Häufigkeiten, die zur Vorhersage benutzt wurden, waren die Nennungshäufigkeiten für diese Länder in der New York Times im Jahr 1988.[8] Die Daten finden Sie in der Datei *NYT.csv* (die Nennungshäufigkeiten stehen in der Variablen *Citation_Index*). Sehen wir uns zunächst das Streuungsdiagramm für die Originalwerte mit der

8 Diese Nennungshäufigkeiten wurden für die 100 Länder mit den damals größten Einwohnerzahlen bestimmt. Da die Studie in den USA durchgeführt wurde, ließen die Autoren allerdings die Zahlen für dieses Land weg; und wir lassen die Zahlen für ein weiteres Land weg, das es heute nicht mehr gibt, die UDSSR. Dieses Land wurde damals so häufig erwähnt (2383-mal), dass es ein extremer Ausreißer war (damals war der Kalte Krieg noch in vollem Gange).

Regressionsgeraden und im Vergleich dazu der Lowess-Kurve an (links in Abbildung 4.13):

```
attach(NYT)
NYT_regr <- lm(Knowledge_Rating ~ Citation_Index)
plot(Citation_Index, Knowledge_Rating, main = "Originalwerte")
abline(NYT_regr, col = "green")
lines(lowess(Citation_Index, Knowledge_Rating))
```

Und dann noch das Streuungsdiagramm für die Residuen, auch wieder mit Regressionsgerade und Lowess-Kurve (rechts in ▶*Abbildung 4.13*). Wenn der Zusammenhang zwischen zwei Variablen nichtlinear ist, sieht man das in den Residuen immer viel besser als in den Originalwerten:

```
plot(Citation_Index,resid(NYT_regr), main = "Residuen",
     ylab = "Abweichung von der linearen Vorhersage")
abline(lm(resid(NYT_regr) ~ Citation_Index), col = "green")
lines(lowess(Citation_Index, resid(NYT_regr)))
```

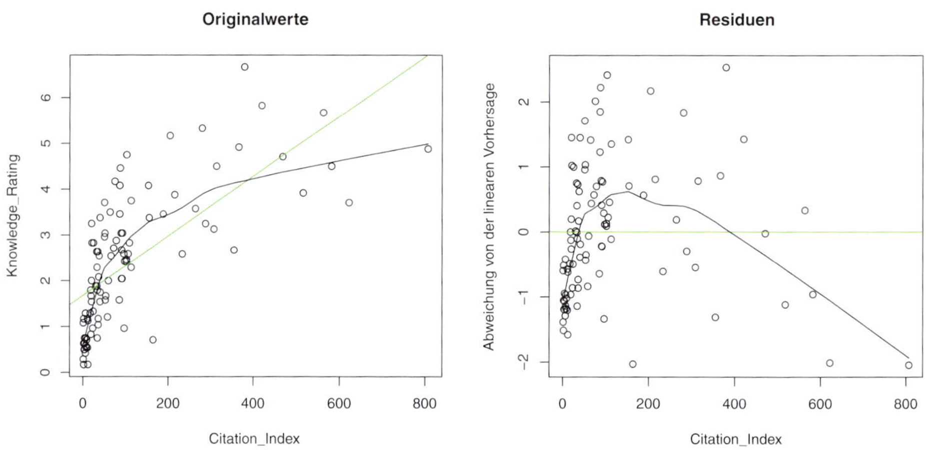

Abbildung 4.13: Zusammenhang zwischen der Häufigkeit, mit der der Name eines Landes 1988 in der New York Times zitiert wurde (Citation_Index) und dem Gefühl darüber, wie viel die Befragten subjektiv über dieses Land zu wissen glaubten (Knowledge_Rating), sowohl für die Originalwerte (links) als auch die Residuen (rechts); ($f = 2/3$, also die Voreinstellung, in beiden Fällen).

Es wird deutlich, dass die lineare Regression in diesem Beispiel zu einer suboptimalen Vorhersage führt, weil der Zusammenhang deutlich nichtlinear ist. Im nächsten Abschnitt beschreiben wir eine Möglichkeit, wie man in so einem Fall weiter verfahren könnte.

4.4 Nichtlineare Zusammenhänge geradebiegen: *Potenzleiter*

Mithilfe der „Potenzleiter" (der Ausdruck stammt von Herrn Tukey (1977): „ladder of powers") kann man Zusammenhänge, die einer Potenzfunktion folgen (oder zumindest monoton steigen oder fallen), die also einen Zusammenhang beschreiben, der durch eine Gleichung der Form $y = x^n$ ausgedrückt werden kann, wieder „geradebiegen". Das Geradebiegen erfolgt dadurch, dass man für eine der beiden Variablen die Potenzleiter nach unten oder oben steigt. So kann man beispielsweise ausgehend von $x^1 (= x)$ die Potenzleiter nach oben steigen (z. B. x^2, x^3, x^4) oder nach unten (z. B. $x^{1/2}$, $\log(x)$, $x^{-1/2}$, x^{-1}, x^{-2}).[9] Derart zurechtgebogene Zusammenhänge sind dann wieder linear und man kann sie mithilfe der Regressionsrechnung untersuchen. Die Potenzleiter kann sehr nützlich sein, um kurvilineare Zusammenhänge zu untersuchen. Allerdings ist sie eben nur auf Potenzfunktionen anwendbar und bei der Interpretation der Ergebnisse darf man dann natürlich nicht vergessen, dass es sich um transformierte Werte handelt.

Wir illustrieren das Prinzip der Potenzleiter zunächst an einem vereinfachten Beispiel mit perfekten Zusammenhängen. Das ist nun keine Datenanalyse im engeren Sinn. Allerdings kann es manchmal sehr hilfreich sein, mögliche Ergebnisse (Vorhersagen) zu visualisieren und zu illustrieren. Diese kleine Demonstration dient dazu, zu zeigen, dass solche Illustrationen in R sehr einfach möglich sind. Als Ausgangsvariable benutzen wir die Variable *x*, die die Zahlen von 1 bis 100 enthält. Eine einfache Möglichkeit, eine Reihe natürlicher Zahlen in aufsteigender Reihenfolge zu erzeugen, funktioniert mit „`:`" (es ginge auch mit der Funktion `seq`, siehe ▶*Kapitel 1*):

```
x <- c(1:100)
```

Die Variable *y* ist immer eine Funktion von *x* und wir transformieren immer eine der beiden Variablen, indem wir einen Exponenten hinzufügen, sodass wir Potenzfunktionen erhalten. Unser Beispiel umfasst vier solcher Zusammenhänge. Die vier *x*- und *y*-Werte werden folgendermaßen berechnet:

```
x1 <- x^3
y1 <- x
x2 <- x
y2 <- -x^3
x3 <- x
y3 <- x^-(1/3)
x4 <- x
y4 <- x^3
```

Wir zeichnen die entsprechenden Zusammenhänge in vier Streuungsdiagramme, wobei wir aber der Übersichtlichkeit halber die Achsenwerte und Achsenbeschriftungen weglassen (`xaxt = 'n'`, `yaxt = 'n'`, `xlab = ""`, `ylab = ""`) und überdies keine Punkte einzeichnen, sondern die Werte gleich mit einer Linie interpolieren (`type = 'l'`):

9 Log(*x*) passt natürlich formal nicht wirklich in die Liste, aber x^0 würde in der Potenzleiter wenig helfen, weil das Ergebnis immer 1 beträgt. Der Logarithmus funktioniert aber recht gut – probieren Sie es aus!

```
par(mfrow = c(2, 2))
plot(x1, y1, main = "x hinunter (y hoch)",
     type = 'l', xaxt = 'n', yaxt = 'n', xlab = "", ylab = "")
plot(x2, y2, main = "x hoch (y hoch)",
     type = 'l', xaxt = 'n', yaxt = 'n', xlab = "", ylab = "")
plot(x3, y3, main = "x hinunter (y hinunter)",
     type = 'l', xaxt = 'n', yaxt = 'n', xlab = "", ylab = "")
plot(x4, y4, main = "x hoch (y hinunter)",
     type = 'l', xaxt = 'n', yaxt = 'n', xlab = "", ylab = "")
```

Die Überschriften für die vier Streuungsdiagramme in Abbildung 4.14 zeigen an, in welche Richtung man für welche Variable die Potenzleiter beschreiten müsste, um die Beziehung zwischen den zwei Variablen wieder geradezubiegen.

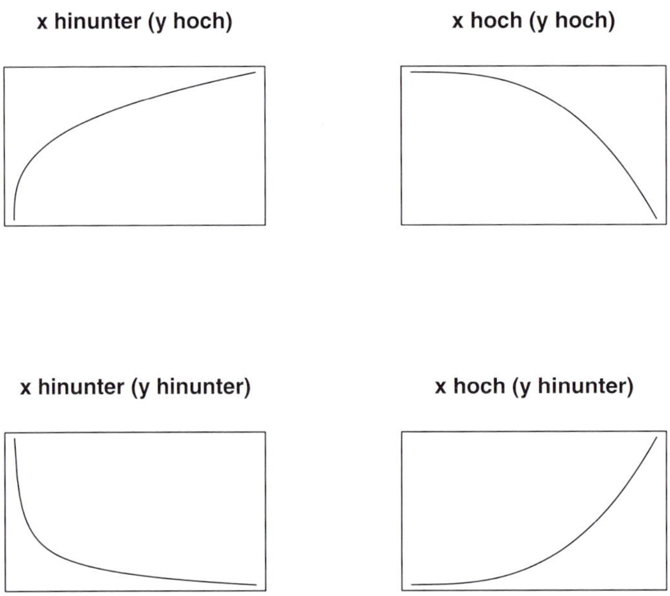

Abbildung 4.14: Die Ausgangsbasis für die Anwendung der Potenzleiter: Zusammenhänge, die (meist in Annäherung) mittels einer Potenzfunktion beschrieben werden können.

Und nun transformieren wir jeweils die x-Variable, um lineare Beziehungen zu erhalten:

```
x1_tran <- x1^(1/3)
x2_tran <- x2^3
x3_tran <- -x3^-(1/3)
x4_tran <- x4^3
```

Warum ausschließlich die x-Variablen? Weil wir bei Regressionsrechnungen ja immer Vorhersagen für die y-Variablen machen und die müssen gut interpretierbar sein. Es macht beispielsweise wenig Sinn, einen quadrierten Intelligenzkoeffizienten oder die Wurzel aus der Reaktionszeit vorherzusagen. Nun zeichnen wir wieder die entsprechenden Streuungsdiagramme mit den transformierten Variablen. Die Funktion `expression` (hier benutzt für die Diagrammüberschriften) übersetzt mathematische Ausdrücke in R-Notation in die übliche Darstellungsform:

```
plot(x1_tran, y1, main = expression(x^(1/3)), type = 'l',
     xaxt = 'n', yaxt = 'n', xlab = "", ylab = "")
plot(x2_tran, y2, main = expression(x^3), type = 'l',
     xaxt = 'n', yaxt = 'n', xlab = "", ylab = "")
plot(x3_tran, y3, main = expression(x^-(1/3)), type = 'l',
     xaxt = 'n', yaxt = 'n', xlab = "", ylab = "")
plot(x4_tran, y4, main = expression(x^3), type = 'l',
     xaxt = 'n', yaxt = 'n', xlab = "", ylab = "")
```

Die entsprechenden linearen Zusammenhänge zwischen den ursprünglichen y-Variablen und den nun transformierten x-Variablen sieht man in ▶*Abbildung 4.15*. In der jeweiligen Diagrammüberschrift ist angegeben, durch welche Transformation von x die Beziehung wieder geradegebogen wurde. Links oben und unten wurde die Potenzleiter nach unten beschritten ($x^{1/3}$ bzw. $x^{-1/3}$) und rechts oben und unten stieg der Exponent von x nach oben (beide Male x^3). Wie gesagt: Dieses Beispiel hatte nichts mit Datenanalyse im engeren Sinn zu tun, aber es sollte Ihnen zeigen, wie flexibel einsetzbar R ist, auch um statistische oder mathematische Zusammenhänge und Gesetzmäßigkeiten zu illustrieren.

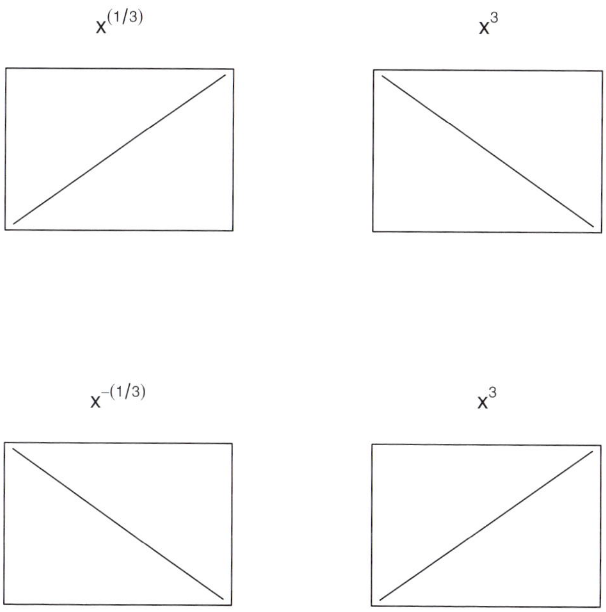

Abbildung 4.15: Die kurvilinearen Zusammenhänge (Potenzfunktionen) in *Abbildung 4.14* wurden durch die Transformation von x (Potenzleiter nach unten für die beiden linken und Potenzleiter nach oben für die beiden rechten Abbildungen) wieder geradegebogen.

Sehen wir uns nun das Beispiel in ▶*Abbildung 4.13* noch einmal genauer an. Die Form der Lowess-Kurve ähnelt der in ▶*Abbildung 4.14* links oben. Es könnte sich also um einen Zusammenhang handeln, der mithilfe einer Potenzfunktion beschreibbar ist. In diesem Fall müssten wir entweder für *y* die Potenzleiter nach oben oder für *x* nach unten gehen, um den Zusammenhang zu begradigen. Da wir ja *y* interpretieren wollen, klettern wir die Potenzleiter für *x* nach unten. Wir beginnen zum Vergleich noch mal mit den Originalwerten (links oben in Abbildung 4.16) und schreiten dann die Potenzleiter in 0.5-Schritten nach unten:

```
plot(Citation_Index, Knowledge_Rating, main = "Originalwerte")
lines(lowess(Citation_Index, Knowledge_Rating))
plot(Citation_Index^(1/2), Knowledge_Rating, main=expression(x^(1/2)))
lines(lowess(Citation_Index^(1/2), Knowledge_Rating))
```

Nach diesem ersten Schritt ($x^{1/2}$, was ja nichts anderes ist als die Wurzel aus *x*) ist die Kurve allerdings immer noch konvex (nach außen gebogen, ▶*Abbildung 4.16* rechts oben), wir müssen die Potenzleiter also noch weiter nach unten gehen:

```
plot(log(Citation_Index), Knowledge_Rating, main = expression(log(x)))
lines(lowess(log(Citation_Index), Knowledge_Rating))
```

Nun ist die Lowess-Kurve allerdings konkav, wir sind die Potenzleiter zu weit nach unten gestiegen. Steigen wir also wieder nach oben, nun allerdings in 0.25er-Einheiten:

```
plot(Citation_Index^(1/4), Knowledge_Rating, main = expression(x^(1/4)))
lines(lowess(Citation_Index^(1/4), Knowledge_Rating))
```

Nun haben wir eine (nahezu) lineare Beziehung, die den Zusammenhang zwischen der transformierten NYT-Zitierhäufigkeit und den subjektiven Wissenseinschätzungen gut beschreibt.

▶*Abbildung 4.16* macht deutlich, dass die Stärke des subjektiven Gefühls darüber, wie viel man über ein Land weiß, keine lineare Funktion dessen ist, wie oft man etwas über dieses Land gelesen hat. Die Stärke dieses Gefühls steigt deutlich langsamer an und die beste Vorhersage ist, dass sie mit der vierten Wurzel aus *x* ($x^{0.25}$) ansteigt. Nun könnte man sich noch fragen, um wie viel besser die Vorhersage ist, wenn man die Regressionsgleichung nicht für die Originaldaten, sondern die transformierten (*x*) Werte berechnet. Dieser Vergleich ist leichter mit den standardisierten Werten:

```
lm(scale(Knowledge_Rating) ~ scale(Citation_Index))

   Coefficients:
              (Intercept)  scale(Citation_Index)
               -3.297e-16              6.928e-01

lm(scale(Knowledge_Rating) ~ scale(Citation_Index^(1/4)))

   Coefficients:
                      (Intercept)  scale(Citation_Index^(1/4))
                       -3.009e-18                    8.110e-01

detach(NYT)
```

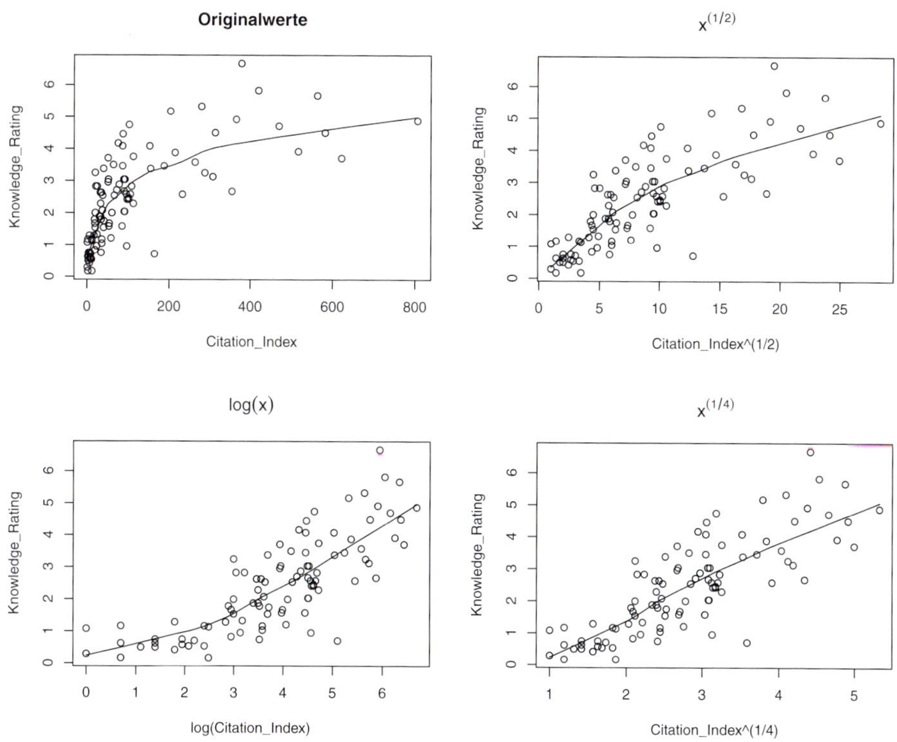

Abbildung 4.16: Illustration der Potenzleiter zum Geradebiegen des Zusammenhangs zwischen der Häufigkeit, mit der ein Land 1988 in der New York Times erwähnt wurde (Citation_Index), und dem subjektiven Gefühl darüber, wie viel die Versuchsteilnehmer über dieses Land zu wissen meinten (Knowledge_Rating). Ein Exponent von ¼ liefert eine gute Lösung.

Die Werte für die Konstanten (*Intercept*) sind praktisch ununterscheidbar von 0, man kann sie also weglassen (siehe *Abschnitt 4.1.3*). Die Gleichung für die *z*-standardisierten Originalwerte ist somit:

$$z_{\text{Knowledge\_Rating}} = 0.693 \times z_{Citation\_Index}.$$

und die für die transformierten Werte:

$$z_{\text{Knowledge\_Rating}} = 0.811 \times z_{Citation\_Index^{0,25}}.$$

In diesem Beispiel sind die standardisierten Regressionskoeffizienten nichts anderes als Korrelationen (siehe *Abschnitt 4.1.3*). Was sagt der Determinationskoeffizient (r^2)? Man könnte mit einer nicht zutreffenden Linearitätsannahme schon 48% der Varianz im Kriterium vorhersagen ($r^2 \times 100$), aber mit der Transformation der *x*-Variablen wird die Vorhersage doch noch deutlich besser (66% erklärte Varianz).

Zusammenfassung

In diesem Kapitel wird erklärt, wie man mithilfe von R einfache Regressionsrechnungen durchführt, welche Probleme es dabei geben kann und wie man mit zumindest einem Teil dieser Probleme umgehen kann. Eine sehr wichtige Rolle spielt hierbei das Zeichnen von Streuungsdiagrammen. Wir erklären zunächst die zentrale Funktion `lm` und deren wesentliche Ergebnisse und demonstrieren dann, wie nützlich verschiedene Arten von Streuungsdiagrammen beim Aufdecken von Ausreißern, nichtlinearen Beziehungen und der unzulässigen Zusammenfassung mehrerer Gruppen sein können. Insbesondere empfehlen wir, standardmäßig eine Lowess-Kurve zu zeichnen, um zu sehen, ob die Linearitätsannahme angemessen ist, und wenn nicht, welche Form die Beziehung der zwei Variablen jeweils hat. Wir zeigen zudem eine Möglichkeit, eine besondere Form von nichtlinearen Beziehungen mithilfe der Potenzleiter geradezubiegen und damit eine Regressionsanalyse durchzuführen.

Die R-Funktionen in diesem Kapitel

In diesem Kasten stellen wir Ihnen die Funktionen, die wir in diesem Kapitel benutzt haben, noch einmal zusammen. Dabei lassen wir aus Gründen der Überschaubarkeit die Argumente weg (die Argumente der jeweiligen Funktionen und deren mögliche Belegungen erhalten Sie immer durch die Eingabe von `?funktionsname`). Wenn Funktionen nicht schon vorinstalliert sind, werden sie zusammen mit dem Paket, aus dem sie stammen, aufgelistet (`Paket::Funktion`). Funktionen, die Sie bereits aus früheren Kapiteln kennen, sind hier weggelassen.

Funktion	Kurze Beschreibung
`lm`	Führt eine Regressionsanalyse durch
`abline(`*Ergebnis von* `lm)`	Zeichnet eine Regressionsgerade
`coef(`*Ergebnis von* `lm)`	Gibt die Koeffizienten für die Regressionsanalyse aus
`fitted(`*Ergebnis von* `lm)`	Gibt die auf der Regressionsgeraden liegenden Punktwerte aus
`resid(`*Ergebnis von* `lm)`	Gibt die Residualwerte aus

Tabelle 4.1: Zentrale Funktionen für die Regressionsrechnung

Funktion	Kurze Beschreibung
`lines`	Zeichnet Linien in eine Grafik ein
`expression`	Konvertiert R-Formeln in die übliche Notation
`layout`	Flexible Funktion zur Spezifizierung von Zeichenfeldern innerhalb einer größeren Abbildung
`lowess`	Erzeugt eine Lowess-Kurve
`points`	Zeichnet Punkte in eine Grafik ein
`rnorm`	Generiert Werte aus einer (Standard-)Normalverteilung
`text`	Fügt Text in eine Grafik ein

Tabelle 4.2: Weitere Funktionen zur Datengenerierung und -darstellung

Weiterführende Literatur

Kapitel 8 und 26 in Sedlmeier, P. & Renkewitz, F. (2018). *Forschungsmethoden und Statistik: Ein Lehrbuch für Psychologen und Sozialwissenschaftler* (3., überarbeitete und erweiterte Auflage). Hallbergmoos: Pearson.

(Einige Hintergrundinformationen zu den beschriebenen Verfahren)

Burkhardt, M., & Sedlmeier, P. (2015). *Deskriptive und explorative Datenanalyse mit R.* Mering: Rainer Hampp Verlag.

(Weitere R-Anwendungen zum Thema dieses Kapitels)

Inferenzstatistik zum Ausprobieren

5

5.1 **Die Grundüberlegung der konventionellen Inferenzstatistik: Was käme raus, wenn eine Studie unendlich oft repliziert würde?** 137
5.2.1 Empirisches Gesetz der großen Zahlen 145
5.1.2 Stichprobenverteilung für Mittelwerte 141

5.2 **Der Einfluss der Stichprobengröße in der Inferenzstatistik** 145
5.2.1 Empirisches Gesetz der großen Zahlen 145
5.2.2 Zentraler Grenzwertsatz 151

5.3 **Konfidenzintervalle: mit einer vorgegebenen Wahrscheinlichkeit den wahren Wert überdecken** 153
5.3.1 Konfidenzintervalle für Anteile 157
5.3.2 Konfidenzintervalle für Mittelwerte................ 159

5.4 **Signifikanztests: Kann das noch Zufall sein?** 162
5.4.1 Stichprobenverteilungen für Null- und Alternativhypothese 162
5.4.2 Poweranalyse 163
5.4.3 Signifikanztest für Anteile 166
5.4.4 Signifikanztest für Mittelwerte (Einstichprobenfall)... 167

5.5 **Konfidenzintervall versus Signifikanztest** 169

ÜBERBLICK

Lernziele

Dieses Kapitel fällt etwas aus dem Rahmen, weil es weniger um angewandte Datenanalyse geht, sondern darum, zu verstehen, wie Inferenzstatistik funktioniert. Damit legt dieses Kapitel die Grundlage für alle folgenden. Nach dem Ausprobieren (und auch Verändern) der R-Funktionen, sollten Sie ein intuitives Verständnis der Grundlagen der konventionellen Inferenzstatistik erlangen. Insbesondere sollten Sie verstanden haben,

- was eine Stichprobenverteilung repräsentiert,
- wie Stichprobenverteilungen für Anteile und Mittelwerte entstehen,
- wie die Stichprobengröße die Genauigkeit der Schätzung beeinflusst (empirisches Gesetz der großen Zahlen),
- welche Auswirkung die Stichprobengröße auf die Form der Stichprobenverteilung hat (zentraler Grenzwertsatz),
- wie man ein Konfidenzintervall generell interpretieren sollte,
- wie man Konfidenzintervalle für Anteile und Mittelwerte erstellt,
- wie man beim Signifikanztest vorgeht und was sein Ergebnis bedeutet,
- wie man Signifikanztests für Anteile und Mittelwerte durchführt und
- in welcher Weise Konfidenzintervalle und Signifikanztests zu äquivalenten Ergebnissen führen.

In den bisherigen Kapiteln haben wir uns mit der Datenanalyse von Stichprobenergebnissen beschäftigt. Oft ist man jedoch nicht nur an der Stichprobe interessiert, sondern möchte Schlüsse auf die Grundgesamtheit oder Population ziehen, aus der die Stichprobe stammt. Das geschieht mithilfe der Inferenzstatistik. In diesem Kapitel sollen Sie motiviert werden, durch Ausprobieren einiger entsprechender Möglichkeiten in R, die Grundlagen der traditionellen Inferenzstatistik zu explorieren. Diese Grundlagen sind dieselben für alle inferenzstatistischen Techniken, die in den restlichen Kapiteln dieses Buchs beschrieben werden. Wenn Sie also alles in diesem Kapitel verstanden haben, sollte das Verständnis von spezifischen Signifikanztests und Konfidenzintervallen – die zwei Familien von Verfahren, um die es in der Inferenzstatistik hauptsächlich geht – kein Problem mehr sein. Wir werden die Funktionsweise von Inferenzstatistik anhand zweier einfacher Kennwerte zeigen: Anteile und Mittelwerte. Die R-Funktionen, die wir verwenden, können und sollten Sie ausgiebig ausprobieren und modifizieren, um auf diese Weise ein Gefühl für die grundlegenden Gesetzmäßigkeiten der Inferenzstatistik zu bekommen. Sie sollten sich dabei nicht zu sehr an Einzelheiten im R-Code stören, die wir manchmal eingebaut haben, um die Ergebnisse etwas zu „verschönern". Im Gegensatz zu den anderen Kapiteln müssen Sie den R-Code in diesem Kapitel auch nicht bis ins Einzelne nachvollziehen können. Das Entscheidende ist das Ausprobieren!

5.1 Die Grundüberlegung der konventionellen Inferenzstatistik: Was käme raus, wenn eine Studie unendlich oft repliziert würde?

Das Ausgangsproblem in der Inferenzstatistik ist: Wie kann man aufgrund eines Stichprobenergebnisses Schlüsse auf die entsprechende Population ziehen? Die Grundidee dazu, wie man dieses Problem in der konventionellen Inferenzstatistik löst, ist einfach, jedoch für viele intuitiv nicht sofort einleuchtend. Es ist eine Art systematisches Gedankenexperiment. Man beginnt mit einer Annahme über einen *Populationskennwert*, also z. B. einen Anteil oder einen Mittelwert in der Population – auf solche Populationskennwerte bezieht sich die Inferenzstatistik. Dann überlegt man sich, welche Ergebnisse man erhalten würde, wenn man sehr oft Zufallsstichproben aus dieser Population ziehen und aus jeder dieser Zufallsstichproben dann den entsprechenden *Stichprobenkennwert* berechnen würde. Wenn das sehr häufig geschieht, entsteht eine Verteilung dieser Kennwerte: die *Stichprobenverteilung*. Wenn man diese Verteilung standardisiert, also so transformiert, dass ihre Fläche 1 oder 100 Prozent beträgt, dann kann man daraus sehr einfach die Auftretenswahrscheinlichkeit für jeden möglichen Wert bestimmen.[1] Die Stichprobenverteilung, standardisiert oder nicht, ist die Ausgangsbasis für jede Art von konventioneller Inferenzstatistik. Die einzelnen Verfahren unterscheiden sich jedoch dahingehend, wie Stichprobenverteilungen erstellt und verwendet werden.

5.1.1 Stichprobenverteilung für Anteile

Starten wir mit einem einfachen Beispiel, einem Anteil von 0.5 oder 50% in der Population. Was würde passieren, wenn wir wiederholt Stichproben aus dieser Population ziehen und jeweils die Stichprobenanteile berechnen? Eine gute Illustration für einen Anteil von (ungefähr) 50% ist der Anteil der Mädchen an allen Geburten. Wir fangen klein an, ziehen Stichproben von jeweils vier Kindern und sehen uns an, wie viele von den vier Kindern Mädchen sind. Stellen Sie sich beispielsweise vor, Sie bekommen Besuch von einer Familie mit vier Kindern und wissen nichts über die Kinder. Das ist wie eine Zufallsstichprobe. Sie überlegen sich vielleicht, wie viele von den vier Kindern wohl Mädchen sind. Die möglichen Anteile sind 0, 1, 2, 3 oder 4 Mädchen von jeweils insgesamt vier Kindern. Die Wahrscheinlichkeiten dafür könnten wir auch einfach berechnen oder auszählen, aber wir versuchen erst mal, sie durch Ausprobieren herauszufinden (für ein ausführliches Beispiel siehe Sedlmeier & Renkewitz, 2018, 324).[2]

1 Zu Wahrscheinlichkeitsverteilungen, also der Verteilung der Wahrscheinlichkeiten, mit denen alle möglichen Werte auftreten, könnte man auch auf anderen Wegen gelangen, z. B. durch Logik oder Expertise. Wir werden den Einsatz von logischen Überlegungen (Auszählen der möglichen Ereignisse) bei der Behandlung der Binomialverteilung kennenlernen. Expertise (oder „fundiertes Bauchgefühl") wird allerdings in der Praxis selten benutzt, sondern nahezu ausschließlich der frequentistische Ansatz, den wir hier beschreiben.

2 Was wir nun machen, ist natürlich keine Inferenzstatistik, denn die braucht man nur, wenn man den wahren Anteil nicht kennt. Aber mit dieser Vorgehensweise lässt sich leicht nachvollziehen, wie man zu einer Stichprobenverteilung kommt.

Solche Zufallsstichproben kann man in R einfach mit der Funktion rbinom ziehen. Diese Funktion hat drei Argumente. Das erste Argument (n) ist die Anzahl der Stichproben, aus denen dann jeweils ein Anteil bestimmt wird – in unserem Beispiel also die Anzahl der Familien (ein Anteil pro Familie). Das zweite Argument (size) ist die Stichprobengröße, also die Anzahl der basalen Ereignisse (die Anzahl der Kinder in unserem Beispiel). Die zwei möglichen Ergebnisse beim basalen Ereignis Geburt sind „Mädchen" (kodiert als 1) und „Junge" (kodiert als 0).[3] Und das dritte Argument (prob) schließlich ist die Wahrscheinlichkeit für das erste der zwei möglichen Ergebnisse (hier die Wahrscheinlichkeit für eine Mädchengeburt – die Wahrscheinlichkeit für das zweite mögliche Ergebnis ist das Komplement davon).

Bevor wir uns mit Familien mit vier Kindern befassen, sehen wir uns zunächst Familien mit einem Kind an, um die Funktion replicate einzuführen, die wir später häufig benutzen werden. Wenn wir die Geburten in vier Familien mit einem Kind simulieren möchten, dann geben wir der Funktion replicate als erstes Argument die 4, damit sie viermal hintereinander die Funktion rbinom ausführt:[4]

```
replicate(4, rbinom(n = 1, size = 1, prob = 0.5))

  1 0 0 1
```

Das Kind in der ersten Familie ist also ein Mädchen (1), die Kinder in der zweiten und dritten sind Jungen (0) und in der vierten Familie ist es wieder ein Mädchen. In diesem Fall gibt es also pro Familie nur Anteile von 100% (1 von 1) oder 0% (0 von 1). Wie gesagt, Ihr Ergebnis wird sehr wahrscheinlich von unserem abweichen. Und wenn Sie den R-Befehl öfter hintereinander ausführen, werden Sie immer wieder unterschiedliche Ergebnisse bekommen. Nun machen wir weiter mit Familien mit vier Kindern (size = 4) und sehen uns zunächst nur eine Familie an (n = 1):

```
rbinom(n = 1, size = 4, prob = 0.5)

  3
```

In dieser Familie sind drei von den vier Kindern Mädchen, wir haben also einen Anteil von 3/4 gefunden. Wie immer könnten wir die Argumentnamen auch weglassen, wenn die Argumente in der richtigen Reihenfolge stehen:

```
rbinom(1, 4, 0.5)

  1
```

In der zweiten Stichprobe haben wir ein Mädchen bei vier Kindern gefunden. Wir haben also jetzt schon zwei Anteile: 3/4 und 1/4 (oder 0.75 und 0.25). Die beiden

3 Das ist natürlich eine vereinfachende Annahme, die wir aus pragmatischen Gründen treffen. Es wäre im Prinzip auch möglich, die Kategorie „divers" mit einzubeziehen, aber die Simulationen wären deutlich komplexer.

4 Üblicherweise benutzt man für solche Simulationen (Visualisierung der Ergebnisse wiederholter Zufallsstichproben) eigene Funktionen. Im Kasten *Funktionen zur Demonstration des empirischen Gesetzes der Großen Zahlen* werden wir Ihnen einige Beispiele dafür zeigen. Solche Funktionen sind allerdings anfangs nicht leicht nachzuvollziehen und deswegen haben wir uns für den häufigen Einsatz der leicht zu verstehenden Funktion replicate entschieden. Mehr zu Zufallssimulationen mit R und entsprechende Funktionen finden Sie in Burkhardt et al. (2022).

Anteile wären keine optimalen Schätzungen für den Populationsanteil, den wir in unserem Beispiel ja kennen (1/2). Wir brauchen offensichtlich mehr Stichprobenziehungen. Sammeln wir mal 20 Anteile auf einmal – wir könnten in unserer „Studie" zufällig 20 Familien mit vier Kindern ausgewählt und nachgesehen haben, wie viele von den Kindern jeweils Mädchen waren:

```
rbinom(20, 4, 0.5)

  2 2 4 0 1 2 1 2 3 1 3 3 2 3 2 2 3 3 1 4
```

Nun haben wir, rein durch Zufall, auch einige extreme Anteile erhalten, einmal 0/4 und zweimal 4/4. Wenn wir diese 20 Anteile als Verteilung darstellen, haben wir schon das, wonach wir suchen: eine empirische Stichprobenverteilung.[5] Allerdings variiert diese Stichprobenverteilung, rein durch Zufall, noch stark von Simulation zu Simulation. Das illustrieren wir anhand von vier „Studienergebnissen" in der oberen Reihe in ▶*Abbildung 5.1*. Wir bereiten zunächst acht Zeichenfelder vor (weil wir die vier „Studienergebnisse" später mit vier weiteren vergleichen wollen):

```
par(mfrow = c(2, 4))
replicate(4, barplot(table(rbinom(20, 4, 0.5)),
                     main = "20 Anteile, p = 0.5, n = 4", xlab = "Anzahl Mädchen"))
```

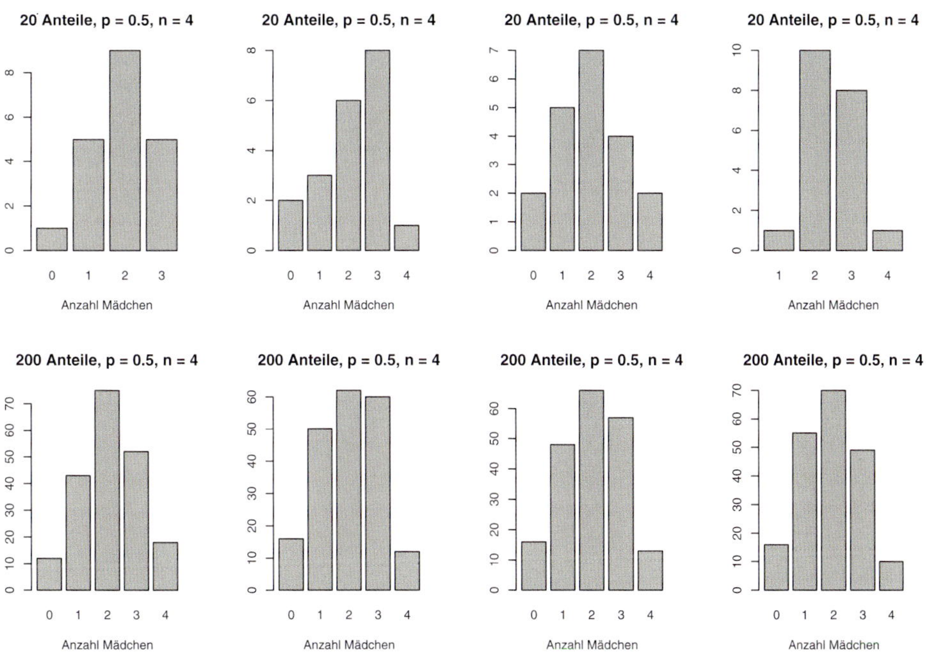

Abbildung 5.1: Empirische Stichprobenverteilungen für Anteile mit $n = 4$ und $p = 0.5$. Die Verteilungen in der oberen Reihe bestehen aus 20 Anteilen und die in der unteren Reihe aus 200.

5 Empirische Stichprobenverteilungen entstehen durch das wiederholte Durchführen von vergleichbaren Studien. Wir verwenden den Begriff auch für das Ergebnis von simulierten Studien.

Die Ergebnisse, die Sie bekommen, werden etwas anders aussehen als die in ▶*Abbildung 5.1*. Das ist rein durch Zufall zu erwarten. Und wenn Sie den R-Befehl noch einmal ausführen, wird es wieder etwas anders aussehen. Solche Auswirkungen des Zufalls werden uns das ganze Kapitel begleiten und diese Zufallsabhängigkeit ist im Grunde der Kern der gesamten Inferenzstatistik. Aber nun zurück zu unseren Ergebnissen. Aus der ersten und den letzten zwei dieser empirischen Stichprobenverteilungen in der oberen Reihe würden wir anhand des jeweils höchsten Balkens schließen, dass der tatsächliche Anteil wohl 2/4 beträgt, denn dieses Ergebnis war dort am häufigsten. Bei der zweiten Teilabbildung in der oberen Reihe würden wir allerdings zu einem anderen Schluss kommen und sagen, dass 3/4 die beste Schätzung für den Anteil der Mädchengeburten ist. In der vierten Stichprobenverteilung (ganz rechts) kommt überdies der Anteil 0/4 überhaupt nicht vor. Das kann, auch wieder rein durch Zufall, passieren. Was geschieht, wenn wir in unseren „Studien" nicht jeweils 20, sondern 200 Familien zufällig auswählen?

```
replicate(4, barplot(table(rbinom(200, 4, 0.5)), main = "200 Anteile,
                     p = 0.5, n = 4", xlab = "Anzahl Mädchen"))
```

Die untere Reihe in ▶*Abbildung 5.1* zeigt: Wenn die Stichprobenverteilung aus 200 Anteilen besteht, wäre nun die beste Schätzung für den wahren Anteil in jedem Fall 2/4, und die Verteilungen sind schon recht symmetrisch, was sie auch sein sollten. Denn wenn man dieses Problem durch Ausrechnen der Wahrscheinlichkeiten löst, erhält man eine theoretische Stichprobenverteilung, die sogenannte *Binomialverteilung*. Zur Berechnung der entsprechenden Auftretenswahrscheinlichkeiten wird die Binomialformel benutzt. Die Funktion, die das in R macht, heißt `dbinom`. Das erste Argument für diese Funktion ist der Wertebereich, der in unserem Beispiel von 0 bis 4 (von insgesamt 4) geht und die anderen beiden Argumente sind wie bei der Funktion `rbinom`:

```
par(mfrow = c(1, 2))
barplot(dbinom(0:4, 4, 0.5), names.arg = 0:4, main = "Binomialverteilung,
        p = 0.5, n = 4", xlab = "Anzahl Mädchen", ylab = "Wahrscheinlichkeit")
```

Die Binomialverteilung, also die theoretisch hergeleitete Stichprobenverteilung für Anteile (links in ▶*Abbildung 5.2*) kann man allerdings mit bloßem Auge kaum von einer empirisch erzeugten Stichprobenverteilung unterscheiden, wenn Letztere aus sehr vielen Anteilen besteht (10.000 in unserem Fall, siehe Abbildung 5.2, rechts).

```
barplot(table(rbinom(10000, 4, 0.5)), main = "10000 Anteile, p = 0.5, n = 4",
        xlab = "Anzahl Mädchen", ylab = "Anzahl der Anteile")
```

Ein Unterschied zwischen den beiden Verteilungen besteht natürlich darin, dass die Binomialverteilung schon standardisiert ist (die Gesamtfläche der Verteilung summiert sich zu 1), während wir bei der empirischen Stichprobenverteilung Häufigkeiten haben (die sich zu 10.000 aufsummieren). Wir könnten diese Verteilung aber leicht standardisieren, indem wir die Häufigkeiten für alle Anteile durch die Gesamthäufigkeit teilen. Die Äquivalenz zwischen theoretischer und empirischer Stichprobenverteilung ist auch zu erwarten, denn die theoretische Stichprobenverteilung für einen Kennwert sollte sich immer ergeben, wenn eine identische Studie sehr oft, genauer gesagt gegen unendlich oft durchgeführt wird.

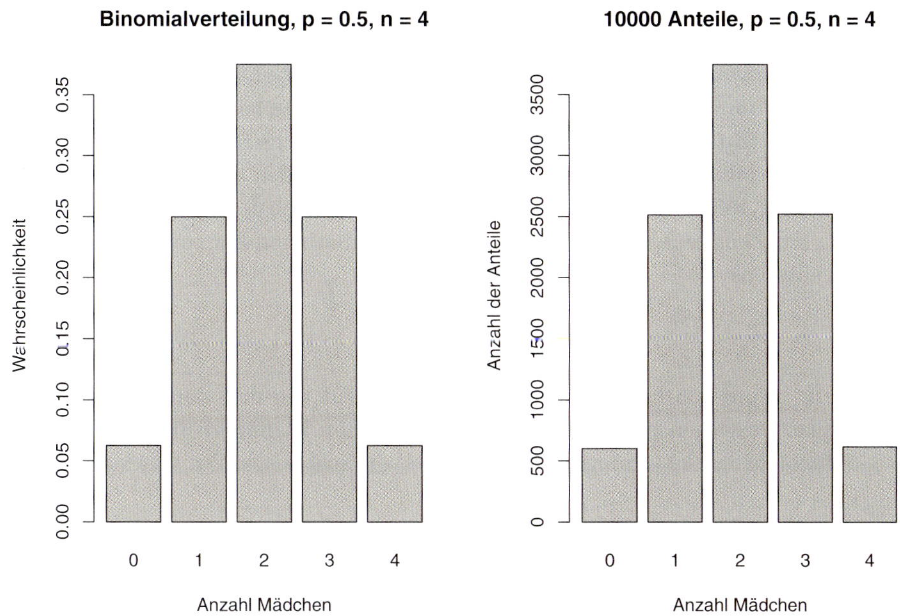

Abbildung 5.2: Theoretische Stichprobenverteilung (Binomialverteilung) im Vergleich mit einer empirischen Stichprobenverteilung.

5.1.2 Stichprobenverteilung für Mittelwerte

Wenn man Inferenzstatistik mit metrischen oder intervallskalierten Variablen durchführt, nimmt man in der Regel an, dass die Werte für diese Variablen in der Population normalverteilt sind. Das tun wir hier auch. Wir benutzen als Beispiel den Intelligenzquotienten (IQ). Bei Standard-IQ-Tests sind die Rohwerte so standardisiert, dass sie den Mittelwert $\mu = 100$ und die Standardabweichung $\sigma = 15$ haben. Ziehen wir eine Zufallsstichprobe von 20 Personen aus der entsprechenden Normalverteilung mittels der Funktion `rnorm`. Wir runden die Ergebnisse der Übersichtlichkeit halber auf ganze IQ-Werte (Ihre Werte werden natürlich wieder anders aussehen):

```
Stichprobe <- round(rnorm(20, mean = 100, sd = 15), 0)
Stichprobe

  110 126 111 101  83  97 104  98 100 112 108 104  99  95 120  92  87  96 118  80

mean(Stichprobe)

  102.05
```

angeben, für welchen Ausschnitt die Kurve gezeichnet werden soll (hier von –4 bis + 4, x ist eine Voreinstellung für die Abstufung der benutzten *x*-Werte).[6]

```
curve(dt(x, df = 19), from = -4, to = 4,
      main = "t-Verteilung mit 19 Freiheitsgraden", xlab = "t-Werte", ylab = "Dichte")
```

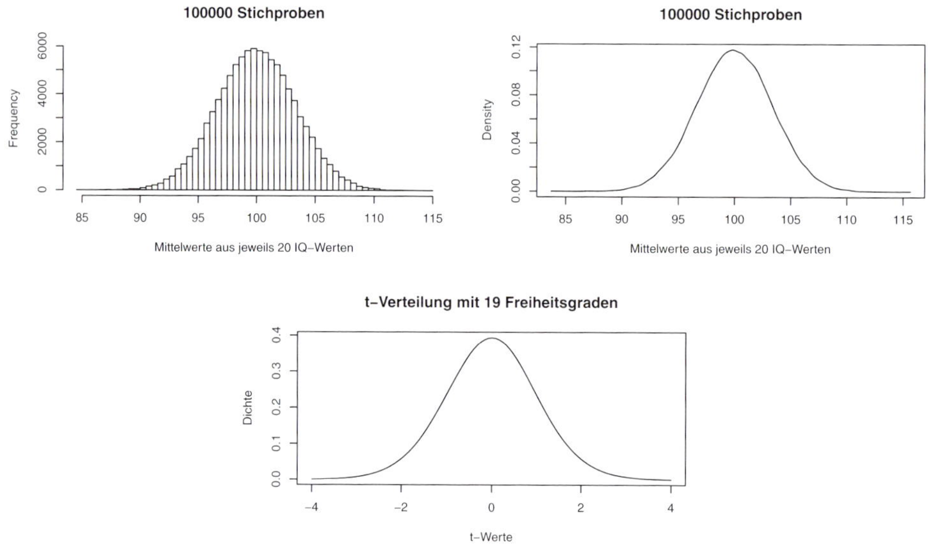

Abbildung 5.4: Empirische Stichprobenverteilungen aus 100.000 Stichproben mit jeweils n = 20 (oben) im Vergleich zur theoretischen (standardisierten) Stichprobenverteilung (unten).

Was wir Ihnen in diesem Abschnitt anhand zweier Beispiele, eines für Anteile und eines für Mittelwerte, illustriert haben, ist ein generelles Prinzip: Das Entstehen theoretischer Stichprobenverteilungen kann dadurch beschrieben werden, dass man ein identisches Experiment sehr oft wiederholt, die entsprechenden Kennwerte berechnet und sie als Verteilung darstellt. Wenn man diese Stichprobenverteilung in Originaleinheiten schließlich so transformiert, dass ihre Fläche 1 oder 100% beträgt, erhält man die standardisierte Stichprobenverteilung. Wir haben in unseren Beispielen jeweils immer dieselbe Stichprobengröße verwendet ($n = 4$ für die Anteile und $n = 20$ für die Mittelwerte). Im nächsten Abschnitt werden wir sehen, dass unsere Ergebnisse für andere Stichprobengrößen teilweise deutlich anders ausgesehen hätten: Die Stichprobengröße hat einen sehr starken Einfluss auf inferenzstatistische Ergebnisse.

6 Die Werte für die Dichte (*Density*) in der interpolierten Verteilung (▶*Abbildung 5.4* oben rechts) und der *t*-Verteilung (▶*Abbildung 5.4* unten) stimmen nicht überein, weil sie auf unterschiedliche Weise (unterschiedliche Aufteilung der *x*-Intervalle) bestimmt werden.

5.2 Der Einfluss der Stichprobengröße in der Inferenzstatistik

Die Stichprobengröße hat sowohl einen Einfluss auf die Genauigkeit von Schätzungen – ausgedrückt im sogenannten *empirischen Gesetz der großen Zahlen* – als auch auf die Form der Stichprobenverteilung – beschrieben im *zentralen Grenzwertsatz*.

5.2.1 Empirisches Gesetz der großen Zahlen

Das empirische Gesetz der großen Zahlen besagt, dass die Schätzung von Populationskennwerten tendenziell umso genauer ist, je größer die Zufallsstichprobe, die zur Schätzung benutzt wird. Die Genauigkeit der Schätzung steigt nicht unbedingt immer monoton, es kann also durchaus sein, dass ab und zu größere Stichproben zu weniger genauen Schätzungen führen, aber im Durchschnitt findet man diese Gesetzmäßigkeit in der Empirie. Wir probieren das jetzt auch mal aus. Am einfachsten sollte sich das empirische Gesetz der großen Zahlen demonstrieren lassen, wenn wir die Stichprobe sukzessive vergrößern und dann immer nachsehen, wie sich die Schätzgenauigkeit verändert hat. Wir haben keine R-Funktion gefunden, die genau das macht, deswegen erstellen wir selbst eine für Anteile (`sukzessiv.anteile.schaetzen`) und eine für Mittelwerte (`sukzessiv.mittelwerte.schaetzen`). Wie das geht, wird im Kasten *Funktionen zur Demonstration des empirischen Gesetzes der großen Zahlen* beschrieben.

Funktionen zur Demonstration des empirischen Gesetzes der großen Zahlen

Die erste unserer Funktionen soll mittels Zufallsziehungen aus sukzessive (um je $n = 1$) größer werdenden Stichproben einen vorgegebenen Populationsanteil schätzen. Wir legen also einen Populationsanteil π (`pi` im R-Code) fest und ziehen dann erst einen Wert aus der Population, dann den zweiten, den dritten usw. Nach jeder Ziehung machen wir eine Schätzung auf Basis der jeweiligen Stichprobe:

```
sukzessiv.anteile.schaetzen <- function (pi, n)
  {
  Bernoulli_experimente = rbinom(n, 1, pi)
  # Das Ergebnis einer Ziehung bei zwei Ausgängen wird auch Bernoulli Experiment genannt
  # Erst wird n mal eine Stichprobe der Größe 1 gezogen
  # das Ergebnis dieser Ziehung ist mit Wahrscheinlichkeit pi eine 1 (sonst 0)
  Schaetzliste = c() #Ganz am Anfang ist noch nichts gezogen.
  for (i in 1:n)
    {
    Schaetzliste[i] = sum(Bernoulli_experimente[1:i]) / i
    # für sukzessiv größere Stichproben wird nun jeweils die Summe der
    # Ziehungsergebnisse durch die jeweilige Anzahl der Ziehungen (i) geteilt
    }
  Schaetzliste
  }
```

Hier ein Funktionsaufruf: Die Anteilsschätzungen für einen Populationsanteil $\pi = 0.8$ jeweils geschätzt nach Ziehung von ein bis zehn Werten (auf zwei Nachkommastellen gerundet):

```
round (sukzessiv.anteile.schaetzen(0.8, 10), 2)

  1.00 1.00 0.67 0.75 0.80 0.67 0.57 0.62 0.67 0.70
```

In unserer ersten Ziehung wurde eine 1 (1 von 1 = 1) gezogen, auch in der zweiten (2 von 2 = 1), in der dritten dann eine 0 (2 von 3 = 0.67) usw.

Und nun noch die entsprechende Funktion für Mittelwerte: Nach jedem hinzukommenden Wert (zufällig gezogen aus einer Normalverteilung mit Mittelwert *M* und Standardabweichung *SD*) schätzt die Funktion den Populationsmittelwert neu:

```
sukzessiv.mittelwerte.schaetzen <- function (M, SD, n)
  {
  Stichprobe = rnorm(n, M, SD)
  Schaetzliste = c()
  # Zunächst wird n mal ein Wert aus der entsprechenden Normalverteilung gezogen
  for (i in 1:n)
    {
    Schaetzliste[i] = sum(Stichprobe[1:i]) / i
    #für sukzessiv größere Stichproben wird nun die Summe der Ziehungsergebnisse durch die
    # jeweilige Anzahl der Ziehungen (i) geteilt und so jeweils der Mittelwert berechnet
    }
  Schaetzliste
}
```

Und auch hierfür ein Beispiel-Funktionsaufruf mit einem Populationsmittelwert von 100 und einer Populationsstandardabweichung von 15. Für zehn sukzessive Ziehungen erhalten wir zehn Schätzungen für den Populationsmittelwert, die tendenziell genauer werden:

```
round (sukzessiv.mittelwerte.schaetzen(100, 15, 10), 2)

  114.09 113.72 104.66 108.13 108.01 107.35 106.73 103.60 102.10 101.62
```

Anteile

Drei Ergebnisse der Funktion `sukzessiv.anteile.schaetzen` für einen Anteil von $\pi = 0.3$ und eine Gesamtstichprobengröße von $n = 50$ sehen Sie in ▶*Abbildung 5.5*:

```
par(mfrow = c(3, 1))
replicate (3,
          {
            Anteile <- sukzessiv.anteile.schaetzen (0.3, 50)
            plot(x = 1:50, Anteile, type = "l", ylim = c(0, 1),
```

```
    xlab = "Stichprobengröße", ylab = "Anteil", cex.lab = 1.5)
abline(h = 0.3, col = "green")
})
```

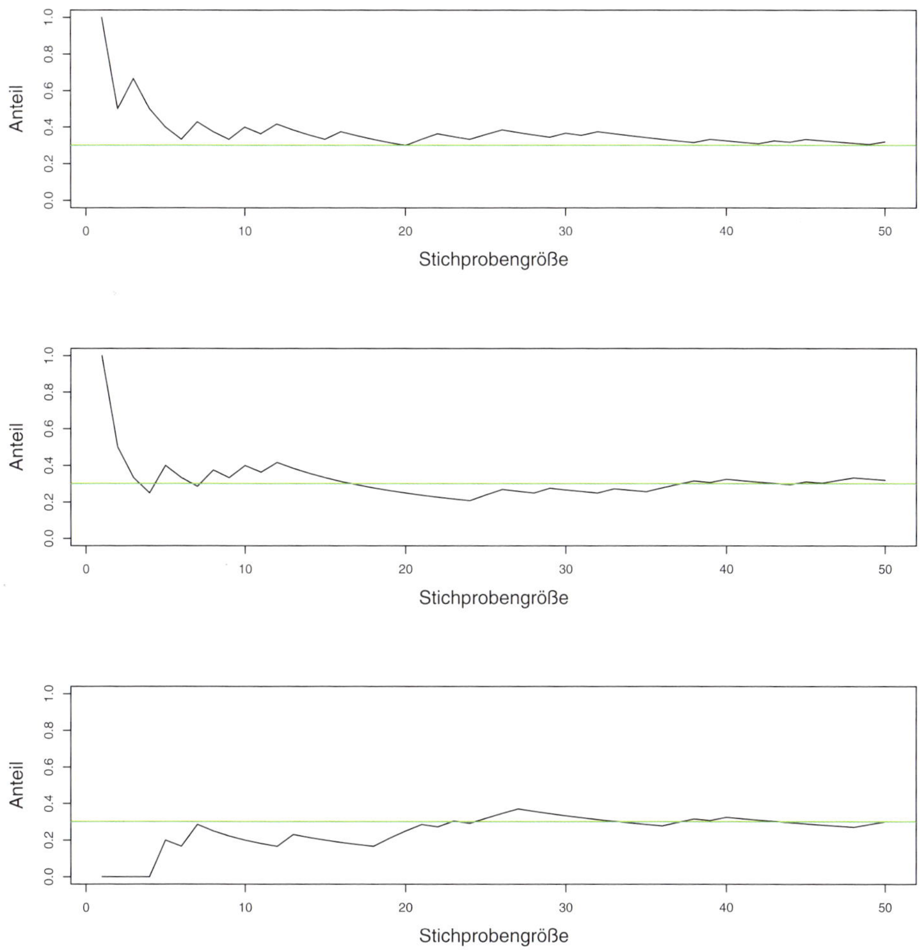

Abbildung 5.5: Illustration des empirischen Gesetzes der großen Zahlen für Anteile: Mit steigender Stichprobengröße (von links nach rechts) steigt tendenziell die Genauigkeit der Schätzung des Populationsanteils von $\pi = 0.3$ (grüne Linie).

Die Ergebnisse in ▶*Abbildung 5.5* verdeutlichen auch, dass die Schätzung von Anteilen bei kleinen Stichproben sehr weit vom tatsächlichen Kennwert entfernt sein können. Diese Diskrepanz in der Genauigkeit von Schätzungen aus großen und kleinen Stichproben sollte man in den Stichprobenverteilungen für Anteile wiederfinden. Das sehen wir uns jetzt an. Kommen wir zurück auf unser Eingangsbeispiel, den Anteil der Mädchengeburten. Nehmen wir vereinfachend an, es gäbe zwei Krankenhäuser, ein kleines, in dem zehn Kinder pro Tag geboren werden, und ein großes mit 40 Geburten pro Tag. Wie sähen die Wahrscheinlichkeiten für unterschiedliche Anteile von Mädchengeburten in diesen beiden Krankenhäusern aus? Um die entsprechenden Wahrscheinlichkeiten besser vergleichen zu können, wandeln wir die Häufigkeiten (z. B. drei Mädchen von zehn Geburten) in Prozente (z. B. 30%) um (unter Zuhilfenahme des `names.arg`-Arguments zur Beschriftung der *X*-Achse).

```
par(mfrow = c(2, 1))
barplot(dbinom(0:10, 10, 0.5), names.arg = c(0:10 * 10), main = "Binomialverteilung, p = 0.5,
      n = 10", xlab = "Prozent Mädchen", ylab = "Wahrscheinlichkeit", ylim = c(0, 0.3))
barplot(dbinom(0:40, 40,0.5), names.arg = c(0:40 * 2.5), main = "Binomialverteilung, p = 0.5,
      n = 40", xlab = "Prozent Mädchen", ylab = "Wahrscheinlichkeit", ylim = c(0, 0.3))
```

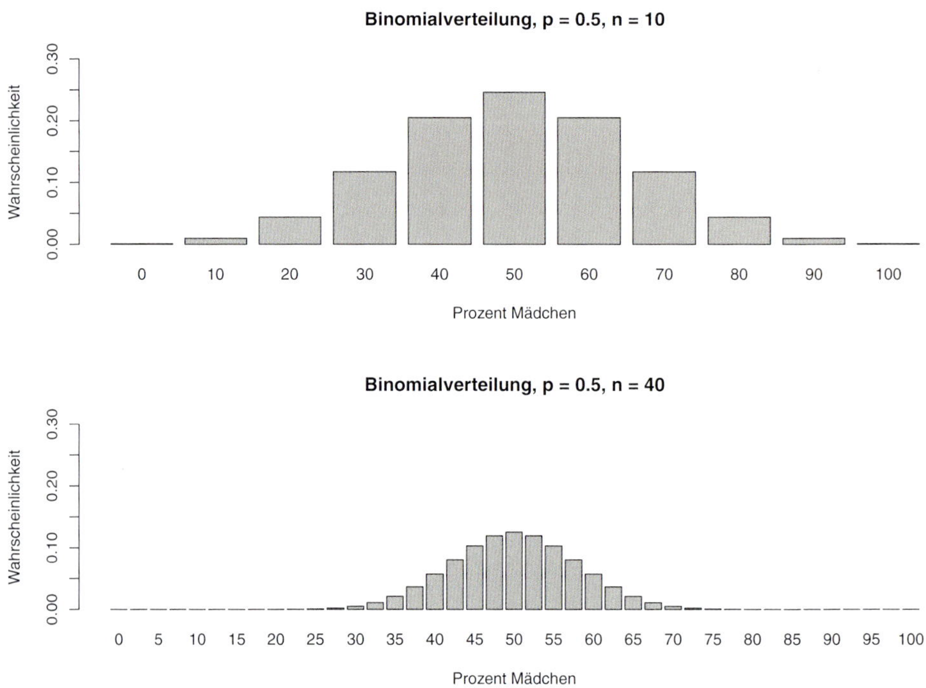

Abbildung 5.6: Zwei Binomialverteilungen für $p = 0.5$ mit unterschiedlichen Stichprobengrößen zum Vergleich.

Ein Vergleich der zwei Binomialverteilungen in ▶*Abbildung 5.6* macht unmittelbar deutlich, dass die Schätzungen aus der größeren Stichprobe genauer sind. Bei Anteilen aus $n = 40$ Geburten kommen beispielsweise Mädchenanteile von 20% oder kleiner sowie von 80% oder größer so gut wie nie vor, während die Wahrscheinlichkeiten für entsprechende Ergebnisse bei der kleineren Stichprobe nicht vernachlässigbar sind. Insgesamt wird klar, dass größere Stichproben bessere Schätzungen von Populationsanteilen ermöglichen: das empirische Gesetz der großen Zahlen in Aktion.

Mittelwerte

Betrachten wir nun die Auswirkungen des empirischen Gesetzes der großen Zahlen für Mittelwerte. Wir benutzen zur Generierung der Schätzungen aufgrund sukzessiv größerer Stichproben die Funktion `sukzessiv.mittelwerte.schaetzen` (siehe Kasten *Funktionen zur Demonstration des empirischen Gesetzes der großen Zahlen*). Wir plotten wieder drei Ergebnisse für einen Populationsmittelwert von $\mu = 100$ und $\sigma = 15$, entsprechend den Parametern, die man bei einem Querschnitt der Bevölkerung für die Ergebnisse eines IQ-Tests erwarten würde. Dabei sehen wir uns an, wie sich die Schätzgenauigkeit sukzessive verändert, bis die Gesamtstichprobe aus insgesamt 60 Werten besteht:

```
par(mfrow = c(3, 1))
replicate (3,
        {
          Mittelwerte <- sukzessiv.mittelwerte.schaetzen (100, 15, 60)
          plot(x = 1:60, Mittelwerte, type = "l", xlab = "Stichprobengröße",
               ylab = "Mittelwert", cex.lab = 1.5)
          abline(h = 100, col = "green")
          })
```

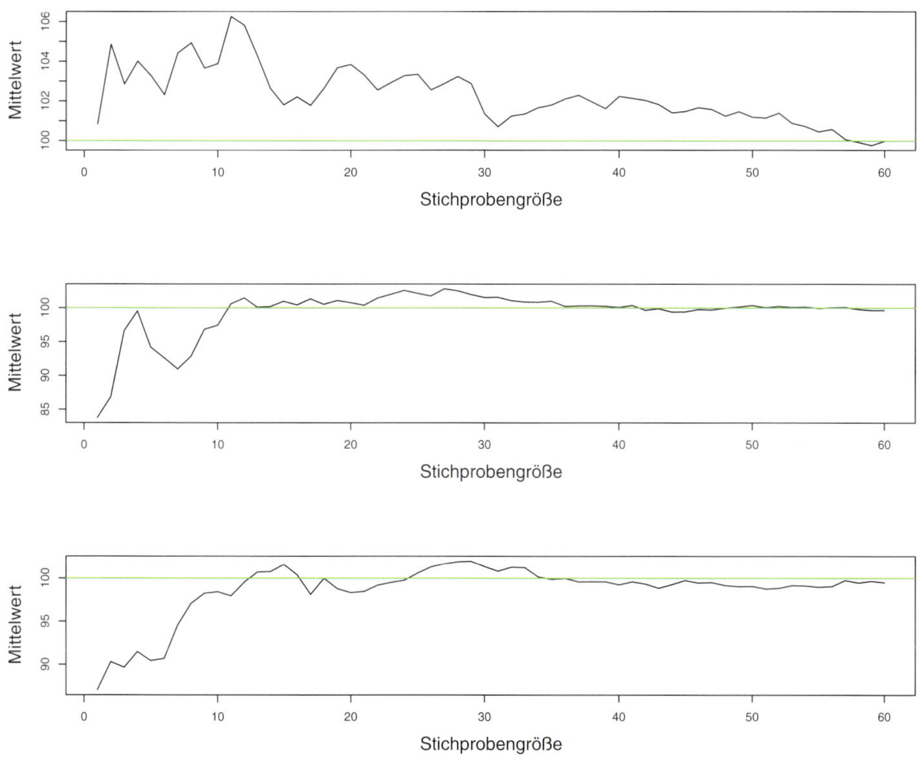

Abbildung 5.7: Illustration des empirischen Gesetzes der großen Zahlen für Mittelwerte: Mit steigender Stichprobengröße (von links nach rechts) steigt tendenziell die Genauigkeit der Schätzung des Populationsmittelwerts von $\mu = 100$ (grüne Linie).

Eine andere Möglichkeit, das empirische Gesetz der großen Zahlen sichtbar zu machen, besteht wieder darin, zwei Stichprobenverteilungen mit unterschiedlichen Stichprobengrößen in den Einzelstudien miteinander zu vergleichen. Wir haben schon gesehen, wie ein Histogramm einer Stichprobenverteilung für $\mu = 100$ und $\sigma = 15$ für Stichprobengrößen von $n = 20$ aussieht (▶*Abbildung 5.4* links). Eine solche empirische Stichprobenverteilung erzeugen wir nun noch einmal und zum Vergleich eine mit zehnmal so großen Stichproben, $n = 200$:

```
par(mfrow = c(2, 1))
n_20 <- replicate(100000, mean(round(rnorm(20, mean = 100, sd = 15), 0)))
hist(n_20, breaks = 100, xlab = "Mittelwerte aus jeweils 20 IQ-Werten",
     main ="100000 Stichproben", xlim = c(85, 115))
n_200 <- replicate(100000, mean(round(rnorm(200, mean = 100, sd = 15), 0)))
hist(n_200, breaks = 100, xlab = "Mittelwerte aus jeweils 200 IQ-Werten",
     main ="100000 Stichproben", xlim = c(85,115))
```

▶*Abbildung 5.8* zeigt den Unterschied: Die Stichprobenverteilung für die größere Stichprobe ist deutlich schmaler, weil größere Stichproben zu genaueren Schätzungen der Populationsparameter führen.

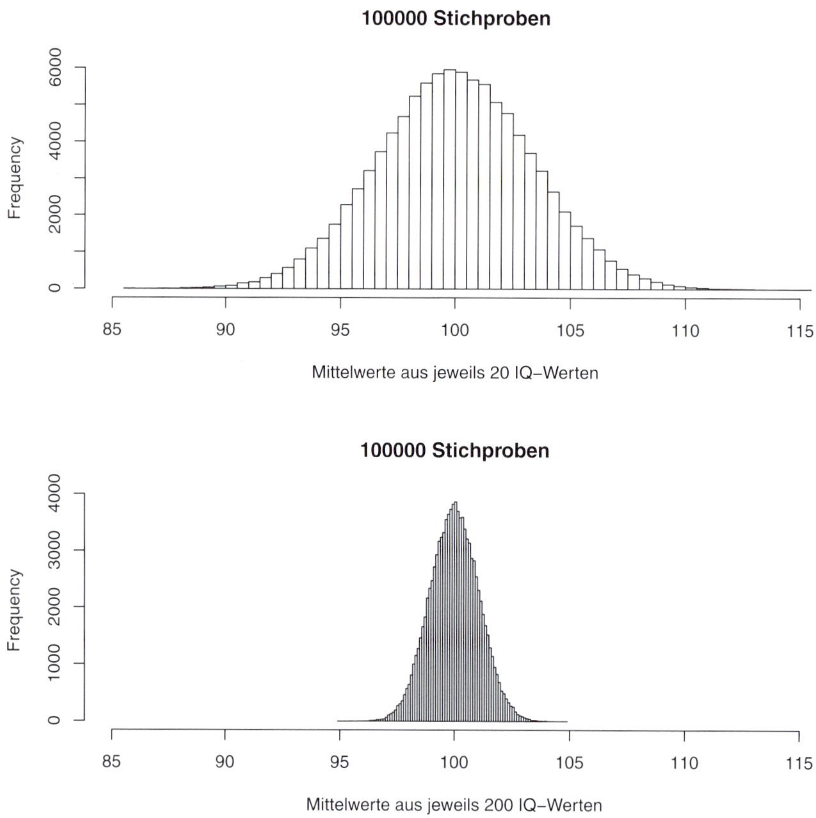

Abbildung 5.8: Zwei empirische Stichprobenverteilungen für einen Populationsmittelwert von $\mu = 100$ ($\sigma = 15$), erstellt aus Mittelwerten mit unterschiedlichen Stichprobengrößen.

5.2.2 Zentraler Grenzwertsatz

Während das empirische Gesetz der großen Zahlen sich auf die Genauigkeit der Schätzungen von Populationsparametern bezieht, beschreibt der zentrale Grenzwertsatz, wie sich die Form von Stichprobenverteilungen mit steigender Stichprobengröße ändert: Mit steigender Stichprobengröße geht jede Verteilung von konventionellen Kennwerten (z. B. Anteile, Mittelwerte, Summen) in eine Normalverteilung über. Diese Gesetzmäßigkeit ist sehr nützlich, weil man dann für beliebige Kennwerte ab einer bestimmten Stichprobengröße die Normalverteilung für inferenzstatistische Verfahren nutzen könnte, was oft eine bedeutende Vereinfachung der Vorgehensweise nach sich zieht.[7] Wir illustrieren diese Gesetzmäßigkeit wieder anhand zweier Beispiele, eines für Anteile und eines für Mittelwerte.

Stichprobenverteilung für Anteile

Etwa 10% aller Menschen haben blaue Augen.[8] Das ist ein relativ extremer Anteil und die Binomialverteilung ist für kleine Stichproben wie etwa $n = 10$ noch sehr asymmetrisch (▶*Abbildung 5.9*, links oben). Mit $n = 100$ ist die Binomialverteilung jedoch selbst für diesen extremen Anteil kaum mehr unterscheidbar von einer Normalverteilung (▶*Abbildung 5.9*, rechts unten):

```
par(mfrow = c(2, 2))
barplot(dbinom(0:10, 10, 0.1), names.arg = c(0:10), main = "p = 0.1, n = 10",
        xlab = "Personen mit blauen Augen", ylab = "Wahrscheinlichkeit")
barplot(dbinom(0:20, 20, 0.1), names.arg = c(0:20), main = "p = 0.1, n = 20",
        xlab = "Personen mit blauen Augen", ylab = "Wahrscheinlichkeit")
barplot(dbinom(0:50, 50, 0.1), names.arg = c(0:50), main = "p = 0.1, n = 50",
        xlab = "Personen mit blauen Augen", ylab = "Wahrscheinlichkeit")
barplot(dbinom(0:100, 100, 0.1), names.arg = c(0:100), main = "p = 0.1, n = 100",
        xlab = "Personen mit blauen Augen", ylab = "Wahrscheinlichkeit")
```

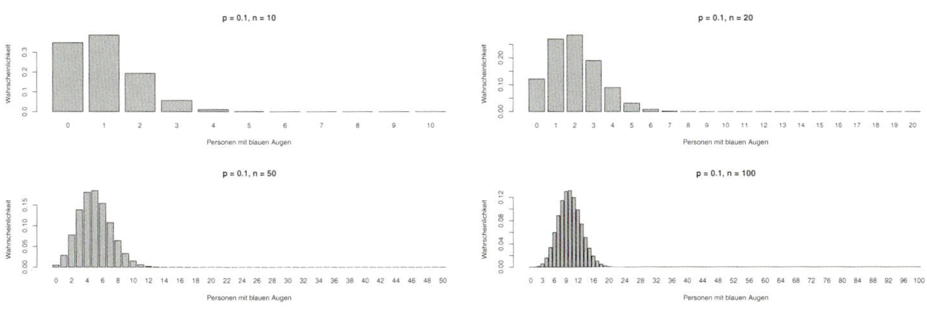

Abbildung 5.9: Illustration des zentralen Grenzwertsatzes mit einem Anteil von $p = 0.1$ und unterschiedlichen Stichprobengrößen: je größer die Stichprobe, desto symmetrischer die Stichprobenverteilung.

7 Viele Stichprobengrößen in Psychologie und Sozialwissenschaft sind allerdings in einem Bereich, in dem spezielle theoretische Stichprobenverteilungen, wie z. B. die t-Verteilung (s. u.) oder die F-Verteilung (siehe ▶*Kapitel 6*) eine höhere Genauigkeit bieten.

8 *https://www.healthline.com/health/eye-health/eye-color-percentages* (Abruf Mai 2020).

Stichprobenverteilung für Summen

Wir illustrieren den zentralen Grenzwertsatz für quantitative Variablen mit einem Beispiel, bei dem wir als Kennwert die Summe berechnen. Eine Summe ist gewissermaßen ein Mittelwert, der noch nicht durch die Anzahl der Werte, aus denen er berechnet wird, geteilt wurde. Wir nehmen deswegen die Summe, weil es sich um ein sehr illustratives Beispiel handelt, das Sie alle als „Summenbeispiel" kennen, nämlich Würfeln. Einmal würfeln ist nichts anderes als eine Zufallsauswahl aus den Zahlen 1 bis 6. Wir benutzen dazu die Funktion `sample`, die Zufallsziehungen aus einer vorgegebenen Zahlenmenge (oft eine Verteilung) durchführt. Die Zahlenmenge ist das erste Argument. Das zweite Argument zeigt an, wie oft daraus gezogen werden soll, und das dritte, ob die Ziehung wieder zurückgelegt werden soll oder nicht:

```
sample(c(1:6), 1, replace = T)
```

```
  6
```

Da haben wir doch gleich am Anfang eine 6 gewürfelt, so ein Zufall. Nun führen wir jedoch den Würfelvorgang je 100.000-mal durch, zunächst für einfaches Würfeln, dann würfeln wir immer zweimal und berechnen jeweils die Summe, dann dreimal und zum Schluss zehnmal und zeichnen die Stichprobenverteilungen, die für die Würfelsummen in Abhängigkeit der Stichprobengrößen (n = 1-, 2-, 3-, und 10-mal würfeln) entstehen:

```
par(mfrow = c(2, 2))
Einmal_würfeln <- replicate(100000, sample(c(1:6), 1, replace = T))
hist(Einmal_würfeln, xlab = "Ergebnis", main = "Einmal Würfeln")
Summe_zweimal_würfeln <- replicate(100000, sum(sample(c(1:6), 2, replace = T)))
x_Achsen_Einteilung <- seq(min(Summe_zweimal_würfeln) - 0.5,
                           max(Summe_zweimal_würfeln) + 0.5)
hist(Summe_zweimal_würfeln, xlab = "Ergebnis",
     main = "Summe aus zwei Würfen", breaks = x_Achsen_Einteilung)
Summe_dreimal_würfeln <- replicate(100000, sum(sample(c(1:6), 3, replace = T)))
x_Achsen_Einteilung <- seq(min(Summe_dreimal_würfeln) - 0.5,
                           max(Summe_dreimal_würfeln) + 0.5)
hist(Summe_dreimal_würfeln, xlab = "Ergebnis",
     main = "Summe aus drei Würfen", breaks = x_Achsen_Einteilung)
Summe_zehnmal_würfeln <- replicate(100000, sum(sample(c(1:6), 10, replace = T)))
x_Achsen_Einteilung <- seq(min(Summe_zehnmal_würfeln) - 0.5,
                           max(Summe_zehnmal_würfeln) + 0.5)
hist(Summe_zehnmal_würfeln, xlab = "Ergebnis",
     main = "Summe aus zehn Würfen", breaks = x_Achsen_Einteilung)
```

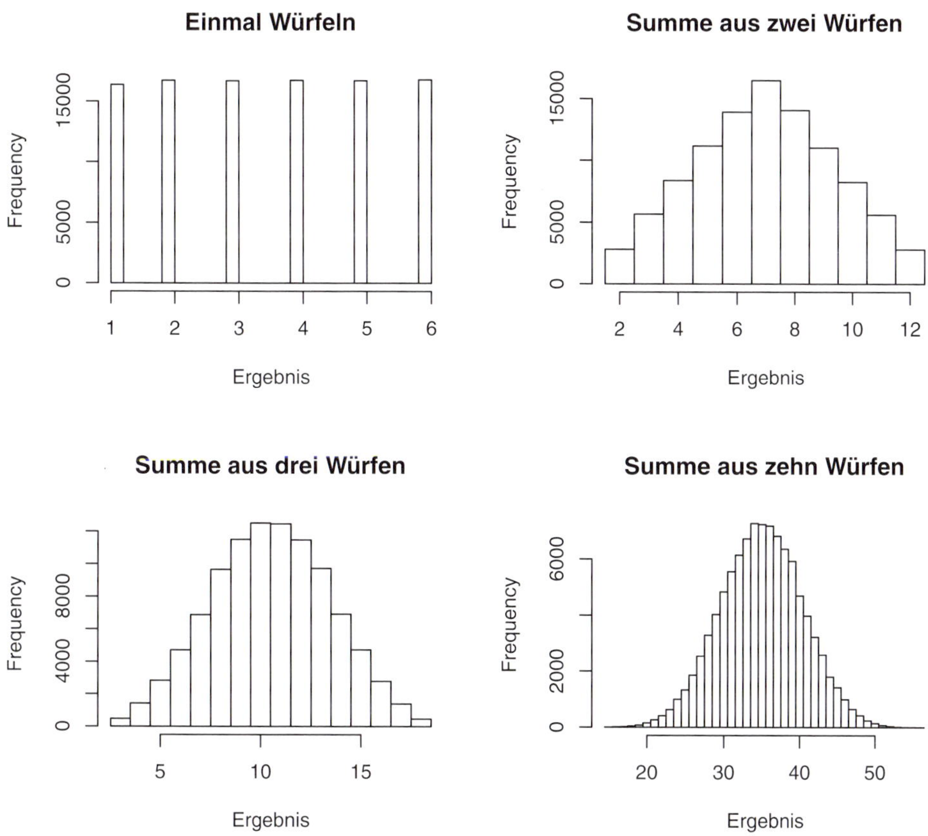

Abbildung 5.10: Illustration des zentralen Grenzwertsatzes für eine quantitative Variable (Summe der Ergebnisse bei ein- und mehrmaligem Würfeln).

Die meisten Menschen sind überrascht, wenn sie dieses Ergebnis das erste Mal sehen: Aus einer Gleichverteilung (▶*Abbildung 5.10* links oben – einmal würfeln ist ja nichts anderes als die Summe aus einem Wurf) wird bei der Summe zweier Würfe eine Dreiecksverteilung und dann bei steigender Stichprobengröße schon bald eine Stichprobenverteilung, die der Normalverteilung sehr ähnelt (▶*Abbildung 5.10*, unten rechts). Hätten wir die Mittelwerte anstelle der Summen berechnet, sähen die Verteilungen genauso aus (prüfen Sie es nach!), wären jedoch in diesem Fall weit weniger intuitiv (Dezimalzahlen auf der *X*-Achse).

5.3 Konfidenzintervalle: mit einer vorgegebenen Wahrscheinlichkeit den wahren Wert überdecken

Konfidenzintervalle werden berechnet, weil man den wahren Wert, beispielsweise einen Populationsanteil oder Populationsmittelwert, nicht kennt, ihn aber schätzen und zudem noch eine Aussage über die Schätzgenauigkeit haben möchte. Zur Illustration dessen, was ein Konfidenzintervall bedeutet, gehen wir jedoch umgekehrt vor:

Wir postulieren einen bestimmten Populationswert und probieren aus, welche Konfidenzintervalle wir dafür erhalten. Manche von Ihnen sind vielleicht erstaunt, dass wir den Plural benutzt haben, aber wir werden gleich demonstrieren, wie das geht. Und wie erhält man ein Konfidenzintervall? Man berechnet aus den Stichprobenergebnissen die Schätzung(en) für den oder die Populationsparameter, konstruiert daraus die entsprechende Stichprobenverteilung und „schneidet" die Enden der Stichprobenverteilung ab. Wenn man beispielsweise ein 95%-Konfidenzintervall haben möchte, schneidet man links und rechts 2,5% der Stichprobenverteilung ab und die Länge des Mittelstücks ist dann das Konfidenzintervall (bei einem 90%-Konfidenzintervall würde man links und rechts je 5% abschneiden etc.). Wir behandeln in diesem Kapitel nur Konfidenzintervalle für symmetrische Stichprobenverteilungen. Wie man in R mit dem generellen Fall (einschließlich asymmetrischer Stichprobenverteilungen) umgeht, wird in Burkhardt et al. (2022) beschrieben.

Beginnen wir mit Konfidenzintervallen für Anteile. Wegen der im zentralen Grenzwertsatz (*Abschnitt 5.2.2*) beschriebenen Gesetzmäßigkeit können wir auch die Stichprobenverteilungen für Anteile in Annäherung als symmetrische Verteilungen behandeln, wenn die Stichprobe nicht zu klein ist. Das geht bei einem Anteil von 0.5 schon ab einer Stichprobengröße von 36.[9] Diese Stichprobengröße von 36 und einen Anteil von 0.5 nehmen wir jetzt als Ausgangsbasis für unser Beispiel. Wir starten gleich mit der Normalverteilung mit Mittelwert 18 (die Hälfte von 36) und Standardabweichung 3 (die Wurzel aus der Varianz der Binomialverteilung, die ja in diesem Fall 9 beträgt). Wir zeichnen zunächst die Binomialverteilung, dann die korrespondierende Normalverteilung und schließlich 100 Konfidenzintervalle, die durch Zufallsziehungen von Anteilen aus der Binomialverteilung und durch die Berechnung des Konfidenzintervalls anhand der korrespondierenden Normalverteilung entstehen können. Wir werden links im Bild die Binomial- und die korrespondierende Normalverteilung zeichnen und rechts die Konfidenzintervalle und bereiten dafür die entsprechenden Zeichenfelder vor:

```
layout (matrix (c(1, 3,
                  2, 3), 2 , 2, byrow = T))
```

Sodann zeichnen wir links oben in ▶*Abbildung 5.11* die Binomialverteilung mit π = 0.5 und n = 36. Bei der Gelegenheit illustrieren wir auch mal, wie man in R mathematische Ausdrücke (π) oder Kursivschrift (bei n) in die Überschriften von Abbildungen einfügen kann:

```
barplot(dbinom(6:30, 36, 0.5), names.arg = c(6:30), main = expression
       (paste("Binomialverteilung mit ", pi, " = 0.5 und ",italic("n"), "= 36")))
```

Darunter die korrespondierende Normalverteilung mit identischem Mittelwert (μ = 18) und derselben Standardabweichung (σ = 3):

9 Eine häufig benutzte Faustregel besagt, dass die Approximation hinreichend gut ist, wenn die Varianz der Binomialverteilung, $np(1-p)$, größer oder gleich 9 ist. Bei der Verteilung rechts unten in *Abbildung 5.9* (mit n = 100) wäre das gerade der Fall: $np(1-p) = 100 \times 0.1 \times 0.9 = 9$. Je näher p an 0.5 liegt, desto weniger groß muss die Stichprobe sein, um die Normalverteilung benutzen zu können. Bei p = 0.5 würde schon n = 36 ausreichen.

```
curve(dnorm(x, 18, 3), from = 6, to = 30, main = expression
     (paste("Normalverteilung mit ", mu, " = 18 und ", sigma, " = 3")))
```

Aus dieser Verteilung „schneiden" wir die mittleren 90 heraus und trennen diesen Bereich mit zwei vertikalen Strichen ab. Dazu benutzen wir die Werte aus der Standardnormalverteilung (mit `c(0.05, 0.95)`) und multiplizieren diese mit der Standardabweichung der tatsächlichen Verteilung, was in der Funktion `qnorm` dadurch geschieht, dass wir Mittelwert (18) und Streuung (3) der korrespondierenden Normalverteilung angeben:

```
abline (v = qnorm(c(0.05, 0.95), 18, 3), lty = 3, col = "green")
text(18, 0.04, "90%", cex = 3, col = "green")
```

Das ist nun aber noch kein Konfidenzintervall – man könnte es „Wahrscheinlichkeitsintervall" nennen, weil wir ja den tatsächlichen Anteil (18 von 36) kennen und deswegen nicht schätzen müssen. Die Grundlage für die Berechnung von Konfidenzintervallen sind jedoch Zufallsziehungen. Aber wenn wir so eine Zufallsziehung vorgenommen haben, berechnen wir die Enden des Konfidenzintervalls genau so wie gerade eben. Und nun berechnen wir für hundert zufällig aus der Binomialverteilung gezogene Anteile (jeweils X von 36) die 90%-Konfidenzintervalle, auch wieder unter Zuhilfenahme der Standardnormalverteilung:

```
KIs <- replicate(100,
                {
                  ziehung <- rbinom(n=1, size = 36, prob = 0.5)
                  c((ziehung-1.65*3), ziehung, (ziehung + 1.65 * 3))
                  })
```

Jetzt müssen wir die Konfidenzintervalle nur noch zeichnen. Dazu benutzen wir die Funktion `errbar` aus dem Paket `Hmisc`:

```
library(Hmisc)
```

Als Bezeichnungen für die Konfidenzintervalle nehmen wir einfach die Aufzählung (1 bis 100 – das müssen für diese Funktion Zeichenketten sein – deswegen `as.character`):

```
Bezeichnungen = rev(as.character(c(1:100)))
```

Und nun können wir die hundert 90%-Konfidenzintervalle zeichnen (in der Funktion `errbar` brauchen wir zuerst die Anteile, dann die Obergrenzen und schließlich die Untergrenzen):

```
errbar(Bezeichnungen, KIs[2,], KIs[3,], KIs[1,])
abline(v=18, col = "green", lwd = 2)
dev.off()
```

Bei genauer Betrachtung der hundert 90%-Konfidenzintervalle rechts in ▶*Abbildung 5.11* sieht man, dass 89 von ihnen den wahren Wert (18) beinhalten, 11 aber nicht. Das entspricht in etwa der Erwartung, denn bei einem 90%-Konfidenzintervall kann man zu 90% konfident sein (darauf vertrauen), dass es den wahren Wert überdeckt. Die Wahrscheinlichkeit bei Konfidenzintervallen liegt also im Intervall: ein 90%-Konfidenzintervall überdeckt den wahren Wert mit 90%iger Wahrscheinlichkeit, ein

95%-Konfidenzintervall mit 95%iger Wahrscheinlichkeit etc. Oder, anders ausgedrückt: Wenn unendlich viele 90%-Konfidenzintervalle (oder Intervalle mit anderer Konfidenz) durch Zufallsziehungen aus einer Population erstellt werden, so werden 90% (oder ein anderer entsprechender Prozentsatz) aller Intervalle den wahren Wert überdecken. In unserem Beispiel sind es nur 89%, aber das kommt daher, dass 100 Konfidenzintervalle noch weit entfernt sind von unendlich vielen.

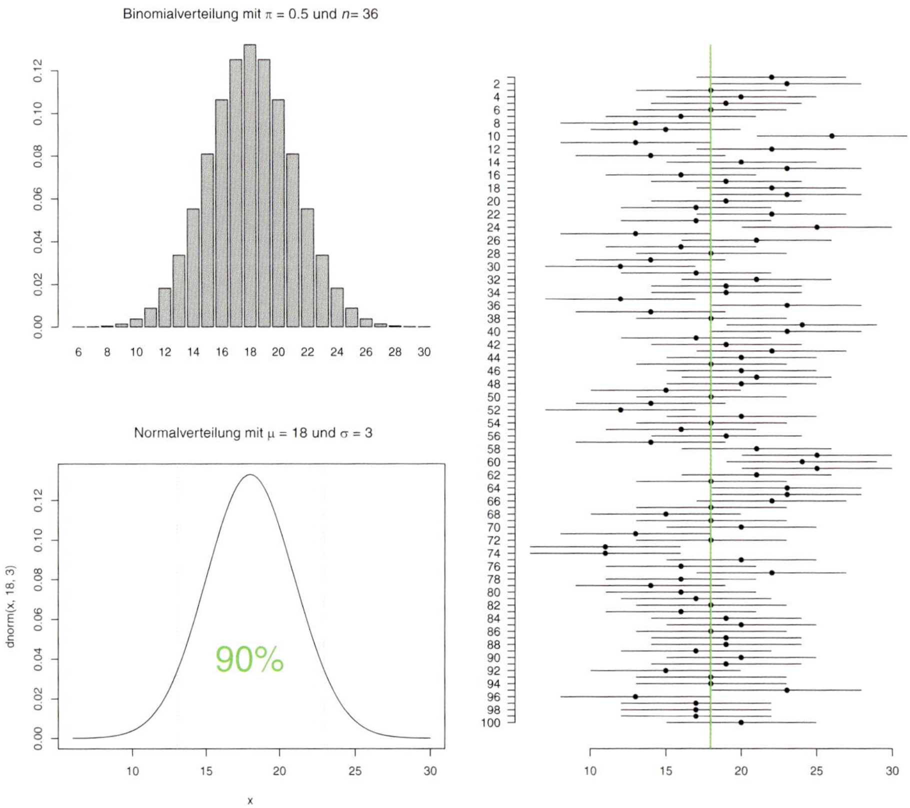

Abbildung 5.11: Illustration der Konstruktion von 90%-Konfidenzintervallen aus einer Binomialverteilung (π= 0.5 und n = 36), die durch eine Normalverteilung (μ = 18, σ = 3) angenähert wurde. Von den 100 Konfidenzintervallen überlappen 89 den wahren Wert (18) und 11 schließen ihn *nicht* ein.

In der Regel hat man allerdings nur eine Stichprobe und demgemäß auch nur ein Konfidenzintervall. Sie könnten also, um in unserem Beispiel zu bleiben, einen Populationsanteil schätzen wollen und die Grundlage dafür würde der Anteil sein, den Sie aus den Werten einer Stichprobe berechnen. Wenn Sie aber nur einen Stichprobenanteil haben, könnte das Konfidenzintervall, das Sie daraus bestimmen, auch danebenliegen, das heißt, den wahren Anteil *nicht* überdecken. Sie kennen allerdings die Wahrscheinlichkeit dafür, dass Ihr Konfidenzintervall den wahren Wert überdeckt – das ist die vorgegebene Konfidenz. Ein Konfidenzintervall ist also eine Wahrscheinlichkeitsaussage über das Intervall, nicht über den wahren Wert.

5.3.1 Konfidenzintervalle für Anteile

R bietet mehrere Möglichkeiten, Konfidenzintervalle für Anteile zu berechnen. Wir stellen zwei davon vor. Die Funktion `prop.test` benutzt zur Berechnung der Konfidenzintervalle die Standardnormalverteilung, so wie wir das in dem Beispiel in ▶*Abbildung 5.11* gemacht haben, und die Funktion `binom.test` greift direkt auf die Binomialverteilung zu. Sehen wir uns einige Beispiele an. Zunächst das Konfidenzintervall für einen Anteil von 18 von 36 (50% oder 0.5) mithilfe der Funktion `prop.test`. Diese Funktion wird, wie der Name schon nahelegt, auch benutzt, um Signifikanztests durchzuführen. Wir machen das im nächsten Abschnitt. Aber nun reicht uns schon das Konfidenzintervall, und das erhalten wir, wenn wir hinter den Funktionsaufruf `$conf.int` einfügen. Alternativ könnten Sie auch schauen, welcher Bestandteil der Ausgabe das ist – hier ist es der sechste –, und um den zu erhalten könnten Sie `[6]` hinter den Funktionsaufruf setzen:

```
prop.test(18, 36)[6]

  $conf.int
      0.3447433 0.6552567
  attr(,"conf.level")
      0.95
```

Wir sehen, dass die Voreinstellung für die Konfidenz offensichtlich 95% ist, und dass die Intervallgrenzen für das Konfidenzintervall in standardisierter Form ausgegeben werden (*$conf.int*). Wir müssten die Grenzen des 95%-Konfidenzintervalls in den ursprünglichen Einheiten erst berechnen: $0.345 \times 36 = 12.42$ und $0.655 \times 36 = 23.58$.

Wenn wir ein 90%- (und nicht ein 95%)-Konfidenzintervall haben möchten, müssen wir das explizit angeben (`conf.level = 0.9`):

```
prop.test(18,36, conf.level = 0.9)$conf.int

     0.3678063 0.6321937
  attr(,"conf.level")
     0.9
```

Nun sind unsere Intervallgrenzen also $0.368 \times 36 = 13.25$ und $0.655 \times 36 = 22.75$.

Zum Vergleich die Ergebnisse mit der Funktion `binom.test`, die direkt die Binomialverteilung benutzt:

```
binom.test(18, 36)$conf.int

     0.3292218 0.6707782
  attr(,"conf.level")
     0.95
```

Das Konfidenzintervall ist nun etwas breiter als das, welches wir mit der Funktion `prop.test` bekommen haben: $0.329 \times 36 = 11.84$ und $0.671 \times 36 = 24.16$. Und nun auch noch das 90%-Konfidenzintervall dieser Funktion:

```
binom.test(18, 36, conf.level = 0.9)$conf.int

     0.3533243 0.6466757
  attr(,"conf.level")
     0.9
```

Und auch hier ist natürlich das Intervall etwas breiter als bei der Normalverteilungs-Prozedur: $0.353 \times 36 = 12.71$ und $0.647 \times 36 = 23.29$.

Die Unterschiede zwischen den beiden Prozeduren nehmen mit steigender Stichprobengröße ab. Wenn wir beispielsweise $n = 1000$ haben und $p = 0.5$, dann sind die Unterschiede vernachlässigbar:

```
prop.test(500, 1000)$conf.int
```

```
    0.4690696 0.5309304
  attr(,"conf.level")
    0.95
```

```
binom.test(500, 1000)$conf.int
```

```
    0.4685492 0.5314508
  attr(,"conf.level")
    0.95
```

Wenn man Konfidenzintervalle für diskrete Verteilungen berechnet, ergibt sich immer das potenzielle Problem, dass man Ergebnisse mit Dezimalwerten bekommt. Wenn es sich bei den Messobjekten beispielsweise um Personen handelt, sind solche Dezimalwerte schwierig zu interpretieren. Eine Abhilfe wäre, auf „ganze Personen" zu runden, aber dann stimmt natürlich die Konfidenz nicht mehr. Statistikprogramme machen es fast alle so wie R: konventionelle Werte für Konfidenz, aber Werte mit Dezimalstellen für die Messobjekte.

Betrachten wir zum Abschluss ein Beispiel, das Sie so ähnlich aus den Hochrechnungen an Wahlabenden kennen. Ein Meinungsumfrageinstitut hat bei einer Landtagswahl 1200 Wählerinnen und Wähler beim Verlassen des Wahllokals zufällig ausgewählt und danach befragt, welche Partei sie gewählt haben. Von den Befragten erklärten 78 (6.5%), dass sie die FDP gewählt haben. Können die Anhänger der FDP zu 95% sicher sein, dass ihre Partei in den Landtag einziehen wird? Das können sie natürlich nur, wenn das Konfidenzintervall die 5%-Hürde nicht unterschreitet:

```
binom.test(78, 1200)$conf.int
```

```
    0.05171543 0.08046198
  attr(,"conf.level")
    0.95
```

Die FDP-Wähler können tatsächlich zu 95% sicher sein, dass ihre Partei in den Landtag einzieht, weil die Untergrenze des Konfidenzintervalls (5,2%) über der 5%-Hürde liegt.

5.3.2 Konfidenzintervalle für Mittelwerte

Das Konfidenzintervall für einen Populationsmittelwert wird meist unter Zuhilfenahme der *t*-Verteilung berechnet. Aus der Stichprobe schätzen wir den Mittelwert und den Standardfehler (Standardabweichung der Stichprobenverteilung) für die Stichprobenverteilung des Mittelwerts. Die Schätzung für den Populationsmittelwert ist einfach der Stichprobenmittelwert ($\bar{x}$) und die Schätzung für den Standardfehler ($\hat{\sigma}_{\bar{x}}$) ist in diesem Fall:

$$\hat{\sigma}_{\bar{x}} = \sqrt{\frac{\hat{\sigma}^2}{n}} = \frac{\hat{\sigma}}{\sqrt{n}}$$

wobei

$$\hat{\sigma}^2 = \frac{1}{n-1}\sum_{i=1}^{n}\left(x_i - \bar{x}\right)^2$$

Die oberen und unteren Enden des Intervalls erhalten wir als

$$\bar{x} \pm \hat{\sigma}_{\bar{x}} \times t_{df,Konf.}$$

wobei wir den *t*-Wert für eine bestimmte Anzahl von Freiheitsgraden (*df*) und eine vorgegebene Konfidenz (*Konf.*) auswählen müssen. Betrachten wir ein Beispiel aus den Vorlesungsdaten, die Sie schon aus den früheren Kapiteln kennen, die Punkte im Deutschabitur für die Studentinnen. Berechnen wir das 90%-Konfidenzintervall für den Mittelwert mittels der *t*-Verteilung zunächst „per Hand“.

Die *t*-Verteilung setzt voraus, dass die Werte in der Population normalverteilt sind. Wenn die Werte in der Stichprobe sehr stark von einer symmetrischen Verteilung abweichen, könnte das ein Hinweis darauf sein, dass diese Voraussetzung nicht erfüllt ist. Sehen wir uns das also zunächst an (die extremen Werte lassen wir dabei weg – siehe ▶*Kapitel 3*):

```
attach(ML_I)
Deutschpunkte_w <- Deutsch_o_A[Geschlecht == "weiblich"]
hist(Deutschpunkte_w, xlab = "Punkte im Deutschabitur ",
     main = "Ergebnisse für die Studentinnen")
```

Die Verteilung in ▶*Abbildung 5.12* ist zwar nicht völlig symmetrisch, aber konsistent mit der Normalverteilungsannahme – rein durch Zufall ist ja zu erwarten, dass die Werteverteilung in der Stichprobe nicht genau der Verteilung in der Population entspricht.

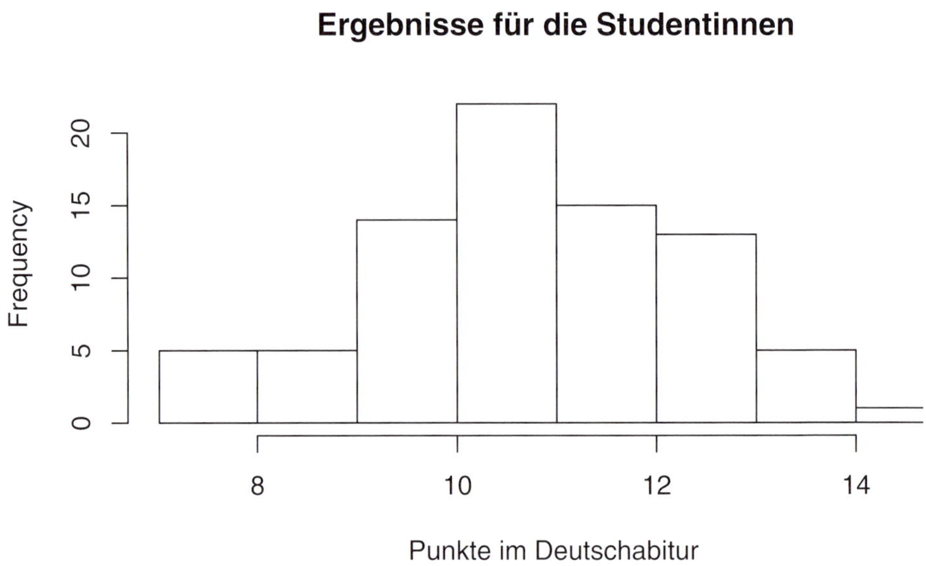

Abbildung 5.12: Häufigkeitsverteilung der Punkte im Deutschabitur (nur Studentinnen).

Nun schauen wir zunächst, wie groß unsere Stichprobe ist, und berechnen dann den Mittelwert:

```
length(Deutschpunkte_w)

  84

mean(Deutschpunkte_w)

  NA
```

Was ist passiert? Vielleicht überlegen Sie kurz, bevor Sie weiterlesen. Das Problem ist, dass die Funktion `mean` mit fehlenden Werten (NA) nicht umgehen kann, außer man benutzt das Argument `na.rm = T`. Wir lösen das Problem jetzt aber mal anders, indem wir die fehlenden Werte einfach mithilfe der Funktion `na.omit` rausnehmen (für die Zeichnung in ▶*Abbildung 5.12* wurden sie sowieso nicht benutzt):

```
Deutschpunkte_w <- na.omit(Deutschpunkte_w)
```

Jetzt sollte es funktionieren, wobei Sie natürlich daran denken müssen, dass die Variable `Deutschpunkte_w` jetzt weniger Werte enthält, obwohl wir ihr denselben Namen gegeben haben (hier nur mal zur Illustration – es ist generell günstiger den Namen zu ändern, wenn die Variable sich ändert):

```
n <- length(Deutschpunkte_w)
n

  80

mean(Deutschpunkte_w)

  11.25
```

```
    lwd = 2, bty = "n", ylim = c(0, 0.135), xlim = c(80, 125))
text(100, 0.13, "H0", cex = 1.5)
```

Nun zeichnen wir die Stichprobenverteilung für die *Alternativhypothese* oder *H1* mit $\mu = 105$ (rechte Verteilung in ▶*Abbildung 5.13*):

```
lines(density(Alternativhypothese_5), lwd = 2, col = "green", lty = 3)
text(104.5, 0.13, "H1", cex = 1.5, col = "green")
```

Wir benutzen ein konventionelles einseitiges α (Fehler der ersten Art) von 5% und markieren das mit einem vertikalen Strich:[10]

```
abline(v = quantile(Nullhypothese, 0.95), lty = 5, ylim = (c(0, 0.05)))
text(107, 0.005, expression(paste(alpha, "(5%)")))
```

Das Ergebnis sieht nicht gut aus: Die Wahrscheinlichkeit dafür, dass wir mit diesem Setup ($\mu = 105$ IQ-Punkte und $n = 20$) tatsächlich einen signifikanten Effekt finden – die *Teststärke* oder *Power* unseres Tests – (korrespondierend zur Fläche der H1-Stichprobenverteilung rechts vom senkrechten Strich), ist offensichtlich kleiner als 50%.

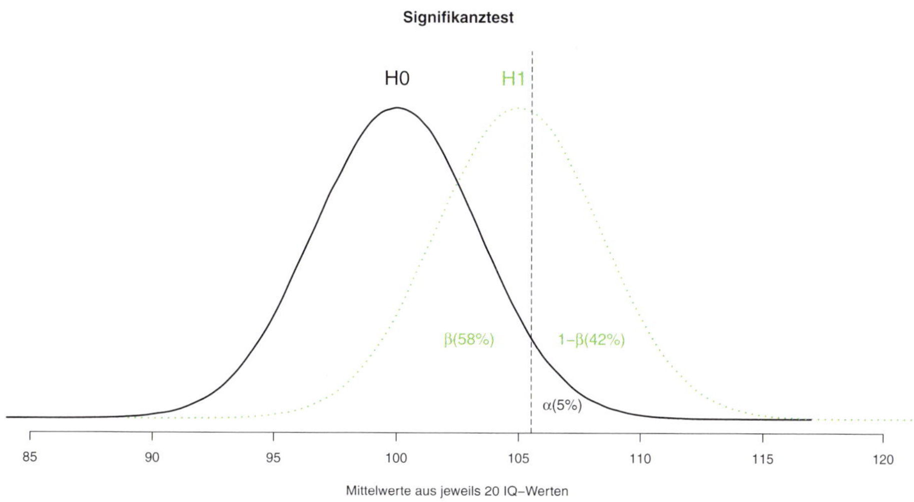

Abbildung 5.13: Stichprobenverteilungen für die Nullhypothese (H0) und die Alternativhypothese (H1) für einen vermuteten Populationseffekt (Unterschied zwischen Alternativ- und Nullhypothese) von fünf IQ-Punkten und $n = 20$.

5.4.2 Poweranalyse

Wir können auch den genauen Wert für die Power herausfinden, und zwar mit der Funktion `power.t.test` aus dem Paket *pwr* (Champely, 2020). Das Argument `delta` spezifiziert den angenommenen Mindesteffekt (Unterschied zwischen Alternativ- und Nullhypothese) in Originaleinheiten – in unserem Beispiel sind das die fünf IQ Punkte:

10 Wir testen nur in die „Größer-Richtung", weil wir eine gerichtete Hypothese haben.

```
library(pwr)
power.t.test(n = 20, delta = 5, sd = 15, sig.level = 0.05,
             type = "one.sample", alternative = c("one.sided"))

   One-sample t test power calculation
              n = 20
          delta = 5
             sd = 15
      sig.level = 0.05
          power = 0.4178514
    alternative = one.sided
```

Die Teststärke oder Power beträgt nur 42%. Wenn die Power (1-β) 42% beträgt, dann ist die Wahrscheinlichkeit für β, den Fehler 2. Art, 58%. Wir halten beides in der Abbildung fest (wenn das Ergebnis bei Ihnen nicht gut aussieht, ändern Sie doch einfach mal die Größe des Zeichenfensters in RStudio) oder ändern die Koordinaten für die `text`-Funktion:

```
text(108, 0.03, expression(paste("1-", beta, "(42%)")), col = "green")
text(103, 0.03, expression(paste(beta, "(58%)")), col = "green")
```

Das Beispiel illustriert, dass es normalerweise keine gute Idee ist, einen Signifikanztest ohne vorherige Überlegungen zur Stichprobengröße durchzuführen. Im heutzutage allgemein akzeptierten Ansatz des Hypothesentestens von Neyman und Pearson (z. B. Neyman, 1950) kann das auch nicht passieren, denn in diesem Ansatz ist eine sogenannte *A priori Poweranalyse* vorgesehen. Das ist eine Kosten-Nutzen-Analyse, bei der man sich zunächst überlegt, wie groß α und β sein sollen und wie wichtig sie relativ zueinander sind. Ein α-Fehler würde in unserem Beispiel bedeuten, dass wir sagen, die ErzgebirglerInnen sind intelligenter als der Durchschnitt der Deutschen, obwohl das nicht stimmt, und ein β-Fehler hätte zur Folge, dass wir den Unterschied von fünf oder mehr IQ-Punkten nicht entdecken, obwohl er tatsächlich vorhanden ist. Belassen wir es der Einfachheit halber bei einem α von 5% (im Neyman-Pearson-Ansatz sind beliebige αs möglich): Wie wichtig wäre im Vergleich dazu der β-Fehler? Die Entscheidung darüber hängt natürlich immer vom Forschungskontext ab. In der Grundlagenforschung ist der β-Fehler in der Regel weniger wichtig als der α-Fehler (außer man möchte zeigen, dass die Nullhypothese stimmt, dann sollte β immer möglichst klein sein). In unserem Beispiel folgen wir der Empfehlung von Jacob Cohen (1992), dass die Power nicht kleiner als 80% sein sollte. Wir können mit der Funktion `power.t.test` auch eine A priori Poweranalyse durchführen, indem wir den Wert für die Power angeben (0.8) und den für das n weglassen (der weggelassene Wert wird immer berechnet):

```
power.t.test(delta = 5, sd = 15, sig.level = 0.05, power = 0.8,
             type = "one.sample", alternative = c("one.sided"))

   One-sample t test power calculation
              n = 57.02048
          delta = 5
             sd = 15
      sig.level = 0.05
          power = 0.8
    alternative = one.sided
```

Wir sollten also mindestens eine Stichprobengröße von $n = 57$ verwenden, um unseren Mindesteffekt von fünf IQ-Punkten mehr mit einer Wahrscheinlichkeit von 80% aufzudecken. Wenn wir nun die zwei neuen Stichprobenverteilungen mit $n = 57$ zeichnen, wird der Unterschied deutlich (▶ *Abbildung 5.14*):

```
Nullhypothese_neu <- replicate(1000000, mean(rnorm(57, mean = 100, sd = 15)))
Alternativhypothese_5_neu <- Nullhypothese_neu + 5
plot(density(Nullhypothese_neu), yaxt = "n", ylab = "", xlab = "Mittelwerte aus
     jeweils 57 IQ-Werten", main = "Signifikanztest (Neyman & Pearson)",
     lwd = 2, bty = "n", xlim = c(80, 125), ylim = c(0, 0.22))
text(100, 0.215, "H0", cex = 1.5)
lines(density(Alternativhypothese_5_neu), lwd = 2, col = "green", lty = 3)
text(105, 0.215, "H1", cex = 1.5, col = "green")
abline(v = quantile(Nullhypothese_neu, 0.95), lty = 5, ylim = (c(0, 0.05)))
text(104.5, 0.005, expression(paste(alpha, "(5%)")), cex = 0.8)
text(106, 0.05, expression(paste("1-", beta, "(80%)")), col = "green")
text(102, 0.015, expression(paste(beta, "(20%)")), col = "green", cex = 0.8)
```

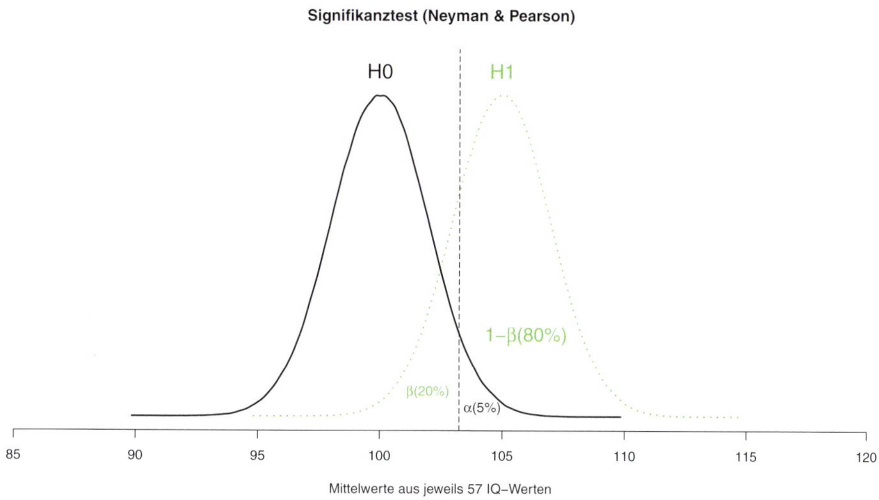

Abbildung 5.14: Stichprobenverteilungen für die Nullhypothese (H0) und die Alternativhypothese (H1) für einen vermuteten Populationseffekt von fünf IQ-Punkten und $n = 57$.

Wenn Sie ▶ *Abbildung 5.13* mit ▶ *Abbildung 5.14* vergleichen, wird Ihnen sofort auffallen, dass die Stichprobenverteilungen für die größere Stichprobe deutlich schmaler sind – genau das, was nach dem empirischen Gesetz der großen Zahlen (*Abschnitt 5.2.1*) zu erwarten ist. Das führt aber auch dazu, dass unser Kriterium, sichtbar an dem senkrechten Strich, der unser α von 5% abschneidet, deutlich näher an die 100 IQ-Punkte, unsere H0, gerückt ist. Dies wiederum führt dazu, dass der Flächenanteil unter der H1 rechts von diesem Kriterium, also unsere Power, deutlich größer geworden ist: nun 80%.

Nun haben wir immer noch keinen Signifikanztest durchgeführt, aber wir wären bereit dazu. Und wir wüssten auch schon, wie wir in Abhängigkeit der Ergebnisse reagieren würden. Wenn unser Wert größer wäre als das Kriterium (103.3 IQ-Punkte – ermittelt mit `quantile(Nullhypothese_neu, 0.95)`, dann würden wir schlussfolgern, dass das kein Zufall mehr sein kann – der Zufall bezieht sich immer auf die Nullhypothese und was noch Zufall ist, haben wir durch unser α festgelegt. Im Rahmen des Neyman-Pearson-Modells würden wir uns überdies so verhalten, als ob die H1 stimmt. Ansonsten (bei einem nicht signifikanten Ergebnis) würden wir den Schluss ziehen, dass das Ergebnis noch mit dem Zufall vereinbar ist, und uns so verhalten, als ob die H0 zuträfe.

5.4.3 Signifikanztest für Anteile

Sehen wir uns das Beispiel mit den FDP-Wählern aus *Abschnitt 5.3.1* aus der Perspektive des Signifikanztestens an. Die H0 wäre in diesem Beispiel die 5%-Hürde, also π = 0.05. Wir nehmen aufgrund von vorherigen Meinungsumfragen an, dass die FDP wohl 7% erreicht. Diesen Wert benutzen wir als Alternativhypothese – H1: π = 0.07. Wie viele Personen müssten wir mindestens befragen? Die FDP-Wähler sollten natürlich nicht zu früh jubeln (einen α-Fehler begehen), aber 5% wird als ausreichend erachtet. Allerdings sollten sie auch, falls sie die 5%-Hürde überschritten haben, diese gute Nachricht mit hoher Wahrscheinlichkeit aus dem Signifikanztestergebnis erhalten. Der β-Fehler sollte also nicht zu groß sein, maximal doppelt so groß wie der α-Fehler, also höchstens 10%. Dies wiederum heißt nichts anderes, als dass die Power (1-β) mindestens 90% betragen sollte.

Poweranalyse

Die Frage nach der hierfür nötigen Stichprobengröße lässt sich mithilfe der Funktion `pwr.p.test` aus dem Paket *pwr* beantworten. Die Populationseffektgröße h (aus dem Unterschied zwischen den Anteilen .05 und .07) wird dabei mit der Funktion `ES.h` berechnet:[11]

```
pwr.p.test(ES.h(0.07, 0.05), power = 0.9, sig.level = 0.05, alternative = "greater")

   proportion power calculation for binomial distribution (arcsine transformation)
                h = 0.08449984
                n = 1199.381
        sig.level = 0.05
            power = 0.9
      alternative = greater
```

Wir benötigen in diesem Fall also eine Stichprobe von n = 1200 zufällig ausgewählten Wählerinnen und Wählern.

11 Für die Bestimmung der Effektgröße h wird die von Cohen (1988, 181) vorgeschlagene Arkussinus-Transformation für Anteile benutzt – in R-Code: `2*asin(sqrt(p1))-2*asin(sqrt(p2))`. Die Arkussinus-Funktion (arcsin) führt dazu, dass die Unterschiede zwischen extremen Anteilen stärker ins Gewicht fallen als die im mittleren Bereich (um p = 0.5 herum):

Binomialtest

Das Ergebnis der Befragung kennen wir schon aus *Abschnitt 5.3.1*: 78 von den 1200 Befragten (6,5%) haben angegeben, dass sie die FDP gewählt haben. Ist das Ergebnis signifikant bei einem einseitigen (`alternative = "greater"`) α von 5%?

```
binom.test(78, 1200, p = 0.05, alternative = "greater")

        Exact binomial test
data:  78 and 1200
number of successes = 78, number of trials = 1200, p-value = 0.0125
alternative hypothesis: true probability of success is greater than 0.05
95 percent confidence interval:
 0.05367999 1.00000000
sample estimates:
probability of success
                 0.065
```

Der gefundene Anteil von 0.065 (*probability of success*) unterscheidet sich signifikant von der Nullhypothese (5%-Hürde, `p = 0.05` in der Funktion). Es wird Sie vielleicht wundern, dass die Obergrenze des Konfidenzintervalls 1 ist. Das kommt daher, dass R in diesem Fall (einseitiger Test) ein einseitiges Konfidenzintervall berechnet. Hierbei werden einfach $\alpha \times 100$ Prozent der Stichprobenverteilung am jeweils zur Testrichtung entgegengesetzten Ende abgeschnitten. Die Voreinstellung für die Berechnung des Konfidenzintervalls ist 95%. Wenn Sie stattdessen ein zweiseitiges 90%-Konfidenzintervall berechneten (mit `alternative = "two.sided"` und `conf.level = 0.9`), würden Sie als Untergrenze des Konfidenzintervalls ein identisches Ergebnis bekommen. Wir empfehlen, im Regelfall zweiseitige Konfidenzintervalle zu berechnen, weil diese Intervalle konsistenter mit der Idee des *Schätzens* von Populationsparametern und auch leichter interpretierbar sind.

Wollen Sie nur das Ergebnis des Signifikanztests, also den *p*-Wert, wissen, erhalten Sie diesen mit `$p.value`:

```
binom.test(78, 1200, p = 0.05, alternative = "greater")$p.value

 0.0124975
```

5.4.4 Signifikanztest für Mittelwerte (Einstichprobenfall)

In *Abschnitt 5.3.2* haben wir beschrieben, wie man ein Konfidenzintervall über den Mittelwert der Deutschpunkte der Studentinnen in einer Vorlesung legt. Der Mittelwert, den wir gefunden hatten, war $\bar{x} = 11.25$. Nehmen wir einmal an, der Mittelwert aller deutschen Studentinnen sei $\mu = 10.8$ Punkte.

Poweranalyse

Um die Poweranalyse durchzuführen, brauchen wir eine Schätzung des Populationseffekts, der, in Anlehnung an Cohen (1988), bei Tests für Mittelwerte und Mittelwertsunterschiede (für Letzteres siehe ▶*Kapitel 6*) meist in Standardabweichungseinheiten ausgedrückt und als *d* bezeichnet wird. So hatten wir uns beispielsweise in unserem

Eingangsbeispiel mit den IQ-Werten eine Alternativhypothese angesehen, die fünf IQ-Punkte vom Wert für die H0 (IQ = 100) entfernt war. Die Standardabweichung der IQ-Verteilung ist bekannt: $\sigma = 15$. Das d in diesem Fall wäre somit $d = 5/15 = 0.33$. Wenn man die Populationsstandardabweichung kennt, eignet sich für die Poweranalyse die Funktion `power.t.test`, die wir dort auch benutzt haben. Wenn man sie nicht kennt, dann hat man, z. B. durch Vergleiche mit bisherigen Forschungsergebnissen, aber oft eine Vorstellung davon, wie groß das d mindestens sein sollte, damit das Ergebnis interessant ist. Wir postulieren hier ein $d = 0.5$, was in der Forschungsliteratur als mittelgroßer Effekt gilt und beim IQ-Test 7.5 Punkten Unterschied entsprechen würde.[12] Nun können wir mit der Funktion `pwr.t-test`, in der dieses d benutzt wird, eine Poweranalyse durchführen. Wir erachten den α-Fehler in diesem Fall als deutlich wichtiger als den β-Fehler und wollen ihn sehr klein halten: $\alpha = 0.01$. Der β-Fehler kann etwas größer sein, sollte aber 10% nicht überschreiten. Somit postulieren wir eine Power von 90%. Wie viele Studentinnen sollte unsere Stichprobe umfassen, um einen Effekt von $d = 0.5$ mit 90%iger Wahrscheinlichkeit zu finden?

```
pwr.t.test(d = 0.5, sig.level = 0.01, power = 0.95,
           type = "one.sample", alternative = c("greater"))

     One-sample t test power calculation
               n = 65.82775
               d = 0.5
       sig.level = 0.01
           power = 0.95
     alternative = greater
```

Wir bräuchten also eine Stichprobe von $n = 66$ Studentinnen, um mit einer Power von 90% und einem α von 1% ein signifikantes Ergebnis erwarten zu können, wenn ein solcher mittelgroßer Effekt ($d = 0.5$) in der Population vorhanden wäre.

t-Test für den Einstichprobenfall

Unsere Stichprobe umfasst $n = 80$ Studentinnen – die Power ist also genügend hoch. Bevor wir den Test durchführen, noch kurz die Teststatistik:

$$t = \frac{\bar{x} - c}{\hat{\sigma}_{\bar{x}}}$$

Die Werte, die in diese Formel eingesetzt werden müssten, haben wir oben schon erwähnt: $\bar{x} = 11.25$, $c = 10.8$ (das ist der Mittelwert aller deutschen Studentinnen, den wir oben mit μ bezeichnet haben). Der Standardfehler ($\hat{\sigma}_{\bar{x}}$) wird aus der Varianz der Stichprobenergebnisse geschätzt, wie in *Abschnitt 5.1.2* beschrieben:

12 Man sollte bei der Bestimmung der Alternativhypothese so viel wie möglich Kontextwissen benutzen. Auch psychologische Disziplinen unterscheiden sich beispielsweise beträchtlich hinsichtlich der Effektgrößen, die man üblicherweise in Studien erwarten kann (Schäfer & Schwarz, 2019).

```
t.test(Deutschpunkte_w, alternative = "greater", mu = 10.8)

        One Sample t-test
   data:  Deutschpunkte_w
   t = 2.4746, df = 79, p-value = 0.007741
   alternative hypothesis: true mean is greater than 10.8
   95 percent confidence interval:
    10.94733      Inf
   sample estimates:
   mean of x
       11.25
```

Der t-Test ist signifikant ($p = 0.008$): Der Deutschpunkte-Mittelwert der Chemnitzer Studentinnen wäre also, wenn unsere Annahme über den Populationsmittelwert stimmt, signifikant höher als der aller deutschen Studentinnen. Und auch hier wird wieder ein einseitiges Konfidenzintervall mitgeliefert (wie gesagt, wir raten dazu, aus Interpretationsgründen immer zweiseitige Konfidenzintervalle zu verwenden). Wieder erhalten Sie ausschließlich den p-Wert (gerundet auf drei Nachkommastellen) mit:

```
round(t.test(Deutschpunkte_w,alternative = "greater", mu = 10.8)$p.value, 3)

   0.008
```

5.5 Konfidenzintervall versus Signifikanztest

Wie wir gesehen haben, liefern die Funktionen für Signifikanztests zu Anteilen und Mittelwerten automatisch auch immer die Ergebnisse für das entsprechende Konfidenzintervall. Sehen wir uns den Zusammenhang zwischen Signifikanztest und Konfidenzintervall noch mal für unser Deutschpunkte-Beispiel in einer Abbildung an. Kümmern Sie sich dabei nicht weiter um die vielen Kleinigkeiten, die wir für das Zeichnen benutzen, außer natürlich, Sie wollen auch so eine Abbildung erstellen. Wir sehen diese Übung als Demonstration der vielen grafischen Möglichkeiten, die R bietet.

Wir benutzen für den Vergleich von Konfidenzintervall und Signifikanztest t-Einheiten. Zunächst zum Signifikanztest. Der Mittelwert für die Nullhypothese ($\mu = 10.8$ Deutschpunkte) ist in t-Einheiten natürlich 0 und die Verteilung hat $n - 1 = 80 - 1 = 79$ Freiheitsgrade. Diese Verteilung zeichnen wir zunächst in Abbildung 5.15, wobei wir den Wert für die Nullhypothese (0) und den Wert für α mit senkrechten Strichen markieren:

```
curve(dt(x, df = 79), from = -3, to = 5,
      main = expression(paste("Signifikanztest und Konfidenzintervalle in ",
                              italic("t"), "-Einheiten (", italic("df"), " = 79)")),
      xlab = expression(paste("Deutschpunkte, ausgedrückt in ",
                              italic("t"), "-Einheiten")),
      ylab = "", yaxt = "n", bty = "n")
abline(h = 0)
abline(v = 0)
t_alpha <- qt(0.95, 79)
t_Dichte <- dt(t_alpha, 79) #der y-Wert der t-Verteilung bei t_alpha
```

Mit der Funktion `segments` kann man beliebige Linien zeichnen. Zuerst werden dabei X- und Y-Koordinaten für den Startpunkt und dann für den Endpunkt der Linie angegeben. Hier grenzen wir damit das einseitige α von 5% ab:

```
segments(t_alpha,0, t_alpha, t_Dichte, lty = 2)
text(t_alpha + 0.25, 0.02, labels = expression(paste(alpha, "(5%)")))
```

Den zum empirischen Ergebnis ($\overline{x}$ = 11.25) korrespondierenden t-Wert haben wir gerade berechnet: $t = 2.4746$. Der Vollständigkeit halber machen wir das noch einmal (das `$"statistic"` gibt uns nur den t-Wert):

```
t_Wert <- t.test(Deutschpunkte_w, alternative = "greater", mu = 10.8)$"statistic"
```

Dieser t-Wert ist der Mittelwert unserer Konfidenzintervalle, ausgedrückt in t-Einheiten. Die Enden der Konfidenzintervalle bekommen wir nun indem wir, ausgehend von dem gefundenen t-Wert, so viele Standardabweichungseinheiten der t-Verteilung nach links und rechts gehen, dass dazwischen der Prozentsatz der Verteilung liegt, der der Konfidenz entspricht. Wir zeichnen zur Illustration sowohl ein 90%- als auch ein 95%-Konfidenzintervall. Die entsprechenden t-Werte erhalten wir dadurch, dass wir die entsprechenden Quantile der t-Verteilung mit 79 Freiheitsgraden bestimmen:

```
Untergrenzen <- t_Wert + qt(c(0.025, 0.05), 79)
Obergrenzen <- t_Wert + qt(c(0.975, 0.95), 79)
```

Die y-Werte für das Zeichnen der Konfidenzintervalle können wir beliebig wählen:

```
y_Werte <- c(0.15, 0.25)
```

Nun zeichnen wir zunächst die Mittelwerte der Konfidenzintervalle:

```
points(c(t_Wert, t_Wert), y_Werte, pch = 19)
```

und dann die Konfidenzintervalle selbst:

```
segments(Untergrenzen, y_Werte, Obergrenzen, y_Werte, lty = c(2, 3), lwd = 2)
text(t_Wert, 0.28,labels = "90% Konfidenzintervall")
text(t_Wert, 0.18,labels = "95% Konfidenzintervall")
```

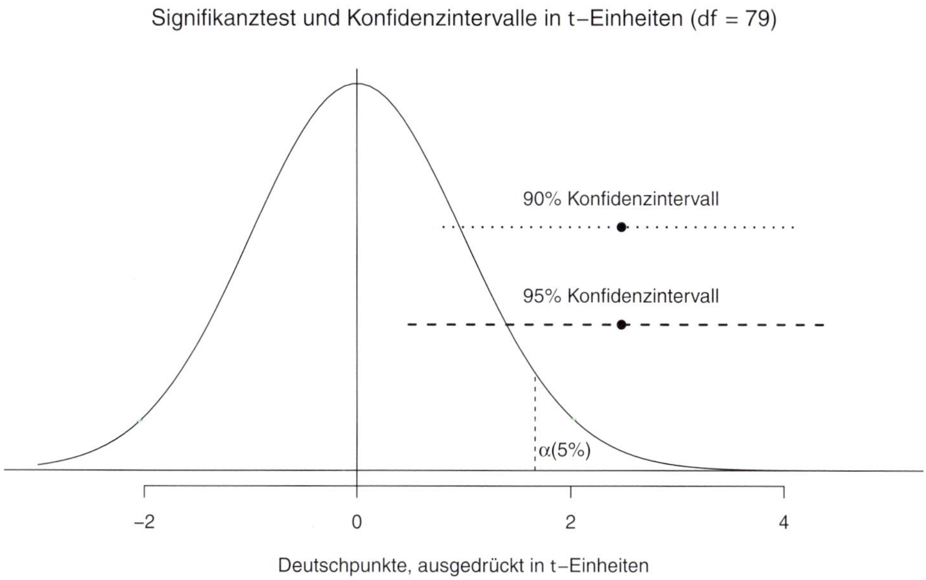

Abbildung 5.15: Vergleich von 95%- und 90%-Konfidenzintervallen mit dem Signifikanztestergebnis (das empirische Ergebnis entspricht den Punkten in der Mitte der Konfidenzintervalle).

In ▶*Abbildung 5.15* überschneiden die Konfidenzintervalle den Wert für die Nullhypothese (0) *nicht*, was gleichbedeutend mit einem signifikanten Ergebnis ist. Das sieht man auch daran, dass der gefundene Wert (die Punkte in der Mitte der Konfidenzintervalle) rechts vom Kriterium (α) liegt. Jetzt machen wir ein Gedankenexperiment: Wenn wir nun den Mittelwert des 90%-Konfidenzintervalls (der Punkt in dem oberen Intervall in Abbildung 5.15) genau über den Wert für α schieben würden, dann würde das untere Ende dieses Konfidenzintervalls die senkrechte Linie für die Nullhypothese (t = 0) berühren (aber nicht überschneiden). In diesem Fall wäre das Ergebnis gerade noch signifikant bei einem einseitigen α von 5% (oder einem zweiseitigen α von 10%). Das gilt generell (bei symmetrischen Stichprobenverteilungen): Wenn ein X%-Konfidenzintervall den Wert für die Nullhypothese *nicht* überdeckt, ist das äquivalent zu einem signifikanten Ergebnis bei einem einseitigen α von 100-X% oder einem zweiseitigen α von 2 × (100 – X%), weil der p-Wert dann immer kleiner/gleich α wäre. Konfidenzintervalle enthalten also dieselbe Information wie Signifikanztests. Sie bieten jedoch darüber hinaus noch zwei andere interessante Informationen: die Schätzung des Parameters (wie etwa die Punkte in der Mitte der Konfidenzintervalle in ▶*Abbildung 5.15*) und einen Eindruck über die Genauigkeit der Schätzung (die Länge des Intervalls). Angesichts dieser Vorteile gibt es eine wachsende Anzahl von Methodikern, die Konfidenzintervallen den Vorzug vor Signifikanztests geben (z. B. Cumming, 2012).

Zusammenfassung

In diesem Kapitel werden die Grundlagen der konventionellen Inferenzstatistik weitgehend ohne Formeln, aber mit vielen Illustrationen und einfachen Simulationen behandelt. Durch das Ausprobieren und Modifizieren der hier benutzten R-Funktionen sollen die LeserInnen ein intuitives Verständnis aller dabei wichtigen Aspekte erlangen. Zunächst wird illustriert, wie aus unendlich vielen Replikationen von Studien und der Berechnung des jeweiligen Kennwerts eine sogenannte Stichprobenverteilung entsteht. Dabei demonstrieren wir den zentralen Einfluss der Stichprobengröße. Je größer die Stichprobe, desto genauer die Schätzung des entsprechenden Populationsparameters (empirisches Gesetz der großen Zahlen), und je größer die Stichprobe, desto mehr nähert sich die Stichprobenverteilung einer Normalverteilung an (zentraler Grenzwertsatz). Wenn man die Stichprobenverteilung standardisiert, also ihre Fläche auf 1 oder 100% festlegt, lassen sich daraus leicht die Auftretenswahrscheinlichkeiten für die Ausprägungen der Stichprobenkennwerte ablesen. Zur Bestimmung von Konfidenzintervallen und Signifikanztests – den beiden Verfahren der konventionellen Inferenzstatistik – kann man diese Stichprobenverteilungen sowohl in standardisierter als auch nicht-standardisierter Form benutzen. Beides wird ausführlich erläutert. Zur Konstruktion von Konfidenzintervallen erzeugt man die Stichprobenverteilung, um den in der Stichprobe gefundenen Kennwert herum und „schneidet" den mittleren Flächenanteil heraus, der der Höhe der Konfidenz entspricht (also z. B. 90% der Verteilungsfläche bei einem 90%-Konfidenzintervall). Die „Schnittpunkte" entsprechen dann den Enden des Konfidenzintervalls (von der Verwendung asymmetrischer Konfidenzintervalle raten wir ab). Beim Signifikanztesten muss man dagegen zunächst Populationsparameter für die Null- und Alternativhypothese theoretisch ableiten, und dann darüber entsprechende Stichprobenverteilungen erstellen. Die Wahrscheinlichkeit des empirischen Ergebnisses unter der Gültigkeit der H0, der *p*-Wert, ist das Ergebnis des Signifikanztests. Wir demonstrieren anhand von Anteilen und Mittelwerten, wie man mit R-Funktionen sowohl Konfidenzintervalle erstellt als auch *p*-Werte berechnet. Zum Schluss vergleichen wir beide Verfahren anhand eines Beispiels und schließen daraus, dass, wenn es die Wahl gibt, Konfidenzintervalle eher empfohlen werden können, weil sie generell mehr Informationen liefern.

Die R-Funktionen in diesem Kapitel

In diesem Kasten stellen wir Ihnen die Funktionen, die wir in diesem Kapitel benutzt haben, noch einmal zusammen. Dabei lassen wir aus Gründen der Überschaubarkeit die Argumente weg (die Argumente der jeweiligen Funktionen und deren mögliche Belegungen erhalten Sie immer durch die Eingabe von `?funktionsname`). Wenn Funktionen nicht schon vorinstalliert sind, werden sie zusammen mit dem Paket, aus dem sie stammen, aufgelistet (`Paket::Funktion`). Funktionen, die Sie bereits aus früheren Kapiteln kennen, sind hier weggelassen.

Funktion	Kurze Beschreibung
`dbinom`	Erzeugt die y-Werte für eine Binomialverteilung
`density`	Erstellt eine Dichtefunktion aus Stichprobenwerten
`dnorm`	Erzeugt die y-Werte für eine Normalverteilung
`dt`	Berechnet y-Werte der t-Verteilung
`qnorm`	Berechnet x-Werte der Normalverteilung für vorgegebene Quantile
`qt`	Berechnet x-Werte der t-Verteilung für vorgegebene Quantile
`rbinom`	Zieht Zufallsstichproben aus einer Binomialverteilung
`rnorm`	Zieht Zufallsstichproben aus einer Normalverteilung

Tabelle 5.1: Verteilungsfunktionen

Funktion	Kurze Beschreibung
`binom.test`	Signifikanztest und Konfidenzintervall für Anteile (benutzt Binomialverteilung)
`pwr::power.t.test`	Führt Poweranalysen für t-Tests durch (Effektgröße wird aus Mittelwert(en) und Standardabweichung(en) berechnet)
`prop.test`	Signifikanztest und Konfidenzintervall für Anteile (benutzt Normalverteilungsapproximation)
`pwr::pwr.p.test`	Führt Poweranalysen für Tests für Anteile durch (Effektgröße h)
`pwr::pwr.t.test`	Führt Poweranalysen für t-Tests durch (Effektgröße d)
`t.test`	Signifikanztest und Konfidenzintervall für Mittelwerte (und Mittelwertsunterschiede)

Tabelle 5.2: Funktionen für das Durchführen von Signifikanztests und das Erstellen von Konfidenzintervallen

Funktion	Kurze Beschreibung
`as.character`	Wandelt beliebige Werte in alphanumerische Zeichen um
`curve`	Zeichnet eine Verteilung
`replicate`	Führt einen oder mehrere R-Befehle wiederholt durch
`segments`	Zeichnet beliebige Linien
`sample`	Zieht Zufallsstichproben aus einer Wertemenge

Tabelle 5.3: Weitere Funktionen zur Hilfe bei Simulationen

Weiterführende Literatur

Kapitel 10 bis 13 in Sedlmeier, P. & Renkewitz, F. (2018). *Forschungsmethoden und Statistik: Ein Lehrbuch für Psychologen und Sozialwissenschaftler* (3., überarbeitete und erweiterte Auflage). Hallbergmoos: Pearson.

(Einige Hintergrundinformationen zu den beschriebenen Verfahren)

Mittelwertsvergleiche: *t*-Test und Varianzanalyse

6

6.1 Der t-Test für Mittelwertsunterschiede 176

6.1.1 Mittelwertsunterschiede bei zwei unabhängigen Gruppen 176

6.1.2 Mittelwertsunterschiede bei zwei abhängigen Messungen 181

6.1.3 Poweranalysen für *t*-Tests 184

6.2 Die Varianzanalyse 185

6.2.1 Einfaktorielle Varianzanalyse: Vergleich von zwei unabhängigen Gruppen 186

6.2.2 Einfaktorielle Varianzanalyse: Vergleich von mehr als zwei Gruppen 188

6.2.3 Mehrfaktorielle Varianzanalyse: mehrere Faktoren in derselben Analyse 190

6.2.4 Post-hoc-Tests: Testen spezifischer Unterschiede 193

6.2.5 Effektgrößen für die Varianzanalyse 195

6.2.6 Varianzanalyse für abhängige Messungen 196

6.2.7 Varianzanalyse mit ezANOVA 198

6.2.8 Kovarianzanalyse mit ezANOVA 204

6.2.9 Poweranalyse für Varianzanalysen 205

ÜBERBLICK

Lernziele

In diesem Kapitel lernen Sie die beiden gängigsten inferenzstatistischen Verfahren zum Testen von Mittelwertsunterschieden kennen. Nach dem Durcharbeiten sollten Sie in der Lage sein

- *t*-Tests für unabhängige und abhängige Stichproben durchzuführen und zu interpretieren,
- Varianzanalysen für verschiedene Designs durchzuführen und zu interpretieren,
- Voraussetzungen der verschiedenen Testverfahren visuell zu explorieren bzw. mit entsprechenden Tests zu bewerten,
- Kovarianzanalysen zur Kontrolle intervallskalierter Störvariablen anzuwenden und
- Poweranalysen durchzuführen.

In ▶*Kapitel 5* haben Sie die Grundlagen der Inferenzstatistik kennengelernt. Diese Grundlagen haben wir dort an zwei einfachen Arten von Signifikanztests illustriert: dem Test, ob ein empirisch gefundener Anteil von einem vorgegebenen Anteil abweicht (ein Binomialtest), und dem Test, ob ein Mittelwert von einem theoretisch vorgegebenen Wert abweicht (*t*-Test für den Einstichprobenfall). In diesem Kapitel geht es nun um zwei Arten von Verfahren, die die Datenanalyse in Psychologie und Sozialwissenschaften immer noch dominieren: *t*-Tests für den Unterschied zweier Mittelwerte und Varianzanalyse zum Test beliebig vieler Mittelwertsunterschiede, beides sowohl für unabhängige als auch abhängige Messungen.

6.1 Der *t*-Test für Mittelwertsunterschiede

6.1.1 Mittelwertsunterschiede bei zwei unabhängigen Gruppen

Experimentelle Designs bestehen häufig nur aus zwei Gruppen. Eine Gruppe erhält eine Behandlung oder Intervention (die sogenannte Experimentalgruppe), die andere Gruppe nicht (die Kontrollgruppe). In einem solchen Design ist es möglich, theoretisch postulierte kausale Zusammenhänge zu prüfen. Zum Vergleich benutzt man in der Regel die Mittelwerte beider Gruppen hinsichtlich einer abhängigen Variablen (das Merkmal, bei dem sich die kausale Wirkung zeigen sollte). Und dieser Vergleich wird meist mithilfe eines *t*-Tests durchgeführt.

In ▶*Kapitel 5* haben Sie die Idee der Stichprobenverteilung und des Standardfehlers kennengelernt und damit erste *t*-Tests durchgeführt. Dabei wurde ein Unterschied zwischen dem empirischen Mittelwert und einer Konstanten an einem Streuungsmaß, dem Standardfehler, relativiert. Das gleiche Prinzip wendet man nun auch für den

Vergleich zweier Mittelwerte an. Allerdings wird dabei nicht der Standardfehler einer Stichprobe, sondern der Standardfehler der Mittelwertsdifferenzen genutzt:

$$t = \frac{\bar{x}_A - \bar{x}_B}{\hat{\sigma}_{\bar{x}_A - \bar{x}_B}} \text{ und } df = (n_A - 1) + (n_B - 1)$$

Einführendes Beispiel

Betrachten wir hierzu ein einfaches einführendes Beispiel. An einem Mathetest nehmen zufällig ausgewählte SchülerInnen verschiedener Bundesländer teil. (Sie können sich das wie einen kleinen vereinfachten PISA-Test vorstellen.) Die SchülerInnen können im besten Fall 25 Punkte erreichen bzw. 25 Aufgaben richtig lösen. Obwohl alle SchülerInnen laut Lehrplan die gleichen Inhalte gelernt haben, erreichen nicht alle die gleiche Punktzahl, das heißt die Punktzahl variiert und besitzt in beiden Gruppen eine Streuung. Damit Sie sich das Ganze etwas besser vorstellen können, ziehen wir zwei Zufallsstichproben mit dem Mittelwert 13 und der Standardabweichung von 3 und nennen diese Variable `Sachsen` für sächsische SchülerInnen und `Bayern` für die bayerischen SchülerInnen. Damit Sie dieselben Werte bekommen wie wir, initialisieren wir den Zufallsgenerator, den R benutzt, mit der Funktion `set.seed` mit dem Wert *123*:[1]

```
set.seed(123)
Sachsen <- round(rnorm(n = 20, mean = 13, sd = 3))
Bayern <- round(rnorm(n = 20, mean = 13, sd = 3))
mean(Sachsen)

    [1] 13.3

mean(Bayern)

    [1] 12.9
```

Der Mittelwert für die Sachsenstichprobe ist also 0.4 Punkte höher als der für die Bayernstichprobe. Wir wissen, dass in unserem Fall diese Mittelwertsdifferenz rein durch Zufall zustande kam. Wir haben ja beide Stichproben aus derselben Population gezogen. Alle Unterschiede zwischen den Gruppen müssen zwangsläufig zufällig sein. Aber wenn wir das nicht wüssten, dann könnten wir uns fragen: Kann das Ergebnis noch Zufall sein? Das ist ja, etwas salopp formuliert, die Fragestellung des Signifikanztests. Wir führen nun übungshalber einen *t*-Test mit einer Irrtumswahrscheinlichkeit von $\alpha = 5\%$ durch. Um diesen *t*-Test für zwei unabhängige Stichproben durchzuführen, benutzen wir erneut die Funktion `t.test`. Diese Funktion kennen Sie aus ▶*Kapitel 5*. Da diese Funktion aber so grundlegend ist, wollen wir die Argumente hier noch einmal etwas ausführlicher besprechen.[2]

Durch die Definition der Argumente `x` und `y` zeigen Sie der Funktion, dass es sich um einen *t*-Test mit zwei Stichproben handelt. Mit dem Argument `alternative` können wir

1 In ▶*Kapitel 5* haben wir das nicht gemacht, mit der Folge, dass bei jedem Funktionsaufruf unterschiedliche Zahlen gezogen wurden. Dort wollten wir jedoch genau diese Zufallsabhängigkeit demonstrieren.

2 Für einen Überblick über die möglichen Argumente können Sie wie gewohnt auf die Help-Funktion zurückgreifen.

bei Bedarf die Richtung der Alternativhypothese spezifizieren. Bei gerichteten Hypothesen halbiert sich der p-Wert (probieren Sie es mit `alternative ="greater"` aus), da die Werte unter der Nullhypothese nur noch in einer Richtung betrachtet werden. Da wir keine theoretische Begründung für das bessere Abschneiden des einen Bundeslandes im Vergleich zum anderen Bundesland haben, nutzen wir eine ungerichtete Alternativhypothese (die Mittelwerte unterscheiden sich). Das Argument `mu` wird oftmals nicht definiert, da die Voreinstellung bereits den Wert 0 besitzt. Wenn Sie eine konkrete Erwartung der Differenz hinsichtlich der Nullhypothese haben, können Sie diese hier definieren.[3] Eine weitere wichtige Einstellung betrifft das Argument `paired`, mit dem festgelegt wird, ob die Stichproben stochastisch abhängig sind oder nicht. In unserem Fall handelt es sich um unabhängige Stichproben, denn die Punktzahl im Mathetest der SchülerInnen aus Sachsen sind unabhängig von den Ergebnissen der SchülerInnen aus Bayern (`paired = FALSE`). (Wir werden uns im nächsten Abschnitt genauer mit abhängigen Messwerten beschäftigen). Schließlich haben wir noch die Option, einzustellen, ob wir von gleichen Populationsvarianzen ausgehen oder nicht (mit dem Argument `var.equal`).[4] Zunächst schauen wir uns den Fall gleicher Varianzen an (wir wissen ja, dass die Populationsvarianzen gleich sind). Schließlich haben wir in der Funktion noch die Größe des Konfidenzintervalls mit 95% gewählt:

```
t.test(x = Sachsen, y = Bayern, alternative = "two.sided", mu = 0, paired =  FALSE,
       var.equal = TRUE, conf.level = 0.95)

        Two Sample t-test
  data:  Sachsen and Bayern
  t = 0.46269, df = 38, p-value = 0.6462
  alternative hypothesis: true difference in means is not equal to 0
  95 percent confidence interval:
   -1.350098  2.150098
  sample estimates:
  mean of x mean of y
       13.3      12.9
```

Die Ausgabe zeigt den t-Wert, die Freiheitsgrade und den p-Wert unserer Statistik an. Der p-Wert (p = 0.646) bedeutet, dass unter Annahme der Nullhypothese ein Mittelwertsunterschied von 0.4 Einheiten oder größer eine Wahrscheinlichkeit von ca. 65% besitzt. Bei einer Irrtumswahrscheinlichkeit von $\alpha = 5\%$ ist dieses Ergebnis natürlich nicht signifikant. Das 95%-Konfidenzintervall (von –1.35 bis 2.15) überdeckt den wahren Unterschied mit der Wahrscheinlichkeit von 95%. Sie können sehen, dass sowohl positive wie auch negative Werte von dem Intervall überdeckt werden. Das entspricht einem nicht signifikanten Unterschied (siehe ▶*Kapitel 5, Abschnitt 5.5*).

3 Wenn sich, um in unserem Beispiel zu bleiben, zwei Bundesländer hinsichtlich einer Variablen üblicherweise um einen bestimmten Wert unterscheiden, dann könnte dieser Unterschied als Nullhypothese dienen.

4 Die Voraussetzung der Varianzgleichheit beim t-Test bezieht sich jedoch nicht auf die Stichproben, sondern auf die Populationen, aus denen die Stichproben stammen. Ungleiche Varianzen in den Stichproben müssen nicht unbedingt bedeuten, dass die Populationsvarianzen auch ungleich sind.

Beim *t*-Test für unabhängige Stichproben müssen drei Voraussetzungen erfüllt sein. Die zu testende Variable muss mindestens Intervallskalenniveau aufweisen, die (Populations-)Varianzen müssen annähernd gleich sein und die Variable sollte in beiden Populationen normalverteilt sein. Es gibt Möglichkeiten, diese Voraussetzungen mithilfe eigener Signifikanztests zu prüfen. Für die Normalverteilungsannahme wird häufig der Test nach Shapiro und Wilk (1965), `shapiro.test`, und für die Varianzgleichheit der Levene-Test (Levene, 1960), `leveneTest`, aus dem Paket *car* vorgeschlagen. Wir erwähnen diese Tests hier nur am Rande und der Vollständigkeit halber. Aus unserer praktischen Erfahrung hat sich die grafische Exploration in sehr vielen Fällen als hinreichend bewährt und führt zu einer viel stärkeren Vertrautheit mit den Daten. Sie können natürlich auch beides machen.

Wenn Sie nicht annehmen, dass die beiden Populationsvarianzen gleich sind (die Voreinstellung bei der Funktion `t.test` – Sie können aber auch explizit das Argument `var.equal = FALSE` verwenden), wird für den *t*-Test eine Korrektur der Freiheitsgrade nach Welch (1938) durchgeführt. Wie Sie gleich sehen werden, vermindern sich dadurch in der Regel die Freiheitsgrade und der *p*-Wert wird größer – in unserem Beispiel allerdings nur unwesentlich (was daran liegt, dass die Populationsvarianzen tatsächlich gleich sind):

```
t.test(x = Sachsen, y = Bayern, var.equal = FALSE)

   Welch Two Sample t-test
   data:  Sachsen and Bayern
   t = 0.46269, df = 37.093, p-value = 0.6463
   alternative hypothesis: true difference in means is not equal to 0
   95 percent confidence interval:
    -1.351504  2.151504
   sample estimates:
   mean of x mean of y
        13.3      12.9
```

Beispiel aus Vorlesungsdaten

Nach dieser ersten Fingerübung sehen wir uns ein Beispiel aus unserem Datensatz *ML_I.csv* an. Dabei geht es um die Frage, ob das Halten von Haustieren Auswirkungen auf die Lebenszufriedenheit hat. Eine Studie von Bao und Schreer (2016) legt einen solchen Effekt nahe. Menschen mit Haustieren zeigten im Durchschnitt eine höhere Lebenszufriedenheit. Aber stimmt dies auch für Studierende? Dabei betrachten wir unsere studentische Stichprobe als repräsentativ für die Population der deutschen Studierenden.

Um diese Frage überprüfen zu können, bereiten wir zunächst unseren Datensatz *ML_I* für die Analyse vor und unterteilen die Lebenszufriedenheit (*LZ*) in zwei Gruppen: Personen mit und ohne Haustiere (*ht*). Anschließend prüfen wir die Voraussetzungen Normalverteilung und Varianzhomogenität mittels Histogramm. Wir benutzen dafür die Funktion `histbackback` aus dem Paket *Hmisc* (▶*Abbildung 6.1*). Und diesmal arbeiten wir nicht mit `attach`, sondern benutzen das `$`-Zeichen, um auf die Variablen zuzugreifen:

```
LZ_mit_ht <- ML_I$Lebenszufriedenheit[which(ML_I$Haustiere != "Keines")]
LZ_ohne_ht <- ML_I$Lebenszufriedenheit[which(ML_I$Haustiere == "Keines")]
library(Hmisc)
histbackback(x = LZ_mit_ht, y = LZ_ohne_ht,
             ylab = 'Häufigkeiten', xlab = c('Mit Haustier', 'Ohne Haustier'))
```

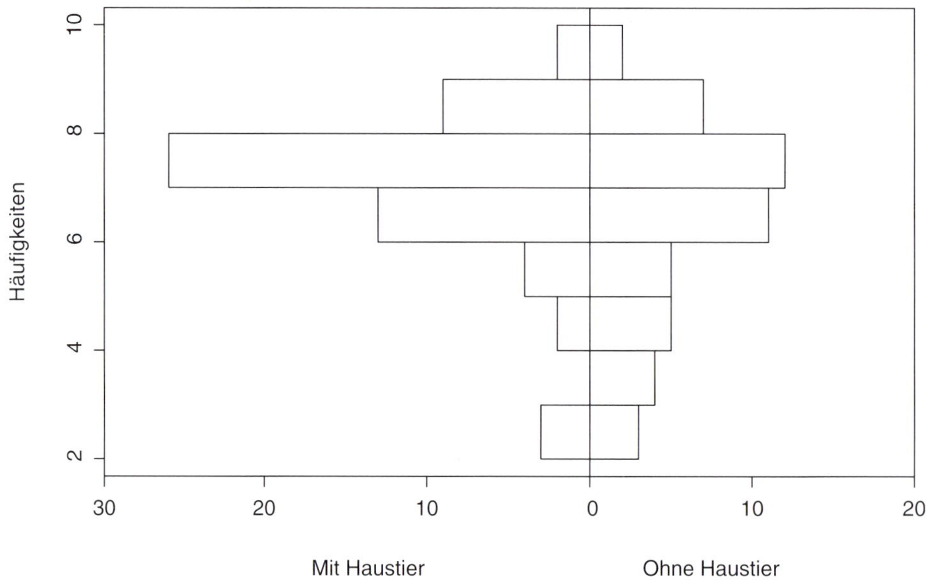

Abbildung 6.1: Zweiseitiges Histogramm der Lebenszufriedenheit für Studierende mit und ohne Haustier.

Die beiden Verteilungen sind relativ symmetrisch, sodass wir uns um die Normalverteilungsannahme nicht weiter kümmern müssen. Allerdings sind die Streuungen ungleich. Das bestärkt uns in unserer Vorannahme, dass die Populationsvarianzen unterschiedlich sein könnten (`var.equal = F`). Wir brauchen das Ergebnis des t-Tests später noch, deswegen speichern wir es im R-Objekt *test_LZ_ht*:

```
test_LZ_ht <- t.test(x = LZ_mit_ht, y = LZ_ohne_ht,
                     var.equal = F, alternative = "greater")
test_LZ_ht

        Welch Two Sample t-test
  data:  LZ_mit_ht and LZ_ohne_ht
  t = 1.7964, df = 95.057, p-value = 0.03781
  alternative hypothesis: true difference in means is greater than 0
  95 percent confidence interval:
   0.04677289       Inf
  sample estimates:
  mean of x mean of y
   7.457627  6.83673
```

Wir erhalten einen p-Wert von 0.04. Dieser ist bei einer Irrtumswahrscheinlichkeit von 5% signifikant, und daher entscheiden wir uns für die Alternativhypothese. Die durchschnittliche Lebenszufriedenheit ist bei Studierenden mit Haustier größer.

Effektgrößen

In der Studie von Bao und Schreer (2016) wurde die Lebenszufriedenheit mit einer anderen Skala erfasst. Um beide Ergebnisse zu vergleichen, bietet sich der Einsatz von standardisierten Effektgrößen an. Die Autoren gaben bei ihrer Studie ein $r = 0.15$ an. Wir können mit dem Paket `effectsize` von Ben-Shanchar (2020) und der gleichnamigen Funktion aus dem Ergebnis des t-Tests die Effektgröße / d (zwei Stichproben) berechnen und dann daraus (mit der Funktion `d_to_r` aus demselben Paket) das d in ein Effektgröße / r umrechnen:

```
library(effectsize)
effectsize(test_LZ_ht)

   Cohen's d |         95% CI
   --------------------------
   0.35      | [-0.04, 0.73]
```

Der Unterschied in Standardabweichungseinheiten beträgt also $d = 0.35$. Aber warum überschreitet das 95%-Konfidenzintervall für d den Wert für die Nullhypothese? Ist das nicht inkonsistent mit dem signifikanten Ergebnis oben? Des Rätsels Lösung ist, dass das Konfidenzintervall „zweiseitig" ist, der Signifikanztest aber einseitig war. Bei einem zweiseitigen Test würde sich der p-Wert verdoppeln und wäre dann bei einem $\alpha = 5\%$ auch nicht mehr signifikant. Das illustriert, dass es von Vorteil ist, eine möglichst präzise Theorie zu haben. Denn dann sollten Sie immer in der Lage sein, einseitig zu testen, was auch die Power erhöht (zu Powerberechnungen bei t-Tests für Mittelwertsunterschiede siehe *Abschnitt 6.1.3*).

Nun wandeln wir das d noch in ein r um, damit wir unser Ergebnis mit dem von Bao und Schreer (2006) vergleichen können:

```
d_to_r(.35)

   0.1723803
```

Die Effektgrößen in unserer Erhebung und in der Studie von Bao und Schreer sind nahezu gleich. Die Lebenszufriedenheit ist also auch bei Studierenden mit Haustier im Durchschnitt größer. Im Vergleich zum p-Wert haben Effektgrößen den Vorteil, dass sie unabhängig von der Stichprobengröße sind und damit direkt verglichen werden können. Ob dieser Unterschied jedoch wirklich an den Haustieren lag oder an anderen Variablen, die mit Haustierhaltung korrelieren, ist ohne entsprechende Theorie (und daraus abgeleiteten Studien und deren Ergebnissen) schwer zu sagen.

6.1.2 Mittelwertsunterschiede bei zwei abhängigen Messungen

Manchmal werden Mittelwerte verglichen, bei denen die Messwerte stochastisch abhängig sind. Ein ganz typisches Beispiel hierfür sind Vorher-Nachher-Messungen. Meist wird vor einer Intervention oder einem Trainingsprogramm der Ausgangszustand hinsichtlich einer abhängigen Variablen erfasst und dann mit der Ausprägung nach der Intervention verglichen. Bei einem solchen Erhebungsdesign sind die Messungen innerhalb einer Person voneinander abhängig. Um diese dennoch miteinander zu vergleichen, berechnet man die Differenzwerte der Messwertpaare. Wenn sich positive und negative Veränderungen ausgleichen und es keinen Effekt gibt, sollte der Mittelwert der Differenzen den Wert 0 besitzen bzw. nur durch Zufall davon abweichen:

$$t = \frac{\overline{x}_{Diff}}{\hat{\sigma}_{\overline{x}_{Diff}}}, \text{ wobei } df = n_{Diff} - 1$$

In R können Sie diesen Test direkt mit der Funktion `t.test` und dem Argument `paired = TRUE` durchführen. Wir schauen uns dazu ein Beispiel aus unserer Befragung an und widmen uns der Frage, ob die individuellen Leistungen im Matheabitur besser sind als im Deutschabitur. Dazu bilden wir zunächst die individuellen Differenzen und betrachten diese hinsichtlich der Verteilung in einem Violinplot, den wir aus dem Paket *vioplot* von Adler et al. (2020) mit der gleichnamigen Funktion erzeugen. Der Violinplot ist eine Kombination aus Dichtefunktion und Boxplot. Auch damit erkennen Sie sehr leicht die Verteilung der Daten (▶*Abbildung 6.2*).

In ▶*Kapitel 3* haben wir gesehen, dass sowohl die Werte im Mathe- als auch im Deutschabitur einige Ausreißer enthalten, die vermutlich auf ein Missverstehen der Fragestellung zurückzuführen sind. Wir führen die Analyse wieder ohne diese extremen Werte durch:

```
Mathe_o_A <- ML_I$Mathe[ML_I$Mathe > 3 & ML_I$Deutsch > 6]
Deutsch_o_A <- ML_I$Deutsch[ML_I$Mathe > 3 & ML_I$Deutsch > 6]
library(vioplot)
Diff_o_A <- Mathe_o_A - Deutsch_o_A
vioplot(Diff_o_A, col = "yellow",
        names = c(" Mathepunkte minus Deutschpunkte"), ylab = "Differenzwerte")
```

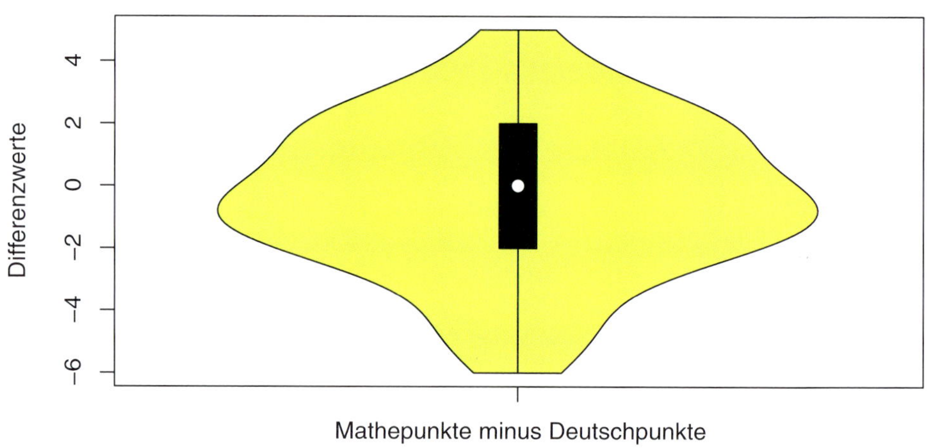

Abbildung 6.2: Violinplot für die individuellen Differenzwerte von Mathe- und Deutschpunkten im Abitur.

Man erkennt in ▶*Abbildung 6.2*, dass die Differenzwerte sich um den Wert 0 konzentrieren (der weiße Punkt in der Mitte der Box ist der Median) und dass die Verteilung der Werte (zur besseren Sichtbarkeit ist sie auf beiden Seiten des Boxplots gespiegelt) wenig von der Symmetrie abweicht. Wieder brauchen wir uns also um die Normalverteilungsannahme nicht zu kümmern.[5] Sie sehen auch, dass es Abweichungen von der 0 gibt. Einige Studierende waren besser in Mathe (Werte > 0) und einige besser in Deutsch (Werte < 0). Gibt es eine signifikante Abweichung in eine der Richtungen?

```
Test_diff <- t.test(x = Mathe_o_A, y = Deutsch_o_A, paired = T)
```

```
        Paired t-test
  data:  Mathe_o_A and Deutsch_o_A
  t = -1.3875, df = 99, p-value = 0.1684
  alternative hypothesis: true difference in means is not equal to 0
  95 percent confidence interval:
   -0.8262119  0.1462119
  sample estimates:
  mean of the differences
                    -0.34
```

Der t-Wert von $t(99) = -1.39$ ist mit einem p-Wert von 0.17 nicht signifikant. Der Unterschied von durchschnittlich –0.34 Punkten (die Matheleistung ist im Mittel um 0.34 Punkte niedriger als die Deutschleistung) kann damit als zufällige Abweichung vom Wert 0 betrachtet werden.

Effektgröße

Im Grunde ist ein t-Test für abhängige Messungen nichts anderes als ein t-Test für den Einstichprobenfall (▶*Kapitel 5, Abschnitt 5.4.2*). Der einzige Unterschied besteht darin, dass bei abhängigen Messungen die Differenzwerte erst berechnet werden müssen, während sie beim Einstichprobenfall schon vorliegen. Deswegen könnten wir genauso gut einen t-Test für die (vorher berechneten) Differenzwerte durchführen, anstatt die zwei Messungen extra in der Funktion aufzuführen, was wir gerade gemacht haben (Probieren Sie es aus!). Die Funktion `effectsize` erkennt automatisch, um welche Art von t-Test es sich handelt (das Argument der Funktion ist ja das gesamte Testergebnis):

```
effectsize(Test_diff)
```

```
  Cohen's d |         95% CI
  -------------------------
  -0.14     | [-0.34, 0.06]
```

Bei t-Tests für abhängige Messungen (wie auch im Einstichprobenfall) macht es jedoch wenig Sinn, aus dem d ein r zu berechnen, da es immer nur eine Gruppe gibt. Das ist anders beim t-Test für unabhängige Stichproben, weil dort das r die Korrelation zwischen der Gruppenzugehörigkeit (mit zwei Ausprägungen) und der abhängigen Variablen ist.

5 Die Normalverteilungsannahme bezieht sich diesmal auf die Differenzwerte.

6.1.3 Poweranalysen für *t*-Tests

Poweranalysen sollten eigentlich immer *vor* der Planung von Studien stattfinden. Wir haben aus didaktischen Gründen erst die Durchführung der Tests illustriert, um die Poweranalysen besser nachvollziehen zu können. Aber selbst nach der Durchführung eines Tests kann man sich natürlich fragen, wie groß die Chance war, den Populationseffekt, den man vermutet hat, wirklich aufzudecken. Nehmen wir einmal an, uns würde aus theoretischen Gründen ein Effekt erst interessieren, wenn er mindestens $d = 0.3$ betrüge. Wie hoch war die Wahrscheinlichkeit (die Power), so einen Effekt mit unserer Stichprobe zu finden? Das finden wir heraus mit der schon bekannten Funktion `pwr.t.test` aus dem Paket *pwr*:

```
library(pwr)
pwr.t.test(d = 0.3, sig.level = 0.05, n = 100, type = "paired",
           alternative = "two.sided")

   Paired t test power calculation
             n = 100
             d = 0.3
     sig.level = 0.05
         power = 0.8439471
   alternative = two.sided
```

Die Power für diesen Fall war ausreichend hoch: 84%. Aber die übliche Form – die A priori Poweranalyse – ist natürlich, dass man die Power, α und die Mindest-Populationseffektgröße vorgibt und dann die notwendige Stichprobengröße berechnet. Nehmen wir zur Illustration an, unser theoretisch postulierter Mindesteffekt wäre kleiner, ein Populationseffekt von $d = 0.2$. Wie viele TeilnehmerInnen müssten wir dann in unserer Studie haben, um diesen Effekt mit einer Wahrscheinlichkeit (Power) von 80% und einem zweiseitigen $\alpha = 5\%$ aufzudecken?

```
pwr.t.test(d = 0.2, sig.level = 0.05, power = 0.8, type = "paired",
           alternative = "two.sided")

     Paired t test power calculation
               n = 198.1508
               d = 0.2
       sig.level = 0.05
           power = 0.8
     alternative = two.sided
   NOTE: n is number of *pairs*
```

In diesem Fall bräuchten wir annähernd die doppelte Zahl an StudienteilnehmerInnen!

Für den *t*-Test bei zwei unabhängigen Stichproben nutzen Sie die gleiche Funktion. Allerdings wählen Sie nun für das Argument `type = "two.sample"`. Probieren Sie es aus, Sie werden feststellen, dass Sie generell deutlich größere Stichproben brauchen als bei *t*-Tests für abhängige Stichproben. Generell ist die Power für abhängige Messungen größer als bei unabhängigen Stichproben. Daher lohnt sich vor der Studie immer auch eine genaue Bewertung des Forschungsdesigns.

Die größten Schwierigkeiten treten erfahrungsgemäß beim Schätzen des zu erwartenden Effekts auf. Sie finden für nahezu alle möglichen Effektgrößen Konventionen zur Interpretation. Diese können für einen ersten Eindruck zwar hilfreich sein, viel wichtiger ist es aus unserer Sicht jedoch, theoretische Überlegungen zum Populationseffekt anzustellen. Dabei spielen in der Regel Effektgrößen aus der entsprechenden Forschungstradition – oft in Form von Schätzungen aus Metaanalysen, eine zentrale Rolle (zur Durchführung von Metaanalysen mit R siehe Burkhardt et al. 2022). Eine theoretisch und/oder empirisch begründete Annahme über die Größe eines Populationseffektes ist immer besser als das Verwenden von Konventionen.

6.2 Die Varianzanalyse

Bei der Varianzanalyse untersucht man das Verhältnis der systematischen Varianz zur Residualvarianz (gewissermaßen dem „Rauschen“ in den Daten). Dieses Verhältnis wird im sogenannten *F*-Wert zusammengefasst.[6] Bei der Untersuchung unabhängiger Stichproben ist die systematische Varianz die zwischen den Gruppenmittelwerten ($\hat{\sigma}^2_{zw}$), und damit so etwas wie ein generalisierter Mittelwertsunterschied (für mehr als zwei Mittelwerte), und die Residualvarianz ($\hat{\sigma}^2_{res}$) beschreibt die Variation der Werte innerhalb der Gruppen.

$$F = \frac{\hat{\sigma}^2_{zw}}{\hat{\sigma}^2_{res}}, \text{ wobei } \hat{\sigma}^2_{zw} = \frac{QS_{zw}}{df_{zw}} \text{ und } \hat{\sigma}^2_{zw} = \frac{QS_{res}}{df_{res}}$$

Das Dach auf dem σ bedeutet, dass es – wie bei allen Signifikanztests – nicht um die Stichprobe, sondern um die Population geht, dass es sich also um Schätzungen der entsprechenden Populationsvarianzen handelt. Demgemäß werden die Quadratsummen (*QS*) nicht durch die Anzahl der Gruppen bzw. die Anzahl der Werte geteilt, sondern durch die Freiheitsgrade (*df*). Wenn es keinen Effekt gibt, unterscheidet sich die Varianz zwischen den Gruppenmittelwerten nicht von der Residualvarianz und man würde ein $F = 1$ erwarten. Die Nullhypothese bei der Varianzanalyse ist immer, dass sich die Mittelwerte nicht unterscheiden. Die Alternativhypothese ist eine sogenannte *Omnibus-Hypothese* (*omnibus*: für alle), die sich auf alle Mittelwerte bezieht und besagt, dass sich die Gruppenmittelwerte irgendwie unterscheiden. Im nächsten Kapitel (▶*Kapitel 7*) werden wir eine Analysemethode kennenlernen, mit der man genauere Tests durchführen kann: die *Kontrastanalyse*.

Varianzanalysen kommen in vielen Varianten vor. Wir werden uns zunächst in Anknüpfung an den *t*-Test ein Beispiel für eine Varianzanalyse zum Vergleich zweier Gruppen ansehen (*t*-Tests für unabhängige Gruppen sind nichts anderes als eine Sonderform der einfaktoriellen Varianzanalyse). Danach zeigen wir, wie man in R Vergleiche zwischen mehr Gruppen, sowohl für eine als auch mehrere unabhängige Variablen, durchführt und im letzteren Fall zudem die Interaktion der unabhängigen Variablen untersuchen kann. Außerdem werden wir einen Blick auf die Varianzanalyse für abhängige Stichproben und auf die Kovarianzanalyse werfen.

6 Benannt nach dem vermutlich bekanntesten Statistiker aller Zeiten: Sir Ronald Aylmer *F*isher.

6.2.1 Einfaktorielle Varianzanalyse: Vergleich von zwei unabhängigen Gruppen

Um den Signifikanztest durchzuführen, gibt es in R die Funktion `aov` (*a*nalysis *o*f *v*ariance). Diese Funktion verlangt die Eingabe des Arguments `formula`. Die Formel lautet in Worten: Zielvariable ~ Gruppenvariable(n) oder in der Sprache der Methodenlehre: AV ~ UV(s). Nach der Analyse können wir uns die wichtigsten Kennwerte mit der Funktion `summary` ausgeben lassen. Um nun unser Beispiel umzusetzen, müssen wir die Daten zunächst in das sogenannte *long*-Format bringen. Das heißt, die Werte verschiedener Gruppen sind nicht in verschiedenen Spalten, sondern in einer Spalte angeordnet. Zusätzlich brauchen wir dann eine Variable, welche die Gruppenzugehörigkeit (als `factor`) definiert. Der unten dargestellte Code zeigt den Unterschied von *long*-Format und *wide*-Format exemplarisch für eine Auswahl von Fällen. Beide Begriffe, *long*-Format und *wide*-Format, werden beim Umgang mit R häufig benutzt.

Bleiben wir noch einen Moment bei unserem Bundesländervergleich hinsichtlich der Schulleistungen. Zunächst kombinieren wir die jeweils 20 Werte für die sächsischen und bayerischen SchülerInnen in einem `data.frame` und zeigen die ersten sechs Wertepaare (mit der Funktion `head`):

```
# wide-Format
head(data.frame(Sachsen, Bayern))
```

```
  Sachsen Bayern
1      11     10
2      12     12
3      18     10
4      13     11
5      13     11
6      18      8
```

Um ein *long*-Format zu erhalten, hängen wir zunächst die Werte für sächsische und bayerische SchülerInnen aneinander (in die Variable *Punktzahl*); und dann erstellen wir eine neue Variable (*Land*), in die wir 20-mal „Sachsen" und 20-mal „Bayern" schreiben. Aus diesen wählen wir dann die letzten drei „Sachsen" (ab dem 18. Wert) und die ersten drei „Bayern" (ab dem 21. Wert) aus `[18:23,]`:

```
# long-Format
Punktzahl <- c(Sachsen, Bayern)
Land <- factor(rep(c("Sachsen", "Bayern"), times = c(20, 20)))
data.frame(Punktzahl, Land)[18:23,]
```

```
   Punktzahl    Land
18         7 Sachsen
19        15 Sachsen
20        12 Sachsen
21        10  Bayern
22        12  Bayern
23        10  Bayern
```

Die Daten im *long*-Format können wir nun mit der Funktion aov verwenden und erhalten eine Ausgabetabelle mit zwei Zeilen (den Argumentnamen formula könnten wir auch weglassen):

```
Aov_Mathetest <- aov(formula = Punktzahl ~ Land)
summary(Aov_Mathetest)
```

```
            Df Sum Sq Mean Sq F value Pr(>F)
Land         1    1.6   1.600   0.214  0.646
Residuals   38  284.0   7.474
```

Während die Zeile *Land* das Ergebnis für den Mittelwertsvergleich zwischen den beiden Bundesländern enthält – die systematische Variation – sehen wir in der Zeile *Residuals* die Informationen zu den Werten innerhalb der Gruppen bzw. die Zufallsvariation. *Df* gibt die Freiheitsgrade (*D*egrees of *f*reedom) an.[7] Die Quadratsummen *Sum Sq* sind die Summen der quadrierten Abweichungen (*QS* in der Formel in *Abschnitt 6.2*) vom jeweiligen Mittelwert und *Mean Sq* ist *Sum Sq* geteilt durch die Freiheitsgrade (die Varianzen in der Formel in *Abschnitt 6.2*). Wir erhalten für unseren Datensatz einen *F*-Wert kleiner als 1 und einen *p*-Wert von 0.646. Legt man eine Irrtumswahrscheinlichkeit von 5% an, so ist hier die Nullhypothese beizubehalten. Die Mittelwerte unterscheiden sich nicht signifikant oder anders ausgedrückt: Die Unterschiede der Mittelwerte sind auf den Zufall zurückzuführen. Für die Kommunikation von *F*-Test-Ergebnissen hat sich diese Schreibweise durchgesetzt: $F(1, 38) = 0.214$; $p < 0.647$. Wir haben dieses kleine Datenbeispiel einmal mit dem *t*-Test und einmal mit der Varianzanalyse analysiert, und wenn Sie die Ergebnisse vergleichen, sehen Sie, dass beide Tests zu dem gleichen Ergebnis kommen. Beide *p*-Werte sind identisch und zwischen *t*-Wert und *F*-Wert gibt es die Beziehung $F = t^2$. Beide Tests sind somit äquivalent. Diese Beziehung gilt natürlich nur, wenn Sie genau zwei Mittelwerte vergleichen. Bei der Prüfung mehrerer Gruppen gibt es keine Entsprechung des *t*-Tests mehr.

Schauen wir uns nun ein echtes Datenbeispiel an. Im Datensatz *ML_I.csv* haben wir die *Lebenszufriedenheit* auf einer 10-stufigen Skala erfragt. Außerdem wurde erhoben, ob sich eine Person vegetarisch ernährt oder nicht. Wir wollen nun mit der Varianzanalyse untersuchen, ob sich die Mittelwerte der Lebenszufriedenheit systematisch (signifikant) unterscheiden:

Bevor wir den Test durchführen, verschaffen wir uns einen grafischen Überblick über die Daten mithilfe eines Stamm-Blatt-Diagramms:

```
library(aplpack)
stem.leaf.backback(
  x = ML_I$Lebenszufriedenheit[ML_I$Vegetarier == "ja"],
  y = ML_I$Lebenszufriedenheit[ML_I$Vegetarier == "nein"],
  m = 1, Min = 0, Max = 10)
```

```
__________________________________________________________
                      | 0 |
                      | 1 |
```

7 Bei der einfaktoriellen Varianzanalyse hat der Gruppenfaktor bei k Gruppen $k - 1$ Freiheitsgrade (hier also $2 - 1 = 1$). Und die Residualwerte haben $N - k$ Freiheitsgrade (hier also $40 - 2 = 38$).

```
  1             0|  2 |000                              3
  2             0|  3 |0                                4
  3             0|  4 |000                              7
  7          0000|  5 |000                              0
  8             0|  6 |00000000                         8
 13         00000|  7 |000000000000000000               6
(9)     000000000|  8 |00000000000000000000000000000 (29)
  7        000000|  9 |0000000000                      13
  1             0| 10 |000                              3
```

Auch wenn beide Verteilungen leicht linksschief sind, so sind die Variablen hinsichtlich ihrer Verteilung vergleichbar. Auch optisch sind die Varianzen zumindest ähnlich, auch wenn aufgrund der kleineren Stichprobe der VegetarierInnen hier die Varianz etwas größer ist. Wenn Sie sich die Boxplots (die haben wir nicht dargestellt) zu den Variablen anschauen, werden Sie erkennen, dass einige Werte als Ausreißer klassifiziert werden. Vereinzelte Ausreißer führen in der Regel zu eher konservativeren Ergebnissen (höhere *p*-Werte), weil das „Rauschen“, also die Varianz der Residualwerte, steigt. Aber die Abweichungen von der Symmetrie sind bei unseren Verteilungen durchaus noch tragbar. Wenn die Verteilungen allerdings sehr asymmetrisch sind, empfiehlt es sich, nonparametrische Verfahren zu verwenden (▶*Kapitel 8*). Führen wir nun unsere Varianzanalyse durch (die Datendatei wird durch das Argument `data` angebunden):

```
summary(aov(Lebenszufriedenheit ~ as.factor(Vegetarier), data = ML_I))
```

```
                       Df Sum Sq Mean Sq F value Pr(>F)
as.factor(Vegetarier)   1    0.2   0.208   0.065  0.799
Residuals             106  339.4   3.202
```

Das Ergebnis unserer Analyse $F(1, 106) = 0.065$; $p = 0.8$ zeigt bei einem $\alpha = 5\%$ ein deutlich nicht signifikantes Ergebnis. Damit ist die Nullhypothese beizubehalten, die mittlere Lebenszufriedenheit unterscheidet sich nicht in Abhängigkeit von der Ernährung.

6.2.2 Einfaktorielle Varianzanalyse: Vergleich von mehr als zwei Gruppen

Kehren wir wieder zurück zu unserem Mathetest. Nun haben nicht nur zwei Bundesländer, sondern auch noch die SchülerInnen dreier weiterer Bundesländer (*Hessen*, *Berlin* und *Thüringen*) am Mathetest teilgenommen. In diesen Bundesländern wurde mehr geübt, sodass im Durchschnitt nicht 13, sondern 15 Punkte von den SchülerInnen erreicht wurden. Im Grunde ist das eine stark vereinfachte Fragestellung nach der Wirksamkeit einer Behandlung, die in der angewandten Forschung eine dominierende Rolle spielt. Wir erzeugen zur Demonstration weitere 20 Werte je Bundesland und führen dann die Analyse durch (auf die Prüfung der Voraussetzungen dürfen wir natürlich verzichten, denn wir haben ja gleiche Varianzen und die Normalverteilung vorgegeben). Damit Sie sich die Daten besser vorstellen können, haben wir nun die Boxplots in ▶*Abbildung 6.3* erzeugt. Die Abbildung zeigt, dass Ausreißer auch auftreten können, wenn die Verteilungen in der Population tatsächlich normalverteilt mit gleichen Varianzen sind (siehe den Boxplot in der Mitte):

```
set.seed(321)
Hessen <- round(rnorm(n = 20, mean = 15, sd = 3))
Berlin <- round(rnorm(n = 20, mean = 15, sd = 3))
Thüringen<- round(rnorm(n = 20, mean = 15, sd = 3))
boxplot(Sachsen, Bayern, Hessen, Thüringen, Berlin,
        names = c("Sachsen", "Bayern", "Hessen", "Thüringen", "Berlin"))
```

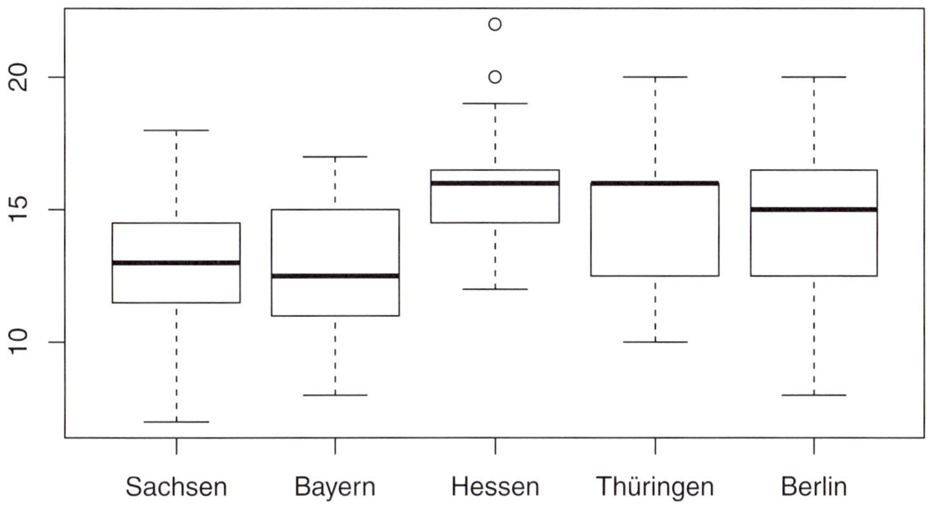

Abbildung 6.3: Boxplots der Punktezahl im Mathetest in Abhängigkeit von den verschiedenen Bundesländern.

Nun überführen wir die Daten in das *long*-Format, um damit die Varianzanalyse durchzuführen:

```
Punktzahl <- c(Sachsen, Bayern, Hessen, Thüringen, Berlin)
Land <- factor(
rep(c("Sachsen", "Bayern", "Hessen", "Thüringen", "Berlin"),
times = c(20, 20, 20, 20, 20))
)
summary(aov(Punktzahl ~ Land))
```

```
            Df Sum Sq Mean Sq F value  Pr(>F)
Land         4  122.7  30.685   4.028 0.00463 **
Residuals   95  723.7   7.618
```

In unserer Ausgabe haben wir erneut die Zeilen *Land* und *Residuals*. Diesmal enthält das Land aber unsere fünf Bundesländer (auch erkennbar an den vier Freiheitsgraden). Das Ergebnis ist bei einem $\alpha = 5\%$ mit $F(4, 95) = 4.028$ und einem $p = 0.005$ signifikant. Die Variation der mittleren Punktzahl ist somit größer als die zufällige Variation innerhalb der SchülerInnengruppen. Allerdings können wir mit dem Ergebnis der Varianzanalyse alleine keine Aussagen darüber machen, welche Bundesländer besser abschneiden. Denken Sie immer daran, der Signifikanztest prüft in diesem Fall nur, ob es „irgendwelche" Mittelwertsunterschiede gibt. Wir werden im *Abschnitt 6.2.4* nochmals darauf zurückkommen und weiterführende Testverfahren kennenlernen.

6.2.3 Mehrfaktorielle Varianzanalyse: mehrere Faktoren in derselben Analyse

Nun wird es etwas anspruchsvoller, denn wir wollen der Varianzanalyse einen weiteren Faktor hinzufügen. Bleiben wir zum Einstieg bei unserem Mathetest. Wir haben zusätzlich erhoben, welches Schulbuch für den Unterricht benutzt wird.[8] Dabei gibt es drei verschiedene Bücher (A, B und C). Jedes Buch behandelt den gleichen Stoff, ist aber didaktisch anders aufbereitet. In diesem Forschungsdesign gibt es also zusätzlich zum Bundesland eine weitere Analyse. Diese Analyse betrifft nun die mittlere Schulleistung bezüglich des verwendeten Schulbuchs. Es gibt sogar noch eine dritte Analyse, die Interaktion. Die Interaktion untersucht, ob Abstufungen eines Faktors sich unterschiedlich auf Abstufungen des anderen Faktors auswirken. Könnte es beispielsweise sein, dass ein bestimmtes Schulbuch in dem einen Bundesland besser geeignet ist (z. B. weil es Übungsaufgaben mit landestypischen Beispielen enthält), aber bei einem anderen Schulbuch kein Unterschied auftritt? Natürlich nimmt die Komplexität mit jedem zusätzlichen Faktor zu. Schauen wir uns das Schritt für Schritt für unser Beispiel an.

Da unser Datensatz nun mehr Variablen enthält, haben wir den Datensatz *Mathe2.csv* im Datenordner hinterlegt und lesen diesen Datensatz zunächst ein. Der Datensatz wurde so konstruiert, dass die Voraussetzungen für die Varianzanalyse erfüllt sind. Daher widmen wir uns direkt der Analyse. Um einen weiteren Faktor in die Varianzanalyse aufzunehmen, fügen wir diesen mit `+` in dem Argument `formula` hinzu (der Term kann beliebig lang sein, wie Sie im nächsten Beispiel sehen werden):

```
summary(aov(Punktzahl ~ Land + Buch, data = Mathe2))
```

```
            Df Sum Sq Mean Sq F value   Pr(>F)    
Land         4  242.2   60.55   6.994 2.17e-05 ***
Buch         2   33.0   16.51   1.907     0.15    
Residuals  293 2536.9    8.66
```

Wir beginnen wieder mit dem Effekt des Landes. Der *p*-Wert von *2.17e-5* bedeutet, dass man die Zahl durch 100.000 (fünf Nullen) teilen muss, er ist also $p = 0.000022$. Die Bundesländer unterscheiden sich signifikant hinsichtlich der Matheleistungen der SchülerInnen, aber unterschiedliche Bücher führen nicht zu signifikant unterschiedlichen Leistungen ($p = 0.15$).

Es wäre nun günstig, wenn wir uns das auch ansehen könnten. Dafür gibt es eine komfortable Funktion, `ezPlot` aus dem Paket *ez* (Lawrence, 2016). Für die Funktion `ezPlot` muss man die abhängige und die unabhängige Variable angeben (`dv` und `bet-`

8 Wir gehen hier der Einfachheit halber davon aus, dass die Schulbücher unabhängig voneinander in allen Bundesländern benutzt werden konnten, das heißt, in jedem Land gab es Schüler, die Buch A, B oder C benutzt hatten.

ween) sowie die Variable, die zur Identifizierung der Fälle dient (wid = ID). Wir verbinden in dieser Abbildung die einzelnen Mittelwerte nicht (do_lines = F):

```
library(ez)
ezPlot(data = Mathe2, dv = Punktzahl, between = Land, x = Land, wid = ID, do_lines = F,
       y_lab = "Anzahl gelöster Aufgaben", x_lab = "Bundesland")
```

▶*Abbildung 6.4* zeigt für jedes Bundesland Mittelwert und Standardfehler für die Anzahl gelöster Aufgaben. Es ist gut sichtbar, dass Bayern und Sachsen schlechter abschneiden als die anderen drei Bundesländer.

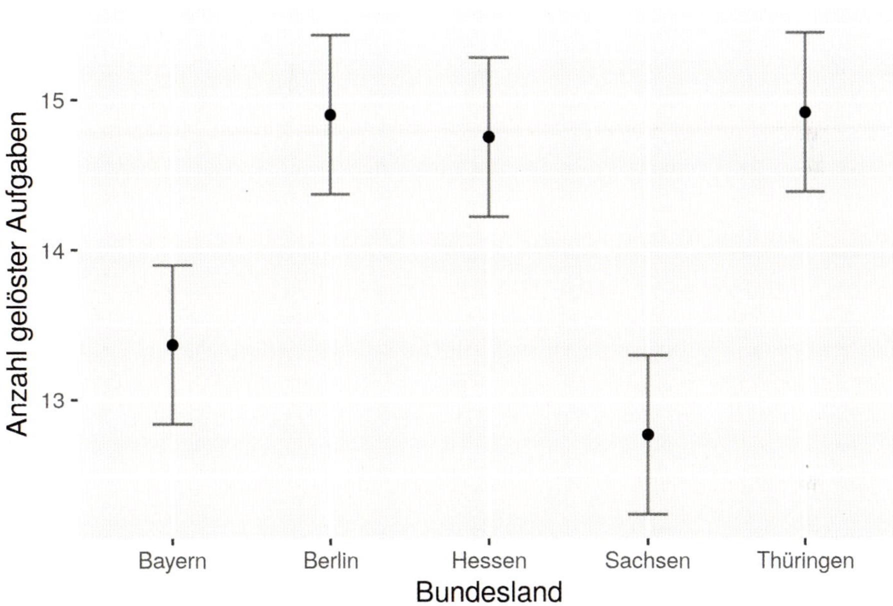

Abbildung 6.4: Mittelwert und Standardfehler der Anzahl gelöster Aufgaben in Abhängigkeit vom Bundesland.

Der Faktor *Buch* ist nicht signifikant geworden. Wie sehen Mittelwerte und Standardfehler für diesen Faktor aus? Wir benutzen wieder die Funktion ezPlot, um das herauszufinden:

```
ezPlot(data = Mathe2, dv = Punktzahl, between = Buch, x = Buch, wid=ID, do_lines = F,
       y_lab = "Anzahl gelöster Aufgaben", x_lab = "Schulbuch")
```

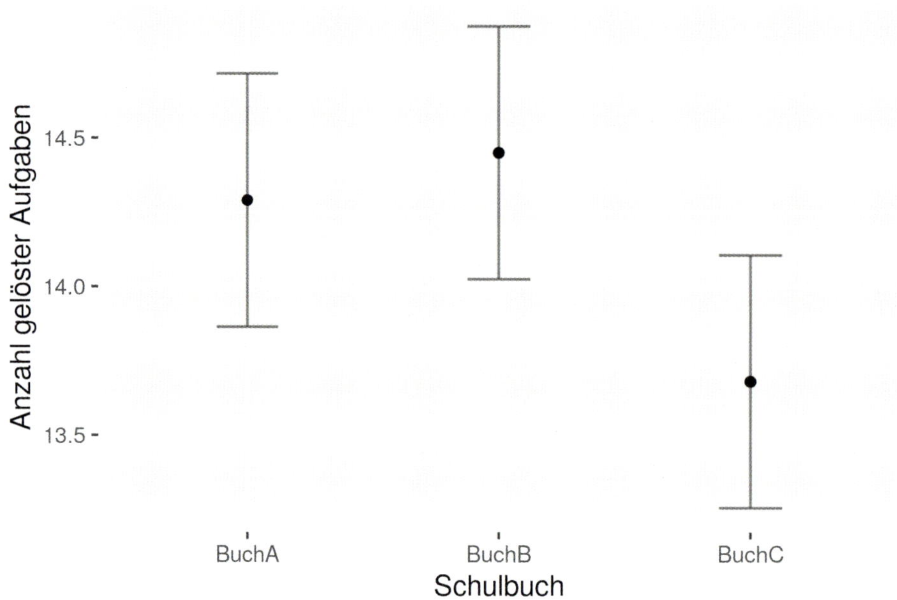

Abbildung 6.5: Mittelwert und Standardfehler der Anzahl gelöster Aufgaben in Abhängigkeit vom Schulbuch.

Hier sieht es danach aus, wie wenn das Buch C etwas weniger effizient wäre als die anderen beiden Bücher, aber dieser Haupteffekt ist nicht signifikant geworden. Wir haben nun in unserer ANOVA die beiden Haupteffekte Schulbuch und Bundesland auf Signifikanz geprüft und die Ergebnisse grafisch dargestellt. Um den Interaktionseffekt hinzuzufügen, gibt es zwei Möglichkeiten. Interaktionen können durch „`:`" spezifiziert werden – z. B. `aov(Punktzahl ~ Land + Buch + Land:Buch)` oder einfach mit „`*`", wie wir es in unserem Beispiel zeigen:

```
Aov_mathe2 <- aov(Punktzahl ~ Land * Buch, data = Mathe2)
summary(Aov_mathe2)
```

```
Df Sum Sq Mean Sq F value   Pr(>F)
Land          4  242.2   60.55   7.309 1.29e-05 ***
Buch          2   33.0   16.51   1.993  0.13820
Land:Buch     8  175.8   21.97   2.652  0.00805 **
Residuals   285 2361.1    8.28
```

Sie können zunächst sehen, dass sich die F-Werte für die Variablen *Land* und *Buch* verändern und damit auch die p-Werte. Dies liegt daran, dass sich die Residualvarianz verändert. Die Zufallsvariation wird kleiner, da es mit der Interaktion eine weitere Varianzquelle gibt, welche die Zufallsvariation reduziert. (Sie können auch eine einfaktorielle Varianzanalyse mit diesem Datensatz für die Variable *Land* durchführen und prüfen, was dann mit der Residualvarianz passiert). Außerdem gibt es eine weitere Zeile für die Interaktion (*Land:Buch*). Darin finden Sie wieder Freiheitsgrade ($df_{\text{Land}} \times df_{\text{Buch}}$), die Quadratsummen, den F-Wert und den (bei $\alpha = 5\%$) signifikanten p-Wert = 0.008. Nun erstellen wir mit `ezPlot` noch ein Interaktionsdiagramm (beachten Sie den

„." bei `.(Buch, Land)`), bei dem wir die Mittelwerte verbinden (die Voreinstellung), aber die Standardfehler aus Gründen der Übersichtlichkeit weglassen (`do_bars = F`):

```
ezPlot(data = Mathe2, dv = Punktzahl, between = .(Buch, Land), x = Land,
       split = Buch, wid = ID, do_lines = T, do_bars = F,
       y_lab = "Anzahl gelöster Aufgaben", x_lab = "Bundesland")
```

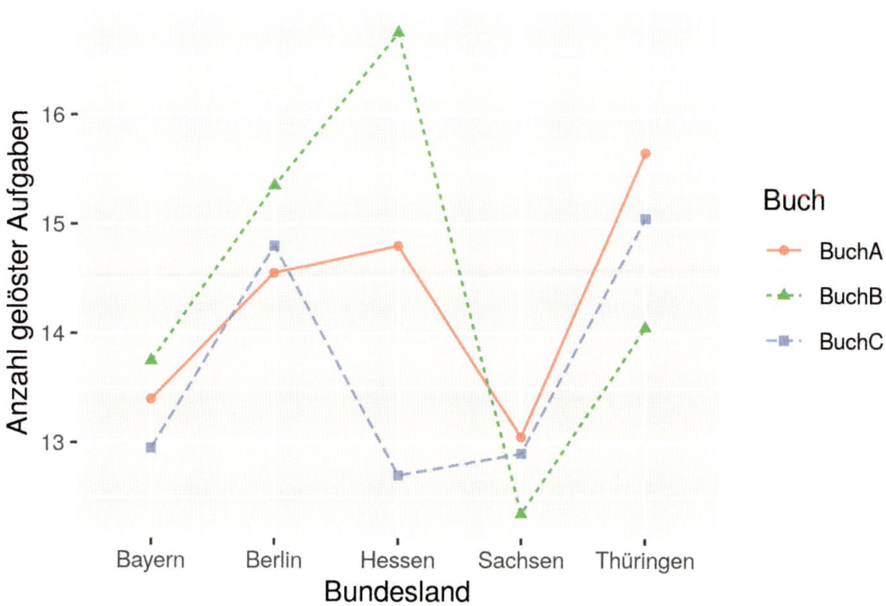

Abbildung 6.6: Mittelwerte der Anzahl gelöster Aufgaben in Abhängigkeit vom Bundesland und vom Schulbuch. Es gibt einen Interaktionseffekt.

Besonders auffällig ist in diesem simulierten Beispiel das Bundesland Hessen. Hier hängt die erreichte Punktezahl im Test offensichtlich sehr stark vom benutzten Schulbuch ab. In den anderen Bundesländern ist das deutlich weniger der Fall. Genau das ist ein Interaktionseffekt, die Wirkung hängt von einer besonderen Kombination der beiden Variablen ab. Interaktionen sind grafisch typischerweise daran zu erkennen, dass die Verläufe der Mittelwerte zwischen den verschiedenen Ausprägungen nicht parallel sind. Wir werden uns im *Abschnitt 6.2.7* ein weiteres komplexes Datenbeispiel eines realen Experiments anschauen. Dort verwenden wir das Paket *ez* auch für die numerische Analyse.

6.2.4 Post-hoc-Tests: Testen spezifischer Unterschiede

Wir haben schon erwähnt, dass die Hypothesen des Signifikanztests unspezifisch sind. Auf Basis eines signifikanten Testergebnisses allein wissen wir nicht, welche Gruppen sich wie von welchen anderen hinsichtlich ihres Mittelwerts unterscheiden. Bisher haben wir solche Unterschiede nur grafisch interpretiert. Wir hätten auch eine Tabelle mit Mittelwerten erstellen können, aber Sie wissen ja: Eine Grafik sagt mehr als tausend Zahlen. In der Praxis werden sehr häufig Signifikanztests zwischen je zwei Gruppen durchgeführt, wenn der Omnibus-Test signifikant wird. Das ist eigentlich eine suboptimale Vorgehensweise, vor allem dann, wenn man schon Hypothesen über bestimmte Mittelwertsunterschiede hat (für eine Alternative siehe ▶*Kapitel 7*).

Wenn man zwei bestimmte Gruppen hinsichtlich ihrer Mittelwerte miteinander vergleichen möchte, bietet sich der *t*-Test an. Allerdings hätte man in einem Design mit mehreren Faktoren und/oder vielen Faktorausprägungen eine Vielzahl von Vergleichen. In unserem Beispiel mit Bundesland und Schulbuch gibt es 118 Möglichkeiten, Mittelwertsunterschiede zwischen einzelnen Untersuchungsbedingungen zu prüfen. Bei derart vielen *t*-Tests sind natürlich Fehlentscheidungen vorprogrammiert. Angenommen, es gäbe überhaupt keinen Effekt, dann würden wir bei einem $\alpha = 5\%$ rein durch Zufall immerhin fast 24 (5% von 472) falsch signifikante Ergebnisse erwarten. Man nennt diese Problematik auch *Alphafehler-Kumulierung* (oder *α-Fehler-Inflation*), da sich mit jedem durchgeführten Test (aus ein und derselben Stichprobe) die Wahrscheinlichkeit eines falschen Testergebnisses vergrößert. Bei *k* Tests ist die kumulierte Alphafehler-Wahrscheinlichkeit $1 - (1 - \alpha)^k$. Daher wird der *p*-Wert in Abhängigkeit von der Anzahl der Tests so korrigiert, dass die Irrtumswahrscheinlichkeit wieder annähernd 5% (oder einen anderen Wert für α) beträgt.

Für diese Korrektur gibt es verschiedene Möglichkeiten. Die gängigsten Verfahren sind die Bonferroni-Korrektur und der Tukey-HSD (*honestly significant difference*). Wir demonstrieren die Mittelwertsvergleiche mit dem Tukey-HSD (die Voreinstellung). Dazu nutzen wir das Paket *DescTools* mit der Funktion `PostHocTest`. Die Bezeichnung Post-hoc-Test kommt daher, dass dieses Verfahren in der Regel *nach* der Anwendung einer ANOVA stattfindet, so wie in unserem Fall. Sie könnten natürlich auch die Vergleiche als Analysestrategie anwenden, aber das ist sehr untypisch. Mit der Funktion `PostHocTest` können Sie für das Argument `x` ein *aov*-Objekt, das Ergebnis einer Varianzanalyse, einfügen. Mit `method` können Sie die Art der Korrektur auswählen (für die verschiedenen Möglichkeiten siehe die Hilfefunktion). Da es viel zu unübersichtlich wäre, alle 472 Post-hoc-Tests anzusehen, beschränken wir uns auf die Unterschiede hinsichtlich des Bundeslands. Für eine bessere Übersichtlichkeit runden wir das Ergebnis auf drei Nachkommastellen:

```
library(DescTools)
Pht <- PostHocTest(Aov_mathe2)
round(Pht$Land, 3)
```

```
                     diff lwr.ci upr.ci  pval
Berlin-Bayern       1.533  0.091  2.976 0.031
Hessen-Bayern       1.383 -0.059  2.826 0.067
Sachsen-Bayern     -0.600 -2.043  0.843 0.784
Thüringen-Bayern    1.550  0.107  2.993 0.028
Hessen-Berlin      -0.150 -1.593  1.293 0.999
Sachsen-Berlin     -2.133 -3.576 -0.691 0.001
Thüringen-Berlin    0.017 -1.426  1.459 1.000
Sachsen-Hessen     -1.983 -3.426 -0.541 0.002
Thüringen-Hessen    0.167 -1.276  1.609 0.998
Thüringen-Sachsen   2.150  0.707  3.593 0.001
```

Die Ausgabe zeigt uns eine Tabelle, in der alle möglichen Mittelwertkombinationen unserer ausgewählten Variablen verglichen und getestet werden. Die Spalte *diff* gibt uns die Mittelwertsdifferenz an, die Spalten *lwr.ci* und *upr.ci* zeigen die Grenzen des 95%-Konfidenzintervalls (diese Einstellung können Sie auch innerhalb der Funktion ändern). Am interessantesten aus Sicht des Post-hoc-Tests ist die Spalte *pval*. Diese gibt uns den p-Wert nach der Korrektur des Alphafehlers an.

Die Interpretation kann dann wie beim typischen Signifikanztest erfolgen und mit der entsprechenden Irrtumswahrscheinlichkeit durchgeführt werden. Für die erste Zeile, den Vergleich zwischen Berlin und Bayern, zeigt sich ein signifikanter Unterschied im Mathetest: $p = 0.031$. Der p-Wert eines konventionellen t-Tests ohne Korrektur wäre mit $p = 0.005$ deutlich kleiner. Der Unterschied zwischen Hessen und Bayern hingegen ist nach der Bonferroni–Korrektur mit $p = 0.067$ nicht signifikant. Der t-Test ohne die Korrektur hätte mit $p = 0.014$ zu einer anderen Schlussfolgerung geführt. Nach der Bonferroni-Korrektur werden die p-Werte größer, da die Irrtumswahrscheinlichkeit der vielen Tests wieder die angestrebten 5% besitzt. Wie gesagt: Die bessere Alternative wäre, Hypothesen über spezifische Mittelwertsunterschiede direkt zu testen (siehe ▶*Kapitel 7*).

6.2.5 Effektgrößen für die Varianzanalyse

In unserem Beispiel haben wir Unterschiede hinsichtlich des Bundeslandes und der Interaktion zwischen Bundesland und Schulbuch gesehen. Allerdings wissen wir nicht, wie groß diese Effekte sind. Weder der F-Wert noch der p-Wert geben uns darüber Auskunft, denn beide sind abhängig von der Stichprobengröße. Für die Varianzanalyse für unabhängige Gruppen (*Between Designs*) haben sich die Effektgrößen η^2 (Eta-quadrat) und das partielle η^2 etabliert. Alle beide sind Maße der Varianzaufklärung:

$$\eta^2 = \frac{QS_{Effekt}}{QS_{Gesamt}}; \quad \eta_{partiell}^{\ 2} = \frac{QS_{Effekt}}{QS_{Residual} + QS_{Effekt}}$$

Die Effektgröße η^2 relativiert die Variation, die auf den Effekt zurückgeht, an der Gesamtvarianz (das ist die Summe aller Quadratsummen einer Varianzanalyse). Das partielle η^2 hingegen relativiert den Effekt nur an der zufälligen Variation und einem ausgewählten Effekt. Dadurch sind alle anderen Effekte „herausgerechnet".[9] Mit dem Paket *DescTools* können wir mit der Funktion `EtaSq` beide Effektgrößen schnell bestimmen. Das Argument `x` muss die Ausgabe einer Varianzanalyse, also ein *aov*-Objekt, sein:

```
library(DescTools)
EtaSq(Aov_mathe2)
```

```
               eta.sq eta.sq.part
Land       0.08613430  0.09304273
Buch       0.01174203  0.01379212
Land:Buch 0.06250800  0.06928984
```

9 Bei der einfaktoriellen Varianzanalyse sind die beiden Arten von Effektgrößen natürlich identisch.

Ein η^2 von 0.086 der Variablen *Land* bedeutet, dass ca. 8.6 % der gesamten Variation in der Matheleistung auf Unterschiede zwischen den Bundesländern zurückgehen. Das partielle η^2 von 0.093 hingegen bedeutet, dass 9.3% an der Varianz erklärt werden können, nachdem die Erklärungskraft der anderen Effekte entfernt wurde. Das ist ein eher moderater Effekt. Der Haupteffekt des Faktors Buch auf die Matheleistung ist hingegen vernachlässigbar. Der Interaktionseffekt ist mit 6.3% bzw. 6.9% kleiner als der Effekt des Bundeslands. Die Effektgrößen korrespondieren mit der Interpretation der *p*-Werte und es wird deutlich, dass es hinsichtlich der Ergebnisse in dem Mathetest auf das Bundesland der SchülerInnen und die entsprechende Kombination von Schulbuch und Bundesland ankommt.

Es kann vorkommen, dass die Effektgrößen η^2 und das partielle η^2 in ihrer Größe sehr unterschiedlich sind. Hier müssen Sie in Abhängigkeit vom Inhaltsbereich abwägen, welche Größe zu berichten ist bzw. welches Maß Ihre Fragestellung am besten repräsentiert. Neben diesen beiden Effektgrößen wird manchmal auch Cohens f^2 genutzt. Diese Effektgröße wird direkt aus η^2 berechnet:

$$f^2 = \frac{\eta^2}{1-\eta^2}$$

Cohen schlug als Konvention $f^2 = 0.1$ als kleinen, $f^2 = 0.25$ als mittleren und $f^2 = 0.4$ als großen Effekt vor. Da die Effektgröße f^2 schwieriger zu interpretieren ist, findet sich diese seltener in wissenschaftlichen Fachpublikationen. Eine häufige Anwendung findet Cohens f^2 im Rahmen der Poweranalyse (*Abschnitt 6.2.9*)

6.2.6 Varianzanalyse für abhängige Messungen

Wir haben uns bereits im *Abschnitt 6.1.2* den einfachen Fall einer Vorher-Nachher-Messung angeschaut. Nun wollen wir uns den allgemeinen Fall mit mehr als zwei abhängigen Messungen pro Person bzw. Messobjekt ansehen. In den Sozialwissenschaften gibt es große Panel-Befragungen, bei denen immer wieder dieselben Personen befragt werden, und das über Jahre hinweg. Auch in der Experimentalpsychologie sind solche (*Within-*) Designs immer dann zu finden, wenn Personen mehrere Versuchsbedingungen durchlaufen. Grundsätzlich funktioniert diese Varianzanalyse fast genauso wie bei unabhängigen Messungen, allerdings kommt nun eine weitere Varianzquelle hinzu. Neben der zufälligen Variation und der Variation, die auf den Effekt zurückgeht, gibt es zusätzlich noch die Variation innerhalb einer Person.

Bei der Varianzanalyse mit abhängigen Messungen wird die Residualvarianz um den Varianzanteil verkleinert, der auf die Unterschiede zwischen den Personen zurückführbar ist. Sie können sich vorstellen, was dann passiert. Wenn die Residualvarianz geringer wird, sind die *F*-Werte typischerweise größer, mit anderen Worten, die Teststärke (Power) steigt. Wir wollen diesen Vergleich mithilfe eines kleinen (fiktiven) Beispiels anhand der Mathepunkte illustrieren, die drei SchülerInnen im Verlauf eines Schuljahres bekommen haben. Weil es so wenige Werte sind, sehen wir uns den Datensatz (*Mathe3.csv*) erst einmal an:

```
Mathe3
```

```
   ID    Punkte Zeitpunkt
   <chr>  <dbl> <chr>
 1 Anna      14 Beginn
 2 Anna      15 Halbjahr
 3 Anna      16 Ende
 4 Bea       18 Beginn
 5 Bea       17 Halbjahr
 6 Bea       19 Ende
 7 Chris     16 Beginn
 8 Chris     16 Halbjahr
 9 Chris     18 Ende
```

Damit Sie einen Eindruck davon bekommen, wie unterschiedlich die Ergebnisse für unabhängige versus abhängige Messungen sein können, sehen wir uns zunächst zum Vergleich an, was rauskäme, wenn wir eine Varianzanalyse für unabhängige Messungen mit diesen Daten durchführten (mit *Zeitpunkt* als Between-Faktor):

```
summary(aov(Punkte ~ Zeitpunkt, data = Mathe3))
```

```
            Df Sum Sq Mean Sq F value Pr(>F)
Zeitpunkt    2  5.556   2.778   1.136  0.382
Residuals    6 14.667   2.444
```

Das Ergebnis dieser Between-Analyse ist nicht signifikant, was angesichts der sehr kleinen Stichprobe auch nicht verwundert (siehe *Abschnitt 6.2.9*). Nun sehen wir uns zum Vergleich an, was passiert, wenn wir die Variable *Zeitpunkt* als Messwiederholungsfaktor betrachten. Um der Funktion `aov` anzuzeigen, dass ein Faktor abhängige Messungen beinhaltet, benötigen wir das Argument `Error`. Dieses Argument beinhaltet die Variable, welche die Personen, die wiederholt gemessen werden, beschreibt (*ID* in unserem Fall):[10]

```
summary(aov(Punkte ~ Zeitpunkt + Error(ID / Zeitpunkt), data = Mathe3))
```

```
Error: ID
          Df Sum Sq Mean Sq F value Pr(>F)
Residuals  2  13.56   6.778
Error: Within
          Df Sum Sq Mean Sq F value Pr(>F)
Zeitpunkt  2  5.556  2.7778      10 0.0278 *
Residuals  4  1.111  0.2778
```

Im ersten Teil der Ausgabe sehen Sie die Quadratsummen der SchülerInnen (*Error ID*), und im zweiten den Effekt bezüglich der Mittelwertsunterschiede über die Messzeitpunkte hinweg (*Error within*). Wirklich interessant ist, dass der Messzeitpunkt nun einen signifikanten Effekt zeigt ($p = 0.028$). Wie schon erwähnt, geht der Unterschied zwischen der Between- und der Within-Analyse darauf zurück, dass die Residualvarianz um den Betrag der Quadratsummen kleiner wird, der auf die Personen zurückgeht.

10 Wenn es sich, wie in diesem Beispiel, nur um eine einzige unabhängige Variable handelt (*Zeitpunkt*), könnte man auch abkürzend schreiben: `aov(Punkte ~ Zeitpunkt + Error(ID), data = Mathe3)`.

Für die Varianzanalyse mit Messwiederholung können wir natürlich auch wieder die Effektgrößen η^2 und das partielle η^2 berechnen. Allerdings lässt sich das partielle η^2 nicht direkt mit den Effekten von Between-Subjects-Designs vergleichen, da auch die Variation entfernt wird, die auf die Personen zurückgeht. Daher schlägt Bakeman (2005) das generalisierte η^2 vor. Dieses wird dann genauso berechnet wie das partielle η^2 aus den Between-Subjects-Designs und ist somit direkt vergleichbar.

6.2.7 Varianzanalyse mit *ezANOVA*

Wir haben uns bisher die Varianzanalysen mit der Funktion `aov` angeschaut. Diese Funktion ist standardmäßig in R enthalten und bietet den Ausgangspunkt für viele Funktionen, die zusätzliche Berechnungen durchführen, wie z. B. die Post-hoc-Tests oder Effektgrößen. Einen Nachteil, gerade bei komplexen varianzanalytischen Designs, stellt die schwierige Syntax des `formula` Arguments dar. Seit einigen Jahren gibt es das Paket `ez` von Lawrence (2016), welches zum Ziel hat, die Durchführung von Varianzanalysen intuitiver zu gestalten. Das Paket enthält eine ganze Reihe von Funktionen, die nach einem festen Schema aufgebaut sind. Wir sehen uns hier die Funktion `ezANOVA` und auch wieder die Funktion `ezPlot` etwas genauer an.

Unabhängige Messungen

Schauen wir uns nun ein echtes Datenbeispiel an. In einer Studie von Pingitore et al. (1994) wurde der Einfluss von impliziten Stereotypen hinsichtlich des Körpergewichts auf die Einstellungschancen bei Bewerbungsgesprächen untersucht. Dabei wurden fiktive Interviews mit SchauspielerInnen aufgenommen. Das Besondere war, dass es jeweils nur einen Schauspieler und eine Schauspielerin mit Normalgewicht gab. Beide wurden dann mithilfe von Maskenbildnern übergewichtig kostümiert. Somit waren Körpergröße, Mimik, Gestik, Stimmlage und Ähnliches über die jeweiligen Versuchsbedingungen konstant. Insgesamt wurden fünf verschiedene unabhängige Variablen in das Experiment einbezogen: (1) das Geschlecht der VersuchsteilnehmerInnen (*rater*: männlich oder weiblich), (2) das Geschlecht des Bewerbers (*gender*: männlich oder weiblich), (3) das Gewicht (*weight*: normalgewichtig oder übergewichtig), (4) die Art der Stelle, auf die sich die Bewerber bewarben (*job*: Verkauf oder Büro) und (5) das Körperschema der Teilnehmer (*scheme*: niedrig vs. hoch), wobei ein hohes Körperschema bedeutete, dass die Person auf ihren eigenen Körper und ihr Gewicht achtet. Nach dem Bewerbungsgespräch wurden die TeilnehmerInnen gefragt, mit welcher Wahrscheinlichkeit (*mean hiring rating*) sie die BewerberInnen einstellen würden: das war die abhängige Variable (*hire*).

Für die Anwendung der Funktion `ezANOVA` muss ein Datensatz mit `data`, die abhängige Variable mit `dv` und die ID-Variable (die Kennzeichnung der Personen, für die wiederholte Messungen durchgeführt werden) mit `wid` definiert werden. Außerdem können Sie entweder mit `between` oder `within` Ihre Faktoren definieren. Dabei können Sie mit `.()` auch mehrere Variablen zuweisen. Wenn Sie ein gemischtes Design analysieren (wir zeigen Ihnen am Ende dieses Abschnitts ein Beispiel), können Sie natürlich auch beide Argumente definieren. Schließlich können Sie mit `type` die Art der Quadratsummenberechnung einstellen. Wir gehen darauf später in einem kleinen Exkurs noch ein (siehe Kasten *Typen von Quadratsummen*). Nun aber zurück zu unserer Analyse:

```
library(ez)
anova_pingitore <- ezANOVA(
  data = pingitore,
  dv = hire,
  wid = ID,
  between = .(weight, gender, scheme, job, rater),
  type = 3
)
```

Die Ergebnisvariable *anova_pingitore* enthält eine Vielzahl sehr detaillierter Ergebnisse mit sehr vielen Nachkommastellen (sehen Sie es sich ruhig mal an). Wir konzentrieren uns zunächst auf die ANOVA-Ergebnisse im engeren Sinn (mit `$ANOVA`):

```
F_pingitore <- anova_pingitore$ANOVA
```

Sodann lassen wir die Spalte mit den „Signifikanzsternchen" (Spalte 6) weg, kombinieren die anderen und runden die Werte der Spalten mit den Ergebnissen auf drei Nachkommastellen:

```
cbind(F_pingitore [, 1:3], round(F_pingitore [, c(4, 5, 7)], 3))
```

Mit allen Haupteffekten und Interaktionen ergibt diese Prozedur aber auch noch 31 Effekte. Aus diesen haben wir die folgenden sieben Effekte per Hand ausgewählt:

```
                      Effect DFn DFd       F     p   ges
2                     weight   1 288 160.869 0.000 0.358
3                     gender   1 288  44.624 0.000 0.134
4                     scheme   1 288   1.000 0.318 0.003
5                        job   1 288   4.223 0.041 0.014
6                      rater   1 288   0.430 0.512 0.001
7              weight:gender   1 288   8.059 0.005 0.027
17      weight:gender:scheme   1 288   9.768 0.002 0.033
```

In den zwei Spalten nach dem Effekt sehen Sie die Freiheitsgrade für Zähler (*DFn*) und Nenner (*DFd*) für den dann folgenden *F*-Wert. In der nächsten Spalte steht der *p*-Wert, gefolgt vom generalisierten η^2 (*ges*). Da es sich um ein Between-Subjects-Design handelt, entspricht dies auch dem partiellen η^2. Wir sehen zunächst einmal fünf Haupteffekte. Von diesen zeigen das Übergewicht (*weight*), das Geschlecht der BewerberInnen (*gender*) und die Art der Arbeitsstelle (*job*) der zu bewertenden Person signifikante Mittelwertsunterschiede hinsichtlich der Einstellungschancen bei $\alpha = 5\%$ (z. B. für das Gewicht $F(1, 288) = 160.87$; $p < 0.001$).

Nun sehen wir uns die Interaktion zwischen Gewicht und Geschlecht der BewerberInnen an (*weight:gender*, mit $F(1, 288) = 8.06$, $p = 0.005$). Um diesen Effekt besser zu verstehen, erstellen wir eine Abbildung mit `ezPlot`. Dabei nutzen wir dieselben Argumente wie in der vorhergehenden Funktion, nur dass wir mit `x` die *X*-Achse und mit `split` eine weitere Gruppenvariable spezifizieren. Zusätzlich fügen wir noch Achsenbeschriftungen ein. Mit `ezplot` werden immer Mittelwerte und Standardfehler dargestellt. Diese können aber auch mit dem Argument `do_bars` variiert werden. Es gibt noch eine ganze Reihe weiterer Einstellungsmöglichkeiten, auf die wir an dieser Stelle nicht eingehen (Probieren Sie einfach alles durch!). In ▶*Abbildung 6.7* ist der Interaktionseffekt deutlich zu erkennen. Die vorhandenen Stereotype bezüglich des Übergewichts verringern die Einstellungschance von Bewerberinnen in besonderem Maße:

```
ezPlot(
  data = pingitore, dv = hire, wid = ID, between = .(weight,gender),
  x = gender, split = weight,   y_lab = "Einstellungsrating",
  x_lab = "Geschlecht",   split_lab = "Gewicht")
```

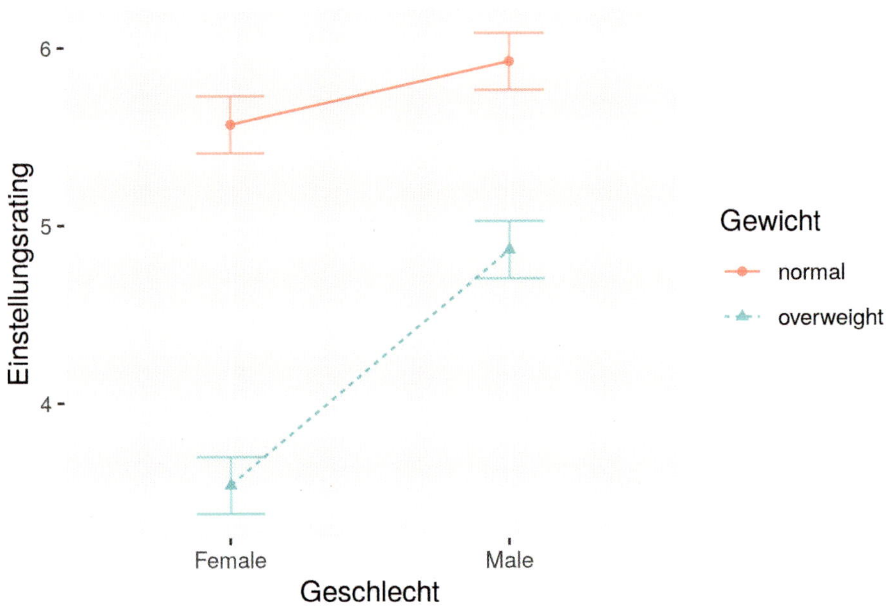

Abbildung 6.7: Darstellung des Interaktionseffekts zwischen Geschlecht und Gewicht bezüglich der Einstellung.

Zusätzlich schauen wir uns noch die Dreifach-Interaktion von Gewicht, Geschlecht und eigenem Körperschema `weight:gender:scheme` an. Hierbei unterteilen wir die grafische Ausgabe zusätzlich noch nach dem Körperschema. Erkennbar ist nun, dass der Stereotype-Effekt bezüglich übergewichtiger Frauen vor allem bei Personen mit einem hohen Körperschema (*High*), also Personen, denen ihr eigenes Körperbild sehr wichtig ist, auftritt (links in ▶*Abbildung 6.8*). Bei einem geringen Körperschema zeigt sich hingegen kein Einfluss des Geschlechts in Abhängigkeit vom Körpergewicht (links in ▶*Abbildung 6.8*). Gäbe es keine Dreifach-Interaktion, sähen beide Grafiken annähernd identisch aus:

```
ezPlot(
  data = pingitore, dv = hire, wid=ID, between = .(weight,gender, scheme),
  x = list(gender), col = scheme, split = weight, y_lab = "Einstellungsrating",
  x_lab = "Geschlecht", split_lab = "Gewicht")
```

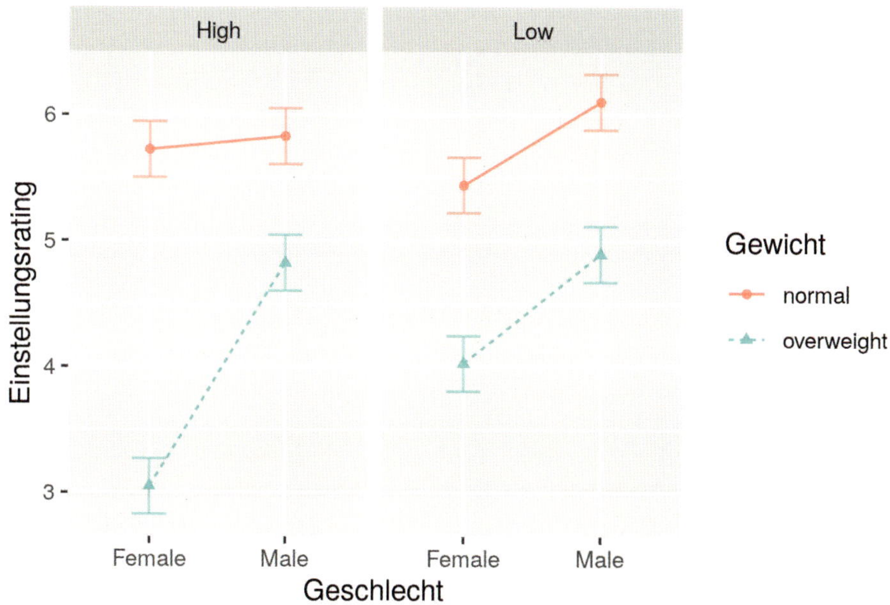

Abbildung 6.8: Darstellung der Dreifach-Interaktion von Geschlecht, Gewicht und Körperschema bezüglich der Einstellungschancen.

Dieses Beispiel soll Ihnen verdeutlichen, wie komplex Varianzanalysen werden können, denn je mehr Faktoren Sie einbeziehen, desto mehr Interaktionen gibt es, und natürlich muss dann auch die Stichprobengröße deutlich gesteigert werden (siehe *Abschnitt 6.2.9*).

Typen von Quadratsummen

Wenn Sie das Beispiel von Pingitore et al. (1994) mit der Funktion `aov` berechnen, werden Sie andere Ergebnisse erhalten als mit der Funktion `ezANOVA`. Das liegt daran, dass beide Funktionen unterschiedliche Quadratsummen berechnen. Es hat sich etabliert, von Quadratsummentypen vom Typ I, II und III zu sprechen. Die Funktion `aov` nutzt immer Quadratsummen vom Typ I. Diese Variante kann aber bei Designs mit ungleichen Stichprobengrößen (wie in unserem Datensatz von Pingitore et al.) zu Verzerrungen führen. Daher ist hier die Berechnung der Quadratsumme vom Typ II oder vom Typ III zu bevorzugen. Beim Test von Interaktionen wird üblicherweise die Quadratsumme vom Typ III empfohlen. Allerdings ist die Meinung hierüber nicht ganz einhellig: Langsrud (2003) und Lawrence (2016) favorisieren die Verwendung von Typ II (die Standardeinstellung von `ezANOVA`). In der Funktion `ezANOVA` kann die Quadratsumme mit dem Argument `type` gewählt werden.

Abhängige Messungen

Schauen wir uns nun ein komplexeres Beispiel für die Varianzanalyse mit Messwiederholung an. Dazu nutzen wir den Datensatz *Freq_Est.csv* aus einem unserer eigenen Experimente (Burkhardt, 2019). Um den Einfluss von *Darbietungshäufigkeit* und *Arousal* (kognitive Erregung bzw. Anregung) auf Häufigkeitsurteile zu untersuchen, haben wir 41 Probanden (durchnummeriert in der Variablen *ID*) neun Bilder in unterschiedlichen Häufigkeiten (3-mal, 5-mal oder 8-mal) präsentiert. Die Bilder stammten aus einer Bilddatenbank und wurden bereits durch über 1000 Probanden hinsichtlich des Arousals (wenig, mittel, hoch) normiert. Beispielsweise löst das Bild einer Blume üblicherweise wenig Arousal aus, das Bild eines Tieres mittleres Arousal, und das Bild eines Extremsportlers hohes Arousal. Jede Person erhielt Bilder mit drei verschiedenen Häufigkeiten (Factor Frequency: *Fac_Freq*) und drei unterschiedlichen Stufen des Arousals (Factor arousal: *Fac_ar*). Wir untersuchten nun, ob vorgegebene Häufigkeiten und Arousal einen signifikanten Einfluss auf die Mittelwerte der Häufigkeitsschätzungen (*Est*) haben. Diesmal geben wir die Ausgabe im Original wieder:

```
ezANOVA(data = Freq_Est, dv = Est, wid = ID, within = .(Fac_Freq, Fac_ar))
```

```
$ANOVA
           Effect DFn DFd          F            p p<.05         ges
2        Fac_Freq   2  80 89.8348355 3.521684e-21     * 0.351919809
3          Fac_ar   2  80  6.2590340 2.982204e-03     * 0.020882484
4 Fac_Freq:Fac_ar   4 160  0.2571276 9.049666e-01       0.001365893

$`Mauchly's Test for Sphericity`
           Effect         W            p p<.05
2        Fac_Freq 0.6425522 0.0001795618     *
3          Fac_ar 0.9802026 0.6771094517
4 Fac_Freq:Fac_ar 0.9132015 0.9418404019

$`Sphericity Corrections`
           Effect       GGe        p[GG] p[GG]<.05       HFe        p[HF] p[HF]<.05
2        Fac_Freq 0.7366766 3.090581e-16         * 0.7580141 1.227364e-16         *
3          Fac_ar 0.9805869 3.185737e-03         * 1.0306328 2.982204e-03         *
4 Fac_Freq:Fac_ar 0.9572690 8.981721e-01           1.0712480 9.049666e-01
```

In der Ausgabe erhalten wir drei Tabellen. Die erste Tabelle enthält die Ergebnisse unserer Varianzanalyse (*$ANOVA*). Diese Tabelle enthält außerdem in der letzten Spalte das generalisierte η^2 (*ges*). Die Darbietungshäufigkeit kann 35% der Varianz erklären (*ges* = 0.352), der Faktor Arousal hingegen nur 2% und der Effekt der Interaktion ist vernachlässigbar. Wir sehen daran, dass die Darbietungshäufigkeit der wichtigste Faktor zur Erklärung der Mittelwertsunterschiede ist.

Die zweite Tabelle zeigt einen Test auf *Sphärizität*. Dabei wird für jeden Faktor separat geprüft, ob die Differenzwerte der jeweiligen Gruppen gleiche Varianzen aufweisen (eine Voraussetzung für die Varianzanalyse für abhängige Messungen). Der *Mauchly-Test* prüft dabei die Nullhypothese, dass die Varianzen gleich sind. Das trifft für die

Variablen Arousal (*Fac_ar*) bzw. die Interaktion (*Fac_Freq:Fac_ar*) zu, allerdings nicht für die Variable Häufigkeiten (*Fac_Freq*, $p < 0.01$). Für den Faktor Arousal können wir also den *F*-Wert der obenstehenden Anova-Tabelle mit $F(2, 80) = 6.26$ und $p < 0.01$ ohne Weiteres interpretieren. Für die präsentierten Häufigkeiten (*fac_Freq*) ist die Voraussetzung aber nicht erfüllt. Daher kommt in diesem Fall die dritte Tabelle (*Sphericity Corrections*) zum Einsatz. Diese Tabelle berechnet die *F*-Werte und dazugehörige *p*-Werte nach der Greenhouse-Geisser-Korrektur (*GG*) bzw. nach der Hyun-Feldt-Korrektur (*HF*) (siehe z. B. Sedlmeier & Renkewitz, 2018). In unserem Beispiel macht es keinen Unterschied, welche Korrektur wir wählen. In beiden Fällen ist der Effekt der präsentierten Häufigkeiten deutlich signifikant.

Um das Ergebnis unserer Analyse grafisch zu veranschaulichen, nutzen wir wieder die Funktion `ezPlot`. Zusätzlich zu den Argumenten, die wir auch für die Funktion ezANOVA benutzt haben, spezifizieren wir mit `x` und `split` die untersuchten Variablen:

```
ezPlot(
  data = Freq_Est, dv = Est, wid = ID, within = .(Fac_Freq, Fac_ar), x = Fac_ar,
  split = Fac_Freq, x_lab = "Arousal", y_lab = "Mittlere Häufigkeitsschätzungen")
```

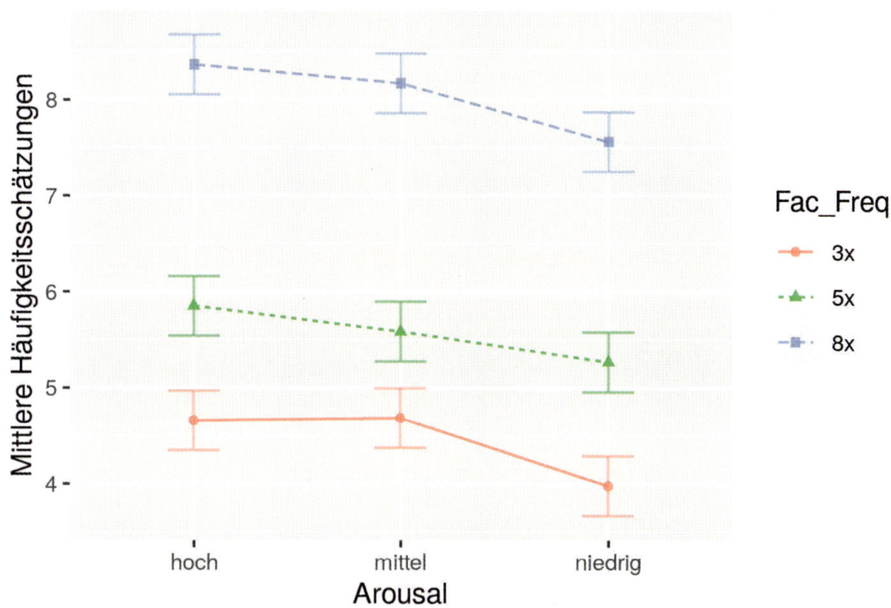

Abbildung 6.9: Mittlere Häufigkeitsschätzungen in Abhängigkeit von präsentierter Häufigkeit und Stimulus-Arousal.

Kombination von unabhängigen und abhängigen Messungen

Mit dem Paket *ez* können wir auch sehr komplexe Analysen vergleichsweise einfach in R durchführen. Wir nehmen zusätzlich den Between-Faktor Geschlecht (*Sex*) in unser Modell zur Häufigkeitsverarbeitung auf und haben damit eine sogenannte

Mixed-ANOVA. Wir wollen also wissen, ob es auch einen Geschlechtereffekt gibt und entsprechende Interaktionen vorliegen. Dazu erweitern wir unser Modell einfach um die entsprechende Variable. Wir verzichten hier auf die vollständige Ausgabe und zeigen nur die ANOVA-Tabelle (mit `$ANOVA`):

```
Mixed <- ezANOVA(data = Freq_Est, dv = Est, wid = ID,
                 within = .(Fac_Freq, Fac_ar), between = .(Sex))$ANOVA
cbind(Mixed [, 1:3], round(Mixed [, c(4, 5, 7)], 3))
```

```
                Effect DFn DFd      F     p   ges
2                  Sex   1  39  0.846 0.363 0.009
3             Fac_Freq   2  78 91.907 0.000 0.358
5               Fac_ar   2  78  6.124 0.003 0.021
4         Sex:Fac_Freq   2  78  1.923 0.153 0.012
6           Sex:Fac_ar   2  78  0.139 0.871 0.000
7      Fac_Freq:Fac_ar   4 156  0.255 0.906 0.001
8 Sex:Fac_Freq:Fac_ar   4 156  0.697 0.595 0.004
```

Offensichtlich hat das Geschlecht (*Sex*) keinen signifikanten Einfluss auf die Häufigkeitsschätzung ($p = 0.363$, $\eta^2 = 0.009$).

Einige Funktionen, mit denen die Ergebnisse von Varianzanalysen weiterverarbeitet werden können, wie zum Beispiel `EtaSq` zur Berechnung der Effektgrößen, verlangen die Eingabe eines *aov*-Objekts. Um dies aus der Ausgabe von `ezANOVA` zu extrahieren, können Sie beim Funktionsaufruf das Argument `return_aov = TRUE` nutzen. Dann erhalten Sie das typische *aov*-Objekt, mit dem Sie dann weiterarbeiten können. Wir demonstrieren das kurz mit dem Beispiel aus *Abschnitt 6.2.3* (ohne die Ausgabe hier darzustellen):

```
ez_mathe2 <- ezANOVA(
  data = Mathe2, dv = Punktzahl, wid = ID, between = .(Land, Buch), return_aov = TRUE)
summary(ez_mathe2$aov)
```

6.2.8 Kovarianzanalyse mit *ezANOVA*

Als letzte Erweiterung betrachten wir noch die *Kovarianzanalyse*. Mit dieser Analyse können Sie den Einfluss intervallskalierter Variablen aus den Mittelwertsunterschieden „herausrechnen" oder statistisch kontrollieren. Wir demonstrieren dies direkt an dem Beispiel unserer Häufigkeitsdaten. Dafür machen wir uns die Eigenschaft zunutze, dass die präsentierten Häufigkeiten (3 – 5 – 8) nicht nur verschiedene Gruppen unterscheiden, sondern dass diese Variable sogar mindestens intervallskaliert ist (*Num_Freq*). Die präsentierten Häufigkeiten können dadurch auch als Kovariat der Analyse betrachtet werden, welches wir mit `within_covariates` in die Varianzanalyse einbeziehen. Bei der Kovarianzanalyse wird zunächst eine Regression zwischen der abhängigen Variablen (der Häufigkeitsschätzung) und dem Kovariat (der präsentierten Häufigkeit) berechnet. Anschließend werden die Residualwerte bestimmt. Diese Residualwerte sind nichts anderes als die Werte der Häufigkeitsschätzung, nachdem der Einfluss der präsentierten Häufigkeit herausgerechnet wurde. Diese Residualwerte werden nun in einer herkömmlichen Varianzanalyse genutzt. Man kann Kovarianzanalysen, sogar etwas einfacher, auch mithilfe der Regressionsrechnung durchführen. Wie das geht, zeigen wir in ▶*Kapitel 9*:

```
ezANOVA(data = Freq_Est, dv = Est, wid = ID, within = .(Fac_ar),
        within_covariates = .(Num_Freq))$ANOVA

    Effect DFn DFd        F           p p<.05        ges
  2 Fac_ar   2  80 6.259034 0.002982204     * 0.03763074
```

Auch hier haben wir nur die ANOVA-Tabelle ausgegeben. Der Effekt des Faktors *Arousal* bleibt auch nach der statistischen Kontrolle des Faktors *Num_Freq* signifikant. Allerdings erhöht sich das generalisierte η^2 ein klein wenig. Im Unterschied zur zweifaktoriellen ANOVA des vorangegangenen Abschnitts, ist die Präsentationshäufigkeit hier nicht als nominalskalierte Variable (*Fac_Freq*), sondern als intervallskalierte Variable in dem Modell enthalten.

6.2.9 Poweranalyse für Varianzanalysen

Natürlich sollten Sie eine Poweranalyse schon bei der Planung Ihrer Untersuchung durchführen. Es geht ja darum, zu gewährleisten, dass der (Mindest-)Effekt, den man aufdecken möchte, tatsächlich mit einer genügend hohen Wahrscheinlichkeit (Power) aufgedeckt wird. Und das Ergebnis der A priori Poweranalyse ist die Stichprobengröße, die hierfür benötigt wird. Einige der (fiktiven) Studien, die wir oben zur Demonstration der Verfahren benutzt haben, wären nach entsprechenden Poweranalysen sicherlich nicht durchgeführt worden (aber sie dienten eben einem anderen Zweck: der Illustration der Verfahren).

Jacob Cohen (1988; 1992) schlägt die (Populations-)Effektgröße f für die Durchführung von Poweranalysen bei Varianzanalysen vor. Dieses f ist nichts anderes als die Wurzel aus dem f^2, das Sie in *Abschnitt 6.2.5* kennengelernt haben. Cohen schlägt vor, $f = 0.1$ als kleinen Populationseffekt zu betrachten, $f = 0.25$ als mittleren und $f = 0.40$ als großen (jeweils die Hälfte der Konventionen für die Effektgröße d, die wir beim t-Test benutzt haben). Bei mehrfaktoriellen Varianzanalysen interessieren in der Regel auch mehrere Effekte. Bei konstanter Anzahl an Untersuchungsgruppen reicht es, wenn man eine Poweranalyse für den kleinsten postulierten Effekt durchführt. Das gewährleistet dann auch für alle anderen verwendeten Effekte (Haupteffekte und Interaktionen) die notwendige Power. Wenn sich die Anzahl der Faktorausprägungen unterscheidet, kommen Sie nicht umhin, eine Poweranalyse für jeden Effekt durchzuführen. Dabei ist dann die höchste berechnete Stichprobengröße zu wählen.

Berechnen wir ein Beispiel für eine einfaktorielle Varianzanalyse. Nehmen Sie an, Sie planen eine Studie, in der die Schulleistung in fünf Bundesländern verglichen werden soll (wie in *Abschnitt 6.2.2*). Sie wollen gewährleisten, dass ein mittelgroßer Effekt in der Population ($f = 0.25$) mit einer Power von 80% bei einem $\alpha = 5\%$ aufgedeckt wird. Diese Vorgaben verwenden wir für die Poweranalyse, für die wir die Funktion `pwr.anova.test` aus dem Paket *pwr* benutzen (k ist die Anzahl der Gruppen):

```
pwr.anova.test(k = 5, f = 0.25, sig.level = 0.05, power = 0.8)

        Balanced one-way analysis of variance power calculation
                 k = 5
                 n = 39.1534
                 f = 0.25
         sig.level = 0.05
             power = 0.8
   NOTE: n is number in each group
```

Das Ergebnis zeigt, dass wir für die geplante Studie 40 SchülerInnen in jeder Gruppe bräuchten, also eine Gesamtstichprobe von $N = 200$ SchülerInnen. Dies gilt jedoch nur, wenn die Gruppen in etwa gleich groß sind (das *Balanced* in der Ausgabe). Wenn Sie schon wissen, dass Ihre Gruppen ungleich groß sein werden, sollten Sie noch einige TeinehmerInnen mehr einkalkulieren, da durch ungleiche Gruppengrößen die Power sinkt. Die Konventionen für die Effektgröße f haben wir oben schon erwähnt. Sie sollten darauf jedoch nur im Notfall zurückgreifen. Orientieren Sie sich lieber an den Effekten, die in dem jeweiligen inhaltlichen Bereich vorherrschen, oder an ähnlichen Studien, um eine aussagekräftige Poweranalyse durchzuführen.

Das Paket *pwr* enthält auch eine Funktion, mithilfe derer man Poweranalysen mit der Effektgröße f^2 durchführen kann. Diese werden wir in ▶*Kapitel 8* vorstellen. Für Within- Designs oder Mixed-Designs ist die Powerbestimmung deutlich komplizierter, da Sie nicht nur den erwarteten Effekt, sondern auch Korrelationen der Messwerte zwischen den verschiedenen Bedingungen vorab schätzen müssen. Wir verweisen dafür und für andere Spezialfälle auf das Paket *Superpower* (Lakens & Caldwell, 2021).

Zusammenfassung

Um Mittelwertsunterschiede zu untersuchen, ist es wichtig, zwischen unabhängigen Stichproben (Between- Designs) und abhängigen Stichproben (Within-Designs) zu unterscheiden. Wenn Sie die Mittelwerte zweier unabhängiger Gruppen vergleichen, bietet sich der *t*-Test für Mittelwertsunterschiede an. Dabei müssen Sie Annahmen darüber machen, ob die Varianzen in beiden Populationen gleich groß sind und ob beide Variablen in der Population normalverteilt sind. Typische Effektgrößen sind *d* oder *r*. Wenn Sie abhängige Stichproben untersuchen, wird bei *t*-Tests häufig die Effektgröße *d* genutzt. Die Funktion `t.test` erlaubt es, durch eine geeignete Wahl der Argumente beliebige t-Tests durchzuführen. Für den Fall ungleicher Varianzen im Fall unabhängiger Stichproben wird in R standardmäßig der sogenannte Welch-Test durchgeführt, der mit einer Adjustierung der Freiheitsgrade (nach unten) arbeitet.

Wenn Sie mehr als zwei Mittelwerte untersuchen, ist eine Varianzanalyse häufig das Mittel der Wahl. Im Gegensatz zum *t*-Test kann dieses inferenzstatistische Verfahren Mittelwertsunterschiede nur unspezifisch testen *(Omnibus-Test)*. Mithilfe von Varianzanalysen können Forschungsdesigns mit beliebig vielen Gruppen bzw. Faktoren untersucht werden. Wir haben uns sowohl einfaktorielle als auch mehrfaktorielle Designs, für unabhängige als auch abhängige Messungen, angesehen und dabei die Standardfunktion `aov` und die Funktion `ezANOVA` aus dem Paket *ez* benutzt. Typischerweise werden für Varianzanalysen die Effektgrößen η^2 und das generalisierte η^2 berichtet. Letzteres ist Teil der Standardausgabe der Funktion `ezANOVA`. Bei allen Gruppenvergleichen mittels Signifikanztests sollte man nicht vergessen, vorher entsprechende Poweranalysen durchzuführen. Wie das geht, haben wir mit jeweiligen Funktionen aus dem Paket *pwr* demonstriert.

Die R-Funktionen in diesem Kapitel

In diesem Kasten stellen wir Ihnen die Funktionen, die wir in diesem Kapitel benutzt haben, noch einmal zusammen. Wenn Funktionen nicht schon vorinstalliert sind, werden sie zusammen mit dem Paket, aus dem sie stammen, aufgelistet (`Paket::Funktion`). Funktionen, die Sie bereits aus früheren Kapiteln kennen, sind hier weggelassen.

Funktion	Kurze Beschreibung
`aov`	Berechnet die Varianzanalyse
`effectsize::d_to_r`	Rechnet die Effektgröße *d* in *r* um
`effectsize::effectsize`	Berechnet die Effektgröße aus einem Testergebnis
`ez::ezANOVA`	Berechnet eine Varianzanalyse
`ez::ezPlot`	Zeichnet eine Grafik mit Mittelwertsunterschieden
`Hmisc::histbackback`	Zeichnet ein zweiseitiges Histogramm
`pwr:: pwr.t.test`	Berechnet die Power eines *t*-Tests
`pwr::pwr.anova.test`	Berechnet die Power einer Varianzanalyse
`t.test`	Berechnet den *t*-Test für abhängige und unabhängige Stichproben
`vioplot::vioplot`	Zeichnet einen Violinplot

Tabelle 6.1: Nützliche Funktionen für Mittelwertsvergleiche

Ergänzende und weiterführende Literatur

Kapitel 13, 14 und 15 in Sedlmeier, P., & Renkewitz, F. (2018). *Forschungsmethoden und Statistik für Psychologen und Sozialwissenschaftler* (3., aktualisierte und erweiterte Auflage). Hallbergmoos: Pearson.

Spezifische Mittelwerts-vergleiche: Kontrastanalyse

7

7.1 Kontrastanalyse für unabhängige Stichproben 212
7.1.1 Eine unabhängige Variable 213

7.2 Kontrastanalyse bei abhängigen Stichproben 219
7.2.1 Eine unabhängige Variable 220
7.2.2 Mehrere unabhängige Variablen 221

7.3 Kontrastanalysen in gemischten Designs 222

7.4 Poweranalyse bei Kontrastanalysen 223

ÜBERBLICK

Lernziele

Kontrastanalysen erlauben es, spezifische Vorhersagen in Bezug auf Mittelwertsunterschiede zu testen. Nach dem Durcharbeiten dieses Kapitels wissen Sie, wie man Kontrastanalysen mithilfe von R durchführt, und Sie sollten dann in der Lage sein

- Kontrastanalysen für unabhängige und abhänge Stichproben sowie für gemischte Designs durchzuführen und zu interpretieren,
- geeignete Effektgrößen für die Kontrastanalyse zu bestimmen und zu interpretieren und
- Poweranalysen für Kontrastanalysen durchzuführen.

In ▶*Kapitel 6* haben wir, ohne es zu erwähnen, schon eine Sonderform der Kontrastanalyse erörtert: den *t*-Test. Sie werden im Folgenden sehen, dass spezifische Vorhersagen in der Kontrastanalyse mittels sogenannter Kontrastgewichte oder λ-(Lambda-) Gewichte gemacht werden. Beim *t*-Test für unabhängige Stichproben sind die Gewichte für die zwei Gruppen immer 1 und –1. Wenn unsere Hypothese beispielsweise wäre, dass der Mittelwert einer Variablen in der Population X größer ist als der in der Population Y, multiplizieren wir den Mittelwert der Gruppe X mit 1 und den Mittelwert der Gruppe Y mit –1 und erhalten: $\bar{X} - \bar{Y}$, also den Zählerterm beim *t*-Test. Im Folgenden werden Sie sehen, wie man die Verwendung von Kontrastgewichten zum Testen spezifischer Unterschiede im Prinzip in allen Fällen einsetzen kann, in denen man auch eine Varianzanalyse berechnen könnte.

7.1 Kontrastanalyse für unabhängige Stichproben

Die Kontrastanalyse wurde von Rosenthal et al. (2000) einer breiten Öffentlichkeit vorgestellt. Man könnte sie als eine Erweiterung der herkömmlichen Varianzanalyse mit drei wesentlichen Vorteilen betrachten. Erstens können mit diesem Verfahren spezifische Hypothesen über beliebige (relative) Mittelwertsunterschiede getestet werden. Zweitens besitzt die Kontrastanalyse eine größere Power als die Post-hoc-Tests der Varianzanalyse (siehe ▶*Kapitel 6, Abschnitt 6.2.5*), die ja auch als Hilfsmittel zum Testen spezifischer Mittelwertsunterschiede betrachtet werden. Und drittens liefert die Kontrastanalyse gut interpretierbare Effektgrößen, die die Passung zwischen Hypothese und Daten beschreiben.

Grundsätzlich eignet sich jedes varianzanalytische Design für die Anwendung einer Kontrastanalyse. Dafür müssen Sie im Vorfeld Theoriearbeit leisten, aus der dann numerische Gewichte (Kontraste) abgeleitet werden können, welche als Vorhersagen für die relativen Mittelwertsunterschiede dienen. An dieser Stelle wollen wir uns nicht mit den Formeln der Kontrastanalyse beschäftigen, die ausführlich und mit leicht verständlichen Rechenbeispielen bei Rosenthal et al. (2000) und Sedlmeier und Renkewitz (2018) dargestellt sind.

7.1.1 Eine unabhängige Variable

Wir nutzen zur Einführung ein einfaches Beispiel aus Sedlmeier und Renkewitz (2018, 519). Insgesamt 15 Jungen erhielten entweder ein Training mit jungenspezifischen Materialien („Jungentraining"), eines mit mädchenspezifischen Materialien („Mädchentraining") oder kein Training zur Entwicklung von Problemlösefähigkeiten. Anschließend wurde die Punktzahl in einem Problemlösetest erfasst (▶ *Tabelle 7.1*:).

Kein Training	„Jungentraining"	„Mädchentraining"
1	4	2
2	2	3
2	3	3
2	4	1
3	3	2

Tabelle 7.1: Problemlösefähigkeit von 15 Vorschulkindern nach Untersuchungsbedingung

Angenommen, wir erwarten, dass kein Training auch keine Wirkung hat (0%) und das „Jungentraining" den maximalen Effekt zeigt, also 100%. Wenn wir nun zusätzlich annehmen, dass das „Mädchentraining" nur etwa ein Fünftel so wirksam ist wie das „Jungentraining", würden wir dafür einen Effekt von 20% erwarten. Diese Hypothese könnte man mit den Kontrastgewichten von 0, 1 und 5 für kein Training, „Mädchentraining" und „Jungentraining" spezifizieren. Entscheidend sind jedoch nicht die absoluten Werte, sondern die relativen Unterschiede. Somit wären auch Werte von –2, –1 und 3 oder 0, 10 und 50 völlig äquivalent.[1] Wie schon erwähnt, werden diese numerischen Zuweisungen als Kontraste, Kontrastgewichte, λ-Gewichte oder kurz λs bezeichnet. Wenn Sie sich die Formeln für die Kontrastanalyse in der Fachliteratur ansehen, werden Sie bemerken, dass sich die Summe der Kontrastgewichte auf 0 addieren muss oder, mit anderen Worten, Kontrastgewichte müssen immer zentriert werden. Die Funktion `calc_contrast` aus dem Paket *cofad* (Burkhardt und Titz, 2019) führt diese Zentrierung jedoch automatisch durch, sodass Sie beliebige Werte für die Kontraste verwenden können. Für unser erstes Beispiel benutzen wir:

$\lambda_{\text{Kein Training}} = 0; \lambda_{\text{Mädchentraining}} = 1; \lambda_{\text{Jungentraining}} = 5.$

Die Nullhypothese der Kontrastanalyse ist dieselbe wie die für die Varianzanalyse: Alle Mittelwerte sind gleich. Die Alternativhypothese ist nun jedoch keine Omnibus-Hypothese mehr, sondern macht eine spezifische Vorhersage, ausgedrückt in den Kontrastgewichten.

Die Funktion `calc_contrast` wurde in Anlehnung an die Funktion `ezANOVA` entwickelt und verlangt die Eingabe einer abhängigen Variablen (Argument `dv`), einer Gruppenvariablen (Argument `between`) und der Kontrastgewichte (Argument `lambda_between`).

1 In der Forschungspraxis wird es sich oft anbieten, zu überlegen, welche Werte in Tests oder anderen abhängigen Variablen im Mittel zu erwarten sind. Diese Werte können dann als Kontrastgewichte benutzt werden.

Die abhängige Variable `dv` muss dabei numerisch und die Variable für `between` als *factor* definiert sein.[2] Zur Definition der Kontrastgewichte brauchen wir die Namen der jeweiligen Gruppenvariablen mit dem entsprechenden Kontrastgewicht. Wir demonstrieren das an unserem Beispiel:

```
library(cofad)
```

Wir übernehmen zunächst aus Tabelle 7.1 die Werte für die abhängige Variable (*Problemlösetest*) und die für die unabhängige Variable (*Training*):

```
Problemlösetest <- c(1, 2, 2, 2, 3, 4, 2, 3, 4, 3, 2, 3, 3, 1, 2)
Training <- factor(rep(c("Kein_training", "Jungentraining", "Mädchentraining"),
                        each = 5))
```

Dann führen wir die Kontrastanalyse mit den vorspezifizierten λ -Gewichten durch:

```
calc_contrast(dv = Problemlösetest, between = Training,
              lambda_between=c("Kein_training" = 0, "Jungentraining" = 5,
                               "Mädchentraining" = 1))

   Contrast Analysis for between factor design
   F(1,12) = 6.519; p = 0.02531656
   Contrasts:  Jungentraining = 3; Kein_training = -2; Mädchentraining = -1
   r_effectsize = 0.593
```

Wir erhalten in der ersten Zeile der Ausgabe das Ergebnis des Signifikanztests $F(1, 12) = 6.519$, $p = 0.025$. Dieser ist bei einer Irrtumswahrscheinlichkeit von $\alpha = 5\%$ signifikant.[3] Das heißt, die Unterschiede in den Mittelwerten entsprechen unseren Vorhersagen. Die zweite Zeile enthält die Namen und Werte der Kontraste. Wie schon erwähnt, werden diese immer vor der Berechnung zentriert, sodass ihr Mittelwert 0 beträgt. Die Relationen zwischen den Kontrasten bleiben dabei erhalten. Die dritte Zeile enthält die Effektgröße $r_{\text{effectsize}}$. Dieses Maß gibt die Korrelation der Lambda-Gewichte mit den Problemlösewerten an. Es ist also die Passung zwischen Kontrastgewichten und den empirischen Daten. Je näher $r_{\text{effectsize}}$ am Wert 1, desto besser ist die Passung. Ein Wert von $r_{\text{effectsize}} = 1$ würde bedeuten, dass die Messwerte der Personen exakt den Kontrastgewichten der jeweiligen Gruppe entsprechen. Um eine ausführlichere Ergebnisdarstellung zu erhalten, verwenden wir die Funktion `summary` mit der Ausgabe der Funktion `calc_contrast` als Argument:

```
Contrast_plt <- calc_contrast(Problemlösetest, between = Training,
                              lambda_between = c("Kein_training" = 0,
                                                 "Jungentraining" = 5,
                                                 "Mädchentraining" = 1))

summary(Contrast_plt)

   $`F-Table`
```

2 Wenn das noch nicht geschehen ist, können Sie es jederzeit mit der Funktion `as.factor` nachholen. Wenn beispielsweise die Variable *Training* schon als `character`-Variable vorläge, mit `as.factor(Training)`.

3 Sedlmeier und Renkewitz (2018) geben für dieses Beispiel einen *t*-Wert an. Die Beziehung beider Werte ist bei der Kontrastanalyse stets $F = t^2$, da Kontrastanalysen immer nur einen Zählerfreiheitsgrad haben.

```
              SS df     MS     F     p
contrast   4.129  1 4.129 6.519 0.025
within     7.600 12 0.633    NA    NA
total     11.733 14    NA    NA    NA

$Effects
             effects
r_effectsize   0.593
r_contrast     0.593
r_alerting     0.999
```

Diese Ausgabe zeigt Ihnen zwei Tabellen. Die ANOVA-Tabelle mit den entsprechenden Quadratsummen, den Freiheitsgraden und den Signifikanztests (im Beispiel nur einer). Die zweite Tabelle zeigt die Effektgrößen (für Hintergrundinformationen siehe Rosenthal et al., 2000). Das Effektmaß r_{contrast} ist eine Partialkorrelation, die nur den Teil der Varianz in der abhängigen Variablen berücksichtigt, der nicht auf andere Faktoren zurückgeht. Das Maß r_{alerting} ist die Korrelation der Lambda-Gewichte mit den Gruppenmittelwerten. Wir empfehlen Ihnen $r_{\text{effectsize}}$, da diese Größe am leichtesten zu interpretieren ist und mit der Effektgröße r beim t-Test für unabhängige Gruppen korrespondiert (siehe ▶*Kapitel 6, Abschnitt 6.1.1*).

Mehrere unabhängige Variablen

In *Abschnitt 6.2.8* haben wir Daten aus der Studie von Pingitore et al. (1994) mithilfe der Varianzanalyse untersucht. Nun sehen wir uns dieselben Daten aus Sicht der Kontrastanalyse an. Die AutorInnen argumentieren auf Basis der vorhandenen Literatur, dass die Einstellungschancen von BewerberInnen von ihrem Körpergewicht, ihrem Geschlecht und der Art des Jobs abhängen. Diese Reihenfolge nehmen wir als Grundlage dafür, folgende statistische Hypothese bezüglich der Einstellungschancen abzuleiten. Der Populationsmittelwert μ symbolisiert die mittleren Einstellungschancen:

$$\mu_{\text{Übergewicht/weiblich/Verkauf}} < \mu_{\text{Übergewicht/weiblich/Büro}} < \mu_{\text{Übergewicht/männlich/Verkauf}} < \mu_{\text{Übergewicht/männlich/Büro}} <$$

$$\mu_{\text{Normalgewicht/weiblich/Büro}} < \mu_{\text{Normalgewicht/weiblich/Verkauf}} < \mu_{\text{Normalgewicht/männlich/Verkauf}} < \mu_{\text{Normalgewicht/männlich/Büro}}$$

Wenn Sie genauer hinsehen, bemerken Sie in diesem Schema u. a. einen Interaktionseffekt zwischen Geschlecht und Art des Jobs. In der Kontrastanalyse gibt es jedoch streng genommen keine Interaktionseffekte (und auch keine Haupteffekte) mehr. Die Vorhersagen werden ja spezifisch für jede Gruppe getroffen. Nun müssen wir Kontrastgewichte für diese Gruppen generieren. Der Einfachheit halber vergeben wir gemäß der oben aufgestellten Hypothese Werte in linear aufsteigender Reihenfolge (wir haben die Subskripte abgekürzt).

$$\lambda_{\text{Ü/w/V}} = 1;\ \lambda_{\text{Ü/w/B}} = 2;\ \lambda_{\text{Ü/m/V}} = 3;\ \lambda_{\text{Ü/m/B}} = 4$$

$$\lambda_{\text{N/w/B}} = 5;\ \lambda_{\text{N/w/V}} = 6;\ \lambda_{\text{N/m/V}} = 7;\ \lambda_{\text{N/m/B}} = 8$$

Bei einer Kontrastanalyse werden die unabhängigen Variablen nicht mehr separat, sondern bereits mit ihren Kombinationen analysiert. Um dies zu gewährleisten, müssen wir also zunächst die entsprechenden neuen Gruppen hinsichtlich der Variablen *gen-*

der, job und *weight* bilden. Das machen wir mit der Funktion `paste`. Diese Funktion ermöglicht es, Zeichenketten miteinander zu verbinden. So wird für jede Person die Kombination der Ausprägungen hinsichtlich der drei unabhängigen Variablen festgelegt, also beispielsweise *Female_Analyst_normal* für Person 1, *Male_Sales_overweight* für Person 2 etc. Anstelle der drei ursprünglichen unabhängigen Variablen bekommen wir dadurch *eine* neue UV, unseren Faktor (Kontrastanalysen für unabhängige Variablen haben immer nur einen Faktor), der nun aber acht unterschiedliche Ausprägungen hat. (Das Argument `sep` spezifiziert das Trennzeichen). Außerdem konvertieren wir die neu entstandene Variable *Kontrast_gruppen* zu einem Faktor, um diesen fehlerfrei in die Funktion `calc_contrast` eingeben zu können:

```
pingitore <- read.csv2("Daten/pingitore.csv")
Kontrast_gruppen <- factor(
  paste(pingitore$gender, pingitore$job, pingitore$weight, sep = "_")
  )
```

Für die so neu gebildeten acht kombinierten Gruppen werden nun die oben abgeleiteten Kontrastgewichte vergeben:

```
Kontrast_pingitore <- calc_contrast(
  dv = pingitore$hire,
  between = Kontrast_gruppen,
  lambda_between = c("Female_Analyst_normal" = 5, "Female_Analyst_overweight" = 2,
                     "Female_Sales_normal" =  6, "Female_Sales_overweight" = 1,
                     "Male_Analyst_normal" = 8, "Male_Analyst_overweight" = 4,
                     "Male_Sales_normal" = 7, "Male_Sales_overweight" = 3)
)
Kontrast_pingitore

   Contrast Analysis for between factor design
   F(1,312) = 241.19; p < .00000001
   Contrasts:  Female_Analyst_normal = 0.5; Female_Analyst_overweight = -2.5;
   Female_Sales_normal = 1.5; Female_Sales_overweight = -3.5; Male_Analyst_normal = 3.5;
   Male_Analyst_overweight = -0.5; Male_Sales_normal = 2.5; Male_Sales_overweight = -1.5
   r_effectsize = 0.643
```

Wir sehen, dass unser Kontrast mit $F(1, 312) = 241.19$ und einem $p = < 0.00000001$ signifikant ist. Auch die Effektgröße von $r = 0.64$ zeigt eine sehr hohe Passung zwischen unserer Hypothese und den empirischen Daten. Um das Ergebnis grafisch zu veranschaulichen, vergleichen wir die Mittelwerte mit den entsprechenden Kontrastgewichten. Hierfür extrahieren wir die entsprechenden Werte aus dem Ergebnis der Kontrastanalyse, was gewährleistet, dass die Reihenfolge der Bedingungen jeweils gleich ist. Auf die Kontrastgewichte oder Kontraste können wir mit `$lambda_between` zugreifen und die Mittelwerte bekommen wir mithilfe der Funktion `by`. In dieser Funktion wird mit `data` die Variable oder der Datensatz ausgewählt, mit `INDICES` die Gruppenvariable definiert und mit `FUN` die gewünschte Funktion eingegeben:[4]

4 Wie immer können weitere Argumente innerhalb der Funktion `by` einfach mit einem Komma abgetrennt hinzugefügt werden, z. B.: `by(data = pingitore$hire, INDICES = Kontrast_gruppen, FUN = mean, na.r = T)`

```
Kontraste <- Kontrast_pingitore$lambda_between
Mittelwerte <- by(data = pingitore$hire, INDICES = Kontrast_gruppen, FUN = mean)
Mittelwerte
```

```
Kontrast_gruppen: Female_Analyst_normal
[1] 5.675676
-------------
Kontrast_gruppen: Female_Analyst_overweight
[1] 3.853659
-------------
Kontrast_gruppen: Female_Sales_normal
[1] 5.475
-------------
Kontrast_gruppen: Female_Sales_overweight
[1] 3.205128
-------------
Kontrast_gruppen: Male_Analyst_normal
[1] 6.047619
-------------
Kontrast_gruppen: Male_Analyst_overweight
[1] 4.95122
--------------
Kontrast_gruppen: Male_Sales_normal
[1] 5.8
---------------
Kontrast_gruppen: Male_Sales_overweight
[1] 4.775
```

Nun zeichnen wir die Grafiken für Vorhersagen (*Kontraste*) und Ergebnisse (*Mittelwerte*) direkt nebeneinander:

```
par(mfrow = c(1, 2))
plot(1:8, Kontraste, type = "b", xlab = "Bedingungen",
    ylab = "Kontraste (Lambdas)", main = "Vorhersage")
plot(1:8, Mittelwerte, type = "b", xlab = "Bedingungen",
    ylab = "Mittelwerte", main = "Ergebnis")
par(mfrow = c(1, 1))
```

▶*Abbildung 7.1* lässt erkennen, dass die empirischen Ergebnisse gut zu den Vorhersagen passen. Zur besseren Lesbarkeit haben wir die Punkte in den Grafiken verbunden, allerdings könnten die Bedingungen auf der *X*-Achse beliebig vertauscht werden. Es gibt aber auch kleine Abweichungen von der Hypothese. Beispielsweise haben normalgewichtige Frauen bei der Bewerbung für eine Stelle im Büro (Bedingung 1) empirisch höhere Einstellungschancen, als wir diese postuliert haben.

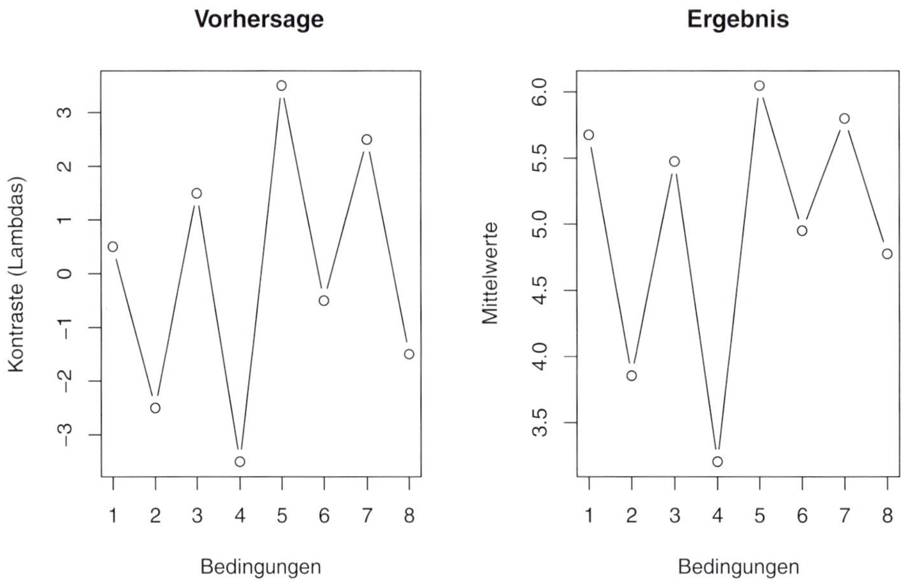

Abbildung 7.1: Vergleich der Kontrastgewichte (links) und Mittelwerte (rechts).

Eine andere Möglichkeit, sich die Güte der Ergebnisse einer Kontrastanalyse, vor allem bei vielen Kontrasten, grafisch anzusehen, besteht natürlich darin, ein Streuungsdiagramm zu erstellen. Auch das sehen wir uns für unser Beispiel an und zeichnen zur Veranschaulichung eine Lowess-Kurve ein:

```
plot(Kontraste, Mittelwerte, main = "Grafischer Fit")
lines(lowess(Kontraste, Mittelwerte))
```

Idealerweise, bei einem 100%igen Fit, würden wir eine Gerade erhalten, auf der alle Punkte liegen. Aber auch das Ergebnis in ▶ *Abbildung 7.2* deutet auf eine sehr gute Passung zwischen Vorhersage und Ergebnis hin. Der Zusammenhang, den Sie dort sehen, repräsentiert jedoch nicht die eigentlich interessierende Effektgröße $r_{\text{effectsize}}$ (0.64, hatten wir oben schon berechnet) sondern r_{alerting}:

```
r_alerting <- cor(Kontraste, Mittelwerte)
round (r_alerting, 2)

  0.95
```

r_{alerting} ist die Obergrenze für $r_{\text{effectsize}}$ in dem (ziemlich unrealistischen) Fall, dass die Werte innerhalb einer Gruppe überhaupt nicht variieren, und wird manchmal für weitergehende Berechnungen verwendet (siehe Rosenthal & Rosnow, 2000).

Manchmal kann es vorkommen, dass Sie ein signifikantes Ergebnis erhalten, obwohl Ihr Kontrast offensichtlich nicht zu den Daten korrespondiert. Dies ist dann der Fall, wenn Ihr Kontrast genau entgegengesetzt zum empirischen Ergebnis formuliert wurde. Auch dann liegt meist ein deutlicher Effekt vor, dieser ist aber negativ. Zusätzlich zum Signifikanztest sollten Sie also immer die Effektgröße mit betrachten. Wenn diese ein negatives Vorzeichen hat, ist der Effekt erwartungskonträr.

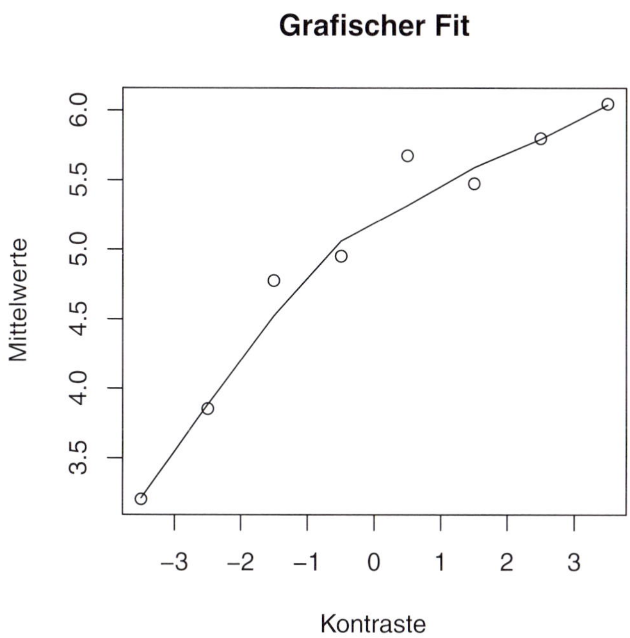

Abbildung 7.2: Fit zwischen Vorhersage (Kontraste) und Ergebnis (Mittelwerte), illustriert mithilfe einer Lowess-Kurve.

Die Voraussetzungen zur Durchführung einer Kontrastanalyse für unabhängige Stichproben sind die gleichen wie bei der Varianzanalyse von Between-Designs. Die Werte in den entsprechenden Populationen sollten normalverteilt sein und ihre Varianzen in etwa gleich groß.

7.2 Kontrastanalyse bei abhängigen Stichproben

Auch eine Variante der Kontrastanalyse für abhängige Stichproben kennen wir schon aus ▶*Kapitel 6*: den *t*-Test für abhängige Messungen. Wie beim *t*-Test für unabhängige Gruppen werden auch dort die Kontrastgewichte 1 und –1 verwendet, nur dass für die Analyse der Differenzwert und dessen Standardabweichung bzw. Standardfehler verwendet wird. Der Unterschied zur generellen Form der Kontrastanalyse bei abhängigen Stichproben besteht eigentlich nur darin, dass dort mehr als zwei Kontrastgewichte verwendet werden, eines für jede abhängige Messung. Die Kontrastgewichte kommen beispielsweise aus Vorhersagen darüber, wie sich Variablenwerte einer Person über die Zeit hinweg verändern. Aus den Kontrastgewichten und den empirischen Werten wird dann pro Person ein Wert berechnet, der das Ausmaß der Passung zwischen Vorhersage und empirischen Ergebnissen widerspiegelt. Dieser Wert könnte beispielsweise ein Korrelationskoeffizient für jede Person sein (Korrelation der Kontrastgewichte mit den Werten). Häufiger wird jedoch der sogenannte *L*-Wert genutzt. Der *L*-Wert ist die Summe der Produkte der Lambda-Gewichte für die abhängigen Messungen und der Messwerte x_i einer Person i über m abhängige Messungen hinweg. Die Lambda-Gewichte (λ_t) müssen hierfür zentriert sein:

$$L_i = \sum_{t=1}^{m} \left(\lambda_t * x_{it} \right)$$

Diese *L*-Werte werden auf Signifikanz geprüft. Dafür genügt ein einfacher *t*-Test, wie Sie ihn im ▶*Kapitel 5* und *6* bereits kennengelernt haben. Wie beim *t*-Test für den Einstichprobenfall oder für zwei abhängige Messungen kann eine beliebige Konstante als Wert für die Nullhypothese spezifiziert werden – üblicherweise hat sie den Wert 0.

7.2.1 Eine unabhängige Variable

Wir sehen uns zunächst ein einfaches Beispiel aus Sedlmeier und Renkewitz (2018, 573) an. Es wurden die Leseleistungen von acht Personen erfasst. Dabei wurden die Hintergrundgeräusche systematisch variiert, um die Auswirkungen auf die Leseleistung untersuchen zu können. Je höher die Punktzahl einer Person, desto besser war die Leseleistung (▶*Tabelle 7.2*:)

Person	Ohne Musik	Weißes Rauschen	Klassik	Jazz	L-Wert
A	27	25	21	23	7.00
B	25	26	25	24	1.00
C	30	32	23	24	10.25
D	29	29	26	28	3.00
E	30	28	27	24	6.25
F	33	30	26	26	7.75
G	31	32	29	27	4.75
H	35	34	31	32	5.00

Tabelle 7.2: Leseleistung verschiedener Personen in Abhängigkeit von den Hintergrundgeräuschen oder -musik.

Die Autoren formulierten dazu folgende Hypothesen: Die Leseleistung ist ohne Musik am besten und durch weißes Rauschen verringert sich die Leseleistung. Hören die Probanden Musik, wird die Leistung nochmals schlechter. Es macht keinen Unterschied, ob klassische Musik oder Jazz im Hintergrund läuft. Diese Hypothesen wurden in folgende Kontrastgewichte übersetzt:

$\lambda_{\text{Keine Musik}} = 1.25;\ \lambda_{\text{Weißes Rauschen}} = 0.25;\ \lambda_{\text{Klassik}} = -0.75;\ \lambda_{\text{Jazz}} = -0.75$

Wenn diese Vorhersage stimmt, müsste der Durchschnitt der *L*-Werte signifikant größer sein als 0.

Auch die Kontrastanalyse für abhängige Stichproben können wir mit der Funktion `calc_contrast` berechnen. Diesmal müssen aber die Argumente `within` und `lambda_within` benutzt werden. Zusätzlich müssen wir noch das Argument `ID` bestimmen, denn dieses charakterisiert die Personen bzw. Fälle, denen die abhängigen Messungen zugeordnet werden. Achten Sie auch hier wieder darauf, dass *within* und *ID* als *factor* konvertiert sein müssen. Die Daten für die Analyse finden Sie in der Datei *Lesetest.csv*.

```
calc_contrast(dv = lesen, within = musik,
            lambda_within = c("Ohne Musik" = 1.25, "Weisses Rauschen" = 0.25,
                            "Klassik" = -0.75, "Jazz" = -0.75),
            ID = teilnehmer, data = Lesetest)
```

```
Contrast Analysis for within factor design

L-Values: Mean =  5.875 ; SD =  3.154
t(7) = 5.269; p = 0.00058101
Contrasts:  Jazz = -0.75; Klassik = -0.75; Ohne Musik = 1.25; Weisses Rauschen = 0.25
g_contrast = 1.863
```

Das Ergebnis zeigt uns, dass der Durchschnitt der *L*-Werte bei $\alpha = 5\%$ mit $t(7) = 5.27$ und einem $p = 0.0006$ signifikant ist. Die Effektgröße $g = 1.86$ ist sehr groß. Diese Effektgröße gibt den Abstand des Ergebnisses von der Nullhypothese an (hier 0) und entspricht einer großen Passung.

7.2.2 Mehrere unabhängige Variablen

Betrachten wir nun ein Beispiel mit mehreren unabhängigen Variablen, jede davon mit drei abhängigen Messungen. Hierfür nutzen wir erneut den Datensatz *Freq_Est.csv*, den Sie bereits aus dem letzten Kapitel (*Abschnitt 6.2.8*) kennen. In diesem Datensatz hatten wir zwei Faktoren, die präsentierte Häufigkeit (*Fac_Freq*) und das arousal (*Fac_ar*), deren Bedingungen von allen Teilnehmern (*ID*) durchlaufen wurden. Auch hier folgt die Kontrastanalyse der Logik, dass wir Kontraste für die einzelnen Bedingungen angeben. Aus den zwei Variablen des Datensatzes wird schlussendlich eine Variable der kombinierten Ausprägungen. Dafür erstellen wir erneut die passende Variable *Fac_est_ar* mit der Funktion `paste`.

Unsere Hypothese besagt, dass beide Variablen einen Effekt haben. Allerdings ist der Effekt der präsentierten Häufigkeit größer als der Effekt des Arousals. Somit legen wir folgende Kontrastgewichte fest:

$\lambda_{3x\ /\ ar\_niedrig} = 2.5$; $\lambda_{3x\ /\ ar\_mittel} = 3$; $\lambda_{3x\ /\ ar\_hoch} = 3.5$; $\lambda_{5x\ /\ ar\_niedrig} = 4.5$; $\lambda_{5x\ /\ ar\_mittel} = 5$; $\lambda_{5x\ /\ ar\_hoch} = 5.5$;

$\lambda_{8x\ /\ ar\_niedrig} = 7.5$; $\lambda_{8x\ /\ ar\_mittel} = 8$; $\lambda_{8x\ /\ ar\_hoch} = 8.5$

Dann machen wir aus den zwei Messwiederholungsfaktoren *Fac_Freq* und *Fac_ar* einen neuen Faktor, *Fac_est_ar*:

```
Fac_est_ar <- factor(paste(Freq_Est$Fac_Freq, Freq_Est$Fac_ar, sep = "_"))
calc_contrast(dv = Est, within = Fac_est_ar,
            lambda_within = c("3x_niedrig" = 2.5, "5x_niedrig" = 4.5, "8x_niedrig" = 7.5,
                            "3x_mittel" = 3, "5x_mittel" = 5, "8x_mittel" = 8,
                            "3x_hoch" = 3.5, "5x_hoch" = 5.5, "8x_hoch" = 8.5),
            ID = as.factor(ID), data = Freq_Est)
```

```
Contrast Analysis for within factor design

L-Values: Mean =  28.654 ; SD =  16.081
t(40) = 11.41; p < .00000001
Contrasts:  3x_hoch = -1.833; 3x_mittel = -2.333; 3x_niedrig = -2.833; 5x_hoch =
0.167;    5x_mittel = -0.333; 5x_niedrig = -0.833; 8x_hoch = 3.167; 8x_mittel =
2.667; 8x_niedrig = 2.167
g_contrast = 1.782
```

Wir erhalten einen mittleren *L*-Wert von 28.65. Dieser Wert ist mit $p < 0.01$ signifikant. Außerdem zeigt sich ein großer Effekt von $g = 1.78$. Der von uns postulierte Kontrast repräsentiert die Veränderung der Häufigkeitsschätzung innerhalb von Personen recht gut. Die Voraussetzungen der Kontrastanalyse für abhängige Stichproben orientieren sich an denen für den *t*-Test für abhängige Messungen.

7.3 Kontrastanalysen in gemischten Designs

In einem gemischten Design werden unabhängige und abhängige Messungen kombiniert. Die Berechnung mit der Kontrastanalyse erfolgt in zwei Schritten. Zunächst werden die *L*-Werte der abhängigen Messungen bestimmt. Diese werden dann im zweiten Schritt als neue Variable zwischen den Between-Bedingungen untersucht. Rosenthal et al. (2000) geben in ihrem Buch in Tabelle 5.3 ein einführendes Beispiel. Neun Kinder aus drei verschiedenen Altersgruppen (8 Jahre, 10 Jahre und 12 Jahre) wurden jeweils viermal (T1, T2, T3 und T4) hinsichtlich einer abhängigen Variablen untersucht (▶ *Tabelle 7.3*:).

Alter	ID	T1	T2	T3	T4
	Dana	3	2	3	3
8 Jahre	Emil	1	2	1	2
	Frida	4	5	5	5
	Gerd	4	5	4	6
10 Jahre	Hans	5	6	5	6
	Ida	5	7	6	7
	Joseph	6	6	7	8
12 Jahre	Kim	5	6	6	8
	Lars	7	8	8	9

Tabelle 7.3: Mixed Design in tabellarischer Darstellung (nach Tabelle 5.3 aus Rosenthal et al., 2000)

Rosenthal et al. (2000) gehen von einem positiven linearen Effekt über die Zeit hinweg aus, mit $\lambda_{T1} = -3$; $\lambda_{T2} = -1$; $\lambda_{T3} = 1$; $\lambda_{T4} = 3$. Außerdem nehmen sie eine positive lineare Veränderung über das Alter hinweg, mit $\lambda_{8\text{ Jahre}} = -1$; $\lambda_{10\text{ Jahre}} = 0$; $\lambda_{12\text{ Jahre}} = 1$, an. Wir haben den Datensatz im *long*-Format unter *rosenthal.csv* zur Verfügung gestellt.

Zunächst müssen die (zentrierten) Kontrastgewichte bestimmt werden:

```
lambda_within <- c("1" = -3, "2" = -1, "3" = 1, "4" = 3)
lambda_between <-c("Age 8" = -1, "Age 10" = 0, "Age 12" = 1)
```

Der Messwiederholungsfaktor *time* besteht in der Ursprungsdatei aus Zahlen. Falls Sie die Zahlen nicht schon beim Einlesen in das Format `factor` umgewandelt haben, müssen wir das per Hand noch tun.[5] Und dann können wir die Kontrastanalyse durchführen:

```
calc_contrast(dv = Var,
                          between = age,
                          lambda_between = lambda_between,
                          within = time,
                          lambda_within = lambda_within,
                          ID = ID,
                          data = rosenthal)

  Contrast Analysis for Mixed-Design:

  F(1,6) = 20.211; p = 0.004
  Contrasts:  Age 10 = 0 Age 12 = 1 Age 8 = -1
  r_effectsize = 0.871
```

Auch für dieses Beispiel zeigt sich ein signifikanter Effekt mit $F(1, 6) = 20.21$ bei einem $\alpha = 5\%$. Die Effektgröße $r_{effectsize} = 0.87$ deutet auf eine sehr hohe Passung beider Hypothesen hin.

Die Voraussetzungen der Kontrastanalyse bei gemischten Designs entsprechen denen der Kontrastanalyse bei unabhängigen Stichproben.

7.4 Poweranalyse bei Kontrastanalysen

Kontrastanalysen haben eine deutlich höhere Power als korrespondierende Varianzanalysen. Die Poweranalyse für die Kontrastanalyse für abhängige Messungen kennen Sie schon aus ▶*Kapitel 6* (*Abschnitt 6.1.3*). Sie wird nämlich genau so durchgeführt wie die für *t*-Tests für abhängige Stichproben (oder *t*-Tests für den Einstichprobenfall). Sie haben aber vielleicht bemerkt, dass wir für Kontrastanalysen für abhängige Stichproben die Effektgröße *g* und nicht die Effektgröße *d* benutzt haben. Der Unterschied ist jedoch in der Praxis weitgehend vernachlässigbar, denn es handelt sich nur um den Unterschied zwischen *df* und *n*, und der ist klein, denn bei *t*-Tests für abhängige Messungen gilt $df = n - 1$:

$$g = \frac{t}{\sqrt{n}} \text{ und } d = \frac{t}{\sqrt{df}} \text{ und somit } d = g\frac{\sqrt{df}}{\sqrt{n}}$$

5 Hier z. B.: `rosenthal$time <- as.factor(rosenthal$time)`

Sie können also die Poweranalyse für Kontrastanalysen mit abhängigen Messungen auch mit der Effektgröße *g* (nun aber als Schätzung für den Populationseffekt!) durchführen.

Die Effektgröße, die man zur Poweranalyse für Kontrastanalysen für unabhängige Messungen benutzt, ist die Korrelation in der Population. Diese können Sie mithilfe der Funktion `pwr.r.test` aus dem Paket *pwr* durchführen. Dabei muss man bedenken, dass Jacob Cohen's Konventionen für Korrelationseffekte in der Population (klein: $r = 0.1$, mittel: $r = 0.3$ und groß: $r = 0.5$) für die Kontrastanalyse wegen ihrer Testgenauigkeit etwas erhöht werden müssten, was den Vorteil der Kontrastanalyse im Vergleich zur Varianzanalyse illustriert. Nehmen wir einmal an, wir würden bei einer Kontrastanalyse mit vier Gruppen einen Populationseffekt von $r = 0.4$ erwarten: Wie viele Personen sollten dann in jeder der vier Gruppen sein, wenn wir von einem $\alpha = 5\%$ und einer Power von 80% ausgehen?

```
library(pwr)
pwr.r.test(r = 0.4, sig.level = 0.05, power = 0.8)

    approximate correlation power calculation (arctangh transformation)
             n = 45.91614
             r = 0.4
     sig.level = 0.05
         power = 0.8
   alternative = two.sided
```

Die Gesamtanzahl ($n = 46$) müssten wir nun durch 4 teilen, sodass in jeder Gruppe 12 Personen sein sollten. Tatsächlich bietet es sich an, das Ergebnis der Poweranalyse eher als Untergrenze für die Anzahl der nötigen Personen zu nehmen (für Einzelheiten siehe Furr, 2004; Sedlmeier & Renkewitz, 2018, 530-533).

Zusammenfassung

Die Kontrastanalyse ist eine Alternative zur Varianzanalyse. Ihr Hauptvorteil im Vergleich zur Varianzanalyse besteht darin, dass man mit ihr (im Gegensatz zur Varianzanalyse) spezifische Vorhersagen über Mittelwertsunterschiede überprüfen kann. Diese Vorhersagen werden mittels Kontrastgewichten (λ-Gewichten) spezifiziert. In R können Kontrastanalysen mit dem Paket *cofad* berechnet werden. Die Funktion `calc.contrast` kann für alle Arten von Kontrastanalysen benutzt werden und liefert neben der Teststatistik (F für unabhängige Messungen und t für abhängige Messungen) auch Effektgrößen. Die ausgegebene Effektgröße ist abhängig vom gewählten Design. Für unabhängige Stichproben und gemischte Designs ist $r_{\text{effectsize}}$, die Korrelation der Kontrastgewichte mit den Werten der abhängigen Variablen, eine leicht zu interpretierende Effektgröße. Für die Kontrastanalyse mit abhängigen Stichproben wird g_{contrast} als Abstand der L-Werte vom Wert der Nullhypothese (meist 0) als gängige Effektstärke verwendet. Die Poweranalysen können wie gewohnt mit Funktionen aus dem Paket *pwr* durchgeführt werden. Für unabhängige Messungen wird hierbei die Poweranalyse für Korrelationen benutzt und für abhängige Messungen die für t-Tests für abhängige Stichproben.

Die R-Funktionen in diesem Kapitel

In diesem Kasten stellen wir Ihnen die Funktionen, die wir in diesem Kapitel benutzt haben, noch einmal zusammen. Wenn Funktionen nicht schon vorinstalliert sind, werden sie zusammen mit dem Paket, aus dem sie stammen, aufgelistet (`Paket::Funktion`). Funktionen, die Sie bereits aus früheren Kapiteln kennen, sind hier weggelassen.

Funktion	Kurze Beschreibung
`paste`	Verbindet Zeichenketten verschiedener Variablen
`by`	Wendet Funktionen auf alle Teilstichproben im *long*-Format an
`cofad::calc_contrast`	Berechnet die Kontrastanalyse

Tabelle 7.4: Nützliche Funktionen für die Kontrastanalyse

Ergänzende und weiterführende Literatur

Rosenthal, R., Rosnow, R. L., & Rubin, D. B. (2000). *Contrasts and effect sizes in behavioral research: A correlational approach.* Cambridge: Cambridge University Press.

Kapitel 16 in Sedlmeier, P., & Renkewitz, F. (2018). *Forschungsmethoden und Statistik für Psychologen und Sozialwissenschaftler* (3., aktualisierte und erweiterte Auflage). Hallbergmoos: Pearson.

Nonparametrische Verfahren

8

8.1 Verfahren für nominalskalierte Variablen 229

8.1.1 Vergleich eines Anteils mit einem vorgegebenen Wert. 229

8.1.2 Vergleich zweier Anteile........................ 230

8.1.3 Anpassungstest 232

8.1.4 Unabhängigkeitstest 233

8.2 Verfahren für ordinalskalierte Variablen.......... 236

8.2.1 Nonparametrische Alternativen zu t-Tests 236

8.2.2 Nonparametrische Alternative für die einfaktorielle Varianzanalyse 239

8.2.3 Poweranalyse und Effektgrößenberechnung 240

ÜBERBLICK

Lernziele

Dieses Kapitel konzentriert sich auf die gebräuchlichsten nonparametrischen Verfahren, aufgeteilt nach solchen für nominalskalierte Variablen und solchen, die sich für die Analyse ordinalskalierter Variablen und deutlich asymmetrischer Werteverteilungen intervallskalierter Variablen in der Population eignen. Sie sollen lernen, das jeweils geeignete inferenzstatistische Verfahren auszuwählen und mithilfe von geeigneten R-Funktionen durchzuführen. Insbesondere sollen sie nach dem Durcharbeiten des Texts in der Lage sein

- einen empirischen Anteil mit einem vorgegebenen theoretischen Anteil zu vergleichen,
- zwei empirische Anteile miteinander zu vergleichen,
- Anpassungstests und Unabhängigkeitstests durchzuführen,
- nonparametrische Alternativen für *t*-Tests zur Analyse von Mittelwerten und Mittelwertsunterschieden zu verwenden und
- eine nonparametrische Alternative zur einfaktoriellen Varianzanalyse zu benutzen.

In ▶*Kapitel 6* haben wir beschrieben, wie man Signifikanztests für Mittelwerte und Mittelwertsunterschiede durchführt. Diese Tests sind in Psychologie und Sozialwissenschaften sehr verbreitet. Manchmal macht es jedoch keinen Sinn, Mittelwerte zu berechnen. Das ist dann der Fall, wenn die Daten nicht intervallskaliert sind und/oder wenn Mittelwerte nicht aussagekräftig sind, weil die Werteverteilungen stark asymmetrisch sind. In diesen Fällen sind sogenannte *nonparametrische Verfahren* eine Alternative. Der Name kommt daher, dass sie keine (oder zumindest keine strengen) Annahmen über Populationsverteilungen haben (siehe Siegel, 1957).[1] Ein häufig gebrauchtes Synonym für nonparametrische Verfahren ist deswegen *verteilungsfreie Verfahren*.

Es gibt eine Vielzahl von nonparametrischen Verfahren (z. B. Deshpande et al., 2018; Hollander et al., 2014), von denen jedoch viele zumindest in Psychologie und Sozialwissenschaften kaum angewandt werden. Ein Grund dafür ist, dass die Teststärke von nonparametrischen Verfahren in der Regel kleiner ist als die korrespondierender parametrischer Verfahren. Aber wenn definitiv kein Intervallskalenniveau vorliegt oder entsprechende Annahmen über die Population klar verletzt sind (meist die Annahme, dass die Werte in der Population normalverteilt sind und/oder dass die Populationsvarianzen der miteinander verglichenen Gruppen gleich sind), dann sind nonparametrische Verfahren oft das Mittel der Wahl.[2]

---

1 Zur Erinnerung: Um beispielsweise bei den wohl bekanntesten *parametrischen Verfahren* – *t*-Test und Varianzanalyse – den Populationsmittelwert und die Populationsvarianz (die zwei wichtigsten Parameter) gut interpretieren zu können, müssen die Werte in den entsprechenden Populationen normalverteilt und deren Varianzen gleich sein.

2 In vielen Fällen können auch sogenannte *Resampling-Verfahren* eine Alternative sein (siehe Kapitel 19 in Sedlmeier & Renkewitz, 2018; entsprechende R-Funktionen sind in Burkhardt et al., 2022 zu finden).

Im Folgenden haben wir einige häufig verwendete nonparametrische Verfahren für Sie zusammengestellt. Wir haben sie aufgeteilt nach Verfahren für nominalskalierte und solche für ordinalskalierte Variablen.

8.1 Verfahren für nominalskalierte Variablen

Für nominalskalierte Variablen kann man keine Mittelwerte berechnen, aber man kann sich Häufigkeiten und relative Häufigkeiten ansehen und vergleichen. Relative Häufigkeiten wiederum sind nichts anderes als Anteile. Um solche Anteile wird es bei den folgenden Verfahren meist gehen.

8.1.1 Vergleich eines Anteils mit einem vorgegebenen Wert

Wie man einen empirisch gefundenen Anteil mit einem vorgegebenen Anteil vergleicht, haben Sie schon in ▶*Kapitel 5* kennengelernt. Man kann dafür entweder die Funktion `binom.test` benutzen, die mit der Binomialverteilung arbeitet, oder die Funktion `prop.test`, bei der man annimmt, dass die Normalverteilung eine gute Annäherung für die Binomialverteilung ist. Letzteres ist immer der Fall, wenn die Stichprobe relativ groß ist (siehe *Abschnitt 5.3.1*). Wir sehen uns zur Wiederholung ein Beispiel aus dem Datensatz *ML_I.csv* an. Etwa 14% aller Erwachsenen in den USA haben schon Meditationserfahrung.[3] Weicht der entsprechende Anteil der Chemnitzer Psychologiestudierenden signifikant von diesem Wert ab?

```
attach(ML_I)
table(Meditieren)
```

```
Meditieren
  ja nein
  15   93
```

Die Funktion `table` sagt uns, dass 15 der 108 Befragten Meditationserfahrung haben. Wir können entweder das Ergebnis der Funktion `table` oder direkt die entsprechenden Zahlen für den Binomialtest nutzen, also:

```
binom.test(table(Meditieren), p = 0.14)
```

oder:

```
binom.test(15, (15 + 93), p = 0.14)
```

```
        Exact binomial test
data:  15 and (15 + 93)
number of successes = 15, number of trials = 108, p-value = 1
alternative hypothesis: true probability of success is not equal to 0.14
95 percent confidence interval:
 0.0798687 0.2187108
sample estimates:
probability of success
             0.1388889
```

3 *https://www.thegoodbody.com/meditation-statistics/*, abgerufen 2.3.2021.

Wir sehen, dass der Anteil der Chemnitzer Studierenden, die schon einmal meditiert haben (*probability of success*: 13.9%) fast identisch ist mit dem der US-amerikanischen Erwachsenen. Das zeigt sich auch in dem maximalen *p*-Wert von 1 und daran, dass der theoretische Wert von 14% (der Wert für die Nullhypothese) fast genau in der Mitte des 95%-Konfidenzintervalls liegt.

8.1.2 Vergleich zweier Anteile

Wenn man überprüfen möchte, ob zwei (Populations-)Anteile gleich sind, geht das mit der Normalverteilungsapproximation, die die Funktion `prop.test` benutzt. Wir hatten die Studierenden in zwei Veranstaltungen (Datensätze *ML_I.csv* und *ML_II.txt*) gefragt, ob sie VegetarierInnen sind oder nicht. Unterscheiden sich die entsprechenden Anteile signifikant voneinander? Bei dieser Gelegenheit zeigen wir zur Erinnerung auch wieder einmal explizit, dass Sie nie vergessen sollten, die Anbindung eines Datensatzes (mit `attach`) immer wieder zu lösen, wenn Sie nicht mehr damit arbeiten (mit `detach`), auch wenn wir das in diesem Buch nicht immer machen:

```
attach(ML_I)
table(Vegetarier)

   Vegetarier
     ja nein
     29   79

detach(ML_I)
attach(ML_II)
table(Vegetarier)

   Vegetarier
              Ja          Nein Weitestgehend
              23            51            16

detach(ML_II)
```

Wie Sie sehen, hatten die Studierenden in der zweiten Veranstaltung auch noch eine dritte Antwortmöglichkeit. Wir beschränken uns bei unserem Vergleich aber auf die reinen VegetarierInnen und fassen die zwei anderen Kategorien in eine zusammen. Das erste Argument der Funktion, `prop.test`, `x`, enthält die jeweilige Anzahl der VegetarierInnen und das zweite Argument, `n`, die jeweilige Gesamtanzahl der Befragten – die Argumentnamen könnten wie immer auch weggelassen werden:

```
prop.test(x = c(29, 23), n = c(29 + 79, 23 + 51 + 16))

    2-sample test for equality of proportions with continuity correction

   data:  c(29, 23) out of c(29 + 79, 23 + 51 + 16)
   X-squared = 0.001956, df = 1, p-value = 0.9647
   alternative hypothesis: two.sided
   95 percent confidence interval:
    -0.1201313  0.1460572
   sample estimates:
      prop 1    prop 2
   0.2685185 0.2555556
```

Wir sehen, dass die Anteile (*sample estimates*) ziemlich gleich waren: 26.8% und 25.6%. Auch diesmal ist erwartungsgemäß der *p*-Wert sehr hoch (0.96) und das Konfidenzintervall überdeckt deutlich den Wert für die Nullhypothese (0 in diesem Fall). Wir haben aber nun keinen Binomialtest durchgeführt, sondern einen sogenannten Chi-Quadrat- oder χ^2-Test (*X-squared* in der Ausgabe), allerdings in einer modifizierten Form (siehe dazu Verzani, 2005, 233-235).

Poweranalyse

Man sollte natürlich vor jedem Signifikanztest eine Poweranalyse durchführen. Für den Vergleich von zwei Anteilen stellt R zwei Funktionen zur Verfügung, `pwr.2p.test` und `pwr.2p2n.test`, beide aus dem Paket *pwr*. Die erste der beiden Funktionen nimmt an, dass beide Stichproben gleich groß sind, und in der zweiten können sie sich unterscheiden. Für die A priori Poweranalyse bietet es sich meist an, die erste Funktion zu benutzen, sonst müsste man eine der Stichprobengrößen schon von vornherein festlegen. Sie erinnern sich sicher: Die Powerfunktionen aus dem Paket *pwr* haben *n* Argumente, von denen *n*–1 angegeben werden müssen. Für das noch fehlende Argument (das Argument, das noch den Wert `NULL` hat) wird dann das Ergebnis berechnet (für Einzelheiten sollten Sie die `help`-Funktion konsultieren, also z. B. `?pwr.2p.test`). Die Effektgröße (*h*), die für den Unterschied von zwei Proportionen (P_1 und P_2) benutzt wird, ist dieselbe, die wir auch in ▶*Kapitel 5* schon für die Poweranalyse bei Binomialtests verwendet haben (*Abschnitt 5.4.1*). Wie dort schon erwähnt, kann *h* mit der Funktion *ES.h* (auch aus dem Paket *pwr*) berechnet werden. Die Größe von *h* hängt allerdings auch davon ab, ob man Unterschiede eher bei mittleren oder extremeren Anteilen erwartet. Wenn wir beispielsweise Grund zur Annahme hätten, dass 50% der Studierenden in der ersten Veranstaltung (*ML_I*) ausschließlich vegetarisch essen, aber nur 30% der Studierenden in der zweiten (*ML_II*), erhielten wir:

```
library(pwr)
round(ES.h(0.5, 0.3), 2)
```

```
0.41
```

Wenn wir jedoch von einem identischen Unterschied von 20%, aber extremeren Werten ausgingen, wie etwa 30% und 10%, wäre unser *h* deutlich größer:

```
round(ES.h(0.3, 0.1), 2)
```

```
0.52
```

Die von Cohen (1988) vorgeschlagenen Konventionen für einen kleinen, mittleren und großen Effekt sind $h = 0.2$, 0.5 und 0.8. Gehen wir einmal davon aus, dass wir für den Unterschied der „Vegetarieranteile" von Studierenden in den beiden Veranstaltungen mindestens einen Effekt zwischen klein und mittelgroß, also $h = 0.35$ postulieren, und dass es bei den Studierenden in der ersten Veranstaltung mehr VegetarierInnen gibt – wie groß sollten die beiden Stichproben dann sein, um eine Power von 80% bei einem (einseitigen) $\alpha = 0.05$ zu gewährleisten?

```
pwr.2p.test(h = 0.35, sig.level = 0.05, power = 0.8,
            alternative = c("greater"))

        Difference of proportion power calculation for binomial
        distribution (arcsine transformation)
                 h = 0.35
                 n = 100.9397
         sig.level = 0.05
             power = 0.8
       alternative = greater
   NOTE: same sample sizes
```

Wir bräuchten also für jede der beiden Stichproben mindestens 101 Personen. In unserem Beispiel waren es für die Studierenden in der ersten Veranstaltung (*ML_I*) etwas mehr, aber für die in der zweiten Veranstaltung (*ML_II*) etwas weniger. Wenn wir die Stichprobengrößen schon vor der Durchführung der Studie wüssten (z. B. weil die Stichprobe nicht vergrößert werden kann), könnten wir auch hiermit eine Poweranalyse durchführen und uns ansehen, wie groß in diesem Fall die Wahrscheinlichkeit wäre, einen Effekt von $h = 0.35$ unter den vorgegebenen Bedingungen zu entdecken, diesmal mit der Funktion `pwr.2p2n.test`:

```
pwr.2p2n.test(h = 0.35, n1 = 108, n2 = 90, alternative = c("greater"))

        difference of proportion power calculation for binomial
        distribution (arcsine transformation)
                 h = 0.35
                n1 = 108
                n2 = 90
         sig.level = 0.05
             power = 0.7902872
       alternative = greater
   NOTE: different sample sizes
```

Wir sehen, dass die Power mit 79% nur unwesentlich kleiner wäre als die üblicherweise als Untergrenze betrachtete Konvention von 80%.

8.1.3 Anpassungstest

Für den Anpassungstest (und auch für den Unabhängigkeitstest im nächsten Abschnitt) wird der χ^2-Test in der üblichen Form verwendet. Beim χ^2-Test geht es immer um die relativen Abweichungen zwischen empirischen ($n\_beobachtet_i$) und theoretisch zu erwartenden Häufigkeiten ($n\_erwartet_i$) für die k relevanten Vergleiche. Damit sich diese Differenzen nicht ausmitteln, werden sie quadriert. Und durch Division durch die theoretisch zu erwartenden Häufigkeiten erhält man die relativen (statt der absoluten) Abweichungen:

$$\chi^2 = \sum_{i=1}^{k} \frac{(n\_beobachtet_i - n\_erwartet_i)^2}{n\_erwartet_i}$$

Der Unterschied zwischen den im Folgenden behandelten Anpassungs- und Unabhängigkeitstests besteht darin, woher die erwarteten Häufigkeiten kommen. Bei Anpassungstests werden sie (aufgrund theoretischer Erwägungen) vorgegeben und bei Unabhängigkeitstests wird aus den Randhäufigkeiten (den über Zeilen bzw. Spalten aufsummierten Häufigkeiten) berechnet, welche Häufigkeiten man in den einzelnen Zellen erwarten könnte, wenn die Variablen unabhängig voneinander wären.

8.1.4 Unabhängigkeitstest

Bleiben wir bei den Haustieren. Könnte es sein, dass VegetarierInnen eher Haustiere haben? Oder sind die Ausprägungen („ja" oder „nein") in beiden Variablen unabhängig voneinander? Wir fassen zunächst alle Haustiere in einer Kategorie zusammen und sehen uns die Häufigkeiten in den vier Zellen an (*ML_I* muss noch „attached" sein):

```
Haustier <- ifelse(Haustiere == "Keines", "Nein", "Ja")
Haustier_Veg <- table(Haustier, Vegetarier)
Haustier_Veg
```

```
          Vegetarier
  Haustier ja nein
      Ja   15   44
      Nein 14   35
```

Nun werfen wir noch einen genaueren Blick auf die Anteile für Haustiere bei VegetarierInnen und NichtvegetarierInnen. Mit dem Argument `margin = 2` bekommen wir mittels der Funktion `prop.table` die Anteile pro Spalte (mit `margin = 1` die pro Zeile und ohne das Argument die Anteile an der Gesamtstichprobe):

```
round(prop.table(Haustier_Veg, margin = 2), 2)
```

```
          Vegetarier
  Haustier   ja nein
      Ja   0.52 0.56
      Nein 0.48 0.44
```

Das sieht schon so aus, als ob die Ausprägungen der beiden Variablen unabhängig voneinander sind. Nun können wir auch noch einen Signifikanztest berechnen.

Poweranalyse

Der erste Schritt wäre, wie immer, eine Poweranalyse. Cohen (1988, 216) schlägt vor, bei χ^2-Tests dazu die Effektgröße w zu benutzen:

$$w = \sqrt{\sum_{i=1}^{k} \frac{(P\_beobachtet_i - P\_erwartet_i)^2}{P\_erwartet_i}}$$

Sie haben sicher schon die Ähnlichkeit dieser Formel zur χ^2-Test-Formel bemerkt (siehe *Abschnitt 8.1.2*). Statt der Häufigkeiten (n) geht es nun jedoch um die Anteile (P) und außerdem wird noch die Wurzel gezogen. Die Werte von w repräsentieren das Ausmaß von Unabhängigkeit der beiden Variablen oder, andersherum betrachtet, die

Höhe ihres Zusammenhangs. Die Effektgröße *w* kann deswegen in Annäherung wie ein Korrelationskoeffizient betrachtet werden. Wenn wir nun einen mittleren Effekt in der Population erwarten, also $w = 0.3$, wie groß müsste dann unsere Stichprobe sein, um diesen Effekt mit einer Wahrscheinlichkeit (Power) von 80% zu entdecken? Die Funktion, die wir für die Antwort brauchen, ist `pwr.chisq.test` aus dem Paket *pwr*. Wie immer für die Powerfunktionen aus dem Paket *pwr* müssen alle Argumente außer einem spezifiziert werden und für das noch fehlende Argument wird dann das Ergebnis berechnet:

```
library(pwr)
pwr.chisq.test(w = 0.3, df = 1, sig.level = 0.05, power = 0.8)

       Chi squared power calculation
                w = 0.3
                N = 87.20954
               df = 1
        sig.level = 0.05
            power = 0.8
   NOTE: N is the number of observations
```

Wir bräuchten für diesen Test also eine Stichprobe von 88 Personen (87.2 aufgerundet). Diese Voraussetzung ist in unserem Fall erfüllt. Nun führen wir den Test durch (mit der Tabelle als Argument):

```
chisq.test(Haustier_Veg)

       Pearson's Chi-squared test with Yates' continuity correction
   data:  Haustier_Veg
   X-squared = 0.022323, df = 1, p-value = 0.8812
```

Das Ergebnis ist klar nicht signifikant. Mit der Funktion *ES.w2* aus dem Paket *pwr* können wir auch die Effektgröße *w* berechnen (als Argument brauchen wir die Anteile):

```
round(ES.w2(prop.table(Haustier_Veg)), 2)

   0.04
```

Der Effekt ist also tatsächlich nahe an 0, oder, in anderen Worten, die zwei Variablen sind unabhängig voneinander: Es gibt keinen Zusammenhang zwischen Haustierhaltung und Vegetariertum. Wenn wir gerade dabei sind, hier auch noch einmal zur Erinnerung: Ein nicht signifikantes Ergebnis allein hat noch wenig Aussagekraft in Bezug auf einen „Nulleffekt" in der Population (hier: die zwei Variablen sind unabhängig voneinander). Diese Aussagekraft steigt aber deutlich, wenn man vorher eine Poweranalyse für den minimal interessierenden, das heißt oft schon einen kleinen Populationseffekt durchgeführt und eine entsprechend große Stichprobe ausgewählt hat. Außerdem sollte auch immer die Effektgröße mit als statistisches Argument benutzt werden. Was wäre, wenn unser postulierter Minimaleffekt in der Population nicht $w = 0.3$, sondern $w = 0.1$ gewesen wäre? Wie hoch die Power dann gewesen wäre, können wir mit einer Post-hoc-Poweranalyse überprüfen. In unserem Beispiel:

```
pwr.chisq.test(w = 0.1, N = 108, df = 1, sig.level = 0.05)

        Chi squared power calculation
                 w = 0.1
                 N = 109
                df = 1
         sig.level = 0.05
             power = 0.1799483
NOTE: N is the number of observations
```

In diesem Fall (Populationseffekt von $w = 0.1$) hätte also die Wahrscheinlichkeit, diesen mit einer Stichprobe von $n = 108$ und einem $\alpha = 0.05$ aufzudecken, nur 18% betragen!

Beispiel aus der Literatur

Unabhängigkeitstests können auch zur Analyse von Häufigkeitstabellen aus den Medien oder aus der Literatur sehr nützlich sein. Sehen wir uns einen Ausschnitt aus Tabelle 2 in Nesterko und Glaesmer (2019) an. In dieser Studie wurden Befragte mit Migrationshintergrund gebeten, ihre Religionszugehörigkeit anzugeben. Es gab dabei zwei Gruppen: 1. Generation (nach Deutschland eingewandert) und 2. Generation (in Deutschland geboren). Die Anzahl der Personen in den Kategorien „protestantisch/ evangelisch", „katholisch", „muslimisch", „andere" und „keine" waren für die zwei befragten Gruppen jeweils:

```
Generation_1 <- c(18, 36, 27, 15, 19)
Generation_2 <- c(39, 44, 22, 8, 27)
Religionszugehörigkeit <- rbind(Generation_1, Generation_2)
colnames(Religionszugehörigkeit) <- c("protest.", "kath.",
                                      "musl.", "andere", "keine")
Religionszugehörigkeit

              protest. kath. musl. andere keine
  Generation_1      18    36    27     15    19
  Generation_2      39    44    22      8    27
```

Sind Religionszugehörigkeit und Generation abhängig voneinander oder, in anderen Worten, könnte es sein, dass sich die Religionszugehörigkeit für die zwei Generationen von zugewanderten Mitbürgern systematisch unterscheidet?

```
chisq.test(Religionszugehörigkeit)

        Pearson's Chi-squared test
  data:  Religionszugehörigkeit
  X-squared = 10.216, df = 4, p-value = 0.03694
```

Die zwei Variablen scheinen tatsächlich abhängig voneinander zu sein. Wo genau die Unterschiede sind, ist manchmal schwer zu erkennen, wenn man sich nur die Häufigkeiten ansieht. Es empfiehlt sich fast immer, auch die Anteile zu berechnen, in unserem Fall die Anteile pro Generation:

```
round(prop.table(Religionszugehörigkeit, margin = 1), 2)

             protest. kath. musl. andere keine
Generation_1     0.16  0.31  0.23   0.13  0.17
Generation_2     0.28  0.31  0.16   0.06  0.19
```

Der größte relative Zuwachs ist in der Kategorie „protestantisch/evangelisch“ und die größten relativen Abnahmen sind in den Kategorien „muslimisch“ und „andere“ zu finden.

8.2 Verfahren für ordinalskalierte Variablen

Nonparametrische Verfahren für Rangdaten werden häufig als Alternativen zu *t*-Test und Varianzanalyse benutzt, wenn entweder die Messungen nur auf Ordinalskalenniveau stattgefunden haben und/oder die Werteverteilungen deutlich nichtsymmetrisch sind. Wir werden uns gleich einige bekannte Verfahren dieser Art ansehen. Es gibt aber auch noch einen sehr einfachen Test – der älteste aller Signifikanztests –, der auch heute noch ab und zu benutzt wird: der *Vorzeichentest*. Beim Vorzeichentest werden immer Wertepaare verglichen, die in eine Größer-Kleiner-Relation gebracht werden können. Man könnte also beispielsweise bei einer Zufallsauswahl von Studierenden vergleichen, ob ihr Zeigefinger länger ist als ihr Ringfinger (wird in der psychologischen Fachliteratur manchmal als Diagnostikum betrachtet, z. B. für Durchsetzungsfähigkeit oder Sportlichkeit). Jede Person, bei der der Zeigefinger länger ist, erhält ein „+“ und jede Person, bei der der Ringfinger länger ist, ein „–“ (Personen mit gleichen Werten auf den zwei Variablen, also in unserem Beispiel gleich langen Zeige- und Ringfingern, werden üblicherweise aus der weiteren Analyse ausgeschlossen). Nun wird der Anteil der „+“-Ergebnisse berechnet und mit einem theoretisch hergeleiteten Anteil (für die Nullhypothese) verglichen. Sie ahnen sicher schon, welcher Test hier angewandt wird: der Binomialtest. Wie man mithilfe der Binomialverteilung Inferenzstatistik betreibt, haben wir schon in ▶*Kapitel 5* beschrieben (*Abschnitte 5.3.1* und *5.4.1*). Dort haben wir auch erläutert, wie man eine Poweranalyse für den Binomialtest durchführt.

8.2.1 Nonparametrische Alternativen zu *t*-Tests

R bietet eine Funktion, *wilcox.test*, mit der man Tests durchführen kann, die äquivalent sind zum *t*-Test für zwei unabhängige Stichproben, zum *t*-Test für zwei abhängige Stichproben und zum *t*-Test für den Einstichprobenfall (siehe ▶*Kapitel 6*).

Zwei unabhängige Stichproben: U-Test/Rangsummentest

Der *Mann-Whitney U-Test* (auch bekannt als *Wilcoxon Rangsummentest*) ist das nonparametrische Äquivalent zum *t*-Test für unabhängige Stichproben. Wir illustrieren ihn an einem fiktiven Beispiel mit relativ wenigen Werten. Nehmen Sie an, in einer Studie wurde die Auswirkung von Alkohol auf die Reaktionszeit untersucht. Dazu wurden die Probanden zufällig einer von zwei Gruppen zugewiesen. In der „Alkohol-Gruppe“ bekam jede Person genau so viel Alkohol zu trinken, dass der Blutalkoholgehalt über die TeilnehmerInnen hinweg vergleichbar war. Die andere Gruppe „Kein Alkohol“ erhielt eine Flüssigkeit zu trinken, die so ähnlich aussah und schmeckte.

Alle TeilnehmerInnen führten einen Reaktionszeittest durch, und das sind die Ergebnisse (in Millisekunden):

```
RT_Alkohol <- c(194, 235, 206, 195, 223, 194, 239)
RT_Kein_Alkohol <- c(171, 183, 173, 177, 192, 203, 219)
library(aplpack)
stem.leaf.backback(RT_Alkohol, RT_Kein_Alkohol)
```

```
______________________________
  1 | 2: represents 12, leaf unit: 1
RT_Alkohol        RT_Kein_Alkohol
______________________________
            | 17 |137   3
            | 18 |3    (1)
   3     544| 19 |2     3
 (1)       6| 20 |3     2
            | 21 |9     1
   3       3| 22 |
   2      95| 23 |
            | 24 |
______________________________
n:         7    7
______________________________
```

Bei den Reaktionszeiten gibt es zwar kein Problem mit dem Skalenniveau (sie sind sogar verhältnisskaliert), aber ein Blick auf das Stamm-Blatt-Diagramm macht klar, dass die Verteilungen der Reaktionszeitwerte in beiden Gruppen deutlich asymmetrisch sind. Die Form der Verteilungen ist allerdings einigermaßen vergleichbar – Letzteres ist eine Voraussetzung für die Durchführung des U-Tests. Um den Test durchzuführen, brauchen wir, genauso wie beim *t*-Test für unabhängige Stichproben, eine Variable, die die Gruppenzugehörigkeit enthält, und eine andere mit den Reaktionszeiten:

```
Gruppe <- c(rep("Alkohol", 7), rep("Kein Alkohol", 7))
AV <- c(RT_Alkohol, RT_Kein_Alkohol)
wilcox.test(AV ~ Gruppe)

        Wilcoxon rank sum test with continuity correction
data:  AV by Gruppe
W = 42, p-value = 0.02966
alternative hypothesis: true location shift is not equal to 0
```

In R wird die Prüfgröße (traditionell *U*) als *W* bezeichnet. Die Stichprobenverteilung für den *U*-Test gibt die Wahrscheinlichkeiten für die Werte dieser Prüfgröße (in Abhängigkeit von den Stichprobengrößen) an. Die Wahrscheinlichkeit, dass eine Rangsumme von 42 oder größer rein durch Zufall auftreten könnte, ist in unserem Beispiel $p = 0.03$ und der Test ist somit bei einem zweiseitigen $\alpha = 0.05$ signifikant.[4] Wir könnten in diesem Fall auch einseitig testen, weil man ja von vornherein erwarten würde, dass Alkohol die Reaktionsfähigkeit beeinträchtigt:

4 Beim Wilcoxon-Test, wie auch bei einigen anderen nonparametrischen Tests, kann der *p*-Wert bei Rangbindungen (*ties*) nur approximativ berechnet werden. Die Ausgabe in der Konsole enthält dann eine entsprechende Warnmeldung. Sie können die *p*-Werte jedoch so benutzen, wie sie sind:

```
wilcox.test(AV ~ Gruppe, alternative = c("greater"))
        Wilcoxon rank sum test with continuity correction
  data:  AV by Gruppe
  W = 42, p-value = 0.01483
  alternative hypothesis: true location shift is greater than 0
```

Wie nicht anders zu erwarten, bleibt die Teststatistik gleich ($W = 42$), aber der p-Wert halbiert sich. Das Ergebnis deutet darauf hin, dass Alkohol die Reaktionszeiten erhöht.

Zwei abhängige Stichproben

Der bekannteste Test, um Unterschiede in der zentralen Tendenz zwischen zwei abhängigen Gruppen zu untersuchen, ist der *Wilcoxon-Vorzeichen-Rang-Test*. Der wesentliche Unterschied zum Wilcoxon Rangsummentest ist, dass die Ränge (und deren Vorzeichen) für die *Differenzen* der Werte in beiden Variablen gebildet werden. Nehmen wir zur Illustration einfach mal an, dass die Werte für die Reaktionszeiten mit und ohne Alkoholgenuss aus dem letzten Absatz tatsächlich von denselben Personen erhoben wurden (an zwei Tagen, zufällige Zuordnung zu beiden Bedingungen). Stellen wir die Reaktionszeiten noch einmal gegenüber:

```
cbind(RT_Alkohol, RT_Kein_Alkohol)
       RT_Alkohol RT_Kein_Alkohol
  [1,]        194             171
  [2,]        235             183
  [3,]        206             173
  [4,]        195             177
  [5,]        223             192
  [6,]        194             203
  [7,]        239             219
```

Und nun der Wilcoxon-Test für abhängige Stichproben (entscheidend ist das Argument `paired = T`):

```
wilcox.test(RT_Alkohol, RT_Kein_Alkohol, paired = T,
            alternative = c("greater"))
        Wilcoxon signed rank test
  data:  RT_Alkohol and RT_Kein_Alkohol
  V = 27, p-value = 0.01563
  alternative hypothesis: true location shift is greater than 0
```

Obwohl sich ja nun der Stichprobenumfang im Vergleich zum Rangsummentest auf die Hälfte reduziert hat, ist der p-Wert vergleichbar (und signifikant): $p = 0.016$. Dieses Ergebnis illustriert wieder einmal die tendenziell höhere Power bei Within-Designs (wenn die Messungen positiv korreliert sind).

Einstichprobenfall

Im Grunde haben wir im vorigen Absatz den Einstichprobenfall schon behandelt. Es handelte sich dort allerdings nicht um einfache Werte, sondern um Differenzen. Aber auch im „normalen“ Einstichprobenfall haben wir es im Grunde immer mit Differenzen zu tun, allerdings geht es häufig um die Differenzen der Werte zur Konstante 0 (was dann aussieht, wie wenn es nur um die Werte selbst ginge). Wie beim t-Test für den Einstichprobenfall kann man allerdings auch beim Wilcoxon-Test für den Einstichprobenfall die

Konstante, die von den Stichprobenwerten jeweils subtrahiert werden soll, anders spezifizieren. Das könnte beispielsweise der Median der Werte sein oder ein anderer theoretisch interessanter Wert. Betrachten wir hierzu ein Beispiel aus unserem *ML_II* Datensatz mit einer klar ordinalskalierten Variablen. Wir hatten die Studierenden gefragt, ob ihr Gewicht während der ersten Welle der Covid-19 Pandemie gleich geblieben, sich erhöht oder sich verringert hat. Werfen wir einen ersten Blick auf die Ergebnisse:

```
attach(ML_II)
table(Gewicht)
```

```
Gewicht
geringer geworden.  gleich geblieben.    höher geworden.
                10                 62                 18
```

Wenn überhaupt, dann zeigt sich insgesamt ein leichter Trend nach oben. Ist dieser Trend signifikant? Um das mithilfe des Wilcoxon-Tests für den Einstichprobenfall zu untersuchen, brauchen wir zunächst numerische Werte (0 für Gewichtsverlust, 1 für keine Veränderung und 2 für Gewichtszunahme):

```
Gewicht_num <- rep(0, length(Gewicht))
Gewicht_num[Gewicht == "gleich geblieben."] <- 1
Gewicht_num[Gewicht == "höher geworden."] <- 2
```

Wir nehmen als Konstante den Median (1) und berechnen, ob es eine signifikante Abweichung nach oben gibt:

```
wilcox.test(Gewicht_num, mu = 1, alternative = "greater")
```

```
        Wilcoxon signed rank test with continuity correction
data:  Gewicht_num
V = 261, p-value = 0.06696
alternative hypothesis: true location is greater than 1
```

Der Test ist zwar auch bei einem einseitigen $\alpha = 0.05$ nicht signifikant, aber ein Trend ist erkennbar.

8.2.2 Nonparametrische Alternative für die einfaktorielle Varianzanalyse

Bleiben wir bei der ordinalskalierten Variablen Gewicht. Wir haben die Studierenden auch gefragt, wie sportlich sie sind (Kategorien: „überhaupt nicht“, „mäßig“, „sehr“). Es könnte ja sein, dass die Sportlichkeit das Ausmaß der Gewichtszunahme bestimmt: Je sportlicher die Studierenden waren, desto mehr mussten sie möglicherweise darauf verzichten, ihren Sport zu betreiben, und desto eher könnten sie an Gewicht zugelegt haben. Sehen wir uns den Sachverhalt zunächst wieder in einer Tabelle an:

```
Sport_Gewicht <- table(Sportlichkeit, Gewicht)
Sport_Gewicht
```

```
                 Gewicht
Sportlichkeit     geringer        gleich          höher
  mäßig             8               35              13
  sehr              2               14               3
  überhaupt nicht   0               13               2
```

Auf den ersten Blick ist kein systematischer Trend über die drei Ausprägungen von *Sportlichkeit* hinweg zu erkennen. Was sagt der *Kruskal-Wallis-Test*, die nonparametrische Alternative zur einfaktoriellen Varianzanalyse?

```
kruskal.test(Gewicht_num ~ Sportlichkeit)

        Kruskal-Wallis rank sum test
data:  Gewicht_num by Sportlichkeit
Kruskal-Wallis chi-squared = 0.15247, df = 2, p-value = 0.9266
```

Der sagt im Grunde dasselbe, was wir gerade schon in der Kontingenztabelle gesehen haben: Die selbsteingeschätzte Sportlichkeit scheint keine Rolle dabei zu spielen, ob das Gewicht der Studierenden während der Pandemie gleichgeblieben ist oder sich verändert hat.

8.2.3 Poweranalyse und Effektgrößenberechnung

Sie werden sich vielleicht schon gefragt haben, ob wir bei den Verfahren für ordinalskalierte Variablen Poweranalyse und Effektgrößenberechnung vergessen haben. Für den Vorzeichentest, also den Binomialtest, haben wir auf ▶*Kapitel 5* verwiesen. Für die übrigen hier behandelten Verfahren für ordinalskalierte Variablen verweisen wir auf ▶*Kapitel 6*. Tatsächlich ist es am einfachsten, eine Poweranalyse für das jeweils korrespondierende parametrische Verfahren durchzuführen und das Ergebnis, also die als notwendig berechnete Stichprobengröße, als Untergrenze für die vorgegebene Power zu betrachten. Sie sollten also immer eher noch einige zusätzliche Personen mit in die Stichprobe nehmen, wenn Sie auf der sicheren Seite sein wollen.

Und wie ist es mit den empirischen Effektgrößen? Auch hier ist die einfachste Möglichkeit die über die entsprechenden parametrischen Verfahren (z. B. Rosenthal & Rubin, 2003). Nehmen wir ein Beispiel. In der ersten Analyse in *Abschnitt 8.2.1* haben wir getestet, ob die sieben Personen, die Alkohol getrunken hatten, langsamere Reaktionszeiten hatten als die, die keinen getrunken hatten. Das Ergebnis für den einseitigen Test war $p = 0.01483$. Für die Effektgrößenberechnung brauchen wir nun den entsprechenden t-Wert. Den bekommen wir mit der Funktion `qt`, mit dem p-Wert und den Freiheitsgraden als Argumenten. Die Freiheitsgrade für einen t-Test im Zweistichprobenfall sind $N - 2$, also 12 in unserem Fall:

```
t_wert <- qt(0.01483, 12, lower.tail = F)
t_wert

  2.466926
```

Und nun können wir die Standard-Formel zur Berechnung einer korrelativen Effektgröße benutzen (oder die Funktion `t_to_r` aus dem *pwr* Paket):

```
round(sqrt(t_wert^2/(t_wert^2 + 12)), 2)

  0.58
```

Der Unterschied zwischen den beiden Gruppen ist also recht groß ($r = 0.5$ ist ein großer Effekt nach den Standards von Jacob Cohen).

Zusammenfassung

Wenn Variablen nicht intervallskaliert sind, sondern nur Nominal- oder Ordinalskalenniveau besitzen, kann man keine sinnvollen arithmetischen Mittelwerte berechnen. Dasselbe gilt, wenn die Werteverteilungen deutlich asymmetrisch sind. In solchen Fällen bieten sich nonparametrische oder verteilungsfreie Verfahren an. Wir haben in diesem Kapitel die gebräuchlichsten Verfahren für nominal- und ordinalskalierte Variablen zusammengefasst.

Bei nominalskalierten Variablen kann man keine sinnvollen Maße der zentralen Tendenz berechnen, aber wohl Anteile und deren Unterschiede zu theoretisch vorgegebenen oder aus Stichproben geschätzten anderen Anteilen. Außerdem kann man berechnen, welche Anteile bei Unabhängigkeit zweier Variablen zu erwarten wären, und die empirisch ermittelten Anteile mit diesen vergleichen (Unabhängigkeitstest). Die Mehrzahl dieser Verfahren benutzt sogenannte Chi-Quadrat-Tests (Funktion `chisq.test` in R).

Bei den Tests für die ordinalskalierten Variablen geht es im Grunde immer um den Vergleich von Verteilungen, und dieser Vergleich wird meist dadurch durchgeführt, dass man mit Summen von Rängen operiert. Wenn man ansonsten einen *t*-Test durchführen würde, kann man bei ordinalen oder nicht symmetrischen Daten eine der Varianten des Wilcoxon-Tests durchführen (Funktion `wilcox.test`) und die bekannteste Methode zur Durchführung von „nonparametrischen einfaktoriellen Varianzanalysen" ist der Kruskal-Wallis-Test (Funktion `kruskal.test`).

Die R-Funktionen in diesem Kapitel

In diesem Kasten stellen wir Ihnen die Funktionen, die wir in diesem Kapitel benutzt haben, noch einmal zusammen. Wenn Funktionen nicht schon vorinstalliert sind, werden sie zusammen mit dem Paket, aus dem sie stammen, aufgelistet (`Paket::Funktion`). Funktionen, die Sie bereits aus früheren Kapiteln kennen, sind hier weggelassen.

Funktion	Kurze Beschreibung
`chisq.test`	Signifikanztests und Konfidenzintervalle für Anpassungs- und Unabhängigkeitstests
`pwr::ES.h`	Berechnet Effektgröße für den Vergleich zweier Anteile
`pwr::ES.w2`	Berechnet Effektgröße für Kontingenztafeln
`kruskal.test`	Kruskal-Wallis-Test (nonparametrische Alternative zur einfaktoriellen Varianzanalyse)
`prop.test`	In diesem Kapitel auch für den Vergleich zweier Anteile benutzt
`pwr::pwr.chisq.test`	Führt Poweranalysen, Anpassungs- und Unabhängigkeitstests durch
`pwr::pwr.2p.test`	Führt Poweranalysen für den Vergleich zweier Anteile durch (gleiche Stichprobengrößen)
`pwr::pwr.2p2n.test`	Führt Poweranalysen für den Vergleich zweier Anteile durch (ungleiche Stichprobengrößen)
`wilcox.test`	Signifikanztests für unterschiedliche nonparametrische Alternativen zu t-Tests

Tabelle 8.1: Funktionen für die Durchführung von nonparametrischen Verfahren

Ergänzende und weiterführende Literatur

Kapitel 17 und 18 in Sedlmeier, P. & Renkewitz, F. (2018). *Forschungsmethoden und Statistik: Ein Lehrbuch für Psychologen und Sozialwissenschaftler* (3. überarbeitete und erweiterte Auflage). Hallbergmoos: Pearson.

(Einige Hintergrundinformationen zu den beschriebenen Verfahren)

Kloke J., & McKean, J. W. (2015). *Nonparametric statistical methods using R.* Boca Raton: CRC Press.

(Umfangreiche Sammlung von R-Funktionen zur Durchführung von nonparametrischen Verfahren)

Erweiterungen der Regressionsrechnung

9

9.1 Ein Prädiktor 245

9.2 Zwei Prädiktoren 247

9.2.1 Unstandardisierte Regressionskoeffizienten 247

9.2.2 Standardisierte Regressionskoeffizienten 247

9.2.3 Diagnostische Plots 248

9.3 Poweranalyse für Regressionsmodelle 251

9.4 „Varianzanalyse“ mit Regression 253

9.5 „Kovarianzanalyse“ mit Regression 256

9.6 Kontrastkodierte Prädiktoren 257

9.7 Schrittweise Regression 259

9.7.1 Theoriegeleitete Reihenfolge: Prädiktoren selbst auswählen 259

9.7.2 Reihenfolge nach „Erklärungskraft“: Algorithmus wählt Prädiktoren aus 261

9.7.3 Wann welche Vorgehensweise? 262

9.8 Moderatoranalyse 263

9.8.1 Prädiktoren zentrieren: wann und warum? 263

9.8.2 Interaktion zwischen nominalskaliertem und intervallskaliertem Prädiktor 265

9.8.3 Interaktion zweier intervallskalierter Prädiktoren 268

9.9 Mediatoranalyse 272

Lernziele

Nach dem Durcharbeiten dieses Kapitels sollten Sie in der Lage sein, mithilfe von R

- Regressionsanalysen mit beliebig vielen Prädiktoren durchzuführen und deren Ergebnisse zu bewerten,
- nominalskalierte Variablen in die Regressionsanalyse einzubeziehen (Varianzanalysen und Kovarianzanalysen mithilfe der Regressionsanalyse),
- kontrastkodierte Prädiktoren zu benutzen,
- schrittweise Regressionsanalysen zu erstellen,
- Interaktionen für beliebig skalierte Prädiktoren durchzuführen (Moderatoranalyse) und
- einfache Mediatoranalysen zu realisieren.

Das Prinzip der Regressionsrechnung haben wir in ▶*Kapitel 4* schon behandelt. Dort haben wir die Werte in einem Kriterium aufgrund der Kenntnis der Werte in einem Prädiktor vorhergesagt. In diesem Kapitel bleiben wir (weitgehend) bei einem Kriterium, erhöhen jedoch die Anzahl der Prädiktoren und fügen auch nominalskalierte Prädiktoren hinzu. Regressionsrechnung kann aber noch viel mehr. Wir zeigen, dass wir mithilfe von kontrastkodierten Prädiktoren auch präzise Vorhersagen testen können und dass man die Regressionsrechnung auch in mehreren Häppchen durchführen kann: die schrittweise Regression. Überdies führen wir eine allgemeine Form der Interaktionsrechnung ein – die Moderatoranalyse – und zeigen, dass Regressionsrechnung auch mit indirekten Beziehungen funktioniert: durch Einbeziehung von sogenannten Mediatorvariablen, die gewissermaßen sowohl als Kriterien als auch als Prädiktoren fungieren können. In diesem Kapitel behandeln wir auch die Inferenzstatistik, die man für die Regressionsrechnung braucht, inklusive der dazu notwendigen Vorüberlegungen im Rahmen der Poweranalyse. Um nahtlos an die Beschreibung der Regressionsrechnung mit einem Prädiktor anzuknüpfen, fangen wir auch hier mit diesem einfachsten Fall an.

9.1 Ein Prädiktor

Greifen wir zunächst das Beispiel mit den IQ-Tests aus den *Kapiteln 3* und *4* wieder auf. Zur Erinnerung noch einmal die Daten (in der Datei *IQ_Daten.txt*):

```
IQ_Daten
```

```
   Person Verb.Test Num.Test  IQ
1       1         4      5.0  98
2       2         5      6.5  98
3       3         6      7.0 103
4       4         7      5.5 101
5       5         8      9.0 100
6       6        10      6.5 106
7       7        11      8.0 111
8       8        12     10.5 125
9       9        14      8.0 120
10     10        15     10.0 115
```

Wir hatten Ihnen in ▶*Kapitel 4* einen Teil dessen, was die Funktion `lm` liefert, vorenthalten, nämlich die Signifikanztestergebnisse. Dort hatten wir aufgrund der Kenntnis der Werte im verbalen Test die Werte im numerischen Test vorhergesagt. Wir machen uns nun anhand dieses einfachen Beispiels mit dem gesamten Output der Funktion `lm` vertraut:

```
attach(IQ_Daten)
IQ_reg <- lm(Num.Test ~ Verb.Test)
```

Die Funktion `summary` liefert eine Fülle von Informationen:

```
summary (IQ_reg)
```

```
Coefficients:
            Estimate Std. Error t value Pr(>|t|)
(Intercept)   4.2778     1.1273   3.795  0.00528 **
Verb.Test     0.3611     0.1141   3.165  0.01330 *
---
Signif. codes:  0 '***' 0.001 '**' 0.01 '*' 0.05 '.' 0.1 ' ' 1

Residual standard error: 1.299 on 8 degrees of freedom
Multiple R-squared:  0.5559,     Adjusted R-squared:  0.5004
F-statistic: 10.01 on 1 and 8 DF,  p-value: 0.0133
```

Zur Wiederholung: Wir sehen, dass die Konstante (*Intercept*), also der Punkt, auf dem die Regressionsgerade die *Y*-Achse schneidet, 4.28 beträgt und dass sich der numerische Testwert um 0.36 Punkte erhöht, wenn der verbale Testwert um einen Punkt höher wird (der Regressionskoeffizient für *Verb.Test*). Zudem sehen wir den Standardfehler *(Std. Error*), und nun auch die *t*-Werte und die *p*-Werte.[1] Der Signifikanztest für die Konstante (ob sie signifikant von 0 abweicht) ist in diesem Fall bedeutungslos, aber

1 Viele Statistikpakete benutzen die „Sternchenstrategie", zeichnen also z. B. zwei Sternchen hinter das Resultat, wenn das Ergebnis bei einem $\alpha = 0.01$ signifikant ist (p-Wert ≤ 0.01), oder ein Sternchen für ein signifikantes Ergebnis bei $\alpha = 0.05$. Viele Methodiker finden das eher ungünstig, weil es einer automatisierten Bewertung von Signifikanztestergebnissen Vorschub leistet. Wir lassen die „Sternchenausgabe" im Folgenden weg.

wir werden später sehen, dass auch dieser Test unter Umständen sinnvoll sein kann (*Abschnitt 9.8.1*). Der *t*-Wert für den Prädiktor (*Verb.Test*) beträgt 3.165 und dieser Wert ist bei einem zweiseitigen $\alpha = 0.05$ signifikant, da der *p*-Wert deutlich kleiner ist: $p = 0.013$. Wir sehen zudem, dass der Standardschätzfehler (*Residual standard error*) 1.30 beträgt und der multiple Determinationskoeffizient 0.56 (56% aufgeklärte Varianz), was in diesem Fall identisch ist mit dem Quadrat der Korrelation zwischen Prädiktor und Kriterium. Der adjustierte multiple Determinationskoeffizient macht bei *einem* Prädiktor keinen Sinn, weil sein Zweck darin besteht, das Ausmaß der erklärten Varianz für die Anzahl der Prädiktoren zu kompensieren (wir kommen aber gleich noch mal darauf zurück, wenn wir mehrere Prädiktoren benutzen); und der *F*-Wert (10.01) ist in diesem Beispiel nichts anderes als das Quadrat des *t*-Werts für den Prädiktor.[2] Das sieht man auch daran, dass die *p*-Werte für $t = 3.165$ und $F = 10.01$ gleich sind.

Eine oft brauchbarere Tabelle mit noch deutlich mehr Informationen liefert die Funktion `apa.reg.table` aus dem Paket *apaTables* (Stanley & Spence, 2018). Diese Funktion benötigt für einige Berechnungen zusätzlich das Paket *MBESS* (Kelley, 2017):

```
library(apaTables)
library(MBESS)
apa.reg.table(IQ_reg)
```

```
   Predictor      b      b_95%_CI   beta  beta_95%_CI    r            Fit
 (Intercept) 4.28** [1.68, 6.88]
   Verb.Test  0.36* [0.10, 0.62]  0.75  [0.20, 1.29]   .75*
                                                               R2 = .556*
                                                               95% CI[.03,.76]
```

Wir haben den Output der Funktion etwas verkleinert, damit er auf die Seite passt. Statt der *p*-Werte haben wir es nun mit Konfidenzintervallen zu tun – Sie erinnern sich: Konfidenzintervalle und *p*-Werte sind äquivalent, aber Erstere liefern zusätzlich Informationen über die Genauigkeit der Schätzung (siehe ▶*Kapitel 5*). Voreingestellt sind 95%-Konfidenzintervalle. Die Funktion `apa.reg.table` berechnet gleich automatisch standardisierte Regressionskoeffizienten (*beta*). Sowohl das Konfidenzintervall für den unstandardisierten (*b*) als auch das für den standardisierten Koeffizienten (*beta*) überschreiten den Wert für die Nullhypothese (0) *nicht*, was gleichbedeutend mit einem signifikanten Ergebnis bei einem zweiseitigen $\alpha = 0.05$ ist. Wir sehen zudem, dass die Korrelation zwischen `Verb.Test` und `Num.Test` $r = 0.75$ beträgt. Weil es in diesem Beispiel nur einen Prädiktor gibt, ist das automatisch auch der Wert für *beta*. Das Quadrat davon, der Determinationskoeffizient, ist $R^2 = 0.56$.

2 Die Freiheitsgrade (*degrees of freedom*, abgekürzt *DF*) bei der Regressionsanalyse berechnen sich für den *F*-Test (insgesamt aufgeklärte Varianz) als k für Zähler und $N - k - 1$ für Nenner, und für den oder die *t*-Test(s) (Varianz, die durch einen Prädiktor aufgeklärt wird) auch als $N - k - 1$, wobei N = Anzahl der Datenpunkte und k = Anzahl der Prädiktoren.

9.2 Zwei Prädiktoren

9.2.1 Unstandardisierte Regressionskoeffizienten

Wir bleiben beim IQ-Datensatz und illustrieren nun damit eine Regressionsanalyse mit zwei Prädiktoren. Lassen Sie uns untersuchen, wie gut man den Gesamt-IQ vorhersagen kann, wenn man sowohl die numerischen als auch die verbalen IQ-Werte kennt. In der Funktion `lm` werden weitere Prädiktoren einfach mit „+" hinzugefügt:

```
IQ_Regr_2 <- lm(IQ ~ Verb.Test + Num.Test)
summary(IQ_Regr_2)

             Estimate Std. Error t value Pr(>|t|)
(Intercept)  82.7350     7.5731  10.925 1.19e-05 ***
Verb.Test     1.7940     0.6875   2.610   0.0349 *
Num.Test      1.1132     1.4194   0.784   0.4586
---
Residual standard error: 5.215 on 7 degrees of freedom
Multiple R-squared:  0.7712,      Adjusted R-squared:  0.7058
F-statistic:  11.8 on 2 and 7 DF, p-value: 0.00573
```

Als Regressionsgleichung ergibt sich somit:

$$\hat{y}_i = 82{,}74 + 1{,}79 Verb.Test_i + 1{,}11 Num.Test_i$$

Wir starten also bei der Vorhersage der IQ-Gesamtwerte mit der Konstanten von 82.74 IQ-Punkten und addieren pro Wert im verbalen Test noch 1.79 und pro Wert im numerischen Test noch 1.11 IQ-Punkte dazu. Der Standardschätzfehler beträgt 5.22 IQ-Punkte und wir sehen, dass die insgesamt durch die zwei Prädiktoren aufgeklärte Varianz außergewöhnlich hoch ist: Der multiple Determinationskoeffizient ist $R^2 = 0.77$, die zwei Prädiktoren klären also 77% der Varianz im Kriterium auf. Der Wert im adjustierten multiplen Determinationskoeffizienten (*Adjusted R-squared*), der die Tatsache ausgleicht, dass mehr Prädiktoren generell auch mehr Varianz aufklären (egal ob die zusätzlichen Prädiktoren einen Beitrag zur Erklärungskraft liefern oder nicht), ist mit $R^2_{adj} = 0.71$ nur unwesentlich niedriger.[3] Von den zwei Prädiktoren wird nur der verbale Test signifikant (bei $\alpha = 0.05$).

9.2.2 Standardisierte Regressionskoeffizienten

Manchmal möchte man standardisierte Regressionskoeffizienten haben, beispielsweise, wenn Ergebnisse über mehrere Studien hinweg verglichen werden sollen, bei denen unterschiedliche Messinstrumente eingesetzt wurden. In ▶*Kapitel 4* haben wir schon eine einfache Möglichkeit zur Standardisierung von Variablen kennengelernt: mit der Funktion `scale`:

3 Es gibt verschiedene Formeln für den adjustierten multiplen Determinationskoeffizienten. Die Funktion `lm` verwendet diese: $R^2_{adj} = 1 - \left(1 - R^2\right)\frac{n-1}{n-k-1}$, wobei n = Stichprobengröße und k = Anzahl der Prädiktoren.

```
IQ_Regr_2s <- lm(scale(IQ) ~ scale(Verb.Test) + scale(Num.Test))
summary(IQ_Regr_2s)
```

```
                    Estimate Std. Error t value Pr(>|t|)
  (Intercept)      -3.400e-16 [4]1.715e-01   0.000   1.0000
  scale(Verb.Test)  7.080e-01  2.713e-01   2.610   0.0349 *
  scale(Num.Test)   2.128e-01  2.713e-01   0.784   0.4586
  ---
  Residual standard error: 0.5424 on 7 degrees of freedom
  Multiple R-squared:  0.7712,      Adjusted R-squared:  0.7058
  F-statistic:  11.8 on 2 and 7 DF, p-value: 0.00573
```

Wenn Sie dieses Ergebnis mit dem aus *Abschnitt 9.2.1* vergleichen, fällt auf, dass sich einige Werte geändert haben: die Ergebnisse für die Konstante (die ist ja durch die Standardisierung automatisch auf 0 gesetzt worden) und für den Standardschätzfehler (jetzt 0.54). Natürlich haben sich auch die Koeffizienten verändert. Der standardisierte Regressionskoeffizient für *Verb.Test* ist 0.71 und der für *Num.Test* 0.21. Gleich geblieben sind jedoch der Determinationskoeffizient und alle p-Werte (außer natürlich der für die Konstante).

Die oben schon erwähnte Funktion `apa.reg.table`, die automatisch auch standardisierte Regressionskoeffizienten berechnet, erzeugt auch formatierte Word-Tabellen, die man so oder leicht modifiziert direkt in Manuskripten verwenden kann. Das tut sie, wenn noch ein Dateiname mit der Extension „.doc“ (oder „.docx“) als Wert des Arguments `filename` angefügt wird, wie z. B. `apa.reg.table(IQ_Regr_2, filename = "IQ_2_Prädiktoren.doc")`. Die Datei *IQ_2_Prädiktoren.doc* finden Sie dann in Ihrem aktuellen R-Verzeichnis.

9.2.3 Diagnostische Plots

Die Funktion `lm` erzeugt Informationen, die für diagnostische Plots genutzt werden können. Die Funktion `plot` erkennt, wenn es sich bei Ihrem Argument um ein Regressionsresultat (wie z. B. `IQ_Regr_2`) handelt, und erstellt unterschiedliche Plots. Diese kann man sich einzeln ausgeben lassen (dazu später) oder man sieht sich gleich ein „Gesamtpaket“ von vier Abbildungen an, was wir nun zuerst machen werden. Dazu definieren wir vorher ein entsprechendes Zeichenfeld:

```
par(mfrow = c(2, 2))
plot(IQ_Regr_2)
```

Sehen wir uns die diagnostischen Plots der Reihe nach an (▶*Abbildung 9.1*). Der erste Plot links oben ist ein Plot der Residualwerte, geordnet nach den vorhergesagten Werten (*Fitted values*) auf der X-Achse. Man könnte die Residualwerte auch nach den tatsächlichen Werten (*IQ* in unserem Beispiel) anordnen – die Information, die man den beiden Arten von Residualplots entnehmen kann, und deren Interpretation sind sehr ähnlich: Im Idealfall sind die Residualwerte (Abweichungen der Originalwerte von den Vorhersagen oder Abweichungen der Vorhersagen von den Originalwerten)

4 Der Koeffizient von –3.400e–16 (Intercept) ist praktisch gesehen gleich 0 – das ist ja eine Zahl mit 15 Nullen hinter dem Komma, die durch Rundungsfehler zustande kommt.

zufällig um die Nulllinie herum verteilt und die Lowess-Kurve sollte eine Gerade sein. Wenn das der Fall ist, dann ist der Zusammenhang zwischen Prädiktoren und Kriterium linear – eine der Annahmen bei der linearen Regression. Das ist hier offensichtlich nicht der Fall, aber die Abweichungen sind auch nicht dramatisch.

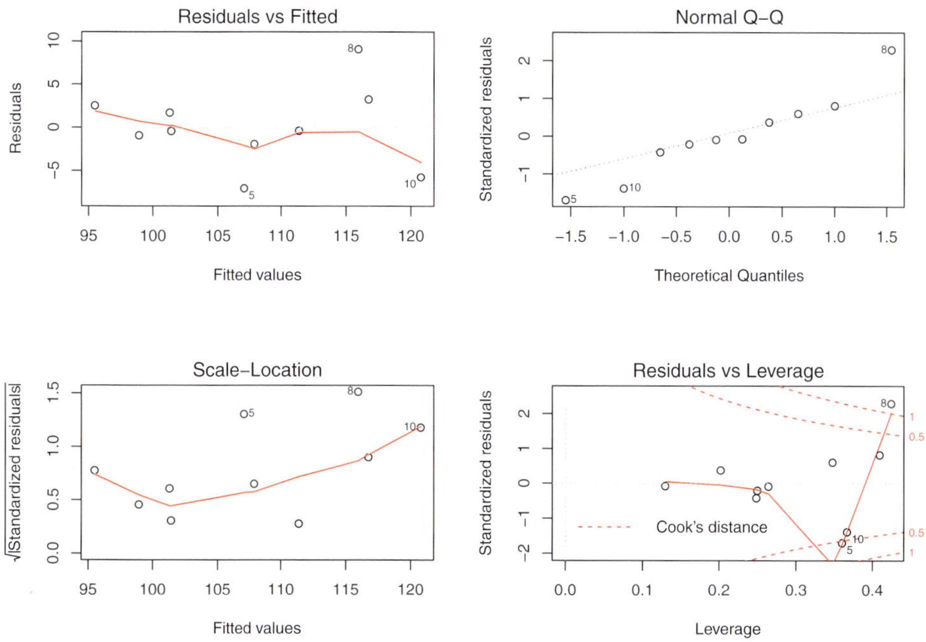

Abbildung 9.1: Vier Standardplots in R zur Beurteilung der Güte eines Regressionsergebnisses.

Nun zur zweiten Abbildung (rechts oben). Die Grundlage für diesen Plot ist die in der Regressionsrechnung wichtige Annahme, dass die Residuen oder Fehler bei der Schätzung normalverteilt sind (z. B. Cohen et al., 2003). Wenn die Residuen standardisiert (*z*-transformiert) sind, dann sollte ihre Verteilung einer Standardnormalverteilung folgen. In dem *Normal Q-Q Plot* wird visuell überprüft, ob das tatsächlich der Fall ist. Wenn ja, müssten alle Punkte auf einer Geraden liegen. Sieben der 10 Punkte tun das auch, aber bei den Personen 5, 8 und 10 ist das nicht der Fall.

Eine weitere Voraussetzung für die inferenzstatistische Prüfung der Ergebnisse einer Regressionsanalyse ist die sogenannte *Homoskedastizität*. Dieser Zungenbrecher bedeutet in der Regressionsrechnung, dass die Varianz der Residuen separat über alle *X*-Werte hinweg berechnet gleich (homogen) sein sollte. In der dritten Abbildung (links unten), in der das Vorliegen dieser Voraussetzung visuell überprüft wird, wird auf der *Y*-Achse nicht die Varianz selbst, sondern eine Funktion davon abgetragen: die Wurzel aus den Absolutwerten der standardisierten Residuen. Bei gleichen Varianzen der Residuen sollte die Lowess-Kurve parallel zur *X*-Achse verlaufen. Das ist hier nicht der Fall: An den Enden der Verteilung steigt die Varianz jeweils.

Und nun zur letzten Abbildung (rechts unten). Diese fällt etwas aus der Reihe, weil bei ihr nicht Kriteriumswerte, sondern die Prädiktorwerte die Hauptrolle spielen. Es geht bei dieser Abbildung darum, Datenpunkte zu identifizieren, deren Ein- oder Ausschluss einen starken Einfluss auf die Regressionsgleichung haben. Dies geschieht mithilfe von zwei Maßen. Das erste, die *Leverage*, ist ein Maß dafür, wie weit die Werte der Prädiktoren für einen Datenpunkt von den Werten der Prädiktoren für die anderen Datenpunkte entfernt sind (es geht also in diesem Fall um „Ausreißer" bei den Prädiktoren, nicht beim Kriterium). Im Idealfall sollten sich die Werte für die Residuen nicht in Abhängigkeit der Leverage ändern: Die Lowess-Kurve sollte auf der Nulllinie liegen (was sie hier jedoch nicht tut: die standardisierten Residuen werden tendenziell größer, je größer die Leverage). Die Cook'sche Distanz (*Cook's distance*, siehe Cook & Weisberg, 1982) quantifiziert den Einfluss einzelner Datenpunkte als Kombination von Leverage und Residualwerten. Als Faustregel gilt, dass eine Beobachtung einen großen Einfluss hat, wenn sie die Cook'sche Distanz $4 / (n - p - 1)$ überschreitet, wobei n = Anzahl der Datenpunkte und p = Anzahl der Prädiktoren (Bruce & Bruce, 2017). In unserem Beispiel wäre das ein Wert von 4/7, also 0.57. In der Abbildung ist eingetragen, ab welchem Leverage-Wert die Cook'sche Distanz Werte von 0.5 oder 1 überschreitet. Potenziell problematisch wären demnach die Datenpunkte für die Personen 5, 10 und vor allem 8 (siehe die Daten in *Abschnitt 9.1*).

Man muss aber nicht gleich das Gesamtpaket wie in ▶*Abbildung 9.1* nehmen, sondern kann einzelne diagnostische Plots gezielt auswählen. Am häufigsten sieht man sich wohl den Residualplot an – diesen bekommt man mit der Nummer 1 als zusätzliches Argument in der `plot` Funktion. Außerdem kann man sich die Cook'schen Distanzen für alle Werte auch ohne den Leverage-Plot ausgeben lassen. Den entsprechenden Plot bekommen wir mit der Nummer 4 (den *Residuals vs Leverage* Plot bekommt man mit der Nummer 5):

```
par(mfrow = c(1, 2))
plot(IQ_Regr_2, 1)
plot(IQ_Regr_2, 4)
par(mfrow = c(1, 1))
```

Das Ergebnis links in ▶*Abbildung 9.2* kennen wir ja schon und rechts sehen wir die Cook'schen Distanzen für alle zehn Datenpunkte aus dem Datensatz *IQ-Daten*. Wieder wird deutlich, dass es sich lohnen könnte, einen gesonderten Blick auf Person 8 zu werfen.

Wir belassen es aber dabei für dieses Datenbeispiel, denn es handelt sich zum einen um fiktive Daten und zum anderen war es hauptsächlich dazu gedacht, einige Möglichkeiten zur Regressionsrechnung, die R anbietet, an einem anschaulichen Datensatz zu illustrieren. Mit diesem Datensatz hätten wir natürlich in Bezug auf inferenzstatistische Auswertungen ein potenziell großes Problem: die bei kleinen Stichproben oft geringe Teststärke oder Power. Wenn Sie vorhaben, Signifikanztests durchzuführen, sollten Sie vorher immer eine Poweranalyse durchführen. Im nächsten Abschnitt gehen wir darauf ein, wie das bei der Regressionsanalyse funktioniert.

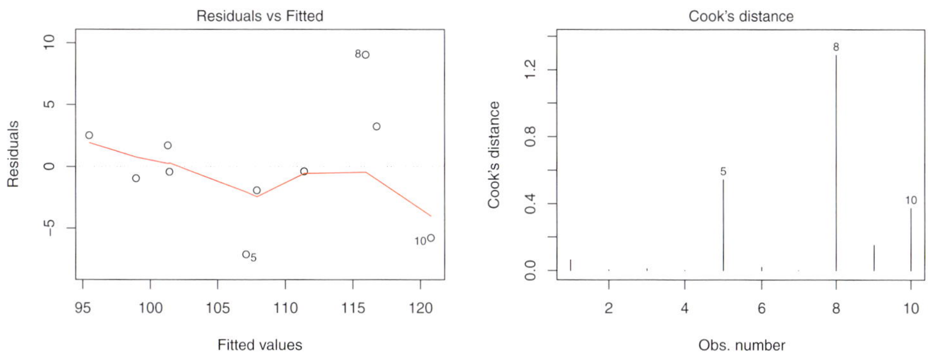

Abbildung 9.2: Zwei ausgewählte diagnostische Plots zur Beurteilung der Güte eines Regressionsergebnisses.

9.3 Poweranalyse für Regressionsmodelle

Bei der A priori Poweranalyse, um die es hier geht, ist die Frage immer: Wie groß sollte meine Stichprobe sein, damit ich einen postulierten Populationseffekt bei einem festgelegten α mit einer vorgegebenen Wahrscheinlichkeit (Power = $1 - \beta$) finde? Üblicherweise wird bei der Poweranalyse für die multiple Regression die Effektgröße f^2 verwendet, die Sie schon aus ▶*Kapitel 6* kennen. Das ist eine Funktion von R^2, dem multiplen Determinationskoeffizienten (siehe Cohen, 1988, ▶*Kapitel 9*, für weitere Hintergrundinformationen):

$$f^2 = \frac{R^2}{1 - R^2}$$

Wie groß wäre f^2, wenn man mithilfe der multiplen Regression 10%, 20% oder 30% der Gesamtvarianz aufklären möchte, wenn man also Populationseffekte von $R^2 = 0.1$, $R^2 = 0.2$ und $R^2 = 0.3$ vermutete?

$$\frac{0.1}{1-0.1} = 0.11; \frac{0.2}{1-0.2} = 0.25; \frac{0.3}{1-0.3} = 0.43$$

Da sich die Größe von Populationseffekten über unterschiedliche Forschungsgebiete oft stark unterscheidet (Schäfer & Schwarz, 2019), sollten die erwarteten Populationseffektgrößen immer theoretisch abgeleitet werden. Im Idealfall geschieht dies aufgrund einer entsprechenden präzisen Theorie, oft aber auch dadurch, dass man die Ergebnisse der bisherigen Forschung zusammenfasst (z. B. mithilfe einer Metaanalyse – wie das in R geht, beschreiben Burkhardt et al., 2022). Sollte das nicht möglich sein, werden manchmal Konventionen dafür, was als kleiner, mittlerer oder großer Effekt gelten kann, benutzt. Jacob Cohen (1992) hat für f^2 die folgenden Konventionen vorgeschlagen: klein: $f^2 = 0.02$, mittel: $f^2 = 0.15$, und groß: $f^2 = 0.35$. Diese Werte entsprechen $R^2_{klein} = 0.02$, $R^2_{mittel} = 0.13$ und $R^2_{groß} = 0.26$. Und diese Werte korrespondieren wiederum zu Korrelationen von $r = 0.14$, $r = 0.36$ und $r = 0.51$.

Die Effektgröße f^2 bezieht sich auf die F-Verteilung, und die hängt, wie sie ja wissen, sowohl von Zähler- als auch Nenner-Freiheitsgraden ab.

Wir benutzen wieder das Paket *pwr*, das sie schon aus früheren Kapiteln kennen. Die Funktion daraus, die wir für die Powerberechnungen bei der multiplen Regression brauchen, heißt `pwr.f2.test`. Diese Funktion hat fünf Argumente: die Zähler- und Nenner-Freiheitsgrade für die entsprechende F-Verteilung (`u` und `v`), die Effektgröße (`f2`), α (`sig.level`) und die Power. Die Funktion `pwr.f2.test` berechnet den Wert für das Argument, das nicht spezifiziert oder auf `NULL` gesetzt wird. Ein Beispiel: Wir möchten wissen, wie viele Personen wir bräuchten, um für einen vermuteten (sehr großen) Populationseffekt von $R^2 = 0.3$ mit einer Wahrscheinlichkeit von 90% (`power = 0.9`), einem $\alpha = 0.05$ und zwei Prädiktoren ein signifikantes Ergebnis zu erhalten. Wir bekommen bei dieser Funktion nicht direkt die Stichprobengröße n, sondern müssten sie aus den Nenner-Freiheitsgraden berechnen. Was wir aber schon wissen, sind die Zähler-Freiheitsgrade: $u = 2$. Wenn wir die vorhandenen Vorgaben und Informationen in die Funktion einsetzen, erhalten wir:

```
library(pwr)
pwr.f2.test(u = 2, v = NULL, f2 = .43, sig.level = 0.05, power = 0.9)

     Multiple regression power calculation

              u = 2
              v = 29.6368
             f2 = 0.43
      sig.level = 0.05
          power = 0.9
```

Die notwendigen Nenner-Freiheitsgrade (`v`) sind 30 (aufgerundet). Da sich die Nenner-Freiheitsgrade als $v = n - \text{u} - 1$ berechnen, erhalten wir n aus $v + u + 1 = 30 + 2 + 1 = 33$. Wir bräuchten also eine Stichprobengröße von 33 Personen, um mit 90%iger Wahrscheinlichkeit einen Effekt von $R^2 = 0.3$ ($f^2 = 0.43$) mithilfe des entsprechenden F-Tests aufzudecken.

Ein weiteres Beispiel: Wie viele VersuchsteilnehmerInnen bräuchten wir, um – wieder mit zwei Prädiktoren und $\alpha = 0.05$ – einen kleinen Effekt ($f^2 = 0.02$) mit 80%iger Wahrscheinlichkeit aufzudecken?

```
pwr.f2.test(u = 2, f2 = .02, sig.level = 0.05, power = 0.8)

     Multiple regression power calculation

              u = 2
              v = 481.7428
             f2 = 0.02
      sig.level = 0.05
          power = 0.8
```

Das wäre nun schon deutlich aufwendiger. Selbst bei einer etwas geringeren Power führt der kleine erwartete Populationseffekt dazu, dass wir nun (bei $v = 482$ Nenner-Freiheitsgraden und $u = 2$ Zähler-Freiheitsgraden) 485 VersuchsteilnehmerInnen bräuchten.

Und wenn wir nur einen Prädiktor benutzen würden?

```
pwr.f2.test(u = 1, f2 = .02, sig.level = 0.05, power = 0.8)

        Multiple regression power calculation
                 u = 1
                 v = 392.373
                f2 = 0.02
         sig.level = 0.05
             power = 0.8
```

Dann würde sich die notwendige Stichprobengröße zwar reduzieren, wäre aber immer noch recht groß: $n = v + u + 1 = 393 + 1 + 1 = 395$.

Wenn Sie das Ergebnis einer multiplen Regression auf Signifikanz testen möchten, sollten Sie immer *vor* der Durchführung der Studie eine A priori Poweranalyse durchführen. Wir werden das allerdings im Rest dieses Kapitels nicht explizit machen – Sie können bei den folgenden Beispielen davon ausgehen, dass die Power ausreichend hoch war.

9.4 „Varianzanalyse" mit Regression

Mithilfe der Regressionsanalyse lassen sich auch Mittelwertsvergleiche durchführen. Das geschieht durch das Benutzen sogenannter Dummy-Variablen. Dummy-Variablen nehmen nur zwei unterschiedliche Werte an, üblicherweise 0 und 1. Wir könnten beispielsweise StudienteilnehmerInnen fragen, ob sie sich als sportlich einschätzen oder nicht. Wenn ja, vergeben wir eine „1", und wenn nein, eine „0". Diese binäre Variable wäre dann unser Prädiktor. Wir könnten etwa überprüfen, ob die eingeschätzte Sportlichkeit eine gute Vorhersage darüber erlaubt, wie viele Stunden Sport pro Tag die Befragten treiben. Das wäre dann nichts anderes als ein Mittelwertsvergleich zwischen den zwei Gruppen (sportlich versus nicht sportlich). Was aber machen wir bei drei Gruppen, beispielsweise, wenn wir die Befragten bitten, sich in eine der drei Kategorien „überhaupt nicht sportlich", „mäßig sportlich" und „sehr sportlich" einzuordnen? Wieder könnten wir untersuchen, ob die Einordnung in die drei Kategorien eine fundierte Aussage darüber erlaubt, wie viel Sport die Befragten im Mittel tatsächlich treiben. Nun kommen wir jedoch mit *einer* Dummy-Variablen nicht mehr hin, aber mit zweien funktioniert es wieder! Wir könnten die erste Dummy-Variable „sehr sportlich" nennen, und eine „1" würde genau das bedeuten, bei einer „0" wüssten wir allerdings nicht genau, ob sich die Befragten als mäßig oder überhaupt nicht sportlich einschätzen. Das Problem lösen wir, indem wir eine zweite Dummy-Variable dazunehmen – nennen wir sie „mäßig sportlich". Alle Befragungsteilnehmenden, die sich als mäßig sportlich einschätzen, würden eine „1" bekommen, und die anderen eine „0". Das reicht dann auch schon: Wenn nämlich jemand in den beiden Variablen einen „0"-Eintrag hat, dann ist klar: Das war jemand, der sich als „überhaupt nicht sportlich" eingeschätzt hat. Generell gilt: Wenn ein Prädiktor m Ausprägungen hat (in unserem Beispiel ist $m = 3$), dann brauchen wir $m - 1$ Dummy-Variablen, um eine Regressionsrechnung mit diesem Prädiktor durchzuführen. Das illustrieren wir nun an einem Datenbeispiel.

Wir haben im Sommersemester 2020 eine Online-Befragung unter unseren Studierenden durchgeführt. Dabei hat uns unter anderem interessiert, ob die eingeschätzte Sportlichkeit auch während des Corona-Lockdowns im Frühjahr 2020 eine systematische Auswirkung darauf hatte, wie viele Stunden Sport die Studierenden tatsächlich im Durchschnitt pro Woche getrieben haben. Die entsprechenden Daten sind in der Datei *ML_II.txt* verfügbar.

Sehen wir uns zunächst den Zusammenhang zwischen der selbsteingeschätzten Sportlichkeit (*Sportlichkeit*) und dem tatsächlichen Sport während des ersten Corona-Lockdowns (*Sport_corona*) anhand von Boxplots an. Wir schaffen dabei Platz für einen zweiten Boxplot, den wir später zeichnen werden:

```
attach(ML_II)
par(mfrow = c(1, 2))
boxplot(Sport_corona ~ Sportlichkeit,
        ylab = "Stunden Sport, Coronazeiten", main = "Alle Daten (n = 90)")
```

Links in ▶*Abbildung 9.3* sehen wir, dass es in jeder Kategorie mindestens eine Person gibt, die im Vergleich zu den anderen sehr viel Sport treibt. Wir könnten diese Ausreißerwerte in der Analyse behalten, weil sie alle in dieselbe Richtung gehen, aber die Unterschiede zwischen den Gruppen würden dabei etwas unterschätzt werden, weil diese extremen Werte die Streuung „aufblähen". Zur Übung entfernen wir sie für die Mittelwertanalyse (würden jedoch in einem entsprechenden Bericht gesondert darauf eingehen).[5] Dazu müssen wir die entsprechenden Personen nicht permanent aus den Daten entfernen, sondern setzen die extremen Werte einfach auf den fehlenden Wert, `NA`, in R (das „`|`" steht für das logische „oder"):

```
Sport_corona_ohne <-
  ifelse(((Sport_corona > 10) | ((Sportlichkeit == "überhaupt nicht")
                                & (Sport_corona > 8))), NA, Sport_corona)
```

Danach zeichnen wir die Boxplots neu – dabei werden die vier Personen mit fehlenden Werten nicht berücksichtigt:

```
boxplot (Sport_corona_ohne~Sportlichkeit,
         ylab= "Stunden Sport, Coronazeiten", main = "Ohne Ausreißer (n = 86)")
par(mfrow = c(1, 1))
```

Die Daten rechts in ▶*Abbildung 9.3* benutzen wir in der folgenden Analyse.

5 In diesem Fall müssten die Ausreißerwerte nicht unbedingt entfernt werden. Die Normalverteilungsannahme gilt nicht für die Stichproben-, sondern für die Populationswerte. Wichtig ist jedoch, alles, was bei der Datenanalyse geschieht, für andere nachvollziehbar zu machen.

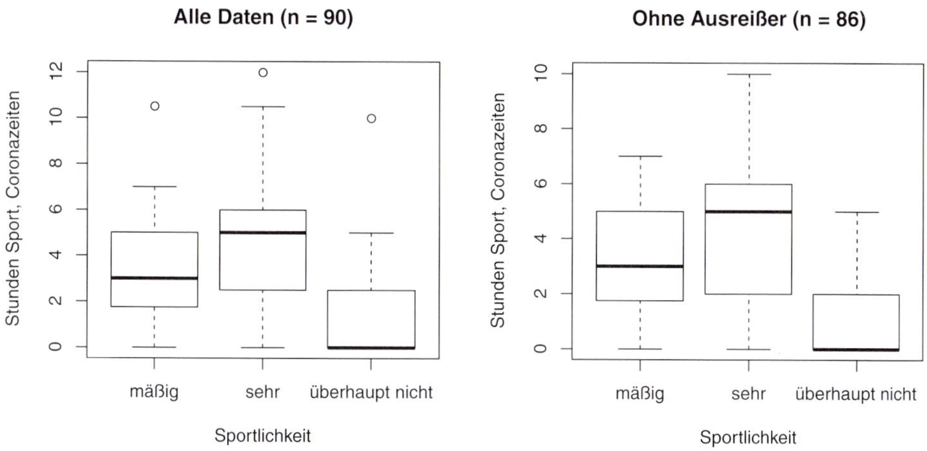

Abbildung 9.3: Stunden Sport pro Woche während des Corona-Lockdowns in Abhängigkeit der selbsteingeschätzten Sportlichkeit.

Aus dem letzten Kapitel wissen Sie ja schon, wie man mithilfe einer Varianzanalyse überprüfen würde, ob sich die Mittelwerte für Stunden Sport pro Woche für diese drei Gruppen signifikant voneinander unterscheiden:

```
sport_anova <- aov(Sport_corona_ohne ~ Sportlichkeit)
summary(sport_anova)
```

```
              Df Sum Sq Mean Sq F value   Pr(>F)
Sportlichkeit  2   94.8   47.39   10.04 0.000125 ***
Residuals     83  392.0    4.72
---
4 observations deleted due to missingness
```

Die drei Gruppen unterschieden sich offensichtlich hinsichtlich ihrer tatsächlichen Sportlichkeit auch in Coronazeiten voneinander. Wenn unser Argument mit den Dummy-Variablen stimmt, sollten wir dasselbe Ergebnis nun auch mit der Regressionsrechnung erhalten. Dazu könnten wir „per Hand" Dummy-Variablen bilden, aber R macht es uns einfach: die Funktion `lm` bildet automatisch die passende Anzahl von Dummy-Variablen, wenn ein Prädiktor nominalskaliert ist. Und dass ein Prädiktor nominalskaliert ist, entdeckt `lm` dadurch, dass die Variablenwerte keine Zahlen, sondern Zeichenketten sind – in unserem Beispiel „mäßig", „sehr", und „überhaupt nicht". Die Funktion *lm* ordnet dabei die Variablenausprägungen nach dem Alphabet und lässt die alphabetisch erste weg – in unserem Beispiel wäre also die Kategorie „mäßig" durch Ausprägungen von 0 in den Kategorien „sehr" und „überhaupt nicht" repräsentiert:

```
sport_regr <- lm(Sport_corona_ohne ~ Sportlichkeit)
summary(sport_regr)
```

```
                    Estimate Std. Error t value Pr(>|t|)
(Intercept)           3.1847     0.2930  10.869  < 2e-16 ***
Sportlichkeitsehr     1.3447     0.6030   2.230  0.02846 *
```

```
Sportlichkeitüberhaupt nicht  -2.1490     0.6505  -3.304  0.00141 **
---
Signif. codes:  0 '***' 0.001 '**' 0.01 '*' 0.05 '.' 0.1 ' ' 1

Residual standard error: 2.173 on 83 degrees of freedom
  (4 observations deleted due to missingness)
Multiple R-squared:  0.1947,      Adjusted R-squared:  0.1753
F-statistic: 10.04 on 2 and 83 DF,  p-value: 0.0001249
```

Die Ergebnisausgabe für die Regressionsanalyse sieht ein wenig anders aus als die für die Varianzanalyse (wir haben auch wieder einige nicht so wesentliche Teile weggelassen), aber wie Sie sehen, sind die zentralen Ergebnisse gleich: F (2, 83) = 10.04 mit einem p = 0.000125. Die Regressionsanalyse gibt uns allerdings noch zusätzliche Informationen. Wir sehen beispielsweise, dass die Gruppe, die angegeben hat überhaupt nicht sportlich zu sein, im Durchschnitt 2.15 Stunden in der Woche weniger Sport macht als die beiden anderen Gruppen zusammengenommen (der Regressionskoeffizient unter „Estimate"), und dass die Gruppe, die sich als sehr sportlich eingeschätzt hat, im Schnitt 1.34 Stunden mehr Sport pro Woche betrieben hat als die Kombination der beiden anderen.

9.5 „Kovarianzanalyse" mit Regression

Wenn wir mithilfe der Regressionsanalyse eine Varianzanalyse durchführen können, dann müsste es doch auch möglich sein, eine Kovarianzanalyse zu berechnen? Nichts leichter als das – die Kovarianzanalyse ist ja gewissermaßen auch in der Ursprungsfassung schon eine Kombination aus Varianz- und Regressionsanalyse. Der Einfluss der Kovariate wird dabei statistisch kontrolliert, der eigentlich interessierende Effekt also um deren Einfluss bereinigt, sodass die Mittelwertsunterschiede besser interpretiert werden können. Wir illustrieren das wieder anhand des Datensatzes, den wir im vorigen Abschnitt schon benutzt haben. Was könnte denn, außer der eigenen Sportlichkeit, einen Einfluss darauf haben, wie viele Stunden man pro Woche während des Corona-Lockdowns Sport treibt? Eine Einflussgröße könnte die Sorge sein, dass man selbst oder jemand aus der Familie an Covid-19 erkrankt: erhöhte Sorge könnte zu erhöhter Untätigkeit führen. Die Sorge darüber, dass jemand an Covid-19 erkranken könnte (*Sorge_Erkrankung*), benutzen wir nun als Kovariat:

```
sport_sorge_regr <- lm(Sport_corona_ohne ~ Sportlichkeit + Sorge_Erkrankung)
summary(sport_sorge_regr)
```

```
                              Estimate    Std. Error t value Pr(>|t|)
(Intercept)                    1.9756      0.6651    2.970  0.00390 **
Sportlichkeit sehr             1.5873      0.6043    2.627  0.01028 *
Sportlichkeit überhaupt nicht -1.9831      0.6441   -3.079  0.00283 **
Sorge_Erkrankung               0.2608      0.1293    2.016  0.04703 *
---
Residual standard error: 2.134 on 82 degrees of freedom
  (4 observations deleted due to missingness)
Multiple R-squared:  0.2328,      Adjusted R-squared:  0.2047
F-statistic: 8.293 on 3 and 82 DF, p-value: 6.985e-05
```

Wir sehen, dass die Einbeziehung des Kovariats *Sorge_Erkrankung* die aufgeklärte Varianz noch einmal vergrößert: von $R^2 = 0.19$ auf $R^2 = 0.23$ ($R^2_{adj} = 0.18$ auf $R^2_{adj} = 0.20$). Ein Skalenpunkt mehr (Skala geht von 1: „sehr wenige Sorgen" bis 7: „sehr viele Sorgen") macht 0.26 Stunden, also etwa 16 Minuten mehr Sport pro Woche aus. Allerdings sehen wir anhand der Ausgabe mithilfe der Funktion `summary` nicht, wie sich der Erklärungsanteil der Variablen *Sportlichkeit* durch das Einbeziehen des Kovariats verändert hat. Das können wir jedoch mithilfe der Funktion `anova` herausfinden, die den Erklärungsanteil aller Dummy-Variablen zusammenfasst.

```
anova(sport_sorge_regr)
```

```
                 Df Sum Sq Mean Sq F value    Pr(>F)
Sportlichkeit     2  94.79  47.394 10.4067 9.383e-05 ***
Sorge_Erkrankung  1  18.52  18.516  4.0658   0.04703 *
Residuals        82 373.44   4.554
```

Wenn Sie aus den jeweiligen Quadratsummen (*Sum Sq*) in den Ausgaben für *sport_anova* und *sport_sorge_regr* den Anteil der erklärten Varianz (η^2) berechnen (siehe *Abschnitt 6.2.6* aus ▶*Kapitel 6*), dann werden Sie sehen, dass sich die Erklärungskraft von *Sportlichkeit* durch den Einbezug des Kovariats so gut wie nicht verändert hat.

9.6 Kontrastkodierte Prädiktoren

Wenn man Dummy-Variablen als Prädiktoren benutzt, ist die damit verbundene Hypothese wie auch bei der Varianzanalyse eine „Omnibushypothese": Die Mittelwerte unterscheiden sich *irgendwie*.[6] Hat man genauere Vorstellungen über die relativen Unterschiede zwischen den Mittelwerten, dann kann man sie in der Regressionsrechnung als *kontrastkodierte Prädiktoren* spezifizieren.[7] Bleiben wir bei dem Beispiel aus dem vorhergehenden Abschnitt. Wir könnten beispielsweise die Hypothese haben, dass das Ausmaß des Sporttreibens linear über die drei Kategorien der eingeschätzten Sportlichkeit steigt. Dazu muss man natürlich die Kategorien durch entsprechende Zahlen ersetzen. Eine einfache Möglichkeit: „überhaupt nicht" = 1, „mäßig" = 2 und „sehr" = 3. Wir könnten aber auch –10, 0 und 10 nehmen oder 0.2, 0.3 und 0.4. Wesentlich dabei ist, dass der lineare Anstieg bestehen bleibt. Dazu können wir in R eine neue Variable kreieren – nennen wir sie *Sportlichkeit_kontrast* – und ihr numerische Werte zuordnen. Hierbei gibt es verschiedene mögliche Vorgehensweisen. Wir gehen so vor, dass wir die neue Variable erst mal mit Einsen auffüllen und diese dann durch Zweien ersetzen, wenn der Wert von *Sportlichkeit* „mäßig" beträgt, und mit Dreien, wenn der Wert von *Sportlichkeit* „sehr" beträgt:

```
Sportlichkeit_kontrast <- rep(1, length(Sportlichkeit))
Sportlichkeit_kontrast[Sportlichkeit == "mäßig"] <- 2
Sportlichkeit_kontrast[Sportlichkeit == "sehr"] <- 3
```

6 Man bekommt allerdings etwas mehr Informationen als bei der Varianzanalyse, weil zusätzlich die Unterschiede pro Dummy-Variable analysiert werden. Diese Vergleiche, wie z. B. „sehr sportlich" verglichen mit der Kombination von „mäßig sportlich" und „überhaupt nicht sportlich" entsprechen jedoch selten den A priori Hypothesen.

7 Das ist sehr ähnlich, aber nicht völlig äquivalent zur Kontrastanalyse (siehe ▶*Kapitel 7*).

Nun führen wir die „Kovarianzanalyse-Regression" aus dem vorhergehenden Abschnitt noch einmal durch, diesmal aber mit dem kontrastkodierten Prädiktor:

```
sport_sorge_regr_kontrast <- lm(Sport_corona_ohne ~ Sportlichkeit_kontrast + Sorge_Erkrankung)
summary (sport_sorge_regr_kontrast)
```

```
                       Estimate Std. Error t value Pr(>|t|)
(Intercept)             -1.6921     1.0069  -1.680   0.0966 .
Sportlichkeit_kontrast   1.7750     0.3828   4.637  1.3e-05 ***
Sorge_Erkrankung         0.2715     0.1259   2.156   0.0339 *
---
Residual standard error: 2.123 on 83 degrees of freedom
  (4 observations deleted due to missingness)
Multiple R-squared:  0.2313,       Adjusted R-squared:  0.2127
F-statistic: 12.48 on 2 and 83 DF,  p-value: 1.819e-05
```

Die Gesamterklärungskraft (R^2) bei der „Kovarianzanalyse-Regression" und der Regressionsanalyse mit dem kontrastkodierten Prädiktor ist in diesem Fall nahezu identisch. Man könnte nun noch einen Blick auf die Erklärungskraft für *Sportlichkeit* in diesen beiden Varianten werfen (Anteil der Quadratsumme für Sportlichkeit an der Gesamtvarianz). Wenn Sie das tun (wie immer mit der Funktion `anova`), werden Sie sehen, dass sich weder η^2 noch partielles η^2 für die beiden Versionen wesentlich unterscheiden.

Was wäre passiert, wenn unsere Vorhersage anders ausgesehen hätte? Wir könnten z. B. vermutet haben, dass die Befragten, die ihre Sportlichkeit als „sehr" eingeschätzt haben, in der Coronazeit so frustriert waren, dass sie noch weniger Sport betrieben haben als die Befragten in der Kategorie „überhaupt nicht". Wenn wir den linearen Zusammenhang beibehalten, müssten wir also die Kategorie „sehr" umkodieren (0 statt 3):

```
Sportlichkeit_kontrast[Sportlichkeit == "sehr"] <- 0
```

Wenn wir nun die Ergebnisse mithilfe der Funktion `summary` zusammenfassen, erhalten wir durch die Veränderung der Kategorienzuordnungen in der Variablen *Sportlichkeit_kontrast* ein drastisch anderes Ergebnis:

```
sport_sorge_regr_kontrast0 <- lm(Sport_corona_ohne ~ Sportlichkeit_kontrast + Sorge_Erkrankung)
summary (sport_sorge_regr_kontrast0)
```

```
                       Estimate Std. Error t value Pr(>|t|)
(Intercept)              2.5922     0.7363   3.521 0.000702 ***
Sportlichkeit_kontrast  -0.4919     0.3237  -1.519 0.132440
Sorge_Erkrankung         0.2800     0.1423   1.967 0.052496 .
---
Residual standard error: 2.35 on 83 degrees of freedom
  (4 observations deleted due to missingness)
Multiple R-squared:  0.0583,       Adjusted R-squared:  0.03561
F-statistic: 2.569 on 2 and 83 DF, p-value: 0.08267
```

Die Gesamterklärungskraft ist von 23% auf 6% gesunken und *Sportlichkeit_kontrast* ist auch kein signifikanter Prädiktor mehr. Dieses Beispiel illustriert, dass es sich bei kontrastkodierten Prädiktoren lohnt, etwas Aufwand auf die Spezifikation der Kontraste zu verwenden. Eine gute Theorie kann dabei sehr hilfreich sein.

9.7 Schrittweise Regression

Normalerweise werden bei der multiplen Regression alle Prädiktoren auf einmal in die Gleichung eingefügt. Das wird in der Regel nicht weiter erwähnt, aber wenn doch, spricht man von einer *simultanen multiplen Regression*. Man kann aber die Prädiktoren, entweder einzeln oder in Gruppen, auch nach und nach hinzufügen. Das wird üblicherweise als *schrittweise Regression* bezeichnet. Allerdings gibt es hierbei zwei Möglichkeiten, die auf den ersten Blick sehr ähnlich aussehen, aber deren theoretischer Hintergrund sich fundamental unterscheidet. In einem Fall geht es darum, aufgrund theoretischer Überlegungen die *Zuwächse* in der Erklärungskraft durch das Hinzufügen weiterer Prädiktoren zu untersuchen. Die Reihenfolge, in der die Prädiktoren oder Prädiktorengruppen hinzugefügt werden wird also vorher festgelegt. Im anderen Fall dient die schrittweise Regression zur *Auswahl* der Prädiktoren mit der höchsten Erklärungskraft. Diese Auswahl trifft aber dann das Statistikprogramm. Kline (2006, ▶*Kapitel 5*) nennt den ersten Fall *sequenzielle* (oder *hierarchische*) *multiple Regression* und den zweiten *schrittweise multiple Regression*. Da in der Literatur aber meist in beiden Fällen von schrittweiser (*stepwise*) Regression gesprochen wird, behalten wir diese Bezeichnung bei, zeigen aber in getrennten Abschnitten, wie diese zwei Ansätze in R funktionieren.

9.7.1 Theoriegeleitete Reihenfolge: Prädiktoren selbst auswählen

Bleiben wir bei unserem Beispiel zur Sportlichkeit in Coronazeiten. Es scheint plausibel, zu postulieren, dass der wichtigste Prädiktor dafür, wie viel Sport jemand pro Woche treibt, die selbsteingeschätzte Sportlichkeit ist. Nehmen wir an, wir hätten gute, theoretisch fundierte Gründe für die Annahme, dass der zweitwichtigste Prädiktor die Sorge vor Erkrankung ist. Und der drittwichtigste Prädiktor sei, wie stark die Befragten dazu tendierten, die Coronaregeln einzuhalten, insbesondere solche, die sich auf das Treffen mit anderen bezogen (Wie oft haben Sie sich in der letzten Woche daran gehalten auf gesellige Aktivitäten mit Freunden zu verzichten? 1 = „nie", 5 = „immer"). Hier vermuten wir, dass höhere Regelkonformität mit weniger Sport einhergeht. Die Frage, die wir nun mithilfe einer schrittweisen Regression beantworten können, ist, ob die zusätzlichen Prädiktoren jeweils die Erklärungskraft (im Vergleich zu allen vorherigen Prädiktoren) signifikant erhöhen. Um diese Frage zu beantworten, berechnen wir sukzessive drei Modelle mit steigender Anzahl von Prädiktoren und vergleichen die Ergebnisse am Schluss noch einmal. Die ersten zwei Modelle haben wir in den *Abschnitten 9.4* und *9.5* schon berechnet. Nun benutzen wir allerdings eine andere Bezeichnung für die Ergebnisobjekte:

```
sport_schritt1 <- lm(Sport_corona_ohne ~ Sportlichkeit)
sport_schritt2 <- lm(Sport_corona_ohne ~ Sportlichkeit + Sorge_Erkrankung)
```

Hier noch einmal die jeweils erklärte Varianz und die p-Werte: $R^2_{sport\_schritt1} = 0.19$ ($p = 0.00013$) und $R^2_{sport\_schritt2} = 0.23$ ($p = 0.00007$). Die Hinzunahme von *Sorge_Erkrankung* bedeutet also einen Zugewinn von 4 Prozent. Dieser Zugewinn wird üblicherweise durch ein Δ (Delta) gekennzeichnet: $\Delta R^2_{sport\_schritt2} = 0.04$. Ob das ein signifikanter Zugewinn ist, werden wir gleich sehen. Zunächst aber noch das dritte Modell: Wie groß ist der Zugewinn an Erklärungskraft, wenn wir den Einfluss der Corona-Regelkonformität in Bezug auf Treffen mit anderen (*Regel_geselligkeit*) hinzufügen?

```
sport_schritt3 <- lm(Sport_corona_ohne ~ Sportlichkeit + Sorge_Erkrankung
                  + Regel_geselligkeit)
summary (sport_schritt3)
```

```
                             Estimate Std. Error t value Pr(>|t|)
(Intercept)                    3.9679     1.2679   3.130  0.00243 **
Sportlichkeitsehr              1.5452     0.5962   2.592  0.01132 *
Sportlichkeitüberhaupt nicht  -1.8960     0.6368  -2.978  0.00383 **
Sorge_Erkrankung               0.2747     0.1277   2.150  0.03450 *
Regel_geselligkeit            -0.4598     0.2505  -1.836  0.07004 .
---
Multiple R-squared:  0.2634,      Adjusted R-squared:  0.2271
F-statistic: 7.242 on 4 and 81 DF,  p-value: 4.889e-05
```

Die Erklärungskraft ist noch einmal gestiegen: $R^2_{sport\_schritt3} = 0.26$ ($p = 0.00005$), und der Zugewinn an Erklärungskraft im dritten Schritt ist $\Delta R^2_{sport\_schritt3} = 0.03$. Wir sehen, dass die Befragungsteilnehmer pro zusätzlichem Punkt auf der Ratingskala 0.46 Stunden weniger Sport pro Woche treiben. Der zusätzliche Prädiktor hat allerdings die 5%-Signifikanzgrenze nicht ganz erreicht. Nun können wir die drei Modelle wieder mit der Funktion `anova` vergleichen, die wir in *Abschnitt 9.5* schon kennengelernt haben:

```
anova(sport_schritt1,sport_schritt2, sport_schritt3)
```

```
Model 1: Sport_corona_ohne ~ Sportlichkeit
Model 2: Sport_corona_ohne ~ Sportlichkeit + Sorge_Erkrankung
Model 3: Sport_corona_ohne ~ Sportlichkeit + Sorge_Erkrankung + Regel_geselligkeit
  Res.Df    RSS Df Sum of Sq      F  Pr(>F)
1     83 391.96
2     82 373.44  1    18.517 4.1834 0.04407 *
3     81 358.52  1    14.919 3.3706 0.07004 .
```

Wir sehen, dass die Variable *Sorge_Erkrankung* bei einem zweiseitigen $\alpha = 0.05$ noch einen signifikanten Zugewinn an Erklärungskraft erbracht hat (Vergleich von Modell 2 mit Modell 1), die Variable *Regel_geselligkeit* jedoch nicht mehr (Vergleich von Modell 3 mit Modell 2). Was würde passieren, wenn wir die Reihenfolge der Prädiktoren umdrehen? Machen wir es einfach mal:

```
sport_schritt1a <- lm(Sport_corona_ohne ~ Regel_geselligkeit)
sport_schritt2a <- lm(Sport_corona_ohne ~ Regel_geselligkeit + Sorge_Erkrankung)
sport_schritt3a <- lm(Sport_corona_ohne ~ Regel_geselligkeit + Sorge_Erkrankung + Sportlichkeit)
anova(sport_schritt1a,sport_schritt2a, sport_schritt3a)
```

```
Model 1: Sport_corona_ohne ~ Regel_geselligkeit
Model 2: Sport_corona_ohne ~ Regel_geselligkeit + Sorge_Erkrankung
Model 3: Sport_corona_ohne ~ Regel_geselligkeit + Sorge_Erkrankung + Sportlichkeit
  Res.Df    RSS Df Sum of Sq       F    Pr(>F)
1     84 466.40
2     83 448.46  1    17.941  4.0533 0.0474059 *
3     81 358.52  2    89.936 10.1595 0.0001157 ***
```

Nun bringen sowohl *Sorge_Erkrankung* als auch *Sportlichkeit* jeweils einen signifikanten Zugewinn. Das wäre jedoch irrelevant für unsere Hypothese, die die Ausgangsbasis für die Analyse war: Die theoriegeleitete schrittweise Regression ist ein konfirmatorisches, also hypothesentestendes Verfahren. Aber wir können uns trotzdem das Ergebnis des vollständigen Modells ansehen:

```
summary (sport_schritt3a)
```

```
                             Estimate Std. Error t value Pr(>|t|)
(Intercept)                    3.9679     1.2679   3.130 0.00243 **
Regel_geselligkeit            -0.4598     0.2505  -1.836 0.07004 .
Sorge_Erkrankung               0.2747     0.1277   2.150 0.03450 *
Sportlichkeitsehr              1.5452     0.5962   2.592 0.01132 *
Sportlichkeitüberhaupt nicht -1.8960     0.6368  -2.978 0.00383 **
---
Multiple R-squared:  0.2634,     Adjusted R-squared:  0.2271
F-statistic: 7.242 on 4 and 81 DF,  p-value: 4.889e-05
```

Und was sehen wir? Die Ergebnisse für die einzelnen Prädiktoren sind jetzt im Vergleich zum Ursprungsmodell (erst *Sportlichkeit*, dann *Sorge_Erkrankung*, dann *Regel_geselligkeit*) natürlich in einer unterschiedlichen Reihenfolge aufgeführt, aber sie sind identisch: Im letzten Schritt liefert die schrittweise Regression immer dasselbe Ergebnis wie die simultane Regression mit allen Variablen auf einmal!

9.7.2 Reihenfolge nach „Erklärungskraft": Algorithmus wählt Prädiktoren aus

Es gibt in R viele Möglichkeiten der schrittweisen Regression zur Auswahl von (in der Regel) wenigen vorhersagekräftigen Prädiktoren aus einer größeren Anzahl von Prädiktoren. Wir beschreiben nur kurz die relativ komfortable Funktion `ols_step_both_p` aus dem Paket *olsrr* (Hebbali, 2020).[8] Diese Funktion nimmt das Ergebnis der Regressionsanalyse als Ausgangsbasis und wählt jeden zusätzlichen Prädiktor danach aus, ob seine Hinzunahme zu einem signifikanten Ergebnis führt. Das entsprechende α wird mit dem Argument `pent` festgelegt, dessen Voreinstellung $\alpha = 0.1$ beträgt. Probieren wir das mit dem Beispiel aus dem vorigen Abschnitt aus:

```
library(olsrr)
ols_step_both_p(sport_schritt3a)
```

```
                              Stepwise Selection Summary
-----------------------------------------------------------------------------------------
                         Added/                  Adj.
Step      Variable       Removed    R-Square   R-Square    C(p)       AIC        RMSE
-----------------------------------------------------------------------------------------
   1    Sportlichkeit    addition      0.195      0.175    6.5540    382.5025    2.1731
   2   Sorge_Erkrankung  addition      0.233      0.205    4.3710    380.3406    2.1340
   3  Regel_geselligkeit addition      0.263      0.227    3.0000    378.8345    2.1039
-----------------------------------------------------------------------------------------
```

8 Weitere Funktionen zur automatischen schrittweisen Funktion finden Sie beispielsweise in den Paketen *MASS* (Funktion `stepAIC`), *leaps* (Funktion `regsubsets`) oder *caret* (Funktion `train`).

Die Funktion `ols_step_both_p` hat die Prädiktoren nach ihrer Erklärungskraft geordnet (entgegen der in *sport_schritt3a* vorgegebenen Reihenfolge), aber keinen ausgeschlossen. Die Funktion gibt neben schon bekannten Kriterien auch noch zwei weitere aus: *Mallows' Cp* (*C(p)*) und das *Aikake Information Criterium* (*AIC*). Beides sind relativ komplexe und miteinander korrespondierende Kriterien für die Vorhersagegüte (siehe z. B. Chatterjee & Hadi, 2012) und für beide gilt: je kleiner, desto besser die Vorhersage. Auch der *RMSE* (Root Mean Square Error, also die Wurzel der mittleren Fehlerquadratsumme) sollte so klein wie möglich sein.

Das gegenwärtige Ergebnis ist konsistent mit den Analysen aus *Abschnitt 9.7.1*, weil ja selbst die Variable *Regel_geselligkeit* mit 0.07 einen p-Wert < 0.1 hatte. Was passiert, wenn wir das α auf 0.05 setzen?

```
ols_step_both_p(sport_schritt3, pent = 0.05)
```

Stepwise Selection Summary

Step	Variable	Added/ Removed	R-Square	Adj. R-Square	C(p)	AIC	RMSE
1	Sportlichkeit	addition	0.195	0.175	6.5540	382.5025	2.1731
2	Sorge_Erkrankung	addition	0.233	0.205	4.3710	380.3406	2.1340

Nun fällt der Prädiktor *Regel_geselligkeit* heraus und die entsprechende Empfehlung wäre, nur die Prädiktoren *Sportlichkeit* und *Sorge_Erkrankung* in die Gleichung einzufügen.

9.7.3 Wann welche Vorgehensweise?

Unser Eindruck ist, dass die schrittweise Regression deutlich häufiger angewandt wird, als es notwendig wäre. Der beste Grund, die theoriegeleitete Variante anzuwenden, also die Reihenfolge der Prädiktoren festzulegen, ist natürlich, eine entsprechende Hypothese zu überprüfen. Allerdings dürften solche Hypothesen, bei denen ausschließlich der sukzessive Zuwachs an Erklärungskraft eine Rolle spielt, relativ selten sein. Wie Sie gesehen haben, ist das Modell nach Einbeziehen aller Prädiktoren identisch zum Modell der simultanen Regression. Mit der erhält man die Erklärungskraft einzelner Prädiktoren (oder Prädiktorengruppen, siehe *Abschnitt 9.5*), bereinigt um den Einfluss der jeweils anderen.

Die zweite Variante der schrittweisen Regression, bei der das Statistikprogramm die besten Prädiktoren auswählt, ist eher ein Notbehelf, der eigentlich nur dann Sinn macht, wenn man so gut wie nichts über einen Gegenstandsbereich weiß. Diese Vorgehensweise kann zwar auch helfen, noch unbekannte gerichtete multivariate Zusammenhänge besser zu verstehen, aber es kann kein Ersatz für den Prozess der Theorienbildung sein. Der Stichprobenfehler wird in der Regel dazu führen, dass bei einer Replikation die eruierte Prädiktorenreihenfolge anders und möglicherweise völlig anders ist: Statistikprogramme können keine Theorien erzeugen.

9.8 Moderatoranalyse

Mittels der Moderatoranalyse wird untersucht, ob der gerichtete Zusammenhang zwischen zwei Variablen (Prädiktor und Kriterium) durch eine dritte in ihrer Stärke beeinflusst wird oder, mit anderen Worten, man untersucht Interaktionseffekte zwischen zwei oder mehr Prädiktoren. Diese Interaktionsterme erkennt man sofort in einer Regressionsgleichung, weil es sich um multiplikative Zusammenhänge handelt. Häufig wird empfohlen, die entsprechenden Variablen zu zentrieren, d. h. von allen Werten eines Prädiktors dessen Mittelwert zu subtrahieren (siehe z. B. Cohen et al., 2003; Keith, 2019). Was Zentrieren bewirkt, zeigen wir im nächsten Absatz.

9.8.1 Prädiktoren zentrieren: wann und warum?

Wir illustrieren das Zentrieren von Prädiktoren an unserem IQ-Beispiel (siehe *Abschnitt 9.2*). Wir wollen untersuchen, ab die Stärke der Beziehung zwischen dem verbalen Test und dem Gesamt-IQ $\hat{y}_i$) von der Ausprägung des numerischen Tests abhängt:

$$\hat{y}_i = b_0 + b_1 Verb.Test_i + b_2 Num.Test_i + b_3 Verb.Test_i \times Num.Test_i$$

Den Interaktionsterm berechnen wir als Produkt der zwei Prädiktoren:

```
Verb_x_num <- Verb.Test * Num.Test
```

Die lange Schreibweise, um das in R zu berechnen, ist:

```
IQ_Interaktion <- lm(IQ ~ Verb.Test + Num.Test + Verb_x_num)
```

oder, noch ausführlicher:

```
IQ_Interaktion <- lm(IQ ~ Verb.Test + Num.Test + Verb.Test * Num.Test)
```

oder (äquivalent)

```
IQ_Interaktion <- lm(IQ_ges ~ Verb.Test + Num.Test + Verb.Test:Num.Test)
```

Man kann sich aber auch etwas Schreibarbeit sparen:

```
IQ_Interaktion <- lm(IQ ~ Verb.Test * Num.Test)
```

Im Ergebnis macht das keinen Unterschied:

```
summary(IQ_Interaktion)
```

```
                    Estimate Std. Error t value Pr(>|t|)
(Intercept)          93.2706    23.5515   3.960  0.00745 **
Verb.Test             0.5896     2.6340   0.224  0.83032
Num.Test             -0.3680     3.4574  -0.106  0.91870
Verb.Test:Num.Test    0.1582     0.3325   0.476  0.65101
---
Residual standard error: 5.53 on 6 degrees of freedom
Multiple R-squared:  0.7795,     Adjusted R-squared:  0.6693
F-statistic: 7.071 on 3 and 6 DF,  p-value: 0.02142
```

Erstaunlicherweise ist nun keiner der zwei ursprünglichen Prädiktoren signifikant, und auch die Interaktion scheint keine Vorhersagekraft zu haben. Trotzdem ist der

Determinationskoeffizient noch leicht höher (R^2 = 0.78) als in der Analyse ohne den Interaktionsterm (R^2 = 0.77), während der adjustierte Determinationskoeffizient, wie zu erwarten (ein Prädiktor mehr), im Vergleich etwas, aber nicht viel gesunken ist (R^2_{adj} = 0.67 versus R^2_{adj} = 0.71). Der erste Verdacht bei solch merkwürdigen Ergebnissen ist meist das Vorliegen von *Kollinearität*: der sehr hohen Korrelation von Prädiktorvariablen. Sehen wir uns die Korrelation der drei Prädiktoren an. Wenn man die Korrelation zwischen mehr als zwei Variablen mit der Standardfunktion `cor` berechnen möchte, braucht man eine Zusammenfassung der Variablen als *data.frame*:

```
IQ_Var <- data.frame(Verb.Test, Num.Test, Verb_x_num)
round (cor(IQ_Var), 2)
```

```
           Verb.Test Num.Test Verb_x_num
Verb.Test       1.00     0.75       0.96
Num.Test        0.75     1.00       0.89
Verb_x_num      0.96     0.89       1.00
```

Tatsächlich korrelieren sowohl *Num.Test* als auch *Verb.Test* sehr hoch mit *Verb_x_num*, dem Interaktionsterm. Und nun kommt das Zentrieren ins Spiel. Für das Ergebnis einer „normalen" Regressionsrechnung macht es keinerlei Unterschied, wenn die Prädiktoren linear transformiert werden. Das gilt jedoch nicht für das Produkt der Prädiktoren, also den Interaktionsterm. Sehen wir uns zunächst an, wie sich die Korrelationen ändern, wenn wir *Verb.Test* und *Num.Test* zentrieren und dann auch noch den Interaktionsterm. Zentrieren geht einfach mit der Funktion `scale`, wenn das Argument `scale` auf `FALSE` oder `F` gesetzt wird (die Voreinstellung ist `TRUE`, und dann wird zusätzlich zum Zentrieren auch noch standardisiert).

```
Verb.Test_zentriert <- scale(Verb.Test, scale = F)
Num.Test_zentriert <- scale(Num.Test, scale = F)
Verb_x_num_zentriert <- scale(Verb.Test_zentriert * Num.Test_zentriert, scale = F)
IQ_Var_zentriert <- data.frame(Verb.Test_zentriert, Num.Test_zentriert, Verb_x_num_zentriert)
round (cor(IQ_Var_zentriert), 2)
```

```
                     Verb.Test_zentriert Num.Test_zentriert Verb_x_num_zentriert
Verb.Test_zentriert                 1.00               0.75                 0.05
Num.Test_zentriert                  0.75               1.00                 0.06
Verb_x_num_zentriert                0.05               0.06                 1.00
```

Man sieht, dass die Zentrierung keinerlei Einfluss hat auf die Korrelation zwischen *Verb.Test* und *Num.Test*, wohl aber einen gewaltigen auf die Korrelation mit dem Interaktionsterm. Nun führen wir die Regressionsanalyse mit den zentrierten Prädiktoren durch:

```
IQ_Interaktion_zentriert <- lm(IQ ~ Verb.Test_zentriert + Num.Test_zentriert
                               + Verb_x_Num_zentriert))

summary(IQ_Interaktion_zentriert)
```

```
                                        Estimate Std. Error t value Pr(>|t|)
(Intercept)                             107.7000     1.7487  61.590 1.23e-09 ***
Verb.Test_zentriert                       1.7919     0.7289   2.458   0.0492 *
Num.Test_zentriert                        1.0875     1.5060   0.722   0.4974
Verb.Test_zentriert:Num.Test_zentriert    0.1582     0.3325   0.476   0.6510
---
```

```
Residual standard error: 5.53 on 6 degrees of freedom
Multiple R-squared:  0.7795,      Adjusted R-squared:  0.6693
F-statistic: 7.071 on 3 and 6 DF, p-value: 0.02142
```

Ein Blick auf den Interaktionsterm (*Verb.Test_zentriert:Num.Test_zentriert*) zeigt, dass die Zentrierung hier nichts geändert hat – die Werte sind identisch zu denen, die wir oben für das Produkt der nicht zentrierten Prädiktoren erhalten haben. Auch der multiple Determinationskoeffizient ist gleich geblieben. Was sich jedoch geändert hat, sind die Koeffizienten und auch die p-Werte für die beiden Prädiktoren. Und die sollten Ihnen auch (annähernd) bekannt vorkommen. Es sind mehr oder weniger die Koeffizienten, die wir für die Regressionsanalyse ohne den Interaktionsterm erhalten haben. Und noch eine Veränderung ist bemerkenswert: Der Wert der Konstanten (107.7) ist nichts anderes als der Mittelwert des Kriteriums.

```
mean(IQ)
```

```
107.7
```

Was also bewirkt das Zentrieren der Prädiktoren? Ohne Interaktionsterme hat das Zentrieren keinerlei Auswirkungen auf die Regressionskoeffizienten. Wenn die Regressionsgleichung Interaktionsterme enthält, hat es keine Auswirkung auf das Ausmaß der aufgeklärten Varianz und auch keine Auswirkung auf die Regressionskoeffizienten für die Interaktionsterme. Allerdings wirkt sich das Zentrieren auf die Regressionskoeffizienten für die (einfachen) Prädiktoren aus (für eine formalere Behandlung des Sachverhalts siehe Afshartous, & Preston, 2011; Iacobucci et al., 2017). Das Zentrieren führt dazu, dass die Regressionskoeffizienten in Gleichungen mit Interaktionstermen meist in etwa denen ohne einen solchen Interaktionsterm entsprechen, und außerdem ist die Konstante vernünftig interpretierbar: der Mittelwert des Kriteriums. Das sind zwei gewichtige Vorteile. Wenn man nur am Interaktionsterm und am Ausmaß der insgesamt erklärten Varianz interessiert ist, dann ist es egal, ob die Prädiktoren zentriert sind oder nicht. Wenn man jedoch einer möglichen Multikollinearität (hohe Korrelation der anderen Prädiktoren mit dem Interaktionsterm) aus dem Weg gehen möchte und außerdem die Prädiktoren vernünftig interpretieren will, bietet es sich an, die Prädiktoren zu zentrieren: Man verliert nichts und kann viel gewinnen. Wir empfehlen, das immer zu tun.

9.8.2 Interaktion zwischen nominalskaliertem und intervallskaliertem Prädiktor

Bei der Varianzanalyse sind alle Interaktionen solche zwischen nominalskalierten unabhängigen Variablen oder Faktoren. Wir haben in *Abschnitt 9.4* gesehen, dass man mit der Regressionsanalyse auch Varianzanalysen durchführen kann und natürlich ist es auch möglich, Interaktionseffekte zu berechnen. Die Regressionsanalyse geht aber in ihren Möglichkeiten weit über die Varianzanalyse hinaus, weil sie nicht auf nominalskalierte Prädiktoren beschränkt ist. Wir zeigen nun zunächst, wie man die Interaktion zwischen einem nominal- und einem intervallskalierten Prädiktor in der Regressionsrechnung behandelt. Das Beispiel stammt aus den Daten zum Buch von Keith (2019).[9] Es geht um eine sogenannte Aptitude Treatment Interaktion (ATI). Die Grundidee bei ATIs ist, dass Menschen sich in ihren Fähigkeiten (*aptitudes*) unterscheiden und dass unterschiedliche Interventionen (*treatments*) in Abhängigkeit von den Fähigkeiten unterschiedlich gut wirken. Das wird vermutlich verständlicher, wenn wir uns gleich das Ergebnis einer solchen Studie ansehen (enthalten in der Datei *ati_b.txt*). Es geht darum, wie gut man die Leistungen von Kindern in einer visuellen Gedächtnisaufgabe (*VIS_MEM*) aufgrund ihrer verbalen Intelligenz (*VERBAL*) vorhersagen kann. Dabei gibt es zwei unterschiedliche Trainingsgruppen. Die eine trainiert mit visuellen Darstellungen (die Kinder stellen sich die Dinge, die sie sich merken sollen, zusammen mit dem Platz, an dem sie stehen, vor) und die andere mit einer verbalen Wiederholstrategie (die Kinder wiederholen die Bezeichnungen für die Dinge, die sie sich merken sollen). Die Zuordnung zu diesen zwei Treatments ist in der Dummy-kodierten Moderatorvariablen *TRAINING* enthalten. Sehen wir uns den Zusammenhang zwischen verbaler Intelligenz und Gedächtnisleistung, aufgeteilt für die zwei Arten von Training, an. Zur Abwechslung benutzen wir statt `attach` wieder einmal die Anbindung der Variablennamen mit `$`. Die Prädiktoren liegen schon in zentrierter Form vor:

```
Vis.Ged <- ati_b$VIS_MEM
Verb.Int <- ati_b$VERBAL
Training <- ati_b$TRAINING
```

Zur Differenzierung der Werte (mittels `pch`) im Plot, den wir gleich zeichnen, benutzen wir die Werte der Dummy-Variablen (0 repräsentiert ein Quadrat und 1 einen Kreis):

```
plot(Verb.Int, Vis.Ged, pch = Training, main = "ATI - Effekt",
     xlab = "Verbale Intelligenz (zentriert)", ylab = "Wert in Gedächtnisaufgabe")
```

In diesen Plot zeichnen wir Regressionsgeraden für die beiden Trainingsgruppen ein:

```
abline(lm(Vis.Ged[Training == 0] ~ Verb.Int[Training == 0]), lty = 2)
abline(lm(Vis.Ged[Training == 1] ~ Verb.Int[Training == 1]), lty = 3)
legend("topleft", pch = c(0, 1),
       legend = c("Verbale Wiederholung", "Visuelles Mapping"), bty = "n")
```

Wenn man die Punktewolke in ▶*Abbildung 9.4* insgesamt betrachtet, dann scheint es keinen nennenswerten Zusammenhang zwischen der verbalen Intelligenz und der Gedächtnisleistung zu geben. Ein Blick auf die zwei unterschiedlichen Trainingsgruppen offenbart jedoch, dass der Zusammenhang in der Gruppe, die auch ein verbales Training erhält, hoch und positiv ist: Je höher die verbale Intelligenz, desto besser wirkt dieses verbale Training. Beim visuellen Training ist der Zusammenhang negativ.

9 *http://tzkeith.com/data-files/part-1-data-by-chapter/*

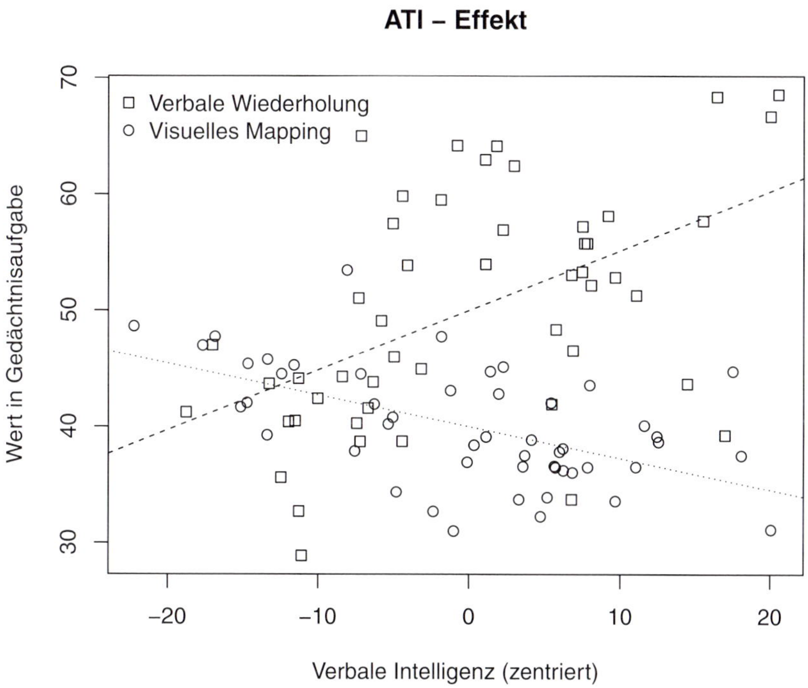

Abbildung 9.4: Aptitude-Treatment-Interaktion (aus Daten zum Buch von Keith, 2019). Die gestrichelte Regressionsgerade beschreibt den (positiven) Zusammenhang zwischen verbaler Intelligenz und Gedächtnisleistung für die Gruppe mit dem verbalen Training und die gepunktete Regressionsgerade den (negativen) Zusammenhang in der Gruppe mit dem visuellen Training.

Sehen wir uns den Vergleich mit und ohne Interaktionsterm gleich für die standardisierten Koeffizienten an. Zunächst nur verbale Intelligenz und Trainingsart als Prädiktoren:

```
AT_reg <- lm(scale(Vis.Ged) ~ scale(Verb.Int) + scale(Training))
summary (AT_reg)
```

```
                  Estimate Std. Error t value Pr(>|t|)
(Intercept)      1.363e-16  8.413e-02  0.000     1.00
scale(Verb.Int)  1.291e-01  8.456e-02  1.526     0.13
scale(Training) -5.384e-01  8.456e-02 -6.367 6.43e-09 ***
---
Residual standard error: 0.8413 on 97 degrees of freedom
Multiple R-squared:  0.3065,     Adjusted R-squared:  0.2922
F-statistic: 21.43 on 2 and 97 DF,  p-value: 1.957e-08
```

Und dann mit dem Interaktionsterm:

```
ATI_reg <- lm(scale(Vis.Ged) ~ scale(Verb.Int) + scale(Training) +
                    scale(scale(Verb.Int) * scale(Training)))
```

```
                                          Estimate Std. Error t value Pr(>|t|)
 (Intercept)                             1.410e-16  7.309e-02  0.000   1.0000
scale(Verb.Int)                          1.290e-01  7.346e-02  1.757   0.0822 .
```

```
scale(Training)                                -5.384e-01  7.346e-02  -7.329 7.26e-11 ***
scale(scale(Verb.Int) * scale(Training)) -4.190e-01  7.346e-02  -5.704 1.29e-07 ***
---

Residual standard error: 0.7309 on 96 degrees of freedom
Multiple R-squared:  0.482,       Adjusted R-squared:  0.4658
F-statistic: 29.78 on 3 and 96 DF,  p-value: 1.071e-13
```

Die zwei entsprechenden Regressionsgleichungen für die standardisierten Werte (z-Werte) sind also:

$$\hat{z}_{Vis.Ged\_i} = 0.13 z_{Verb.Int\_i} - 0.54 z_{Training\_i}$$

und (mit Interaktionsterm)

$$\hat{z}_{Vis.Ged\_i} = 0.13 z_{Verb.Int\_i} - 0.54 z_{Training_i} - 0.42 z_{Verb.Int_i} \times z_{Training\_i}$$

Wir sehen, dass die verbale Intelligenz einen relativ kleinen Effekt hat, die Art des Trainings jedoch einen ziemlich großen: Das verbale Training wirkt deutlich besser als das visuelle. Aber auch die ATI ist sehr bedeutsam, wie man in ▶*Abbildung 9.4* sehen kann. Wenn die Kinder eine verbale Merkstrategie trainieren, dann werden ihre Leistungen mit steigender verbaler Intelligenz immer besser und bei einer visuellen Merkstrategie ist es umgekehrt. Das Ausmaß der erklärten Varianz steigt durch die Hinzunahme des Interaktionsterms von $R^2 = 0.31$ auf $R^2 = 0.48$ ($R^2_{adj} = 0.29$ auf $R^2_{adj} = 0.47$).

9.8.3 Interaktion zweier intervallskalierter Prädiktoren

Auch das nächste Beispiel ist den Daten zum Buch von Keith (2019) entnommen. Hier geht es um die Auswirkung der durchschnittlichen Länge des Fernsehkonsums pro Tag auf die Schulleistung. Zusätzlich wird untersucht, ob die intellektuelle Fähigkeit der Kinder die Höhe dieses Zusammenhangs beeinflusst. Der Fernsehkonsum ist also der primäre Prädiktor und die intellektuelle Fähigkeit ist die Moderatorvariable. Die Daten sind in der Datei *tv_abil.txt* zu finden. Wir kürzen die Variablenbezeichnungen wieder etwas ab.

```
TV <- tv_abil$TV
IQ <- tv_abil$Ability
Leistung <- tv_abil$Achieve
```

In dem Datensatz sind die Kinder nach ihren intellektuellen Fähigkeiten schon in drei Gruppen aufgeteilt (kodiert in der Variablen *Abil_3* als 1, 2 und 3). Wir trennen nun der Übersichtlichkeit halber die entsprechenden drei Gruppen, um später drei separate Regressionsgeraden zu zeichnen:

```
IQ_drei_Gruppen <- tv_abil$Abil_3
IQ_niedrig <- which(IQ_drei_Gruppen == 1)
IQ_mittel <- which(IQ_drei_Gruppen == 2)
IQ_hoch <- which(IQ_drei_Gruppen == 3)
```

Nun zeichnen wir zunächst die Punkte und die Regressionsgerade für die Subgruppe mit dem unteren Drittel der IQ-Werte (mit `plot`) und danach fügen wir sukzessive die weiteren Subgruppen hinzu (mit `points`):

```
plot(TV[IQ_niedrig], Leistung[IQ_niedrig], col = "red",
     ylim = c(min(Leistung), max(Leistung)),
     xlab = "Fernsehkonsum (Stunden, täglich)", ylab = "Leistung", main = "Fernsehkonsum x IQ")
abline(lm(Leistung[IQ_niedrig] ~ TV[IQ_niedrig]), col = "red")
points(TV[IQ_mittel], Leistung[IQ_mittel], col = "blue", pch = 4)
abline(lm(Leistung[IQ_mittel] ~ TV[IQ_mittel]), col = "blue")
points(TV[IQ_hoch], Leistung[IQ_hoch], pch = 6)
abline(lm(Leistung[IQ_hoch] ~ TV[IQ_hoch]))
legend("topright", pch = c(6, 4, 1), col = c("black", "blue", "red"),
       legend = c("Hoher IQ", "Mittlerer IQ", "Niedriger IQ"), bty = "n")
```

▶*Abbildung 9.5* verdeutlicht, dass die Moderatorvariable einen deutlichen Einfluss hat. Erstaunlicherweise profitieren die Schüler mit den niedrigsten intellektuellen Fähigkeiten sogar vom Fernsehen: Je mehr sie durchschnittlich pro Tag vor dem Fernseher sitzen, desto höher sind ihre Leistungen. Bei den Schülern in den beiden anderen Gruppen ist es jedoch umgekehrt. Insbesondere bei Schülern mit hohen intellektuellen Fähigkeiten führt vermehrter Fernsehkonsum zu deutlich verringerten Leistungen.

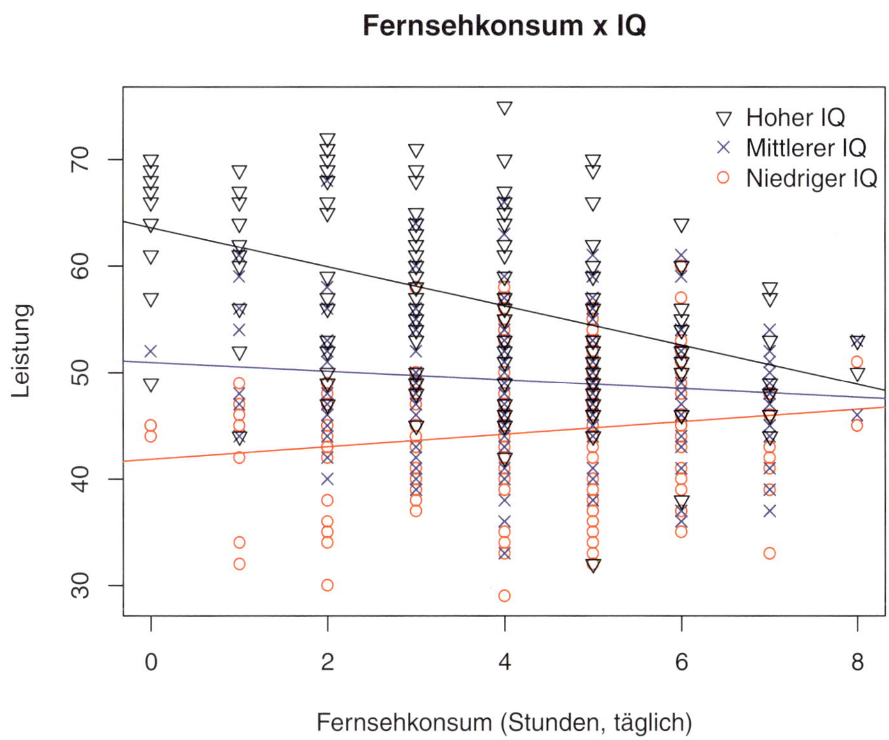

Abbildung 9.5: Interaktion zwischen Fernsehkonsum und intellektueller Fähigkeit.

Nun sehen wir uns die Ergebnisse der Regressionsanalyse an. Berechnen wir, um die Wichtigkeit der Einflussvariablen besser miteinander vergleichen zu können, gleich die standardisierten Koeffizienten:

```
TV_x_IQ_s <- lm(scale(Leistung) ~ scale(TV) + scale(IQ) + scale(scale(TV) * scale(IQ)))
summary (TV_x_IQ_s)

                     Estimate Std. Error t value Pr(>|t|)
(Intercept)        -7.893e-17 3.065e-02   0.000   1.0000
 scale(TV)         -0.07174   0.03148  -2.279   0.0231 *
 scale(IQ)          0.66222   0.03120  21.223  < 2e-16 ***
 scale(TV):scale(IQ) -0.22032  0.03136  -7.026 7.06e-12 ***
 ---
 Residual standard error: 0.6855 on 496 degrees of freedom
 Multiple R-squared:  0.533,     Adjusted R-squared:  0.5301
 F-statistic: 188.7 on 3 and 496 DF,  p-value: < 2.2e-16
```

Es wird deutlich, dass der zusammengefasste Einfluss des Fernsehkonsums (*scale(TV)*) nur einen kleinen (negativen) Effekt auf die Leistung der Schüler hat, die intellektuellen Fähigkeiten dagegen einen sehr großen. Der interessanteste Effekt ist jedoch die relativ starke Interaktion, die besagt, dass das Ausmaß der intellektuellen Fähigkeiten (die Moderatorvariable) einen deutlichen Einfluss auf die Höhe des Zusammenhangs zwischen Fernsehkonsum und Leistung ausübt: je höher der IQ, desto negativer der Zusammenhang zwischen Fernsehen und Leistung. Das ist auch das, was in ▶*Abbildung 9.5* sichtbar ist. Und das, was wir dort gemacht haben, ist eine Möglichkeit, die Interaktion zwischen zwei intervallskalierten Variablen zu visualisieren: Man teilt die Stichprobe nach den Werten der Moderatorvariablen in drei Gruppen auf und zeichnet für jede dieser Subgruppen eine Regressionsgerade. Im Prinzip könnte man für jede Ausprägung der Moderatorvariablen eine eigenen Regressionsgerade zeichnen (falls genügend Datenpunkte dafür zur Verfügung stünden), aber es ist unmittelbar einleuchtend, dass das sehr unübersichtlich wäre. Deswegen ist die gängige Praxis, sich auf drei Regressionsgeraden zu beschränken. Die übliche Vorgehensweise besteht darin, zunächst die Moderatorvariable zu zentrieren und dann drei Regressionsgeraden mit jeweils unterschiedlichen Werten für die Moderatorvariable zu berechnen: Mittelwert (= 0) und plus und minus eine Standardabweichung.

Nehmen wir als Ausgangsbasis diese Gleichung:

$$\hat{y} = b_0 + b_1 x_1 + b_2 x_2 + b_3 x_1 x_2$$

Die neuen Konstanten und Regressionskoeffizienten für die drei Geraden erhält man dann folgendermaßen (wie man auf diese Geradengleichungen kommt, können Sie z. B. bei Jaccard & Turrisi, 2003, nachlesen):

$$b_{0\_neu} = b_0 + b_2 x_2 \text{ und } b_{1\_neu} = b_1 + b_3 x_2$$

Da das Interaktionsdiagramm meist für die unstandardisierten Variablen gezeichnet wird, führen wir die entsprechende Analyse durch, um die Werte für die Konstante und die Regressionskoeffizienten zu erhalten:

```
TV_zentriert <- scale(TV, scale = F)
IQ_zentriert <- scale(IQ, scale = F)
TV_x_IQ_zentriert <- scale(TV_zentriert * IQ_zentriert, scale = F)
TV_x_IQ <- lm(Leistung ~ TV_zentriert + IQ_zentriert + TV_x_IQ_zentriert)
summary (TV_x_IQ)

                  Estimate Std. Error t value Pr(>|t|)
(Intercept)       50.09600    0.26709 187.561  < 2e-16 ***
TV_zentriert      -0.35629    0.15634  -2.279   0.0231 *
IQ_zentriert       0.60896    0.02869  21.223  < 2e-16 ***
TV_x_IQ_zentriert -0.11548    0.01644  -7.026 7.06e-12 ***
  ---
  Residual standard error: 5.972 on 496 degrees of freedom
  Multiple R-squared:  0.533,      Adjusted R-squared:  0.5301
  F-statistic: 188.7 on 3 and 496 DF,  p-value: < 2.2e-16
```

Als Ausgangbasis für die Berechnung des Interaktionsdiagramms erhalten wir also: $b_0 = 50.10$, $b_1 = -0.36$, $b_2 = 0.61$ und $b_3 = -0.12$. Nun benötigen wir noch die Standardabweichung für die Moderatorvariable (die ist gleich, egal ob die Variable zentriert ist oder nicht). Die drei Interaktionsgeraden sollen ja nur eine schnell erkennbare Zusammenfassung des Einflusses der Moderatorvariablen sein, deswegen begnügen wir uns mit zwei Nachkommastellen:

```
round(sd(IQ), 2)

  9.48
```

Nun können wir die Konstanten und Steigungen (Regressionskoeffizienten) für die drei Interaktionsgeraden berechnen (nach den obigen Formeln für b_{0_neu} und b_{1_neu}):

```
Konstanten <- 50.1 + 0.61 * c(-9.48, 0, 9.48)
Steigungen <- -0.36 - 0.12 * c(-9.48, 0, 9.48)
```

Für das Interaktionsdiagramm zeichnen wir zunächst ein leeres Diagramm (mit `type = "n"`) und fügen dann die drei Geraden sowie eine Legende hinzu:[10]

```
plot(TV_zentriert, Leistung, type = "n")
abline (Konstanten[1], Steigungen[1], lty = 1)
abline (Konstanten[2], Steigungen[2], lty = 2)
abline (Konstanten[3], Steigungen[3], lty = 3)
legend("topright", lty = c(3, 2, 1),
       legend = c("Hoher IQ","Mittlerer IQ", "Niedriger IQ"), bty = "n")
```

Wie nicht anders zu erwarten, unterscheidet sich das Diagramm in ▶*Abbildung 9.6* kaum von dem in ▶*Abbildung 9.5*, außer dass wir nun zentrierte Prädiktoren benutzt haben (*X*-Achse hat den Mittelwert 0).

10 Man könnte natürlich auch die Punktewolke mit einzeichnen, aber üblicherweise wird sie aus Gründen der Übersichtlichkeit weggelassen.

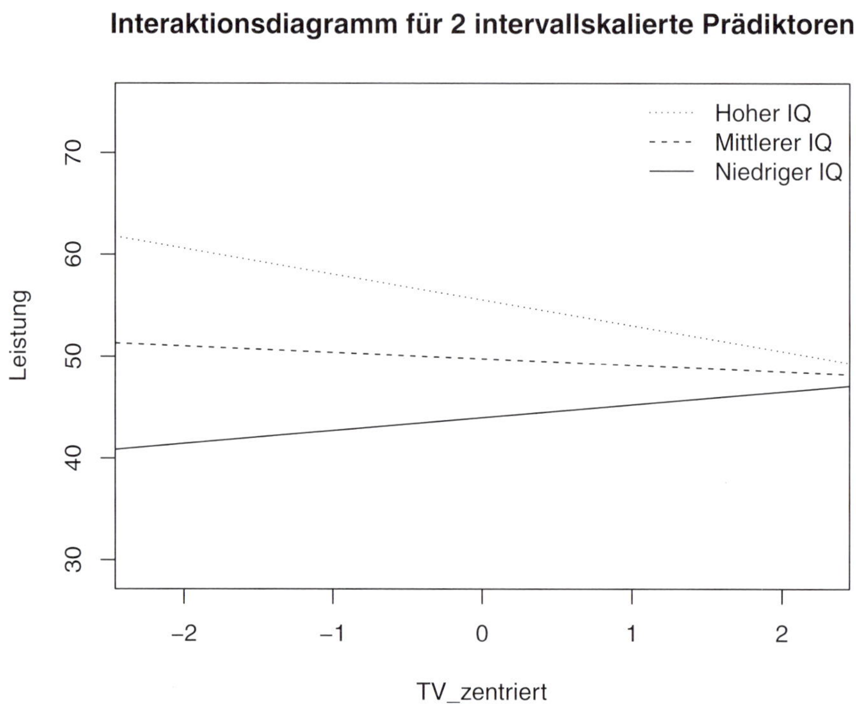

Abbildung 9.6: Die Interaktion zwischen Fernsehkonsum (TV_zentriert) und intellektueller Fähigkeit (IQ), dargestellt als übliches Interaktionsdiagramm.

9.9 Mediatoranalyse

Bislang haben wir ausschließlich *direkte* Beziehungen zwischen Prädiktoren und einem Kriterium betrachtet.[11] Wenn man jedoch annimmt, dass ein Prädiktor nicht direkt auf das Kriterium wirkt, sondern über eine weitere Variable – *Mediatorvariable* oder, kurz, *Mediator* – dann ist das ein Fall für die Mediatoranalyse. Solche Analysen mit beliebigen indirekten Effekten können bequem mittels der Pfadanalyse oder, wenn latente Variablen im Spiel sind, Strukturgleichungsmodellen durchgeführt werden. Wie man das in R macht, wird in Burkhardt und et al., (2022) beschrieben. Es gibt in R aber auch mehrere Möglichkeiten für herkömmliche Mediatoranalysen. Wir zeigen ein einfaches Beispiel mit der Funktion `mediate` aus dem Paket *psych*, das Sie schon aus früheren Kapiteln kennen.

Als Grundlage nutzen wir noch einmal unsere IQ-Daten (*Abschnitt 9.1*). Wir gehen der Frage nach, inwieweit die Vorhersage der verbalen Intelligenz (*Verb.Test*) aufgrund der Kenntnis der numerischen Intelligenz (*Num.Test*) durch die generelle Intelligenz (*IQ*) mediiert wird. Mit anderen Worten: Gibt es ausschließlich eine direkte (möglicherweise kausale) Beziehung zwischen der numerischen und der verbalen Intelligenz

11 Auch beim Interaktionsterm handelt es sich um eine solche direkte Beziehung.

oder wird diese Beziehung über so etwas wie einen Intelligenz-Generalfaktor vermittelt?

Die Funktion *mediate* enthält als Argument zunächst die direkte Verbindung zwischen dem Kriterium (*Verb.Test*) und dem zentralen Prädiktor (*Num.Test*). Danach steht (in Klammern) die Mediatorvariable (*IQ*), gefolgt von der Spezifikation der Datendatei. Wir führen die Analyse mit standardisierten Werten durch, um auch standardisierte Koeffizienten zu erhalten (`std = T`):

```
library(psych)
IQ_mediator <- mediate(Verb.Test ~ Num.Test + (IQ),  data = IQ_Daten,  std = T)
```

Die Funktion `mediate` erzeugt als Voreinstellung ein Diagramm mit Modelldarstellung und Ergebnissen (▶*Abbildung 9.7*). Betrachten wir zunächst die direkte Beziehung zwischen primärem Prädiktor und Kriterium. Wenn diese Beziehung durch Einbeziehung der Mediatorvariablen deutlich schwächer wird, dann liegt ein Mediatoreffekt vor.[12] Wir sehen in ▶*Abbildung 9.7*, dass sich die Stärke der ursprünglichen Beziehung zwischen *Num.Test* und *Verb.Test* ($c = 0.75$) tatsächlich durch die Einbeziehung der Mediatorvariablen sehr stark verringert hat (auf $c' = 0.23$).

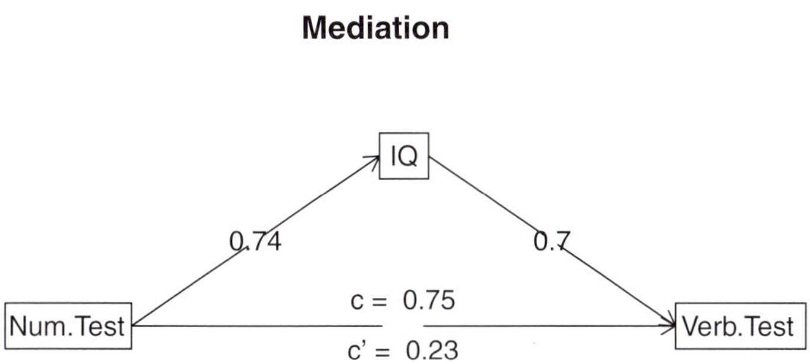

Abbildung 9.7: Mediatordiagramm für *Verb.Test* als Kriterium, *Num.Test* als primärer Prädiktor, und *IQ* als Mediator.

Detailliertere Analyseergebnisse erhält man mit der Funktion `summary`:

```
summary(IQ_mediator)
```

```
   Direct effect estimates (traditional regression)    (c')
             Verb.Test   se    t df   Prob
   Intercept      0.00 0.18 0.00  7 1.0000
   Num.Test       0.23 0.27 0.86  7 0.4180
   IQ             0.70 0.27 2.61  7 0.0349

   R = 0.88 R2 = 0.77   F = 12.05 on 2 and 7 DF   p-value:  0.00541

    Total effect estimates (c)
```

12 Es gibt unterschiedliche Meinungen darüber, was „deutlich schwächer" heißt. Traditionell wurde argumentiert, dass ein Mediatoreffekt nur vorliegt, wenn der totale Effekt erst signifikant war und durch Einbeziehung der Mediatorvariablen nicht mehr, und wenn gleichzeitig der Mediatoreffekt signifikant wird. Diese Emphase auf statistischer Signifikanz hat allerdings mit vielen interpretativen Problemen zu kämpfen.

```
         Verb.Test   se    t df    Prob
Num.Test      0.75 0.22 3.36  9 0.00843

 'a'  effect estimates
            IQ   se    t df   Prob
Intercept 0.00 0.24 0.00  8 1.0000
Num.Test  0.74 0.24 3.12  8 0.0143

 'b'  effect estimates
   Verb.Test   se    t df   Prob
IQ       0.7 0.25 2.79  8 0.0236

 'ab'  effect estimates (through mediators)
         Verb.Test boot   sd lower upper
Num.Test      0.52 0.54 0.42     0  1.47
```

Gehen wir die ausführliche Ausgabe der Reihe nach durch. In der ersten Tabelle sehen wir die Ergebnisse einer Regressionsanalyse für das Kriterium *Verb.Test*, und die Prädiktoren *Num.Test* und *IQ*. Wenn der zweite Prädiktor (*IQ*) mit in die Gleichung eingeht, ist die Vorhersagekraft von *Num.Test* relativ klein: $c' = 0.23$ ($p = 0.418$). Die zweite Tabelle zeigt nur den direkten Effekt (*total effect estimates*): $c = 0.75$ ($p = 0.008$). Wir sehen also schon, dass sich die Vorhersagekraft von *Num.Test* deutlich verringert, wenn *IQ* als Prädiktor hinzukommt (von 0.75 auf 0.23). Danach werden Analysen für die Pfade *a* (von *Num.Test* zu *IQ*) und *b* (von *IQ* zu *Verb.Test*) berechnet, die zusammen den Mediatorpfad ergeben.[13] Beide Pfade haben hohe Werte und sind signifikant ($a = 0.74$, $p = 0.014$; $b = 0.7$, $p = 0.024$). Der Koeffizient des Mediatorpfads, $ab = 0.52$, ist einfach das Produkt von *a* und *b*. Dieser Koeffizient wird mithilfe einer Bootstrap-Prozedur (siehe Sedlmeier & Renkewitz, 2018, Kapitel 19) auf Signifikanz getestet und ist in unserem Fall gerade noch signifikant (das Konfidenzintervall für *ab* liegt zwischen 0 und 1.47, überschreitet also den Wert für die Nullhypothese nicht).[14] Wir könnten aus dem Ergebnis schließen, dass der Effekt von *Num.Test* auf *Verb.Test* zu einem großen Teil über *IQ* vermittelt wird: ein klassischer Mediatoreffekt.

13 Alle Pfade in dieser Analyse entsprechen standardisierten Regressionskoeffizienten.

14 Diese Bootstrapprozedur hängt von Zufallsziehungen (aus der Stichprobe) ab und deswegen variiert das Ergebnis, wenn Sie die Prozedur wiederholt durchführen. Wenn Sie genau dasselbe Ergebnis bekommen wollen wie wir, müssten Sie mit derselben Voreinstellung für den Zufallsoperator arbeiten (`set.seed(119)`).

Zusammenfassung

Die Regressionsrechnung ist ein sehr flexibles Instrument, das neben der einfachen und der multiplen Regression eine ganze Reihe von Erweiterungen bietet, die auch die traditionellen Verfahren des Mittelwertsvergleichs wie *t*-Tests, Varianzanalyse und Kovarianzanalyse abdecken. Zudem kann man auch kontrastkodierte Prädiktoren benutzen. R bietet mit `lm` eine Standardfunktion, die schon viele Möglichkeiten abdeckt. Wir haben gezeigt, wie man mit `lm` eine beliebige Anzahl sowohl nominal- als auch intervallskalierter Prädiktoren verwenden kann. Außerdem haben wir demonstriert, wie man damit eine theoriegeleitete schrittweise Regression und beliebige Moderatoranalysen durchführen kann. Zur Zusammenfassung der Ergebnisse aus solchen Analysen ist die Funktion `anova` sehr hilfreich. Eine komfortable Möglichkeit zur Durchführung von Mediatoranalysen bietet die Funktion `mediate` aus dem Paket *psych*. Darüber hinaus existiert eine Vielzahl weiterer Pakete, die es erlauben, auf bequeme Weise andere Erweiterungen der Regressionsanalyse zu behandeln, wie etwa die schrittweise Regression zur Auswahl von Prädiktoren. Zusätzliche Erweiterungen der Regressionsrechnung sind in Burkhardt et al. (2022) beschrieben.

Die R-Funktionen in diesem Kapitel

In diesem Kasten stellen wir Ihnen die Funktionen, die wir in diesem Kapitel benutzt haben, noch einmal zusammen. Dabei lassen wir aus Gründen der Überschaubarkeit die Argumente weg (die Argumente der jeweiligen Funktionen und deren mögliche Belegungen erhalten Sie immer durch die Eingabe von `?funktionsname`). Wenn Funktionen nicht aus dem Standard-R stammen (*base* Paket), dann werden sie zusammen mit dem Paket, aus dem sie stammen, aufgelistet (`Paket::Funktion`). Funktionen, die Sie bereits aus früheren Kapiteln kennen, sind hier weggelassen.

Funktion	Kurze Beschreibung
`anova`	Vergleicht Ergebnisse von Regressionsanalysen mit unterschiedlichen Anzahlen von Prädiktoren
`apaTables::apa.reg.table`	Erstellt komfortable Tabellen von Regressionsanalyse-Ergebnissen
`mediation::mediate`	Führt eine Mediatoranalyse durch
`olsrr::ols_step_both_p`	Führt schrittweise Regression zur Auswahl von Prädiktoren durch
`pwr::pwf.f2.test`	Führt eine Poweranalyse für die Regressionsrechnung durch
`scale(`*`variable`*`, scale = F)`	Zentriert Variablen (zieht von jedem Wert den Mittelwert ab)

Tabelle 9.1: Funktionen zur Durchführung von Analysen im Rahmen der Regressionsrechnung

Ergänzende und weiterführende Literatur

Kapitel 23 und 24 in Sedlmeier, P. & Renkewitz, F. (2018). *Forschungsmethoden und Statistik: Ein Lehrbuch für Psychologen und Sozialwissenschaftler* (3., überarbeitete und erweiterte Auflage). Hallbergmoos: Pearson.

(Einige Hintergrundinformationen zu den beschriebenen Verfahren)

Cohen, J., Cohen, P., West, S.G. and Aiken, L.S. (2013). *Applied Multiple Regression/Correlation Analysis for the Behavioral Science*. New York: Routledge.

(Standardwerk zum Thema dieses Kapitels)

Keith, T. U. (2019). *Multiple regression and beyond* (3rd ed). New York: Routledge.

(Gut lesbares Einführungswerk)

Multivariate Zusammenhänge explorieren: explorative Faktorenanalyse

10

10.1 Visualisierung multivariater Zusammenhänge: Korrelogramme 278

10.2 Explorative Faktorenanalyse 281

10.3 Hauptkomponentenanalyse (PCA) 283

10.3.1 Bestimmung der Hauptkomponenten 283

10.3.2 Extraktion 285

10.3.3 Rotation 287

10.4 Hauptachsenanalyse (PFA) 289

10.5 Weitere Variationen der explorativen Faktorenanalyse 291

ÜBERBLICK

Lernziele

Nach dem Durcharbeiten dieses Kapitels sollen Sie multivariate Zusammenhänge mit R explorieren können, insbesondere mithilfe der explorativen Faktorenanalyse. Dabei sollten Sie

- grafische Zusammenfassungen von multivariaten Zusammenhängen (Korrelogramme) erstellen können,
- eine Hauptkomponentenanalyse (PCA) und auch eine Hauptachsenanalyse (PFA) durchführen können,
- ein grundlegendes Verständnis der Unterschiede zwischen den beiden Arten von Verfahren besitzen sowie
- eine Vorstellung von den vielen Variationsmöglichkeiten bei der explorativen Faktorenanalyse haben und diese in R im Prinzip ausprobieren können.

Möchte man die Zusammenhänge zwischen vielen Variablen explorieren und darunterliegende Strukturen oder Dimensionen aufdecken, müssen die Daten in geeigneter Weise „reduziert" werden, sonst hat man oft das Problem, den Wald vor lauter Bäumen nicht zu sehen. Wir stellen in diesem Kapitel zunächst eine Methode zur visuellen Analyse vieler bivariater Zusammenhänge, also gewissermaßen eine Visualisierungsmethode von Korrelationsmatrizen, vor: das sogenannte *Korrelogramm*. Diese Analyse kann als Vorarbeit für eine weitere systematische Exploration mithilfe der *explorativen Faktorenanalyse* gesehen werden. Wir folgen hier der Mehrheit der Fachliteratur und subsummieren die sehr häufig angewandte sogenannte *Hauptkomponentenmethode* unter den Begriff Faktorenanalyse. Diese Methode kontrastieren wir mit einem prominenten faktorenanalytischen Verfahren im engeren Sinn, der *Hauptachsenanalyse*. Wir illustrieren beide Verfahren anhand eines Beispiels. Gegen Ende des Kapitels kommen wir noch einmal auf Gemeinsamkeiten und Unterschiede beider Verfahren zurück und geben einen kurzen Ausblick auf die umfangreichen Variationsmöglichkeiten der explorativen Faktorenanalyse.

10.1 Visualisierung multivariater Zusammenhänge: Korrelogramme

Bei der Analyse des Zusammenhangs zwischen vielen Variablen werden Streuungsdiagramm-Matrizen, die wir in ▶*Kapitel 3* kennengelernt haben, leicht unübersichtlich. Auch wenn man sich schnell einen Überblick über Größe und Richtung der Korrelationen verschaffen möchte, sind Streuungsdiagramm-Matrizen nur bedingt geeignet. Hier helfen grafische Darstellungsmöglichkeiten, wie sie die Varianten von Korrelogrammen bieten (Friendly, 2002). Zur Illustration dieser Verfahren verwenden wir einen Datensatz, der uns den Rest dieses Kapitels begleiten wird. Dieser Datensatz besteht aus Antworten von 200 Studierenden auf die Frage, wie gern sie einen bestimmten Monat im Jahr mögen, also z. B. „Wie gern mögen Sie den Januar?" Die Antworten wurden auf einer Skala von 1 („überhaupt nicht") bis 12 („sehr gerne") gegeben. Die Daten finden Sie in der Datei *Monate.csv*. Wir stellen Ihnen Korrelogramme aus zwei unterschiedlichen Paketen vor, zunächst aus dem Paket *corrplot* (Wei & Simko, 2017):

```
attach(Monate)
library(corrplot)
```

Korrelogramme kann man entweder für die gesamte Korrelationsmatrix erstellen oder für die obere oder untere Dreiecksmatrix. Wir zeigen Ihnen beide Möglichkeiten nebeneinander in ▶*Abbildung 10.1*:

```
par(mfrow = c(1, 2))
```

Die Funktion `corrplot` aus dem gleichnamigen Paket benötigt als Input eine Korrelationsmatrix:

```
Monate_cor <- cor(Monate)
corrplot(Monate_cor)
```

Und nun noch die obere Dreiecksmatrix. Die zeichnen wir zur Abwechslung in Graustufen (das Argument `bg` bezeichnet die Hintergrundfarbe), was vermutlich für das schnelle Erfassen von Strukturen besser geeignet ist als Abbildungen, bei denen die Korrelationswerte mittels unterschiedlicher Farbabstufungen dargestellt sind (Tufte, 2001):

```
corrplot(Monate_cor, type = "upper", col = c("black", "white"), bg = "lightgrey")
par(mfrow = c(1, 1))
```

Die Größe der Kreise in ▶*Abbildung 10.1* repräsentiert die Höhe der Korrelationen. Die Kreise in der Diagonale sind die Korrelationen der Monate mit sich selbst und stehen für eine Korrelation von $r = 1$. Man sieht sofort, dass die Korrelationen für aufeinanderfolgende Monate tendenziell hoch und positiv sind (z. B. die Korrelation von März mit April), und für „mittelweit" entfernte Monate auch relativ hoch, aber negativ (z. B. die Korrelation zwischen März und Juli). Generell ist der erste Eindruck, den das Korrelogramm in ▶*Abbildung 10.1* vermittelt, dass es starke systematische Zusammenhänge zwischen den Beliebtheitsratings für die 12 Monate gibt und dass die Höhe der Korrelation stark vom zeitlichen Abstand der Monate abhängt.

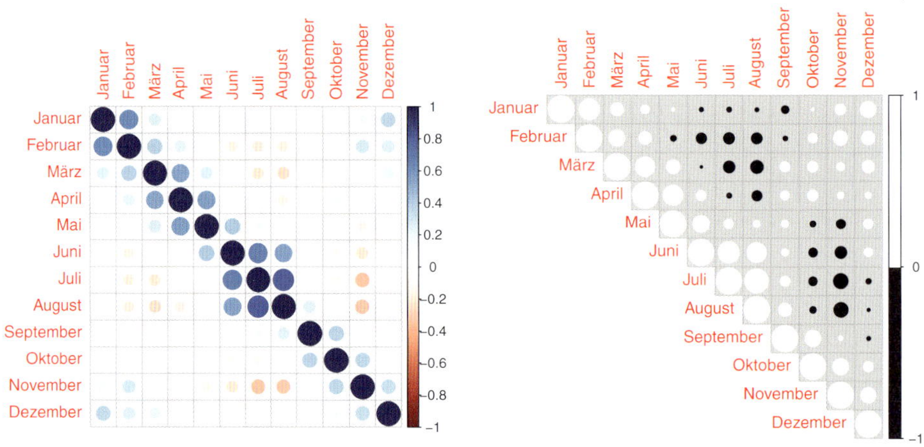

Abbildung 10.1: Korrelogramme für die Zusammenhänge zwischen den Einschätzungen von 200 studentischen BefragungsteilnehmerInnen zu ihrer Vorliebe für die 12 Monate des Jahres. Im rechten Diagramm repräsentieren weiße Kreise positive Korrelationen und schwarze negative. Die Größe der Kreise steht für die Höhe der Korrelationen.

Eine weitere Möglichkeit, Korrelogramme zu erstellen, bietet die Funktion `corrgramm` aus dem (wieder) gleichnamigen Paket *corrgramm* (Wright, 2018). Diese Funktion kann Korrelogramme mit vielen Detailinformationen erzeugen. Wir zeigen Ihnen ein Beispiel, das in der unteren Dreiecksmatrix sogenannte Konfidenzellipsen[1] sowie Lowess-Kurven und in der oberen Dreiecksmatrix die Werte der Korrelationen sowie das dazugehörige 95%-Konfidenzintervall abbildet. Die Funktion benötigt als Input keine Korrelationsmatrix, sondern kann direkt mit der Datenmatrix (hier: *Monate*) arbeiten:

```
library(corrgram)
corrgram(Monate, lower.panel = panel.ellipse, upper.panel = panel.conf)
```

Auch in ▶*Abbildung 10.2* sieht man, konsistent mit ▶*Abbildung 10.1*, dass die Ellipsen der jeweils angrenzenden Monate im Vergleich relativ schmal und nach rechts oben gerichtet sind, also relativ große und positive Korrelationen repräsentieren (z. B. die Ellipse direkt unter „März“, die den Zusammenhang zwischen März und April abbildet). Und wieder sind „mittelweit“ entfernte Ellipsen tendenziell negativ (z. B. die vierte Ellipse unter „Juli“, die den Zusammenhang zwischen Juli und November wiedergibt).

1 Innerhalb der 95%-Konfidenzellipsen liegen bei bivariaten Normalverteilungen 95% der Werte (für Einzelheiten siehe Friendly, 2002). Je schmaler eine Ellipse, desto höher die Korrelation. Kreise entsprechen Nullkorrelationen.

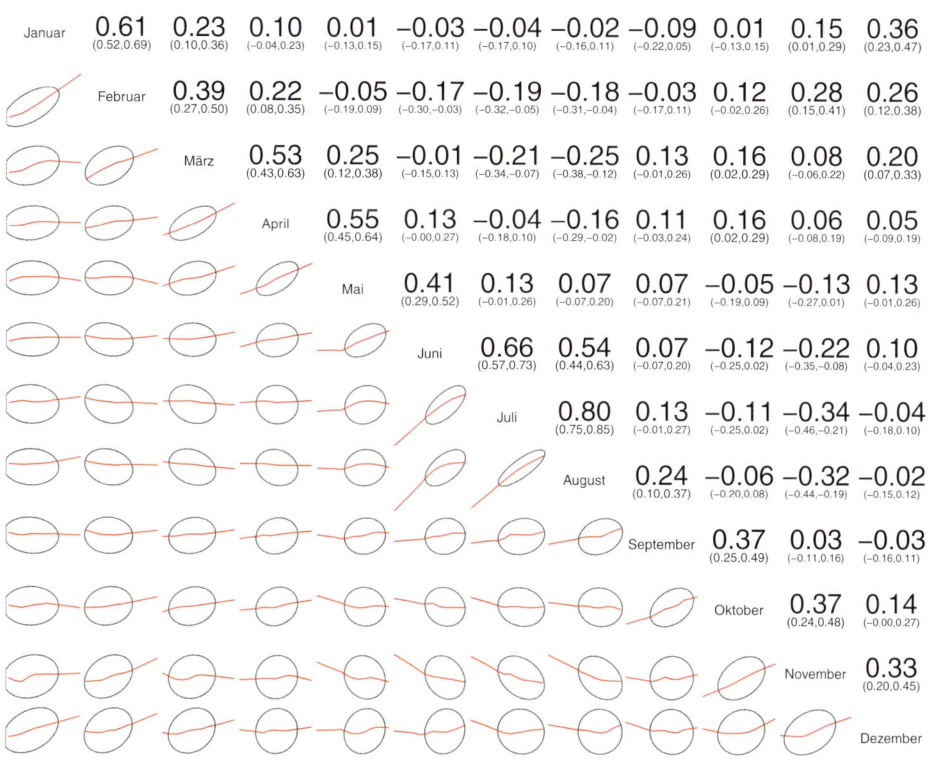

Abbildung 10.2: Korrelogramm für die Zusammenhänge zwischen den Einschätzungen von 200 studentischen Befragungsteilnehmern zu ihrer Vorliebe für die 12 Monate des Jahres. Die untere Dreiecksmatrix zeigt Konfidenzellipsen und Lowess-Kurven und die obere die (Pearson-)Korrelationskoeffizienten mit 95%-Konfidenzintervallen.

10.2 Explorative Faktorenanalyse

Korrelogramme können zwar einen ersten Eindruck davon vermitteln, welche Variablen besonders starke Zusammenhänge haben, aber weitergehende Schlüsse sind schwierig. Hier hilft die explorative Faktorenanalyse weiter. Unter Faktorenanalyse versteht man eine Fülle von Verfahren, die das Ziel verfolgen, viele Variablen in wenigen Dimensionen oder Faktoren zusammenzufassen. Faktorenanalysen kann man auch zum Testen oder Bestätigen (Konfirmieren) von Hypothesen über solche Faktoren benutzen. Auf Verfahren der *konfirmatorischen Faktorenanalyse* gehen wir in Burkhardt et al. (2022) ein. In diesem Kapitel befassen wir uns ausschließlich mit dem *Auffinden* von Faktoren, also der *explorativen Faktorenanalyse*. Der Begriff explorative Faktorenanalyse oder *EFA* ist notorisch schlecht definiert, aber oft werden zwei Familien von Verfahren darunter verstanden, die Hauptkomponentenanalyse (*principal component analysis*), die wir im Folgenden als *PCA* abkürzen werden, und die Hauptachsenanalyse (*principal factor analysis*), die wir mit *PFA* bezeichnen werden. Zur Illustration der beiden Verfahren benutzen wir die Funktionen `principal` (für die PCA) und `fa` (für PFA), beide aus dem Paket `psych`.

Um den Unterschied zwischen PCA und PFA (siehe z. B. Fabrigar et al., 1999; Jollife, 2002) zu illustrieren, fangen wir ausnahmsweise mit den Ergebnissen an (wie Sie zu diesen Ergebnissen kommen, zeigen wir weiter unten natürlich auch). Wir benutzen hierzu wieder den Datensatz mit den Beliebtheitsurteilen über die 12 Monate des Jahres. Die inhaltliche Frage, die wir verfolgen, ist: „Werden die 12 Monate des Jahres subjektiv zu weniger Dimensionen oder Faktoren zusammengefasst? Und, wenn ja, wie sehen diese Dimensionen aus?" ▶*Abbildung 10.3* zeigt die Antworten, sowohl für PCA (links) als auch PFA (rechts). Die beiden Ergebnisse sehen recht ähnlich aus, aber es gibt auch einige Unterschiede. Zunächst zu den Ähnlichkeiten. Bei näherem Hinsehen sind die Monate (annähernd) zu vier Kategorien zusammengefasst, die Sie alle kennen: die vier Jahreszeiten. Für die PCA-Lösung sind das (in dieser Reihenfolge) Sommer (Juli, August, Juni), Winter (Januar, Februar, Dezember), Frühling (April, Mai, März), und Herbst (Oktober, September, November).

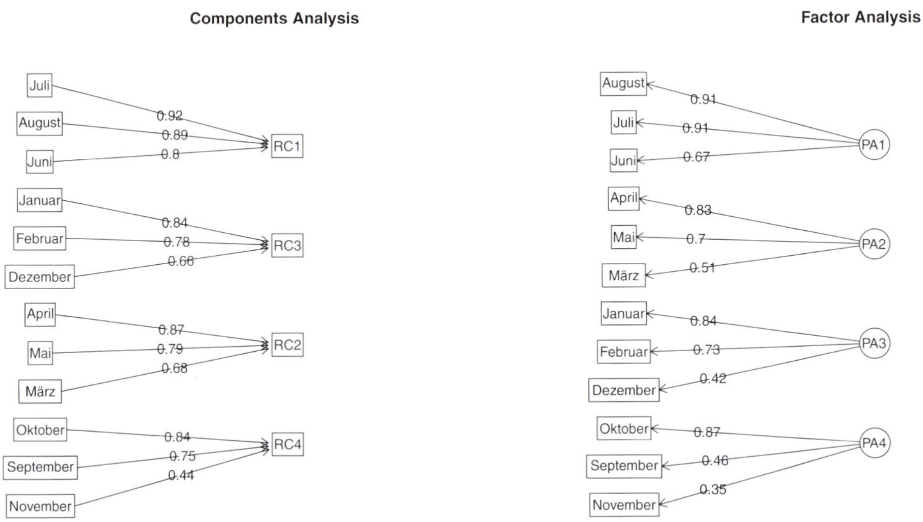

Abbildung 10.3: Ergebnisse der Hauptkomponentenanalyse (PCA, links) und Hauptachsenenanalyse (PFA, rechts) für die Beliebtheitseinschätzungen zu den 12 Monaten des Jahres.

Die Lösungen unterscheiden sich geringfügig in der Anordnung der Monate und der Reihenfolge der Jahreszeiten, stimmen aber ansonsten sehr stark überein. Sie gleichen sich auch einigermaßen hinsichtlich der Zahlen, die zwischen den Monaten und den Faktoren (links „Komponenten"" und rechts „Faktoren") stehen. Das sind die Korrelationen zwischen den zwölf Variablen und den Faktoren, die meist als (Faktor-)*Ladungen* bezeichnet werden. Bei näherem Hinsehen sind diese Ladungen allerdings für die PCA tendenziell etwas größer als für die PFA. Das ist schon ein erster (systematischer) Unterschied. Der zentrale Unterschied zwischen den beiden Verfahren wird jedoch durch die Richtung der Pfeile und die Form der Faktoren gekennzeichnet. Bei der PCA zeigen die Pfeile von den Variablen auf die Faktoren (Komponenten) und die

Komponenten (z. B. „RC1“ – wir kommen gleich dazu, warum hier nicht „PC“ sondern „RC“ steht) sind mit einem Rechteck umrandet, genauso wie die Variablen. Das „Denkmodell“ bei der PCA ist nämlich, grob gesagt, dass die Faktoren (Komponenten) das Ergebnis einer Zusammenfassung der Variablen sind. Anders bei der PFA: Hier zeigen die Pfeile von den Faktoren auf die Variablen und die Faktoren sind mit einem Kreis umrandet. Der Kreis (manchmal auch als Ellipse dargestellt) zeigt an, dass es sich hier um ein theoretisches Konstrukt handelt und der Pfeil auf die Variablen bedeutet, dass diese Variablen Manifestationen dieses Konstrukts sind: Der August ist also eine Manifestation des subjektiven Konstrukts „Sommer“. Sommer ist primär und August sekundär. Bei der PCA ist das umgekehrt und Sommer ist streng genommen auch kein Konstrukt, sondern „nur“ eine Zusammenfassung von Juli, August und Juni.

Bei diesen Zuordnungen gibt es natürlich auch Fehler oder nicht erklärte Varianz. Der Sommer kann beispielsweise die Varianz der Variablen „August“ nicht vollständig erklären (PFA) und bei der Zusammenfassung von Juli, August und Juni zu Sommer (PCA) bleibt auch einige Varianz aus diesen Variablen unberücksichtigt. Wie mit diesen nicht erklärten Varianzanteilen umgegangen wird, ist ein zusätzlicher Unterschied zwischen PCA und PFA. Bei der PCA wird angenommen, dass zumindest im ersten Schritt der Analyse die Variablenvarianz vollständig aufgeklärt wird, wohingegen bei der PFA von vornherein angenommen wird, dass bei der Bildung der Faktoren spezifische Variablenvarianz nicht berücksichtigt wird. Daher sind die Faktorladungen (und damit auch die aufgeklärte Varianz) bei der PFA tendenziell kleiner als bei der PCA. So weit zu den „Denkmodellen“. Bei der Berechnung der Ergebnisse gibt es jedoch eine große Übereinstimmung und zusätzlich viele Variationsmöglichkeiten. Auf einige davon werden wir in den folgenden Abschnitten kurz eingehen.

10.3 Hauptkomponentenanalyse (PCA)

Wir illustrieren die Vorgehensweise bei der PCA wieder anhand der Beliebtheitsurteile zu den zwölf Monaten des Jahres. Die Ausgangsbasis für unsere Analyse ist die entsprechende Korrelationsmatrix (siehe ▶*Abbildung 10.2*). Der erste Schritt bei der PCA ist die Bestimmung der Komponenten. Dabei ergibt die Anfangslösung genauso viele Komponenten wie Variablen. Man kann allerdings auswählen, wie viele davon „extrahiert“ werden sollen (s. u.).

10.3.1 Bestimmung der Hauptkomponenten

Wir benutzen die Funktion `principal` aus dem Paket `psych`:

```
library(psych)
principal(Monate, nfactors = 12, rotate = "none")
```

Die Ausgabe ist relativ umfangreich. Deswegen zeigen wir sie hier nur in Auszügen. Zunächst die Ladungen der 12 Variablen auf den 12 Hauptkomponenten (PC1 bis PC12), wobei wir aus Platzgründen die Ladungen für PC6 und PC7 weggelassen haben:

Standardized loadings (pattern matrix) based upon correlation matrix

	PC1	PC2	PC3	PC4	PC5	PC8	PC9	PC10	PC11	PC12	h2
Januar	0.40	0.38	0.59	-0.28	-0.24	-0.14	-0.14	0.31	0.01	0.00	1
Februar	0.60	0.34	0.41	-0.16	-0.36	0.11	0.03	-0.39	-0.05	0.01	1
März	0.49	0.56	-0.26	-0.07	-0.24	0.09	-0.11	0.08	0.19	0.02	1
April	0.27	0.67	-0.50	-0.08	-0.04	-0.01	0.30	0.14	-0.21	-0.08	1
Mai	-0.11	0.67	-0.44	-0.20	0.28	-0.07	-0.06	-0.14	0.23	0.06	1
Juni	-0.61	0.58	0.08	-0.07	0.24	0.11	-0.37	-0.04	-0.20	-0.09	1
Juli	-0.78	0.39	0.29	0.07	-0.07	0.01	0.14	0.05	0.00	0.29	1
August	-0.76	0.31	0.37	0.19	-0.13	0.00	0.19	-0.01	0.22	-0.24	1
September	-0.08	0.28	-0.11	0.74	-0.31	0.25	-0.03	0.02	-0.10	0.03	1
Oktober	0.33	0.17	-0.01	0.77	0.03	-0.45	-0.11	-0.05	0.02	0.01	1
November	0.59	-0.01	0.23	0.35	0.44	0.38	0.01	0.11	0.13	0.01	1
Dezember	0.32	0.39	0.46	0.01	0.53	-0.11	0.18	-0.06	-0.10	0.01	1

Wir sehen, dass beispielsweise der Januar und der Februar relativ hoch und positiv auf der ersten Komponente (PC1) laden (mit 0.4 und 0.6), aber negativ auf PC4 (mit –0.28 und –0.16). In der letzten Spalte steht die sogenannte Kommunalität, h^2, die angibt, wie viel der Varianz der Variablen durch alle Faktoren (Komponenten) aufgeklärt wurde. In der Korrelationsmatrix, die ja die Ausgangsbasis für unsere Analyse war, haben wir es mit standardisierten Variablen zu tun (siehe ▶*Kapitel 3*), deren Gesamtvarianz 1 beträgt. Wir sehen, dass die Varianz aller Monate durch die Faktorenextraktion vollständig aufgeklärt ist (alle Kommunalitäten sind 1). Das ist im ersten Schritt einer PCA immer der Fall, was damit zusammenhängt, dass es anfangs immer genauso viele Komponenten wie Variablen gibt. Die zwölf Komponenten finden wir auch im zweiten Teil des Ergebnisses unserer Analyse:

	PC1	PC2	PC3	PC4	PC5	PC6	PC7	PC8	PC9	PC10	PC11	PC12
SS loadings	2.96	2.30	1.54	1.46	0.99	0.63	0.53	0.48	0.36	0.31	0.26	0.16
Proportion Var	0.25	0.19	0.13	0.12	0.08	0.05	0.04	0.04	0.03	0.03	0.02	0.01
Cumulative Var	0.25	0.44	0.57	0.69	0.77	0.82	0.87	0.91	0.94	0.96	0.99	1.00

Die erste Zeile (SS loadings) enthält die Varianzen der einzelnen Komponenten. Die ersten Komponenten klären relativ viel Varianz auf und die letzten kaum noch etwas. In unserem Fall ist die Gesamtvarianz, die die Komponenten aufklären sollen, die Summe der Varianzen aller Variablen, also 12 (weil jede Variable eine Varianz von 1 hat). Der Varianzanteil, den eine einzelne Komponente erklärt, wird meist als *Eigenwert* (*eigenvalue*) bezeichnet. Für die erste Komponente (PC1) beträgt der Eigenwert 2.96 und der Anteil an der Gesamtvarianz (*Proportion Var*) ist damit 2.96 / 12 = 0.25, was Sie in der zweiten Zeile der Tabelle sehen. In der dritten Zeile werden die erklärten Varianzanteile über alle Komponenten hinweg aufaddiert und die Summe ist, wie nicht anders zu erwarten, 1: Alle Varianzanteile der Variablen sind durch die Komponenten vollständig erklärt.

10.3.2 Extraktion

Wenn wir alle zwölf Komponenten beibehalten wollten, hätten wir nicht viel gewonnen: Das Ziel aller Arten von Faktorenanalysen ist ja die Verkleinerung der Anzahl der Dimensionen. Nun stellt sich natürlich die Frage, wie viele Komponenten sinnvoll sind. Um das herauszufinden, gibt es mehrere Kriterien (z. B. Hayton et al., 2004). Das einfachste ist das sogenannte *Kaiser-Kriterium*. Es besagt, dass alle Komponenten, deren Eigenwert kleiner als 1 ist, aus der Analyse entfernt werden sollten. Das ist unmittelbar plausibel, weil ja in diesem Fall die Komponente nicht mehr erklären würde als eine einzelne Variable. Ein zweites Kriterium ist der sogenannte *Scree-Test*. Der Scree(Geröll)-Test ist eine visuelle Analyse des Verlaufs der Eigenwerte. Man sucht dabei einen Knick in der Abfolge der grafisch dargestellten Eigenwerte, in Analogie zu dem „Knick", den man im Gebirge sehen kann, wenn unter einer Felswand Geröll liegt. Üblicherweise behält man dann die Faktoren bei, deren Eigenwerte links vom Knick liegen. Es gibt allerdings keine Einigung über die genaue Vorgehensweise, u. a. auch deswegen, weil der Verlauf der Eigenwerte mehrere Knicke haben kann und weil diese manchmal schwer zu erkennen sind.

Ein weiteres, präziseres Kriterium ist das Ergebnis der sogenannten *Parallel-Analyse*, des Vergleichs der tatsächlichen Eigenwerte mit Eigenwerten, die man erhalten würde, wenn man die Ausgangsdaten, also in unserem Beispiel die Beliebtheitsratings der 200 Befragten, aus Zufallsdaten berechnen würde. Eine Möglichkeit, wie man solche Zufallsdaten erhalten kann, ist das *Resampling*, also eine zufällige Zuordnung der vorhandenen Daten zu den zwölf Variablen; und eine andere Möglichkeit besteht darin, Zufallsziehungen aus theoretischen Verteilungen, wie etwa der Normalverteilung, vorzunehmen. Die Funktion `fa.parallel` (auch aus dem Paket `psych`) macht das alles für uns. (Auch wenn das Argument `fa` die Faktorenanalyse im engeren Sinn nahelegt, können wir mit `fa = "pc"` die Hauptkomponentenanalyse auswählen). Wir haben aus Gründen der Übersichtlichkeit für die Parallel-Analyse nur das Resampling-Verfahren benutzt, nicht aber die Simulation aufgrund der Ziehung aus Normalverteilungen (durch die Einstellung `sim = F`). Die Ergebnisse der zwei Verfahren unterscheiden sich jedoch in der Regel kaum. Die Schätzung des Resampling-Verfahrens beruht auf sehr vielen Durchgängen und ihre Genauigkeit kann man mithilfe von Fehlerbalken (die in unserem Fall für Standardabweichungen stehen – mit `se.bars = T` bekommen Sie Standardfehler) visualisieren, was wir in ▶*Abbildung 10.4* auch gemacht haben:

```
fa.parallel(Monate, fa = "pc", sim = F, error.bars = T)
```

Das Kaiser-Kriterium müssen wir für die PCA allerdings per Hand hinzufügen:

```
abline(h = 1, lty = 2)
text(10, 1.1, "Kaiser-Kriterium")
```

Das Ergebnis ist nicht völlig eindeutig: Der Scree Plot legt auf den ersten Blick eine Zweifaktorenlösung nahe (starker Knick nach dem dritten Eigenwert) oder eine Fünffaktorenlösung (leichter Knick nach sechstem Eigenwert), aber die anderen beiden Kriterien, das Kaiser-Kriterium (Eigenwerte über 1) und die Parallel-Analyse (Eigenwerte über der Linie, die die zufällig erzeugten Eigenwerte verbindet – *PC Resampled Data*) sprechen übereinstimmend dafür, vier Komponenten zu extrahieren, was wir auch tun, weil es in unserem Fall zudem theoretisch sinnvoll ist.

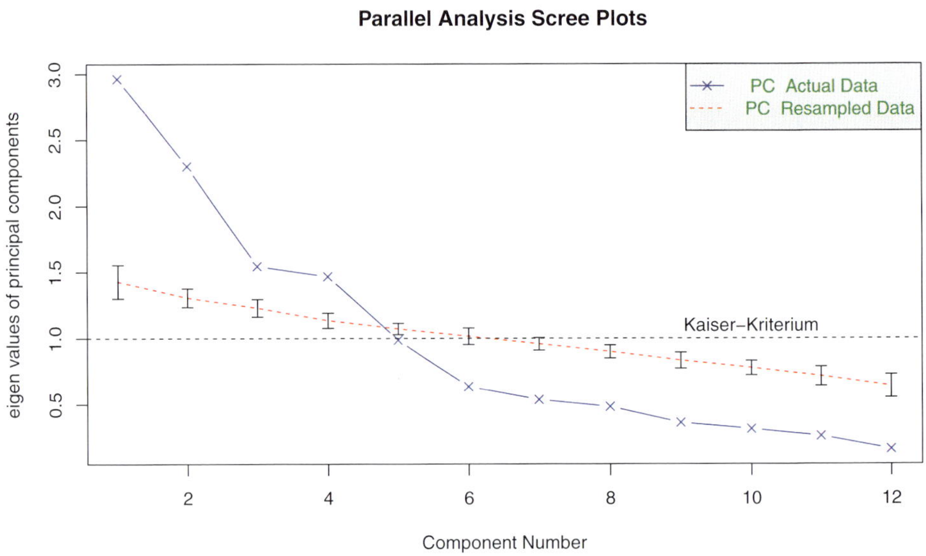

Abbildung 10.4: Scree Plot, Parallel-Analyse und Kaiser-Kriterium für die Hauptkomponentenanalyse. Die Fehlerbalken markieren die Standardabweichungen aus der Resampling-Schätzprozedur.

Wenn wir nun die vier Komponenten extrahieren, sind üblicherweise, bedingt durch die Berechnungsmethode, die Eigenwerte der Komponenten untereinander deutlich unterschiedlich (siehe ▶*Abbildung 10.4*). Das hat zur Folge, dass sie inhaltlich oft nicht gut interpretierbar sind. Sehen wir uns das für unser Beispiel an:

```
principal(Monate, nfactors = 4, rotate = "none")

  Standardized loadings (pattern matrix) based upon correlation matrix
              PC1   PC2   PC3   PC4   h2   u2 com
  Januar     0.40  0.38  0.59 -0.28 0.73 0.27 3.1
  Februar    0.60  0.34  0.41 -0.16 0.67 0.33 2.6
  März       0.49  0.56 -0.26 -0.07 0.62 0.38 2.5
  April      0.27  0.67 -0.50 -0.08 0.78 0.22 2.3
  Mai       -0.11  0.67 -0.44 -0.20 0.70 0.30 2.0
  Juni      -0.61  0.58  0.08 -0.07 0.71 0.29 2.1
  Juli      -0.78  0.39  0.29  0.07 0.84 0.16 1.8
  August    -0.76  0.31  0.37  0.19 0.84 0.16 2.0
  September -0.08  0.28 -0.11  0.74 0.65 0.35 1.4
  Oktober    0.33  0.17 -0.01  0.77 0.73 0.27 1.5
  November   0.59 -0.01  0.23  0.35 0.53 0.47 2.0
  Dezember   0.32  0.39  0.46  0.01 0.46 0.54 2.8
```

Wenn wir beispielsweise die erste Komponente betrachten, dann laden darauf relativ viele Monate relativ hoch positiv (Januar, Februar, März, November) und negativ (Juni, Juli, August) und die Komponente ist inhaltlich schwer interpretierbar. Noch schlechter interpretierbar ist beispielsweise PC4 und die Ladungen dieser Komponente sind zudem deutlich kleiner. Bevor wir uns der Lösung dieses Problems zuwenden, zunächst noch zu den zwei letzten Spalten der Ergebnisausgabe, die wir oben aus Platzgründen weggelassen haben. Das u^2 ist die sogenannte *Uniqueness*, was nichts anderes bedeutet als die Variablenvarianz, die *nicht* durch die Faktoren aufgeklärt ist ($h^2 + u^2 = 1$). Und die letzte Spalte (*com*) ist der Komplexitätsindex (*complexity*) von Hofmann (1978), der die mittlere Anzahl von Faktoren angibt, die benötigt werden, um die Varianz einer Variablen aufzuklären.[2] Der Idealfall wäre, dass eine Variable vollständig von einem Faktor aufgeklärt wird, wovon dieses Ergebnis noch weit entfernt ist. Diesem Idealfall versucht man durch die *Rotation* der Faktoren (siehe *Abschnitt 10.3.3*) näherzukommen:

Sehen wir uns vorher den zweiten Teil der Ergebnisdarstellung an:

```
                       PC1  PC2  PC3  PC4
SS loadings           2.96 2.30 1.54 1.46
Proportion Var        0.25 0.19 0.13 0.12
Cumulative Var        0.25 0.44 0.57 0.69
Proportion Explained  0.36 0.28 0.19 0.18
Cumulative Proportion 0.36 0.64 0.82 1.00
```

Die erklärte Varianz für PC1 beträgt 25% und die für PC4 nur 12%. Insgesamt ist die Erklärungskraft der Vierfaktorenlösung allerdings ziemlich hoch: 69% (letzter Eintrag in der Zeile *Cumulative Var*). In den letzten beiden Zeilen der Tabelle sind diese 69% erklärte Varianz noch einmal auf die vier Komponenten relativiert.

10.3.3 Rotation

Um das Problem der schwierigen Interpretierbarkeit der ursprünglichen Vierfaktorenlösung zu beheben, werden diese „rotiert". Das kann man sich so vorstellen, dass das ursprüngliche (in unserem Beispiel vierdimensionale) Koordinatensystem so im vierdimensionalen Raum „gedreht" oder rotiert wird, dass die Ladungen der Variablen inhaltlich besser interpretiert werden können. Dafür gibt es wieder unterschiedliche Verfahren. Das meist standardmäßig eingestellte Verfahren ist (auch in unserem Fall) die sogenannte *Varimax-Rotation*. Das Ziel dabei ist, dass jede Variable sehr hoch auf nur einem Faktor lädt und sehr niedrig auf allen anderen (Faktoren sind unkorreliert). Zur Verdeutlichung fügen wir das Argument für die Rotation hinzu (`rotate = "varimax"`):

```
pca_rot <- principal(Monate, nfactors = 4, rotate = "varimax")
pca_rot
```

```
Standardized loadings (pattern matrix) based upon correlation matrix
          RC1  RC3  RC2   RC4   h2   u2 com
Januar    0.03 0.84 0.04 -0.14 0.73 0.27 1.1
Februar  -0.20 0.78 0.14  0.02 0.67 0.33 1.2
```

2 Dieser Index ist eigentlich vom „Denkmodell" her eher für PFA als für PCA geeignet. Dass er aber sowohl für PCA als auch PFA automatisch ausgegeben wird, zeigt, dass die Grenzen zwischen den Verfahren der explorativen Datenanalyse fließend sind.

```
März      -0.21  0.32  0.68  0.13 0.62 0.38 1.7
April     -0.06  0.08  0.87  0.11 0.78 0.22 1.1
Mai        0.26 -0.06  0.79 -0.08 0.70 0.30 1.3
Juni       0.80  0.00  0.27 -0.07 0.71 0.29 1.2
Juli       0.92 -0.05 -0.06 -0.01 0.84 0.16 1.0
August     0.89 -0.03 -0.18  0.09 0.84 0.16 1.1
September  0.22 -0.13  0.12  0.75 0.65 0.35 1.3
Oktober   -0.13  0.11  0.04  0.84 0.73 0.27 1.1
November  -0.39  0.42 -0.10  0.44 0.53 0.47 3.1
Dezember   0.08  0.66  0.06  0.13 0.46 0.54 1.1
```

Wenn wir uns nun beispielsweise wieder die erste Komponente ansehen (sie wird nun nicht mehr als PC1, sondern als RC1 bezeichnet, das *R* steht für *R*otated), gelingt eine inhaltliche Interpretation schon leichter. Auf RC1 laden nun Juni, Juli und August sehr hoch – das ist offensichtlich der „Sommerfaktor". Wenn Sie die Kommunalitäten aufaddieren, werden Sie feststellen, dass sich deren Summe im Vergleich zur nicht rotierten Lösung nicht geändert hat. Der Prozentsatz der erklärten Variablenvarianzen ist also gleich geblieben. Was sich jedoch geändert hat, ist Hofmann's complexity (letzte Spalte, *com*). Nun reicht, abgesehen vom November, in den meisten Fällen fast ein einziger Faktor (das wäre eine complexity von 1), um die Varianz der Variablen zu erklären.

Und auch bei der anteilsmäßigen Erklärung der rotierten Komponenten hat sich etwas getan (Komponenten werden automatisch nach ihrer Erklärungskraft (*Proportion Explained*) sortiert):

```
                       RC1  RC3  RC2  RC4
SS loadings           2.65 2.07 2.00 1.55
Proportion Var        0.22 0.17 0.17 0.13
Cumulative Var        0.22 0.39 0.56 0.69
Proportion Explained  0.32 0.25 0.24 0.19
Cumulative Proportion 0.32 0.57 0.81 1.00
```

Die Eigenwerte (*SS loadings*), und damit auch die Anteile der Gesamtvarianz, die die einzelnen Komponenten erklären, haben sich hinsichtlich ihrer Größe stärker angeglichen. Die insgesamt erklärte Varianz von 69% hat sich nicht geändert, aber die Rotation hat dazu geführt, dass die Faktorladungen besser erklärt werden können. Das sieht man noch besser, wenn man die Variablen nach der Höhe ihrer Faktorladungen sortiert (`sort = T`) und die Ausgabe kleinerer Faktorladungen unterdrückt (`cut = 0.35` in unserem Beispiel). Das geht mit der Funktion `print.psych`. Die Funktion `print.psych` ermöglicht es, die Ausgaben aus dem *psych* Paket individuell anzupassen. Für eine bessere Lesbarkeit der Ergebnisse sortieren wir die Variablen nach Höhe der Faktorladung und lassen uns nur Ladungen > 0.35 anzeigen:

```
print.psych(pca_rot, cut = 0.35, sort = T)
```

```
Standardized loadings (pattern matrix) based upon correlation matrix
          item  RC1   RC3   RC2   RC4   h2   u2 com
Juli         7  0.92                  0.84 0.16 1.0
August       8  0.89                  0.84 0.16 1.1
Juni         6  0.80                  0.71 0.29 1.2
```

```
Januar       1          0.84                0.73 0.27 1.1
Februar      2          0.78                0.67 0.33 1.2
Dezember    12          0.66                0.46 0.54 1.1
April        4                0.87          0.78 0.22 1.1
Mai          5                0.79          0.70 0.30 1.3
März         3                0.68          0.62 0.38 1.7
Oktober     10                     0.84 0.73 0.27 1.1
September    9                     0.75 0.65 0.35 1.3
November    11 -0.39 0.42          0.44 0.53 0.47 3.1
```

Nun sind die Jahreszeiten klar sichtbar. RC1 steht für den Sommer, RC2 für den Frühling, RC3 für den Winter und RC4 für den Herbst. Die Reihenfolge der rotierten Komponenten folgt ihrer Erklärungskraft – RC3 erklärt einen geringfügig höheren Varianzanteil als RC2, obwohl beide Anteile (*Proportion Var*) gerundet 17% betragen. Nur der Monat November scheint noch etwas unentschlossen zu sein, in welche Jahreszeit er gerne möchte.

Mit der Funktion `fa.diagram` kann man diese Lösung grafisch darstellen (siehe ▶*Abbildung 10.3*, links):

```
fa.diagram(pca_rot, cut = 0.2, digits = 2)
```

10.4 Hauptachsenanalyse (PFA)

Nun sehen wir uns zum Vergleich die Hauptachsenlösung an. Zunächst überprüfen wir mit der Funktion `fa.parallel`, ob auch hier eine Vierfaktorenlösung gut interpretierbar ist. Wir benutzen dazu die traditionelle Hauptachsenmethode (`fm = "pa"`, für weitere Optionen siehe Revelle, 2019):

```
fa.parallel(Monate, fm = "pa", fa = "fa", nfactors = 4, sim = F, error.bars = T)
```

Das Ergebnis ist analog zu dem für die PCA (▶*Abbildung 10.5*). Der erste Knick des Scree Plots ist wieder nach zwei Faktoren zu sehen und der zweite nach fünf. Auch die Parallelanalyse legt eine Fünffaktorenlösung nahe (über dem Schnitt der Linien für Eigenwerte und der für *FA Resampled Data*). Das Kaiser-Kriterium (Linie wird diesmal automatisch hinzugefügt) hingegen spricht für eine Vierfaktorenlösung.[3] Die macht inhaltlich den größten Sinn und wir benutzen sie, auch um die Analysen so parallel wie möglich und damit die Ergebnisse von PFA und PCA möglichst vergleichbar zu machen.

3 Während die Einhaltung des Kaiser-Kriteriums bei der PCA sinnvoll ist – eine Komponente ist ja gewissermaßen immer eine Zusammenfassung mehrerer Variablen und sie sollte zumindest so viel Varianz erklären wie eine Variable –, ist das bei der PFA nicht so. Hier ist ja der Faktor das Primäre und es kann durchaus Sinn machen, einen Faktor mit einer kleineren Erklärungskraft als 1 nach der Extraktion beizubehalten:

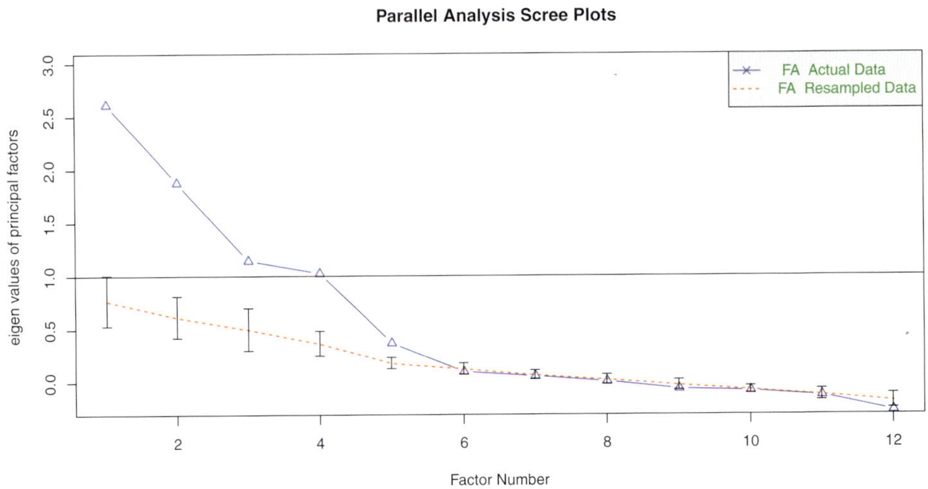

Abbildung 10.5: Scree Plot, Parallel-Analyse und Kaiser-Kriterium für die Hauptachsenanalyse (PFA). Die Fehlerbalken markieren die Standardabweichungen aus der Resampling-Schätzprozedur.

Wir zeigen nun gleich die rotierte (die Varimax-Methode ist die Voreinstellung) Lösung mit nach ihren Ladungen sortierten Variablen (Ladungen unter 0.35 sind unterdrückt). Die Funktion `fa` benötigt für die Varimax-Rotation allerdings noch zusätzlich das Paket `GPArotation`:

```
library (GPArotation)
fa_rot <- fa(Monate, nfactors = 4, fm = "pa")
print.psych(fa_rot, cut = 0.35, sort = T)
```

```
Standardized loadings (pattern matrix) based upon correlation matrix
          item  PA1  PA2  PA3  PA4   h2   u2 com
August       8 0.91                0.81 0.19 1.1
Juli         7 0.91                0.83 0.17 1.0
Juni         6 0.67                0.57 0.43 1.4
April        4      0.83           0.71 0.29 1.0
Mai          5      0.70           0.52 0.48 1.2
März         3      0.51           0.44 0.56 1.8
Januar       1           0.84      0.67 0.33 1.1
Februar      2           0.73      0.59 0.41 1.1
Dezember    12           0.42      0.21 0.79 1.3
Oktober     10                0.87 0.74 0.26 1.0
September    9                0.46 0.25 0.75 1.7
November    11                0.35 0.32 0.68 2.8
```

Wir sehen wieder Faktoren für Sommer (PA1), Frühling (PA2), Winter (PA3) und Herbst (PA4). Wieder passt der November am schlechtesten und die Ladungen sind tendenziell kleiner als bei der PCA-Lösung. Das spiegelt sich auch im zweiten Teil der Ergebnistabelle. Die erklärte Gesamtvarianz ist mit 56% (letzte Zahl in der Zeile „Cumulativ Var") um 13% geringer als die Varianzaufklärung bei der PCA. Insgesamt sind die Ergebnisse von FA und PCA jedoch gut vergleichbar:

```
                          PA1  PA2  PA3  PA4
SS loadings              2.31 1.60 1.60 1.17
Proportion Var           0.19 0.13 0.13 0.10
Cumulative Var           0.19 0.33 0.46 0.56
Proportion Explained     0.35 0.24 0.24 0.18
Cumulative Proportion    0.35 0.58 0.82 1.00
```

Auch für die PFA kann man eine Ergebnisgrafik erstellen:

```
fa.diagram(fa_rot, cut = 0.2, simple = T, digits = 2)
```

Die entsprechende Abbildung haben wir uns am Anfang dieses Kapitels schon zusammen mit der Abbildung für die PCA-Lösung angesehen (▶*Abbildung 10.3* rechts).

10.5 Weitere Variationen der explorativen Faktorenanalyse

Wie schon in der Einleitung erwähnt, werden unter dem Begriff „explorative Faktorenanalyse" unterschiedliche Verfahren zusammengefasst, die allerdings alle mittels einer gemeinsamen „Grundgleichung" beschrieben werden können (z. B. Moosbrugger & Hartig, 2002, 137):

$$z_{im} = a_{m1} \times f_{i1} + a_{m2} \times f_{i2} + \cdots + a_{mk} \times f_{ik} + e_i$$

Die Ausprägung des Werts einer Person i auf einer standardisierten Variablen z_{m} (z. B. der standardisierte Wert einer Person für das Januar-Beliebtheitsrating) kann beschrieben werden durch die Summe der Produkte der Faktorladungen dieser Variablen (a_{m1} ist beispielsweise die Ladung der Variablen m auf dem 1. Faktor) und der sogenannten *Faktorwerte* (f_{i1} ist zum Beispiel der Wert der Person i auf dem Faktor 1). Bei dieser Vorhersage der Variablenwerte von Personen aufgrund der gewichteten Faktorenwerte bleibt noch ein Fehler übrig: e_i.[4]

Abgesehen von den oben schon erwähnten unterschiedlichen „Denkmodellen" besteht der technische Unterschied zwischen den unterschiedlichen Varianten von Faktorenanalysen darin, wie man die Faktoren extrahiert, mit denen man weiterarbeiten möchte (f_1 bis f_k), und wie man dann zu den Ladungen kommt, also den Korrelationen von Variablen mit Faktoren. Die PCA ist die mathematisch einfachste Methode und die Voreinstellung in vielen Statistik-Programmpaketen. Sie produziert, wie schon erwähnt, genauso viele Faktoren (Komponenten) wie Variablen. Allerdings wird, wie in unserem Beispiel illustriert, von diesen Komponenten nur ein Teil für die weitere Verarbeitung (insbesondere die Rotation) ausgewählt. Und pragmatisch gesehen unterscheiden sich die Ergebnisse der PCA nicht sehr von denen anderer Verfahren, wie wir an unserem Beispiel für den Vergleich mit der Hauptachsenanalyse gesehen haben, insbesondere wenn die Stichprobe nicht zu klein ist (siehe hierzu auch Bentler & Kano, 1990; Snook & Gorsuch, 1989).

4 Zur Berechnung der Faktorwerte siehe die Dokumentation zu den entsprechenden Funktionen im psych Package (Revelle, 2019).

Die Ausgangsbasis für unser Beispiel waren Pearson-Korrelationen – es gibt jedoch auch Möglichkeiten, entsprechende Korrelationsmatrizen für nicht intervallskalierte Variablen zu erstellen. Wir haben einige Verfahren zur Auswahl von Faktoren illustriert (Kaiser-Kriterium, Scree Plot und Parallel-Analyse). Das sind unserer Ansicht nach die drei wichtigsten, aber beileibe nicht alle Verfahren. Auch bei den Rotationsverfahren haben wir uns auf nur eines beschränkt, die Varimax-Methode: das verbreitetste Verfahren, das in vielen Fällen sinnvoll ist. Es gibt viele weitere Methoden, die, wie die Varimax-Methode, zu orthogonalen (unkorrelierten) Faktorlösungen führen. Dass die Faktoren nichts miteinander zu tun haben, ist allerdings manchmal schon aus inhaltlichen Gründen unplausibel. Deswegen existieren auch einige „schiefwinklige" Rotationsmethoden, wie etwa *Promax*. Wir verweisen für alle diese Auswahlmöglichkeiten (Erstellen der Korrelationsmatrizen, Extraktionsmethoden, Auswahlkriterien und Rotationsmethoden) auf die Fachliteratur (z. B. die hier zitierte Literatur sowie einschlägige Fachbücher). Das *psych* Paket bietet vielfältige Auswahlmöglichkeiten bei all diesen Entscheidungen (Revelle, 2019). Und zu guter Letzt gibt es bei der Faktorenanalyse im engeren Sinne, wie etwa der Hauptachsenmethode, viele Gütekriterien, die wir in unserem Beispiel nicht berücksichtigt haben, weil sie hauptsächlich zur Bewertung der Lösungsgüte bei konfirmatorischen Faktorenanalysen geeignet sind. Die Durchführung der konfirmatorischen Faktorenanalyse mit R und die Berechnung der entsprechenden Gütekriterien behandeln wir eingehend in Burkhart et al. (2022).

Zusammenfassung

Nicht selten analysiert man in Psychologie und Sozialwissenschaften die Zusammenhänge zwischen mehr als zwei Variablen. Eine erste Möglichkeit, das zu tun, ist die Korrelationsmatrix (siehe ▶*Kapitel 3*). In diesem Kapitel haben wir zunächst Korrelationsmatrizen auf unterschiedliche Arten mithilfe sogenannter Korrelogramme visualisiert. Solche Korrelogramme können einen ersten Eindruck von multivariaten Zusammenhängen liefern. Eine formalere und oft auch deutlich aussagkräftigere Methode zur Exploration multivariater Zusammenhänge ist die explorative Faktorenanalyse. Wir zeigen in diesem Kapitel, wie man die zwei am meisten verbreiteten Methoden, die Hauptkomponentenanalyse (*principal component analysis* oder kurz PCA) und die Hauptachsenanalyse (*principal factor analysis* oder kurz PFA) mit R durchführt. Insbesondere demonstrieren wir, wie man mit R in beiden Verfahren die Anzahl der Faktoren auswählt, Faktorrotationen durchführt und die Ergebnisse interpretiert. Zum Schluss weisen wir auf weitere Variationsmöglichkeiten der explorativen Faktorenanalyse hin.

Die R-Funktionen in diesem Kapitel

In diesem Kasten stellen wir Ihnen die Funktionen, die wir in diesem Kapitel benutzt haben, noch einmal zusammen. Dabei lassen wir aus Gründen der Überschaubarkeit die Argumente weg (die Argumente der jeweiligen Funktionen und deren mögliche Belegungen erhalten Sie immer durch die Eingabe von `?funktionsname`). Wenn Funktionen nicht aus dem Standard-R stammen (*base* Paket), dann werden sie zusammen mit dem Paket, aus dem sie stammen, aufgelistet (`Paket::Funktion`). Funktionen, die Sie bereits aus früheren Kapiteln kennen, sind hier weggelassen.

Funktion	Kurze Beschreibung
`corrgram::corrgram`	Zeichnet Korrelogramme mit viel Detailinformationen
`corrplot::corrplot`	Zeichnet Korrelogramme mit verschiedenen Darstellungen der Größe der Korrelationen (Input Korrelationsmatrix)
`psych::fa`	Berechnet Ergebnisse für verschiedene Versionen der explorativen Faktorenanalyse (z. B. für PFA mit Argument `fm = "pa"`)
`psych::fa.diagram`	Erzeugt eine grafische Darstellung der Faktorlösung
`psych::fa.parallel`	Zeichnet Diagramme zu den Kriterien für die Faktorenextraktion (bei allen Verfahren anwendbar)
`psych::principal`	Berechnet Ergebnisse für Hauptkomponentenanalyse (PCA)
`psych::psych.print`	Erzeugt detaillierte Ergebnisdarstellungen für EFA-Ergebnisse

Tabelle 10.1: Funktionen zur Visualisierung multivariater Zusammenhänge und zur Berechnung von explorativen Faktorenanalysen

Ergänzende und weiterführende Literatur

Bühner, M. (2010). *Einführung in die Test- und Fragebogenkonstruktion* (3., aktualisierte Auflage). Hallbergmoos: Pearson.

Kapitel 25 (Abschnitt 25.3) in Sedlmeier, P. & Renkewitz, F. (2018). *Forschungsmethoden und Statistik: Ein Lehrbuch für Psychologen und Sozialwissenschaftler* (3., überarbeitete und erweiterte Auflage). München: Pearson.

(Einige Hintergrundinformationen zu den beschriebenen Verfahren)

Kategorisieren und Gruppieren: Clusteranalyse

11

11.1 Grafische Clusteranalyse: multivariate Grafiken 297
11.1.1 Multivariate Barplots 297
11.1.2 Star-Plot 300
11.1.3 Chernoff-Gesichter 301

11.2 Formale Clusteranalyse: ein Überblick 303
11.2.1 Ähnlichkeits- oder Distanzmaße wählen 303
11.2.2 Clusteralgorithmus wählen 308
11.2.3 Clusteranzahl bestimmen 314

11.3 Partitionierende Verfahren: Variationen 317
11.3.1 Bestimmung der Clusteranzahl mithilfe der Silhouetten-Methode 318
11.3.2 K-Medoid Lösung für das Jahreszeitenbeispiel 320

11.4 Hierarchische Verfahren: Variationen 323
11.4.1 Ward Methode für das Jahreszeitenbeispiel 323
11.4.2 Complete Linkage Methode für das Jahreszeitenbeispiel 326

11.5 Weitere Aspekte der Clusteranalyse 328
11.5.1 Behandlung nominal- und ordinalskalierter Daten 328
11.5.2 Wie kann man Ergebnisse aus unterschiedlichen Verfahren vergleichen? 330
11.5.3 Was ist die beste Methode? 331

ÜBERBLICK

Lernziele

In diesem Kapitel sollten Sie lernen, Untersuchungsobjekte (in der Psychologie meist Personen) mithilfe von R-Funktionen in unterschiedliche Kategorien oder *Cluster* einzuteilen. Insbesondere sollten Sie nach dem Durcharbeiten des Texts in der Lage sein

- multivariate Grafiken zu erstellen,
- geeignete Ähnlichkeits-/Distanzmaße zu finden und sie als Ähnlichkeits-/Distanzmatrix aufzubereiten,
- Clusteranalysen mit verschiedenen Verfahren und Algorithmen durchzuführen,
- die Ergebnisse von Clusteranalysen zu beurteilen,
- verschiedene Gütemaße zu berechnen und grafisch darzustellen und
- die optimale Clusteranzahl zu bestimmen sowie passende Clusteralgorithmen auszuwählen.

Wie kann man Untersuchungsobjekte (Personen, andere Lebewesen oder Dinge) in unterschiedliche Kategorien, Gruppen oder Cluster einteilen? Wie sollte man beispielsweise folgende sechs Tiere kategorisieren: Schaf, Katze, Seepferdchen, Spatz, Goldfisch und Frosch? Nach der Art ihrer Geburt bekäme man zwei Cluster: 1. lebendgebärend: Schaf, Katze, Seepferdchen; und 2. eierlegend: Spatz, Goldfisch und Frosch. Man könnte die Tiere auch danach klassifizieren, ob sie Lungen haben oder nicht (1. Cluster: Schaf, Katze, Spatz, Frosch; 2. Cluster: Goldfisch und Seepferdchen) oder in welchem Lebensraum sie leben (1. auf dem Land: Schaf, Katze, Spatz; 2. im Wasser: Goldfisch, Seepferdchen; und 3. amphibisch: Frosch). Man könnte natürlich auch mehrere Variablen kombinieren, wie Art der Geburt und Vorhandensein von Lungen. Das ergäbe vier Cluster: 1. lebendgebärend und Lunge: Schaf, Hund; 2. lebendgebärend, aber keine Lunge: Seepferdchen; 3. Eier und Lungen: Spatz und Frosch; und 4. Eier und keine Lunge: Goldfisch. Dieses Beispiel (modifiziert nach Theodoridis und Koutroumbas, 2003, 398) soll illustrieren, dass die Auswahl der Klassifizierungsvariablen entscheidend für die Clusterbildung ist. Wir gehen in diesem Kapitel und auch bei unseren Beispielen davon aus, dass die verwendeten Klassifizierungsvariablen sinnvoll sind. Aber Sie sollten im Hinterkopf behalten, dass die Auswahl entsprechender Variablen oft kein triviales Problem ist und dass die clusteranalytische Lösung stark von einer guten Lösung dieses „Variablenproblems" abhängt.

Hat man es gelöst und ist die Anzahl der Untersuchungsobjekte relativ niedrig, beginnt man am besten mit multivariaten Grafiken. Manchmal wird eine grafische Clustermethode völlig ausreichend für die Analyse sein. Damit werden wir auch beginnen. Ist das Ergebnis der visuellen Analyse nicht eindeutig oder sollen viele Untersuchungsobjekte klassifiziert werden, bleibt nur die formale Clusteranalyse, die auch den Hauptteil dieses Kapitels ausmacht. Dabei werden Sie sehen, dass es eine unglaubliche Vielfalt von Methoden hierfür gibt und dass deswegen im Verlauf der Analyse immer wieder Entscheidungen notwendig sind.

11.1 Grafische Clusteranalyse: multivariate Grafiken

Es gibt zahlreiche Möglichkeiten, eine grafische Clusteranalyse durchzuführen, also durch einen Blick auf die Visualisierung von Variablenausprägungen sehr schnell Kategorien von Untersuchungsobjekten zu erkennen. Am einfachsten ist das, wenn die Kategorisierung nur anhand einer Variablen erfolgen soll, wie z. B. nach Körpergröße. Wenn wir die entsprechende Häufigkeitsverteilung (siehe ▶*Kapitel 2*) zeichnen, sehen wir sehr schnell, ob es in den betreffenden Daten mehrere merklich unterschiedliche Größenkategorien gibt oder nicht. Auch bei zwei Variablen kann man gut trennbare Kategorien schnell mithilfe eines Streuungsdiagramms erkennen (siehe ▶*Kapitel 3*). Bei drei Variablen wird es schon etwas schwieriger – hier hilft aber vielleicht noch eine animierte Darstellung.[1] Bei mehr als drei Variablen wird es jedoch mit den Methoden, die Sie bisher kennengelernt haben, ziemlich schwierig. Wir stellen Ihnen in diesem Abschnitt einige relativ häufig benutzte Verfahren vor, die man in diesem Fall einsetzen kann. Als Ausgangsbasis benutzen wir die Werte von acht (männlichen) „Patienten" in fünf Variablen (*Multivariat_Patienten.txt*).[2] Diese Daten weisen wir dem R-Objekt *M_P* zu, um uns im Folgenden etwas Schreibarbeit zu sparen:

```
M_P <- Multivariat_Patienten
M_P
```

```
     Personen  IQ Angst Reaktionszeit Genauigkeit Problemlösen
1 Patient 1 123    12           151          50            3
2 Patient 2 121    11           160          49            4
3 Patient 3 115    10           168          51            4
4 Patient 4 107    10           169          53            5
5 Patient 5 105    11           172          54            5
6 Patient 6 103    10           175          54            5
7 Patient 7 100    12           189          55            5
8 Patient 8 120    20           279          50            6
```

Für jeden der acht Patienten liegen Werte aus einem IQ-Test (*IQ*), einem Angstfragebogen (*Angst*), der Reaktionsgeschwindigkeit auf einen einfachen Reiz (*Reaktionszeit*), dem Ergebnis einer Genauigkeitsaufgabe (*Genauigkeit*) und einem Problemlösetest (*Problemlösen*) vor. Wir werden uns nun einige grafische Verfahren ansehen, die für jeden Patienten gleichzeitig die Ausprägung auf allen fünf Variablen sichtbar machen.

11.1.1 Multivariate Barplots

Zunächst die naheliegende (aber in R etwas mühsame) Methode: Balkendiagramme oder Barplots. Pro Person werden die Ausprägungen der fünf Variablen als fünf Balken dargestellt. Allerdings müssen wir dazu zunächst die Skalen vergleichbar machen, da sonst beispielsweise die Unterschiede in der Variablen *Problemlösen* (mit einem Wer-

1 Wir haben statische 3-D-Grafiken in diesem Buch nicht behandelt, weil sie notorisch schwierig zu interpretieren sind. Aber wenn Sie einmal eine Animation ausprobieren möchten, können Sie das mithilfe der Funktionen `play3d` (per Hand) oder `movie3d` (Animation) aus dem Paket *rgl* (Adler et al., 2020) tun.

2 Die Werte aus dieser Datei kommen Ihnen vermutlich bekannt vor. Wir haben sie schon in ▶*Kapitel 3* benutzt, hier aber zu Übungszwecken eine weitere Variable (*Personen*) hinzugefügt.

tebereich von 3 bis 6) nicht mehr sichtbar sind, wenn gleichzeitig die Variable *IQ* (mit einem Wertebereich von 100 bis 120) abgebildet wird. Die Abhilfe für dieses Problem haben wir schon in ▶*Kapitel 2* kennengelernt: die *z*-Standardisierung. Sie erinnern sich sicher, dass man für diese Wertetransformation in R die Funktion `scale` benutzt:

```
Pat_standardisiert <- scale(M_P[, 2:6])
round(Pat_standardisiert, 2)
        IQ Angst Reaktionszeit Genauigkeit Problemlösen
[1,]  1.24   0.0         -0.79       -0.88        -1.77
[2,]  1.02  -0.3         -0.57       -1.32        -0.68
[3,]  0.36  -0.6         -0.37       -0.44        -0.68
[4,] -0.52  -0.6         -0.34        0.44         0.41
[5,] -0.75  -0.3         -0.27        0.88         0.41
[6,] -0.97  -0.6         -0.20        0.88         0.41
[7,] -1.30   0.0          0.15        1.32         0.41
[8,]  0.91   2.4          2.38       -0.88         1.50
```

Wenn wir allerdings diese Werte für die Barplots verwenden, dann haben wir positive und negative Werte, was einen visuellen Vergleich schwieriger macht. Um einen Minimalwert von 0 zu bekommen, ziehen wir einfach von allen Werten das Minimum aller Werte ab, sodass der neue kleinste Wert 0 ist:

```
Pat_standard <- Pat_standardisiert - min(Pat_standardisiert)
round(Pat_standard, 2)
       IQ Angst Reaktionszeit Genauigkeit Problemlösen
[1,] 3.02  1.77          0.98        0.89         0.00
[2,] 2.80  1.47          1.21        0.45         1.09
[3,] 2.13  1.17          1.41        1.33         1.09
[4,] 1.25  1.17          1.43        2.21         2.18
[5,] 1.03  1.47          1.50        2.66         2.18
[6,] 0.81  1.17          1.58        2.66         2.18
[7,] 0.48  1.77          1.93        3.10         2.18
[8,] 2.69  4.17          4.15        0.89         3.27
```

Nun können wir die acht multivariaten Barplots zeichnen. Zunächst bereiten wir die acht Zeichenfelder vor:

```
par(mfrow = c(4, 2))
```

Eine Möglichkeit wäre, die acht Abbildungen der Reihe nach zu zeichnen, aber es geht schneller, wenn wir eine sogenannte „Schleife" dafür benutzen, die alle acht Abbildungen auf einmal zeichnet. Mit der `for`-Schleife gehen wir die acht Patienten der Reihe nach durch (`for (i in 1:8)`) und zeichnen für jeden Patienten den entsprechenden multivariaten Barplot. Alle Befehle, die in einer `for`-Schleife abgearbeitet werden, stehen in geschweiften Klammern. Die Funktion `paste` kann unterschiedliche Datentypen (wie hier „Patient" vom Typ *character* und *i*, in diesem Fall eine Zahl) miteinander verbinden. Das Argument `space = 0` gibt an, dass zwischen den Balken kein Zwischenraum sein soll und `yaxt = "n"` bedeutet, dass die *Y*-Achsen nicht beschriftet sein sollen:[3]

3 Falls diese und die folgenden Abbildungen in Ihrem RStudio-Zeichenfenster anders aussehen: Probieren Sie es doch einfach mal mit dem Verschieben der Grenzen des Zeichenfensters.

```
for (i in 1:8)
{
  barplot(c(Pat_standard[i, 1], Pat_standard[i, 2], Pat_standard[i, 3],
            Pat_standard[i, 4], Pat_standard[i, 5]),
          main = paste("Patient ", i), col = "white",
          ylim = c(0, max(Pat_standard)),
          space = 0, yaxt = "n")
}
par(mfrow = c(1, 1))
```

▶*Abbildung 11.1* lässt drei Cluster von Patienten erkennen: die Barplots für die Patienten 1, 2, und 3 sehen ziemlich ähnlich aus. Bei diesen drei Patienten fällt beispielsweise auf, dass der Balken, der die Variable *IQ* repräsentiert, relativ hoch ist. Auch die Patienten 4, 5, 6 und 7 haben sehr ähnliche Barplots, diesmal gekennzeichnet durch die ähnlichen Ausprägungen in den Variablen „Genauigkeit" und „Problemlösen". Ganz auffallend ist Patient 8, der offensichtlich eine eigene Kategorie bildet. Das haben wir auch schon in ▶*Kapitel 3* festgestellt, als wir uns eine Streuungsdiagramm-Matrix für diesen Datensatz angesehen haben.

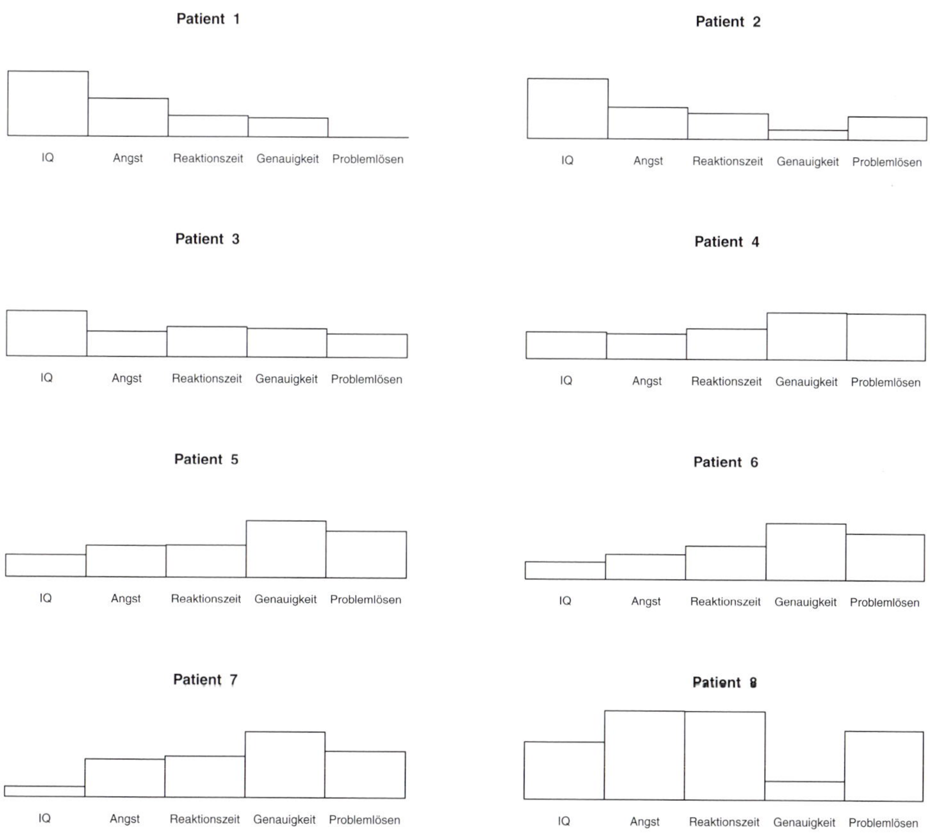

Abbildung 11.1: Barplots für die Patientendaten (fünf Variablen).

11.1.2 Star-Plot

Die Funktion `stars` zeichnet einen sogenannten Star-Plot, bei dem die Variablenausprägungen als Länge der „Strahlen“ eines „Sterns“ gezeichnet werden. Die Funktion `stars` übernimmt dabei automatisch die Standardisierung der Werte. Man kann mit dem Argument `key.labels` auch gleich eine Legende einfügen und mit dem Argument `key.loc` angeben, wo in der Abbildung (*X*- und *Y*-Koordinaten) sie gezeichnet werden soll:

```
stars (M_P[, 2:6],labels = as.character(M_P[,1]), key.loc = c(-1, 5),
      key.labels = c("IQ", "Angst", "RT", "Genauigkeit", "Problemlösen"))
```

Auch ▶*Abbildung 11.2* legt unmittelbar drei Kategorien von Patienten nahe: die „Sterne“ für die Patienten 1, 2, und 3 sehen wieder ziemlich ähnlich aus. Bei diesen drei Patienten fällt wieder auf, dass der Strahl, der die Variable *IQ* repräsentiert, sehr lang ist. Auch die Sterne der Patienten 4, 5, 6 und 7 sind wieder sehr ähnlich. Konsistent mit den multivariaten Barplots (▶*Abbildung 11.1*) fällt Patient 8 deutlich aus der Reihe und bildet wieder eine eigene Kategorie.

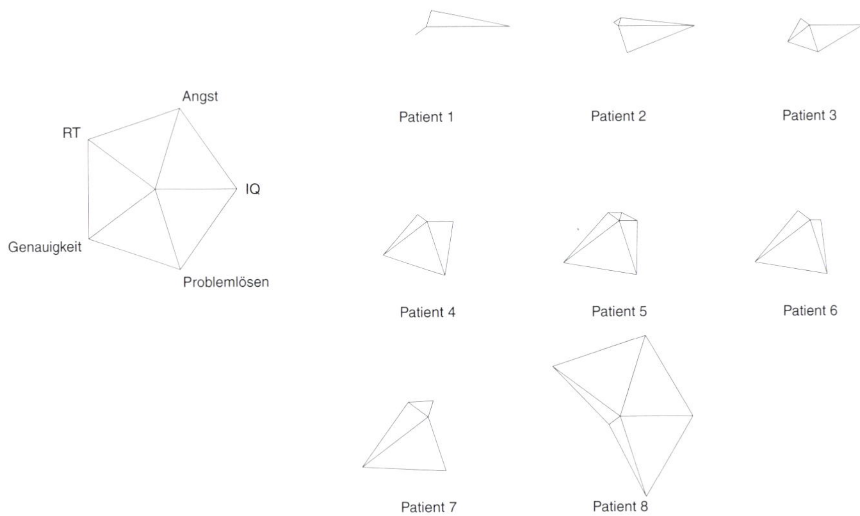

Abbildung 11.2: Star-Plots für die Patientendaten (fünf Variablen).

Eine Sonderform des Star-Plots ist ein sogenannter Segment-Plot, der statt der „Strahlenlänge“ die Anteile der ausgefüllten „Tortenstücke“ oder Segmente benutzt. Diese Star-Plot-Variante erhalten Sie, wenn Sie das Argument `draw.segments` auf `TRUE` setzen:

```
stars (M_P[, 2:6],labels = as.character(M_P[, 1]),
      draw.segments = T, key.loc = c(-1, 5),
      key.labels = c("IQ", "Angst", "RT",
                    "Genauigkeit", "Problemlösen"))
```

Auch hier (▶*Abbildung 11.3*) ergibt sich, wie nicht anders zu erwarten, ein ähnlicher Eindruck bezüglich der Clusterzugehörigkeit wie beim Standard-Star-Plot.

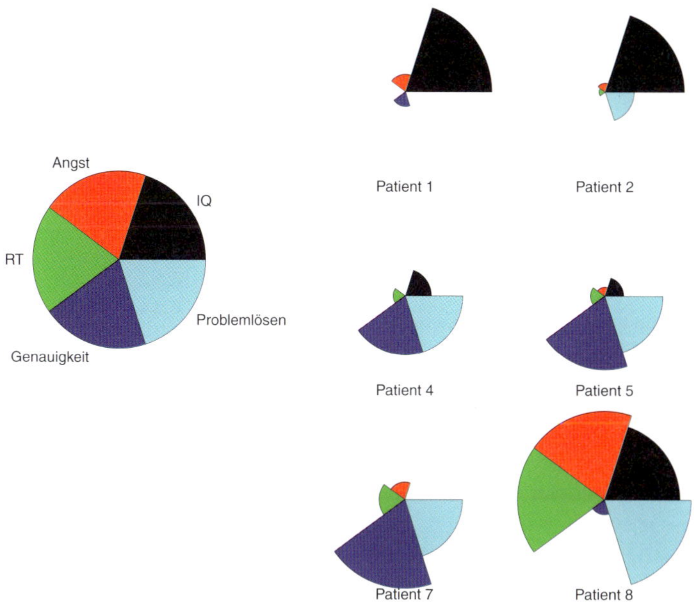

Abbildung 11.3: Segment-Plots für die Patientendaten (fünf Variablen).

11.1.3 Chernoff-Gesichter

Der Statistiker Herman Chernoff (1973) schlug vor, zur Darstellung multivariater Zusammenhänge Bestandteile des Gesichts zu benutzen, weil Menschen sehr gut darin sind, Bestandteile oder Veränderungen in den Gesichtern anderer Menschen zu erkennen. Dieser Vorschlag wurde in der R-Funktion `faces` aus dem Paket `aplpack` aufgegriffen (Wolf, 2019):

```
library(aplpack)
faces(M_P[, 2:6], labels = M_P[, 1], ncolors = 0)
```

In unserem Beispiel sind alle Variablen durch jeweils drei Gesichtsbestandteile gemeinsam repräsentiert. Die Variable *IQ* zeigt sich beispielsweise als Höhe des Gesichts (*height of face*), als Ausmaß des Lächelns (*smiling*), und als Form der Frisur (*style of hair*):[4]

```
effect of variables:
 modified item       Var
 "height of face   " "IQ"
 "width of face    " "Angst"
 "structure of face" "Reaktionszeit"
 "height of mouth  " "Genauigkeit"
 "width of mouth   " "Problemloesen"
```

4 Die Voreinstellung der Funktion `faces` benutzt auch Farben für die Gesichtsteile, was allerdings nach unserem Eindruck die Differenzierung der Gesichter erschweren kann, da die Farbtöne zu den Mittelwerten mehrerer Variablen korrespondieren (siehe Wolf, 2019). Wir haben in unserem Beispiel diese Voreinstellung durch das Argument `ncolors = 0` deaktiviert. Aber probieren Sie doch mal `ncolors = 5`!

```
"smiling          " "IQ"
"height of eyes   " "Angst"
"width of eyes    " "Reaktionszeit"
"height of hair   " "Genauigkeit"
"width of hair   "  "Problemloesen"
"style of hair   "  "IQ"
"height of nose  "  "Angst"
"width of nose   "  "Reaktionszeit"
"width of ear    "  "Genauigkeit"
"height of ear   "  "Problemloesen"
```

Wieder ergibt sich dieselbe visuelle Drei-Cluster-Lösung, die wir auch schon bei den anderen Plots gesehen haben (▶*Abbildung 11.4*). Ein hervorstechendes Gesichtsmerkmal ist das Ausmaß des Lächelns – hier mit der Variablen *IQ* assoziiert – welches bei den Patienten 1, 2 und 3 (aber auch bei Patient 8) besonders ausgeprägt ist. Auch der Frisurstil (*style of hair*) repräsentiert den IQ (je höher der IQ, desto weiter sind die Enden der Frisur nach oben gebogen). Besonders ausgeprägt sind bei Patient 8 die Gesichtsmerkmale, die das Ausmaß der Angst repräsentieren: die Breite des Gesichts (*width of face*), die Höhe der Augen (*height of eyes*) und die Länge der Nase (*heigt of nose*).

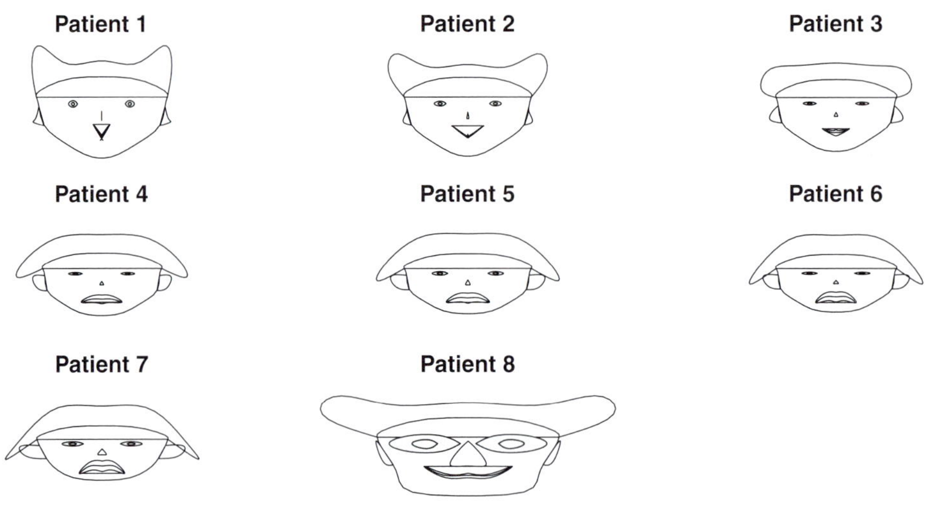

Abbildung 11.4: Chernoff-Gesichter für die Patientendaten (fünf Variablen).

Das Erstellen von Chernoff-Gesichtern erfordert etwas Aufwand. Sie sind auch weniger zum Auffinden von multivariaten Zusammenhängen, aber sehr gut zur Kommunikation von Ergebnissen geeignet, sobald man sich selbst darüber im Klaren ist, was die Daten sagen.

11.2 Formale Clusteranalyse: ein Überblick

Wie gesagt, bei vielen Variablen und Untersuchungsobjekten kommt man mit der grafischen Suche nach Clustern schnell an seine Grenzen. Hier bietet sich die Clusteranalyse im engeren Sinn an. In der Fachliteratur wird eine unglaubliche Vielfalt an formalen clusteranalytischen Verfahren vorgeschlagen (für gut verständliche Einführungen siehe Backhaus et al., 2018, Kapitel 8; Kaufman & Rousseeuw, 1990, Wiedenbeck & Zull, 2010). Das Ziel ist aber immer dasselbe: Man möchte Untersuchungsobjekte in Gruppen, Kategorien oder Cluster einteilen, sodass die Untersuchungsobjekte innerhalb eines Clusters maximal homogen sind, die einzelnen Cluster jedoch maximal heterogen. Um dieses Ziel zu erreichen, müssen die Personen/Objekte hinsichtlich ihrer Ähnlichkeit oder Distanz geordnet sein. Die Ausgangsbasis für eine Clusteranalyse ist also immer die Wahl eines Ähnlichkeits- oder Distanzmaßes und die Zusammenfassung der Maße in einer entsprechenden Ähnlichkeits-/Distanzmatrix. Wenn eine solche Matrix vorliegt, steht die nächste Entscheidung an: die Auswahl eines Clusteralgorithmus. Am Schluss der Prozedur ist es notwendig, sich für eine optimale Anzahl von Clustern zu entscheiden. Diese Entscheidung kann man sehen als Kompromiss zwischen Handhabbarkeit (geringe Clusterzahl) und dem Ziel, dass jeder Cluster so homogen wie möglich sein sollte (große Clusterzahl).

11.2.1 Ähnlichkeits- oder Distanzmaße wählen

Ähnlichkeits- und Distanzmaße gibt es für beliebige Skalenniveaus. Einige dieser Maße sehen wir uns im Folgenden an und greifen dabei auf den Datensatz zurück, den wir im vorigen Abschnitt benutzt haben. Im Unterschied zu den Verfahren, die wir in ▶*Kapitel 10* behandelt haben, geht es jedoch hier in der Regel um die Ähnlichkeit/Distanz zwischen Personen (oder Objekten) und nicht zwischen Variablen.

Ähnlichkeitsmatrix

Zunächst erstellen wir eine Ähnlichkeitsmatrix. Für diese Matrix brauchen wir die Korrelationen der acht Patienten hinsichtlich ihrer Ausprägungen auf den fünf Variablen. Wir benutzen die pro Variable standardisierten Werte, da sonst wegen der unterschiedlichen Wertebereiche die Korrelationen unzulässig aufgebläht sein könnten. Um die Funktion `cor` benutzen zu können, müssen wir die Datenmatrix zunächst mittels der Funktion `t` transponieren (Spalten werden zu Zeilen und umgekehrt):

```
Pat_s_t <- t(Pat_standardisiert)
round(Pat_s_t, 2)
```

```
                  [,1]  [,2]  [,3]  [,4]  [,5]  [,6]  [,7]  [,8]
IQ                1.24  1.02  0.36 -0.52 -0.75 -0.97 -1.30  0.91
Angst             0.00 -0.30 -0.60 -0.60 -0.30 -0.60  0.00  2.40
Reaktionszeit    -0.79 -0.57 -0.37 -0.34 -0.27 -0.20  0.15  2.38
Genauigkeit      -0.88 -1.32 -0.44  0.44  0.88  0.88  1.32 -0.88
Problemlösen     -1.77 -0.68 -0.68  0.41  0.41  0.41  0.41  1.50
```

Daraus erstellen wir die Korrelationsmatrix für die acht Patienten:

```
Pat_corr <- cor(Pat_s_t)
round(Pat_corr, 2)
```

```
      [,1]  [,2]  [,3]  [,4]  [,5]  [,6]  [,7]  [,8]
[1,]  1.00  0.84  0.84 -0.77 -0.76 -0.82 -0.79  0.02
[2,]  0.84  1.00  0.81 -0.71 -0.89 -0.90 -0.99  0.29
[3,]  0.84  0.81  1.00 -0.46 -0.62 -0.60 -0.76 -0.20
[4,] -0.77 -0.71 -0.46  1.00  0.93  0.94  0.76 -0.63
[5,] -0.76 -0.89 -0.62  0.93  1.00  0.98  0.93 -0.62
[6,] -0.82 -0.90 -0.60  0.94  0.98  1.00  0.93 -0.58
[7,] -0.79 -0.99 -0.76  0.76  0.93  0.93  1.00 -0.41
[8,]  0.02  0.29 -0.20 -0.63 -0.62 -0.58 -0.41  1.00
```

Diese Korrelationsmatrix können wir leicht in eine Distanzmatrix umwandeln, indem wir die Korrelationen von 1 abziehen (für weitere Umrechnungsmöglichkeiten siehe z. B. Mair et al., in press, Table 2):

```
Pat_dist <- 1 - Pat_corr
round(Pat_dist, 2)
```

```
     [,1] [,2] [,3] [,4] [,5] [,6] [,7] [,8]
[1,] 0.00 0.16 0.16 1.77 1.76 1.82 1.79 0.98
[2,] 0.16 0.00 0.19 1.71 1.89 1.90 1.99 0.71
[3,] 0.16 0.19 0.00 1.46 1.62 1.60 1.76 1.20
[4,] 1.77 1.71 1.46 0.00 0.07 0.06 0.24 1.63
[5,] 1.76 1.89 1.62 0.07 0.00 0.02 0.07 1.62
[6,] 1.82 1.90 1.60 0.06 0.02 0.00 0.07 1.58
[7,] 1.79 1.99 1.76 0.24 0.07 0.07 0.00 1.41
[8,] 0.98 0.71 1.20 1.63 1.62 1.58 1.41 0.00
```

Die resultierenden Abstände variieren von 0 (Korrelation einer Variablen mit sich selbst – siehe Diagonale) und 2 (ursprüngliche Korrelation von –1). Tatsächlich verwenden die meisten gebräuchlichen Clusteralgorithmen Distanzmatrizen. Einfacher geht das Erstellen einer „Distanz-Korrelationsmatrix" mit der Funktion `get_dist` aus dem Paket *factoextra* (Kassambara & Mundt, 2020). Die Funktion erstellt sofort eine Distanzmatrix (untere Dreiecksmatrix) aus der (standardisierten!) Datenmatrix, wobei sowohl die Pearson-Korrelation als auch Rangkorrelationen benutzt werden können. Wir wählen zum Vergleich die Pearson-Korrelation (`method = "pearson"`):

```
library(factoextra)
Pat_corr_dist <- get_dist(Pat_standardisiert, method = "pearson")
round(Pat_corr_dist, 2)
```

```
     1    2    3    4    5    6    7
2 0.16
3 0.16 0.19
4 1.77 1.71 1.46
5 1.76 1.89 1.62 0.07
6 1.82 1.90 1.60 0.06 0.02
7 1.79 1.99 1.76 0.24 0.07 0.07
8 0.98 0.71 1.20 1.63 1.62 1.58 1.41
```

Die gerade berechnete Distanzmatrix ist im Grunde aber noch immer eine Zusammenhangsmatrix – sie beschreibt das Ausmaß der Kovariation der Variablenwerte für Paare von Patienten. Eine „richtige" Distanzmatrix hingegen beschreibt die Abstände zwischen Personen/Objekten in einem multidimensionalen Raum.

Distanzmatrix

Da wir es in unserem Beispiel mit fünf Variablen zu tun haben, müssen die Abstände in einem fünfdimensionalen Raum berechnet werden. Die gängigsten Abstandsmaße lassen sich mit einer einzigen Metrik für die Distanz (d) zwischen den Personen/Objekten i und j hinsichtlich K Variablen zusammenfassen, der *Minkowski-Metrik*, bei der nur der Koeffizient r (≥ 1) variiert:

$$d_{i,j} = \left(\sum_{k=1}^{K} \left| x_{ik} - x_{jk} \right|^{r} \right)^{\frac{1}{r}}$$

Wenn wir im Alltag von Distanz oder Abstand sprechen, meinen wir meist die direkte Verbindung zwischen zwei Punkten – die sogenannte *euklidische Distanz*. Die erhalten wir mit $r = 2$:

$$d_{i,j} = \sqrt{\left(\sum_{k=1}^{K} \left| x_{ik} - x_{jk} \right|^{2} \right)}$$

Die euklidische Distanz wird auch häufig quadriert, was größere Distanzen stärker hervortreten lässt. Eine weitere ab und zu verwendete Variation der Minkowski-Metrik ist die *City-Block-Metrik*, auch Manhattan- oder Taxifahrer-Metrik genannt. Sie heißt so, weil (im zweidimensionalen Fall) die Distanz zwischen zwei Objekten, zwischen denen sich ein Häuserblock mit rechtwinkligen Straßen befindet, dadurch zustande kommt, dass man eine Straße bis zur nächsten Kreuzung geht und dann entsprechend abbiegt. Oder, in der Sprache der Geometrie: Man „fährt" nicht die Hypothenuse eines rechtwinkligen Dreiecks entlang, sondern über die zwei Katheten. Diese Metrik erhält man bei $r = 1$:

$$d_{i,j} = \sum_{k=1}^{K} \left| x_{ik} - x_{jk} \right|$$

Sehen wir uns diese drei Metriken anhand unseres Beispieldatensatzes an. Dafür benutzen wir die Funktion `dist`, das Abstandsmaß wird jeweils durch das Argument `method` festgelegt. Zunächst die euklidische Distanz:

```
Dist_E <- dist(Pat_standard, method = "euclidean")
round (Dist_E, 2)
```

```
     1    2    3    4    5    6    7
2 1.25
3 1.64 1.16
4 3.19 2.61 1.66
```

```
5 3.49 3.04 2.06 0.58
6 3.67 3.20 2.17 0.64 0.38
7 4.12 3.77 2.77 1.41 0.88 0.89
8 5.16 4.57 4.67 4.63 4.62 4.84 4.65
```

Die quadrierte euklidische Distanz erhalten wir durch Quadrieren der Werte in der euklidischen Distanzmatrix:

```
Dist_E_quadrat <- Dist_E^2
round (Dist_E_quadrat, 2)
```

```
      1     2     3     4     5     6     7
2  1.57
3  2.70  1.35
4 10.20  6.83  2.75
5 12.19  9.27  4.26  0.34
6 13.47 10.24  4.73  0.41  0.14
7 16.97 14.18  7.68  1.98  0.77  0.78
8 26.63 20.93 21.80 21.40 21.34 23.44 21.65
```

Und zum Schluss noch die City-Block-Metrik. Die könnte man durch das Argument `method = "manhattan"` erhalten oder durch das Benutzen der Minkowski-Metrik mit `p = 1` (das `p` steht für *power* und enspricht dem „r" in der allgemeinen Formel für die Minkowski-Metrik). Wir machen zur Illustration mal Letzteres:

```
Dist_CB <- dist(Pat_standardisiert, method = "minkowski", p = 1)
round(Dist_CB, 2)
```

```
     1    2    3    4    5     6     7
2 2.28
3 3.44 2.04
4 6.32 4.92 2.88
5 6.76 5.36 3.92 1.04
6 7.35 5.96 3.91 1.03 0.59
7 7.87 7.08 5.63 2.75 1.71  1.72
8 9.17 8.38 8.92 9.57 9.86 10.31 10.13
```

Visualisierung von Distanzmatrizen

Wenn die Anzahl der Untersuchungsobjekte überschaubar ist, kann man die Werte aus Distanzmatrizen (berechnet aus Ähnlichkeitsmatrizen oder direkt aus den Distanzen) auch visualisieren und dadurch oft schon einen guten Eindruck von den vorhandenen Clustern bekommen. Die Funktion `fviz_dist` aus dem Paket *factoextra* gruppiert die Untersuchungsobjekte nach ihrer Distanz.[5] Sehen wir uns zunächst den Distanzmatrix-Plot für die aus der Korrelationsmatrix berechnete Distanzmatrix an. Die Farben, mithilfe derer die Distanzen sichtbar gemacht werden, kann man beliebig auswählen (Argument `gradient`):

```
fviz_dist(Pat_corr_dist, gradient = list(low = "black", high = "yellow"))
```

5 Der genaue Algorithmus wird in der Dokumentation nicht angegeben. Allerdings legt ein Vergleich mit Abbildung 1.7 nahe, dass ein hierarchisch-agglomerativer Algorithmus für diese grafische Darstellung benutzt wird (s. u.).

Wie schon erwähnt, reicht der Wertebereich für diese Matrix von 0 bis 2. Der Distanzmatrix-Plot in ▶*Abbildung 11.5* zeigt einen deutlichen Cluster (sehr hohe positive Korrelation oder – hier abgebildet – sehr niedrige Distanzen) links unten, bestehend aus den Patienten 7, 4, 5 und 6, sowie einen auch noch recht deutlichen Cluster rechts oben mit den Patienten 2, 1 und 3. Allerdings ist der Patient 8 auch noch leicht in diesem Cluster enthalten, jedoch etwas abgesetzt. Aufgrund dieses Plots wäre also auch eine Zwei-Cluster-Lösung denkbar.

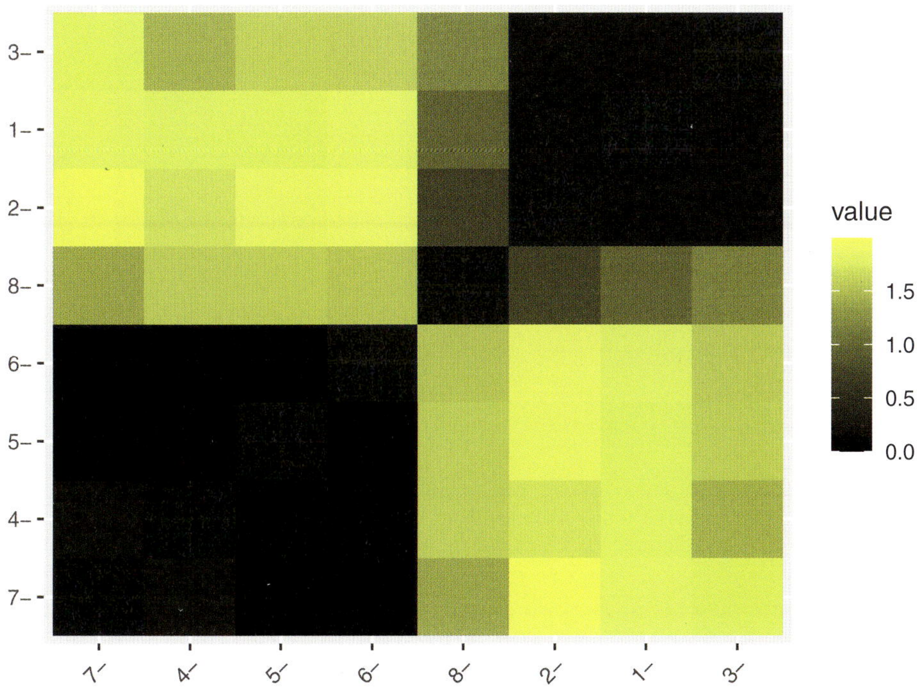

Abbildung 11.5: Distanzmatrix-Plot für die umgewandelte Korrelationsmatrix für die acht Patienten. Die Farbabstufungen repräsentieren einen Wertebereich von 0 bis 2 (siehe die Skala unter „value").

Das Ergebnis in ▶*Abbildung 11.5* ist auf den ersten Blick inkonsistent mit den Ergebnissen der grafischen Analyse in *Abschnitt 11.1*. Allerdings haben alle dort vorgestellten grafischen Verfahren (standardisierte) Abstände benutzt. Für die Höhe von Korrelationen spielen die absoluten Abstände keine Rolle, sondern nur die Kovariation der Werte. In unserem Beispiel könnte man jedoch argumentieren, dass die Abstände der Patienten hinsichtlich ihrer Variablenausprägungen wichtiger sind als deren Kovariation. Über die Antwort auf die Frage „Was beschreibt meine Fragestellung eher – Zusammenhang oder Distanz?" sollte man sich am besten klarwerden, bevor man mit der Analyse beginnt. Sehen wir uns die Matrix für die euklidische Distanz an:

```
fviz_dist(Dist_E, gradient = list(low = "black", high = "yellow"))
```

Nun ist Patient 8 eindeutig als außergewöhnlicher Fall erkennbar (links unten in ▶*Abbildung 11.6*). Wieder erhalten wir einen weiteren Cluster für die Patienten 7, 4,

5, und 6 und einen für die Patienten 1, 2 und 3. Hier legt der erste Eindruck eine Drei-Cluster-Lösung nahe:

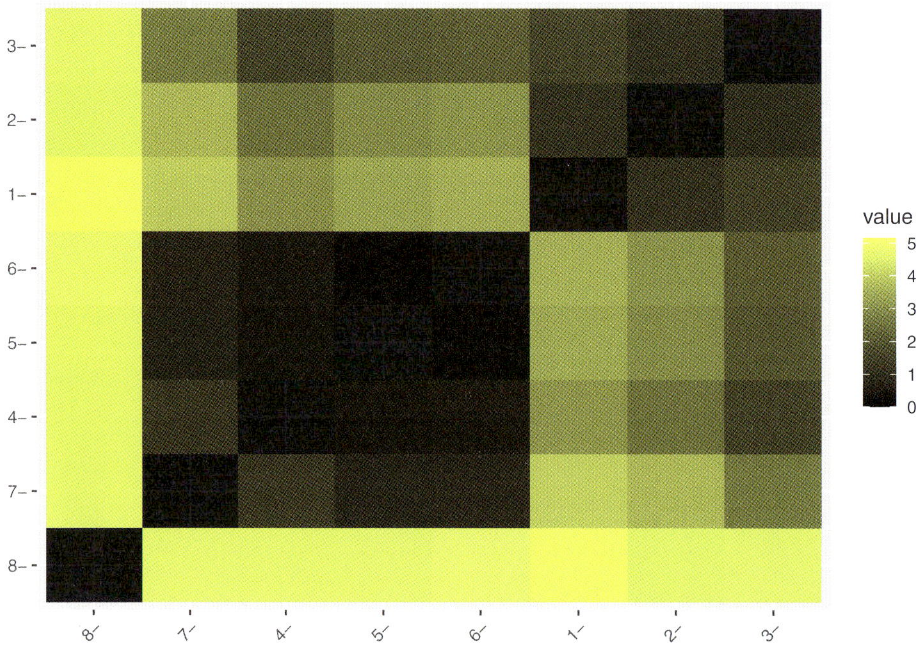

Abbildung 11.6: Distanzmatrix-Plot für die euklidischen Distanzen zwischen den acht Patienten. Die Farbabstufungen repräsentieren einen Wertebereich von 0 bis ca. 5 (siehe die Skala unter „value“).

Das war jetzt nur eine kleine Auswahl aus den zur Verfügung stehenden Möglichkeiten, Ähnlichkeiten- und Distanzmatrizen zu erstellen. Die Visualisierung für die zwei Beispiele macht deutlich, dass die Wahl des Ähnlichkeits-/Distanzmaßes durchaus Auswirkungen auf das Ergebnis der Clusteranalyse haben kann.

11.2.2 Clusteralgorithmus wählen

Die Fülle an Clusteralgorithmen steht der Fülle, die es bei der Auswahl für die möglichen Ähnlichkeits- und Distanzmaße gibt, in nichts nach – sie ist eher noch größer (siehe z. B. Backhaus et al., 2018; Kaufman und Rousseeuw, 1990; Theodoridis und Koutroumbas, 2003). Wir werden uns in diesem Kapitel auf zwei Familien von Verfahren konzentrieren, die aufgrund ihres Verbreitungsgrades in Statistikpaketen wohl auch am häufigsten benutzt werden (Wiedenbeck & Züll, 2010): partitionierende Verfahren und hierarchische Verfahren.

Partitionierende Verfahren

Bei partitionierenden (aufteilenden) Verfahren muss man, am besten aufgrund theoretischer Überlegungen, eine bestimmte Anzahl von Clustern festlegen und beginnt mit einer Anfangszuordnung der Untersuchungsobjekte zu diesen Clustern. Danach werden die Untersuchungsobjekte mithilfe eines Austauschalgorithmus so lange zwischen den Clustern umgruppiert, bis sowohl das Ausmaß der Homogenität innerhalb der einzelnen Cluster als auch das Ausmaß der Heterogenität zwischen den Clustern nicht mehr merklich erhöht werden kann. Das kann auch heißen, dass im Laufe des Aufteilungsprozesses ein bestimmter Fall wiederholt die Cluster wechseln kann – Clusterzuordnungen sind also reversibel. Der bekannteste Algorithmus dieser Art ist der *K-Means Algorithmus*. Bei diesem Verfahren werden *K* Ausgangscluster vorgegeben. Die Zugehörigkeit von Untersuchungsobjekten zu Ausgangsclustern wird dabei oft zufällig bestimmt. Das Kriterium für die Umgruppierung von Untersuchungsobjekten ist nun, dass der (euklidische) Abstand der Untersuchungsobjekte (gekennzeichnet durch ihre Lage in dem durch die Variablen aufgespannten multivariaten Raum) zu den multivariaten Mittelpunkten der einzelnen Cluster minimiert wird. Der Abstand jedes Falls von dem Mittelpunkt seines Clusters soll kleiner sein als sein Abstand zum Mittelpunkt jedes anderen Clusters, jeder Fall soll also die „Minimum-Distanz-Eigenschaft" (MDE) erfüllen. Solange diese Eigenschaft nicht für jeden Fall zutrifft, werden die betreffenden Untersuchungsobjekte in denjenigen Cluster versetzt, in dem diese Bedingung erfüllt ist. Das Aufteilen der Untersuchungsobjekte führt natürlich dazu, dass sich die Mittelwerte der Cluster immer wieder ändern. Das Verfahren wird so lange durchgeführt, bis diese Minimum-Distanz-Eigenschaft für jeden Fall zutrifft. Da der Verlauf und die Beendigung des K-Means Verfahrens von der Verteilung der Untersuchungsobjekte auf die Ausgangscluster und auch von der Reihenfolge der Vergleiche abhängt, wird das Verfahren üblicherweise mehrfach mit unterschiedlichen Ausgangsclustern und Reihenfolgen durchgeführt. Dabei wird jeweils überprüft, ob es Verbesserungen gegeben hat. Nach einer vorgegebenen Anzahl von Durchgängen wird die beste Lösung hinsichtlich der Homogenität innerhalb und der Heterogenität zwischen den Clustern ausgewählt.

Wir demonstrieren das Verfahren zunächst mit der Funktion `kmeans` (in *Abschnitt 11.3* werden wir uns eine alternative Vorgehensweise ansehen). Da die Ausgangskonfiguration mittels des Zufallsgenerators von R erzeugt wird, können Sie unsere Analyse nur exakt nachvollziehen, wenn Sie mit derselben Zufallszahl beginnen. Wir geben diese deswegen mit der Funktion `set.seed` vor. Die postulierte Anzahl der Cluster wird mit dem Attribut `centers` spezifiziert und die Anzahl der Durchgänge mit unterschiedlichen Ausgangskonfigurationen mit `nstart`. Wir benutzen wieder unser Ausgangsbeispiel mit den acht Patienten und wählen aufgrund der bisherigen Ergebnisse drei Ausgangscluster. Außerdem möchten wir das Risiko einer ungünstigen Ausgangskonfiguration minimieren und wählen deswegen zehn Durchgänge (`nstart = 10`). Die Funktion `kmeans` erzeugt die jeweiligen Abstandsmatrizen für den Analyseprozess (immer euklidische Abstände) selbst aus den (standardisierten) Werten. Für die Partitionierung benutzen wir die Voreinstellung: den Algorithmus von Hartigan und Wong (1979):

```
set.seed(123)
k_means_Pat <- kmeans(Pat_standard, centers = 3, nstart = 10)
```

Sehen wir uns zunächst die Standardausgabe an:

```
k_means_Pat
```

```
K-means clustering with 3 clusters of sizes 4, 1, 3
```

Der K-Means Algorithmus hat also dem ersten Cluster vier Patienten zugeordnet, dem zweiten einen und dem dritten drei:

```
Cluster means:
         IQ    Angst Reaktionszeit Genauigkeit Problemlösen
1 0.8899374 1.399309      1.609687   2.6556918    2.1831073
2 2.6852318 4.170353      4.154591   0.8918576    3.2746609
3 2.6484053 1.474202      1.198953   0.8918576    0.7277024
Clustering vector:
[1] 3 3 3 1 1 1 1 2
```

Der „Clustering vector" macht ersichtlich, dass die ersten drei Patienten (1, 2, und 3) in Cluster 3 sind, die nächsten vier (Patienten 4, 5, 6 und 7) in Cluster 1 und Patient 8 in Cluster 2. Auch wenn wir uns die Mittelwerte der Cluster ansehen, ist klar, dass Patient 8 (Zeile 2 unter „Cluster means") ein Cluster für sich ist, denn die Werte in dieser Zeile sind identisch zu den Werten von Patient 8 (siehe oben). Wir sehen auch, dass der Mittelwert für IQ im Cluster 3 (Zeile 3) deutlich höher ist als im Cluster 1, und dass es sich für die Variablen Genauigkeit und Problemlösen umgekehrt verhält. Dieses Ergebnis ist also konsistent zu den grafischen Analysen in *Abschnitt 11.1*.

```
Within cluster sum of squares by cluster:
 [1] 1.106195 0.000000 1.874581
 (between_SS / total_SS =  91.5 %)
```

Und zuletzt zeigt die Varianzzerlegung (*Within cluster sum of squares by cluster*), dass die Clusteranalyse gut geklappt hat: 91.5%, also der Löwenanteil der Gesamtvarianz, wird durch die Unterschiede zwischen den Clustern erklärt, was nichts anderes bedeutet als dass die drei Cluster sehr homogen sind (der zweite Cluster, der ja nur Patient 8 enthält, hat überhaupt keine Varianz). Man kann sich alle diese Informationen (und einige mehr) auch zeigen lassen, wenn man spezifische Ergebnisse mit einem `$`-Zeichen anfordert, wie z. B. `k_means_Pat$centers` für die Ausgabe der Variablenmittelwerte pro Cluster (siehe auch `?kmeans`).

Beim K-Means Algorithmus entfällt zwar das Problem der Auswahl einer geeigneten Distanzmatrix (er funktioniert nur bei euklidischen Distanzen), aber man könnte argumentieren, dass er in zweifacher Hinsicht eingeschränkt ist. Erstens muss man am Anfang der Analyse schon wissen, wie viele Cluster man haben möchte, und zweitens funktioniert er nur mit intervallskalierten Daten, weil man eben nur in diesem Fall euklidische Distanzen und Mittelwerte berechnen kann. Nun ist es aber tatsächlich so, dass die Variablen in Clusteranalysen in vielen Fällen als intervallskaliert betrachtet werden. Und außerdem gilt diese Einschränkung bezüglich des Skalenniveaus nicht für andere partitionierende Verfahren (siehe *Abschnitt 11.3*). Überdies werden wir in *Abschnitt 11.2.3* sehen, dass man eine gute Abschätzung der Anzahl relevanter Cluster auch in einer Voranalyse erhalten kann. Zunächst werfen wir jedoch noch einen ersten Blick auf die hierarchischen Verfahren.

Hierarchische Verfahren: agglomerative Vorgehensweise

Der zentrale Unterschied zwischen partitionierenden und hierarchischen Verfahren ist, dass bei Letzteren die Zuteilung von Untersuchungsobjekten und Clustern nicht reversibel ist. Der Aufteilungsprozess läuft algorithmisch ab (es gibt kein Ausprobieren) und es gibt jeweils nur einen Lösungsweg. Allerdings kann man gewissermaßen von „vorne" und „hinten" beginnen. Bei den sogenannten *agglomerativen* Verfahren gibt es anfangs genauso viele Cluster wie Untersuchungsobjekte (jedes Untersuchungsobjekt ist ein Cluster), die dann so zusammengefügt werden, dass die neu entstehenden Cluster möglichst homogen sind. Die Heterogenität der jeweils neuen Cluster wächst mit der Anzahl der Untersuchungsobjekte, bis sie am Ende (alle Untersuchungsobjekte in einem Cluster) maximal ist. Die Grundlage für die Aufteilung ist eine Ähnlichkeits- oder Distanzmatrix der Untersuchungsobjekte. Und natürlich ist es fast nie sinnvoll, das Endresultat (einen einzigen Cluster) zu verwenden. Es geht also darum festzustellen, wie viele Cluster sinnvoll sind. Um die Anzahl der Cluster zu bestimmen, gibt es inhaltliche Kriterien, aber auch einige formale (siehe *Abschnitt 11.2.3*).

Hinzu kommen noch zahlreiche Möglichkeiten bei der Auswahl von Ähnlichkeits- und Distanzmaßen, sowie bei der Bestimmung der Ähnlichkeit oder Unähnlichkeit von Clustern. Möchte man beispielsweise bei den agglomerativen Verfahren bestimmen, welche Cluster in einem nächsten Schritt zusammengefügt werden sollen, sollte man sich die Abstände zwischen den Clustern ansehen. Das kann jedoch auf verschiedene Weisen geschehen. Wir beschreiben hier nur kurz vier gebräuchliche Arten von Algorithmen. Bei der *Single Linkage* Methode wird die Distanz zweier Cluster als der minimale Abstand zwischen den Untersuchungsobjekten in dem einen und dem anderen Cluster definiert. Man sucht also jeweils nach den zwei Untersuchungsobjekten (eines in jedem Cluster), die am wenigsten weit auseinanderliegen. Die Single Linkage Methode führt allerdings manchmal zu sehr langgestreckten Clustern. Kompaktere Cluster werden durch die *Complete Linkage* Methode erzeugt, die die Distanz zweier Cluster durch den maximalen Abstand zwischen den Untersuchungsobjekten zweier Cluster definiert. Eine Art Kompromiss zwischen den beiden Verfahren ist die *Average Linkage* Methode, die die Schwerpunkte der beiden Cluster als Abstandsmaß nimmt. Und schließlich wird auch die sogenannte *Ward Methode* häufig angewandt. Bei dieser Methode wird in jedem Schritt überprüft, bei welchen zwei Clustern nach ihrer Zusammenfassung die Varianz der Werte am geringsten ansteigt. Diese zwei Cluster bilden dann im nächsten Schritt den neuen Cluster.

Wir illustrieren hier die prinzipielle Vorgehensweise bei der hierarchisch-agglomerativen Clusteranalyse anhand unseres Beispieldatensatzes und benutzen dazu die Funktion `hclust`. Das Ergebnis einer hierarchischen Clusteranalyse kann man als eine Art umgedrehten Baum darstellen: das sogenannte *Dendrogramm*. Ein Dendrogramm stellt die Ähnlichkeiten zwischen den Untersuchungsobjekten dar und ermöglicht eine fundierte Entscheidung über die Anzahl der Cluster. Zunächst führen wir die Analyse mit den euklidischen Distanzen (in der Matrix *Dist_E* enthalten, siehe *Abschnitt 11.2.1*) und der Complete Linkage Methode (`method = "complete"`) durch:

```
Pat_aggl_E <- hclust(Dist_E, method = "complete")
```

Das Dendrogramm erhalten wir mithilfe der Funktion `plot` (siehe Abbildung 11.7, links):

```
par(mfrow = c(1, 2))
plot(Pat_aggl_E, main = "Euklidische Distanzen")
```

Die Länge der Linien entlang der *Y*-Achse repräsentiert die euklidische Distanz der Untersuchungsobjekte. Wir sehen, dass bei dieser Analyse eindeutig eine Drei-Cluster-Lösung nahegelegt wird, die der K-Means Lösung entspricht. Patient 8 (ganz links in der Abbildung) ist ein Cluster für sich und ist, gemessen an seiner euklidischen Distanz, maximal von den anderen Patienten entfernt. Wieder liegen die Patienten 7, 4, 5 und 6 in einem Cluster und die Patienten 1, 2, und 3 in einem anderen.

Zum Vergleich führen wir dieselbe Analyse mit der Distanz-Korrelationsmatrix durch, die Sie schon aus *Abschnitt 11.2.1* kennen:

```
Pat_aggl_corr <- hclust(Pat_corr_dist, method = "complete")
plot(Pat_aggl_corr, main = "Korrelationen")
```

Wir sehen, dass in diesem Beispiel die Art des Ähnlichkeits-/Distanzmaßes einen deutlichen Unterschied macht (▶*Abbildung 11.7*, rechts). Man könnte zwar auch bei diesem Ergebnis für eine Drei-Cluster-Lösung mit derselben Fallzuteilung wie in der ersten Analyse plädieren, aber nun wäre auch eine Zwei-Cluster-Lösung mit je vier Patienten pro Cluster vertretbar.

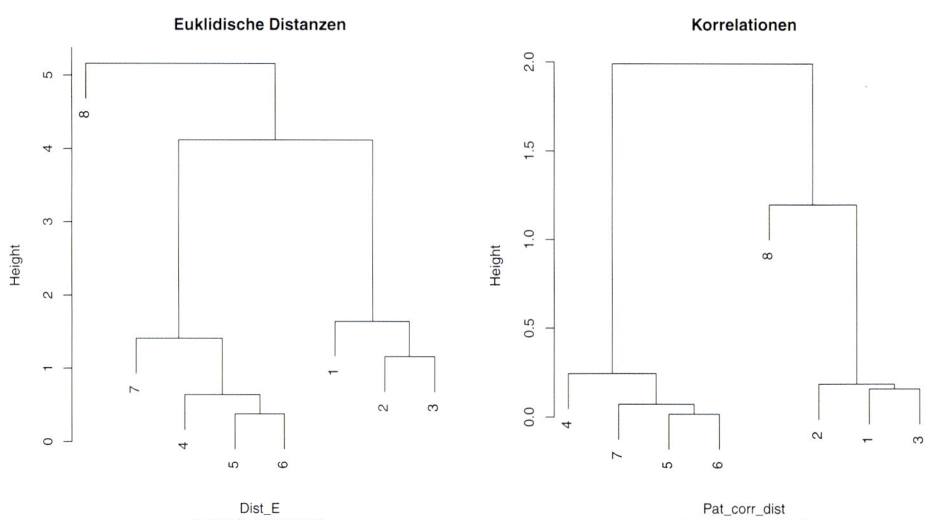

Abbildung 11.7: Dendrogramme für die Ergebnisse der agglomerativen hierarchischen Clusteranalysen für die acht Patienten (links mit euklidischen Distanzen und rechts mit Korrelationen). Auf der *Y*-Achse (*Height*) sind die euklidischen Distanzen (links) und die Distanzen in der umgewandelten Korrelationsmatrix (rechts) abgetragen.

Hierarchische Verfahren: divisive Vorgehensweise

Bei den hierarchisch-*divisiven* Verfahren fängt man mit einem einzigen Cluster an, in dem sich alle Untersuchungsobjekte befinden, und teilt diese Untersuchungsobjekte sukzessive in immer mehr Cluster auf, bis am Schluss jedes Untersuchungsobjekt ein Cluster ist. Ein bekannter Algorithmus, den man für diese Aufteilung benutzt, ist der *Diana* (*Di*visive *ana*lysis clustering) Algorithmus (Kaufman & Rousseeuw, 1990). Im ersten Schritt wird der Fall bestimmt, der die größte durchschnittliche Distanz/Unähnlichkeit zu allen andern Untersuchungsobjekten hat. Dieser Fall ist der Kern des zweiten (neuen) Clusters. Danach wird jeder Fall, der näher am neuen als am alten Cluster liegt, dem neuen zugeordnet. In den nächsten Schritten teilt man immer denjenigen Cluster in zwei neue auf (wie oben beschrieben), in dem die Untersuchungsobjekte die größte Distanz/Unähnlichkeit haben. Der Aufteilungsprozess ist zu Ende, wenn jeder Fall ein Cluster ist. Auch bei den divisiven Verfahren macht es fast nie Sinn, das Endresultat (jeder Fall ein Cluster) zu benutzen. Die Funktion `diana` aus dem Paket *cluster* (Maechler et al., 2021) bietet standardmäßig zwei äquivalente grafische Möglichkeiten an, um die optimale Anzahl der Cluster zu bestimmen: die schon bekannten Dendrogramme und die sogenannten *Banner Plots*. Wir werden uns beide für unseren Patientendatensatz ansehen. Zum Vergleich verwenden wir wieder sowohl die euklidischen Distanzen als auch die Korrelationen:

```
library(cluster)
diana_ED <- diana(Dist_E)
diana_corr <- diana(Pat_corr_dist)
```

Wir plotten die zwei Ergebnisse übereinander (wenn man nur einen Plot haben möchte, kann man das Argument `which.plot = 1` für den Banner Plot oder `which.plot = 2` für das Dendrogramm benutzen):

```
par(mfrow = c(2, 2))
plot(diana_ED)
plot(diana_corr)
par(mfrow = c(1, 1))
```

Sehen wir uns zunächst die oberen beiden Grafiken in ▶*Abbildung 11.8* an. Das Dendrogramm zeigt für die euklidische Distanz wieder eine Drei-Cluster-Lösung an. Das tut auch der Banner Plot, allerdings muss man da etwas genauer hinsehen. Die Streifen auf dem Banner geben an, wie weit der jeweils nächste Fall entfernt ist. Der oberste Streifen zeigt (im weißen Teil) die euklidische Distanz (*Height* in der Abbildung) zwischen Patient 1 und Patient 2 an – entsprechend der Höhe des ersten Querstrichs im Dendrogramm daneben. Die euklidische Distanz zwischen Patient 2 und Patient 3 ist etwas geringer, aber die zwischen Patient 3 und 4 ist deutlich höher (etwa vier Einheiten – korrespondierend zu dem entsprechenden Querstrich im Dendrogramm rechts daneben). Solche weißen „Einschnitte" im Banner Plot repräsentieren Clustergrenzen. Für die Lösung mit der euklidischen Distanz gibt es zwei solche Einschnitte (einer zwischen Patient 3 und 4 und der nächste zwischen Patient 7 und Patient 8, von oben nach unten auf der *Y*-Achse), wobei es nach dem zweiten Einschnitt keine weiteren Banner mehr gibt, weil Patient 8 ein Cluster für sich ist.

Mit den Korrelationen als Ausgangsbasis ergibt sich wieder eine Zwei-Cluster-Lösung (▶ *Abbildung 11.8*, unten). Der Banner Plot hat demgemäß nur einen einzigen weißen Einschnitt und auch das Dendrogramm legt eine Zwei-Cluster-Lösung nahe. Allerdings wird deutlich, dass Patient 8 irgendwie außergewöhnlich ist (langer weißer Teil für den Übergang von Patient 2 zu Patient 8 und hohe Verbindungslinie zwischen Patient 2 und Patient 8 im Dendrogramm). In den Abbildungen wird jeweils auch ein „Teilungskoeffizient“ (*Divisive Coefficient*) angegeben. Dieser Koeffizient wird berechnet als Summe der Streifenlänge im Banner (weiße Teile) geteilt durch das Produkt von Anzahl der Untersuchungsobjekte und Maximalwert der Höhe. Er kann zwischen 0 und 1 variieren. Wenn die Distanzen/Unähnlichkeiten innerhalb der Cluster klein und zwischen den Clustern groß sind, nähert sich der Koeffizient dem Wert 1 an.

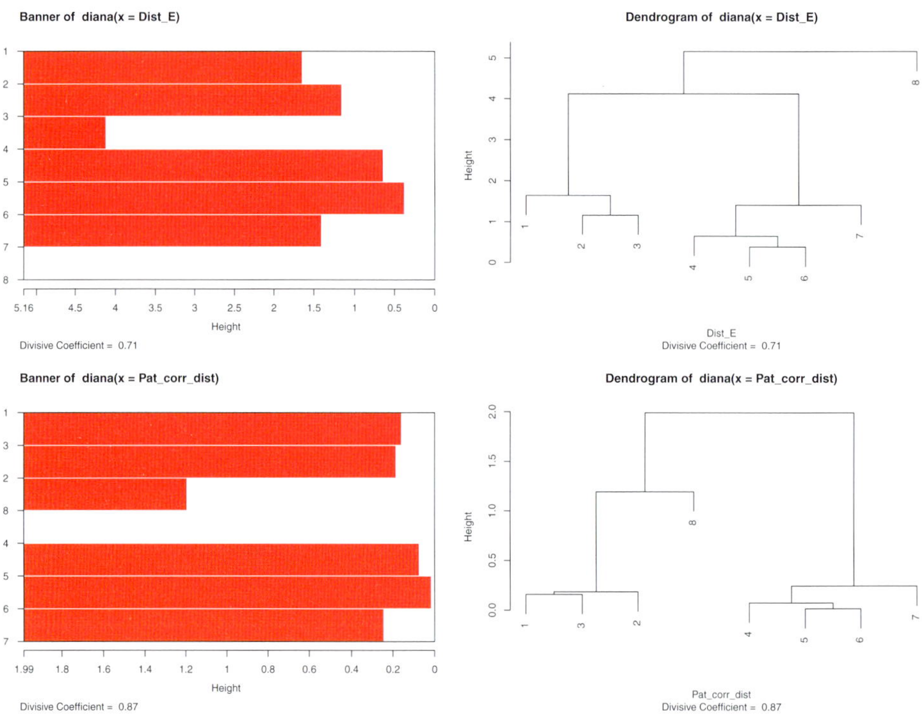

Abbildung 11.8: Banner Plots und Dendrogramme für die Ergebnisse aus zwei divisiven Clusteranalysen (Diana Algorithmus) für euklidische Distanzen (oben) und Korrelationen (unten).

11.2.3 Clusteranzahl bestimmen

Es gibt zahlreiche Verfahren zur Bestimmung der optimalen Clusteranzahl, die allerdings von der Art der Methode abhängen. Zwei visuelle Verfahren bei hierarchischen Clusteranalysen – das Dendrogramm und den Banner Plot – haben wir uns im vorherigen Absatz schon angesehen. Nun stellen wir Ihnen algorithmische Lösungen für das Problem vor. Die Funktion `NbClust` aus dem gleichnamigen Paket (Charrad et al., 2014) berechnet bis zu 30 entsprechende Indizes, allerdings bislang nur für den K-Means

Algorithmus als Repräsentanten der partitionierenden Verfahren sowie für eine Auswahl hierarchisch agglomerativer Verfahren. Die Ergebnisse dieser Indizes sind in der Regel nicht völlig konsistent. Man kann nun entweder einen oder mehrere bestimmte Indizes wählen oder, wenn man keine Präferenz für einen bestimmten Index hat, dem Vorschlag von Charrad et al. (2014) folgen und die „Mehrheitsregel" (*majority rule*) anwenden: Wähle die Anzahl der Cluster, die von der Mehrheit der Indizes vorgeschlagen wird. Letzteres ist natürlich nur dann eine vernünftige Lösung, wenn eine inhaltliche Argumentation nicht möglich ist (was aber wiederum kein gutes Licht auf die Güte der Ausgangsfragestellung werfen würde). Wir demonstrieren die Funktion `NbClust` anhand unseres Beispieldatensatzes, zunächst für den K-Means Algorithmus und dann für agglomerative hierarchische Verfahren.

Partitionierende Verfahren (K-Means)

Im Moment behandelt, wie schon erwähnt, die Funktion `NbClust` nur das wohl gebräuchlichste partitionierende Verfahren, den K-Means Algorithmus. Die Funktion benutzt hierfür standardmäßig die Datei mit den standardisierten Werten.[6] Wir geben an, dass wir maximal 6 Cluster haben möchten (`max.nc = 6` – die Voreinstellung ist 15, was in unserem Fall zu einer Fehlermeldung führen würde, weil wir dann mehr Cluster als Personen hätten), und dass wir die Abschätzung für die K-Means-Methode haben wollen (`method = "kmeans"`). Die Voreinstellung für das Distanzmaß ist die euklidische Distanz, was in diesem Fall ja passt. Standardmäßig werden die Ergebnisse für 23 Indizes berechnet (für weitere Einzelheiten siehe Charrad et al., 2014):

```
library(NbClust)
NbClust(Pat_standard, max.nc = 6, method = "kmeans")
```

Wir zeigen nur einen Ausschnitt aus der umfangreichen Ausgabe. Zunächst das wohl interessanteste Ergebnis:

```
*******************************************************************
* Among all indices:
* 2 proposed 2 as the best number of clusters
* 12 proposed 3 as the best number of clusters
* 1 proposed 5 as the best number of clusters
* 8 proposed 6 as the best number of clusters

                   ***** Conclusion *****
 * According to the majority rule, the best number of clusters is 3
 *******************************************************************
```

Standardmäßig werden zwei Indizes, die sogenannte *Hubert Statistik* und der *Dindex* auch grafisch ausgegeben. Sehen wir uns zunächst die Hubert Statistik an (Hubert & Arabie, 1985). Die Hubert Statistik gibt an, wie kompakt (homogen) die Cluster sind: je höher die Werte, desto kompakter (homogener) die Cluster. Die linke Grafik in ▶*Abbildung 11.9* zeigt, dass die Homogenität von 2 zu 3 Clustern stark ansteigt, danach aber deutlich

6 Man kann auch die Distanz-Matrix benutzen, allerdings ist dann die Auswahl der Indizes deutlich eingeschränkt (für Details siehe Charrad et al., 2014).

weniger. Die Differenzen zwischen den kumulierten Homogenitätswerten (*second differences*) sind in der rechten Grafik noch einmal extra angezeigt. Der Punkt mit der höchsten Differenz entspricht der optimalen Clusterlösung: drei Cluster in unserem Beispiel.

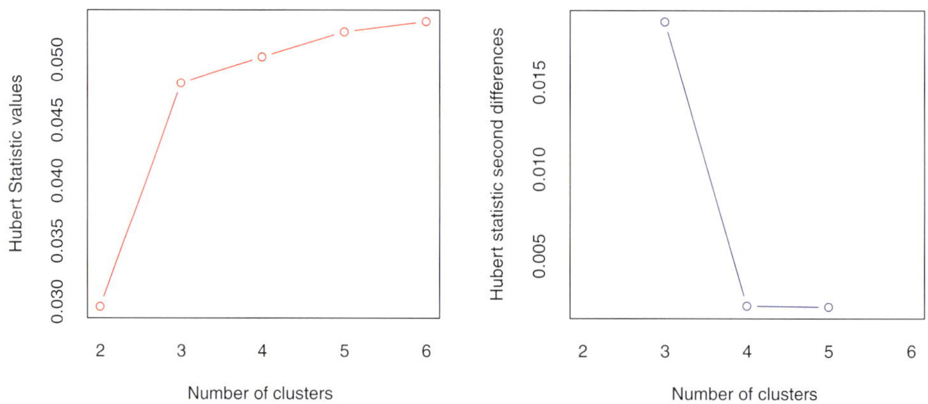

Abbildung 11.9: Grafische Darstellung der Hubert Statistik für das Beispiel mit den acht Patienten für den K-Means Algorithmus.

Während die Hubert Statistik gewissermaßen die „Summe" der Homogenität angibt (Homogenität steigt mit der Clusteranzahl), misst der Dindex (Lebart et al., 2000) den Zuwachs (der Zuwachs sinkt mit der Clusteranzahl). Die linke Grafik in Abbildung 11.10 zeigt, dass der Zuwachs von drei auf vier Cluster deutlich geringer ist als der von zwei auf drei Cluster. Wieder bietet die Funktion `NbClust` zur Verdeutlichung auch nur die Zuwächse (*second differences*) an. Hier wird deutlich sichtbar (▶ *Abbildung 11.10*, rechts), dass der Zuwachs von zwei auf drei Cluster maximal ist. Alle Ergebnisse der Funktion deuten also darauf hin, dass für die K-Means Analyse die Anzahl der Cluster auf drei gesetzt werden sollte.

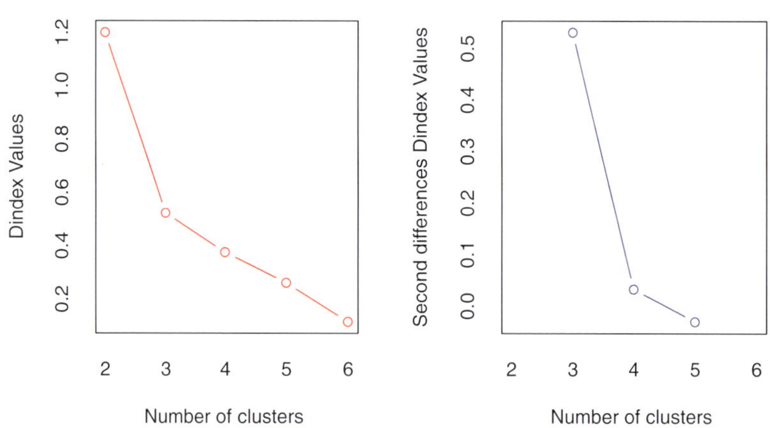

Abbildung 11.10: Grafische Darstellung des Dindex für das Beispiel mit den acht Patienten für den K-Means Algorithmus.

Hierarchische (agglomerative) Verfahren

Bei den hierarchischen Verfahren ist das Problem, eine optimale Anzahl von Clustern zu finden, deutlich weniger ausgeprägt als bei den partitionierenden Verfahren, weil die Ergebnisse der jeweiligen Algorithmen durch Dendrogramme dargestellt werden können, deren Betrachtung oft schnell eine optimale Anzahl von Clustern nahelegt. Man kann jedoch auch für diese Verfahren algorithmische Lösungen nutzen, die in Zweifelsfällen hilfreich sein können. Bislang behandelt die Funktion `NbClust` nur agglomerative hierarchische Verfahren, deckt bei denen jedoch die gebräuchlichsten Algorithmen ab. Wir sehen uns als Beispiel das Ergebnis für die Complete Linkage Methode (`method = "complete"`) an, wobei wir als Abstandsmaß wieder die Voreinstellung, die euklidische Distanz, verwenden:

```
NbClust(Pat_standard, max.nc = 6, method = "complete")
```

In diesem Fall ist die Empfehlung der Mehrheit der Indizes noch etwas deutlicher als beim K-Means Algorithmus: Die optimale Lösung sind drei Cluster:

```
*******************************************************************
* Among all indices:
* 1 proposed 2 as the best number of clusters
* 13 proposed 3 as the best number of clusters
* 2 proposed 5 as the best number of clusters
* 7 proposed 6 as the best number of clusters

                   ***** Conclusion *****
* According to the majority rule, the best number of clusters is  3
*******************************************************************
```

11.3 Partitionierende Verfahren: Variationen

Der K-Means Algorithmus ist das bekannteste partitionierende Verfahren. Allerdings ist dieser Algorithmus, wie alle Verfahren, die mit Mittelwerten operieren, stark abhängig von möglichen Ausreißern. Eine robustere Methode ist das *K-Medoid* Verfahren. Es kann beliebige Unähnlichkeitsmatrizen verwenden und statt der multivariaten Mittelwerte im K-Means Verfahren (die keinem realen Datenpunkt entsprechen müssen) werden beim K-Medoid Verfahren sogenannte *Medoide* benutzt: diejenigen (tatsächlich existierenden) Datenpunkte, deren durchschnittliche Unähnlichkeit zu allen andern Datenpunkten im Cluster minimal ist. Die generelle Vorgehensweise ist sehr ähnlich zum K-Means Verfahren. Zunächst wird eine bestimmte Anzahl von Medoiden festgelegt, und dann werden alle Datenpunkte dem Cluster zugeordnet, zu dessen Medoiden sie die kleinste Unähnlichkeit haben. Danach wird pro Cluster überprüft, ob es einen anderen Datenpunkt gibt, der die Medoideigenschaft besser erfüllt als die Vorgabe. Solange das der Fall ist, werden die Datenpunkte immer wieder umgruppiert. Wenn die Unähnlichkeit zwischen Datenpunkten und Medoiden nicht weiter reduziert werden kann, endet das Verfahren. Wir verwenden in unserem Beispiel den PAM Algorithmus (Partitioning Around Medoids, Kaufman & Rousseeuw, 1990) aus dem Paket *cluster* (Maechler et al., 2021).

11.3.1 Bestimmung der Clusteranzahl mithilfe der Silhouetten-Methode

Kaufman und Rousseeuw (1990) schlagen zur Bestimmung der Anzahl von Clustern bei partitionierenden Verfahren die sogenannte *Silhouetten-Methode* vor (Rousseeuw, 1987). Bei dieser Methode wird pro Datenpunkt die *Silhouette* berechnet, die beim K-Medoid Verfahren die standardisierte Differenz zwischen der Distanz eines Datenpunkts zum Medoid des nächsten Clusters und zum Medoid des eigenen Clusters angibt. Dieses Maß (Differenz der Abstände geteilt durch den größeren der beiden Abstände) variiert von 1 (Datenpunkt ist der Medoid des eigenen Clusters) bis –1 (Datenpunkt ist der Medoid des anderen Clusters). Silhouettenwerte kleiner als 0 sind natürlich ungünstig, weil der Datenpunkt dann eindeutig im falschen Cluster liegt. Für Cluster, die nur aus einem Datenpunkt bestehen, ist der Wert der Silhouette immer 0. Die Grundlage für die Entscheidung über die Anzahl der Cluster ist der Silhouettenkoeffizient: der Durchschnittswert der Silhouetten über alle Cluster hinweg: je näher an 1, desto besser. Wenn man den Silhouettenkoeffizienten für alle relevanten Anzahlen von Clustern durchführt, dann ist die Clusteranzahl, für die dieser Koeffizient das Maximum erreicht, optimal. Wir sehen uns das für unser Patientenbeispiel an. Zunächst berechnen wir mit der Funktion `pam` K-Medoid Lösungen für jeweils zwei und drei Cluster (die Argumente `k = 2`, und `k = 3`), und danach erhalten wir die Silhouettenplots mit der Funktion `plot`. Die Funktion `pam` arbeitet sowohl mit Distanzmatrizen als auch mit den Originaldaten. Zur Illustration benutzen wir die Matrix mit den euklidischen Distanzen (`Dist_E`) aus *Abschnitt 11.2.1* für den Datensatz mit den acht Patienten.

```
library(cluster)
ed2 <- pam(Dist_E, k = 2)
ed3 <- pam(Dist_E, k = 3)
par(mfrow = c(2, 1))
plot(ed2)
plot(ed3)
dev.off()
```

▶*Abbildung 11.11* zeigt die zwei Ergebnisse. In der oberen Abbildung sehen Sie die Zwei-Cluster-Lösung für die euklidischen Distanzen. Gehen wir die Y-Achse von oben nach unten: Während die Werte für die Silhouetten der Patienten 2 und 1 noch moderat positiv sind, haben die Patienten 8 und 3 negative Werte. Der Silhouettenkoeffizient für den ersten Cluster (Patienten 2, 1, 8, und 3) beträgt demzufolge auch nur 0.09 (rechts im Bild). Das ist eine sehr schlechte Lösung. Selbst der akzeptable Koeffizient für den zweiten Cluster (0.77) kann daran nichts mehr ändern. Der Gesamtkoeffizient (*Average silhouette width* unter der Abbildung) beträgt nur 0.43. Das ändert sich deutlich für die Drei-Cluster-Lösung (▶*Abbildung 11.11* unten). Hier ist der Wert für den dritten Cluster zwar nur 0 (weil er aus einem einzigen Fall besteht – dem Patienten 8), aber der Mittelwert, also der Silhouettenkoeffizient für die Drei-Cluster-Lösung hat sich deutlich erhöht: nun 0.56. Wenn die Analyse mit vier Medoiden durchgeführt wird, dann sinkt dieser Wert wieder auf 0.39 (prüfen Sie es nach!). In diesem Fall würde man also die Drei-Cluster-Lösung bevorzugen.

Wenn nun statt der euklidischen Distanzen, also dem Abstand zwischen den Patienten, die Distanz-Korrelationsmatrix genommen wird, also die Kovariation der Werte, dann verändert sich in diesem Fall auch die Empfehlung für die optimale Clusterzahl. Der Silhouettenkoeffizient für die Zwei-Cluster-Lösung ist nun 0.8, während er für die Drei-Cluster-Lösung wieder etwas abfällt, auf 0.78 (auch das sollten Sie nachprüfen!). In diesem Fall sollte man sich für die Zwei-Cluster-Lösung entscheiden. Wie schon oben diskutiert, ist für die Wahl des Ähnlichkeits-/Distanzmaßes entscheidend, ob es mehr um das Ausmaß der Differenzen zwischen den Untersuchungsobjekten geht oder um deren Kovaration hinsichtlich der relevanten Variablen. In diesem Beispiel scheint uns die Differenz der wichtigere Aspekt zu sein.

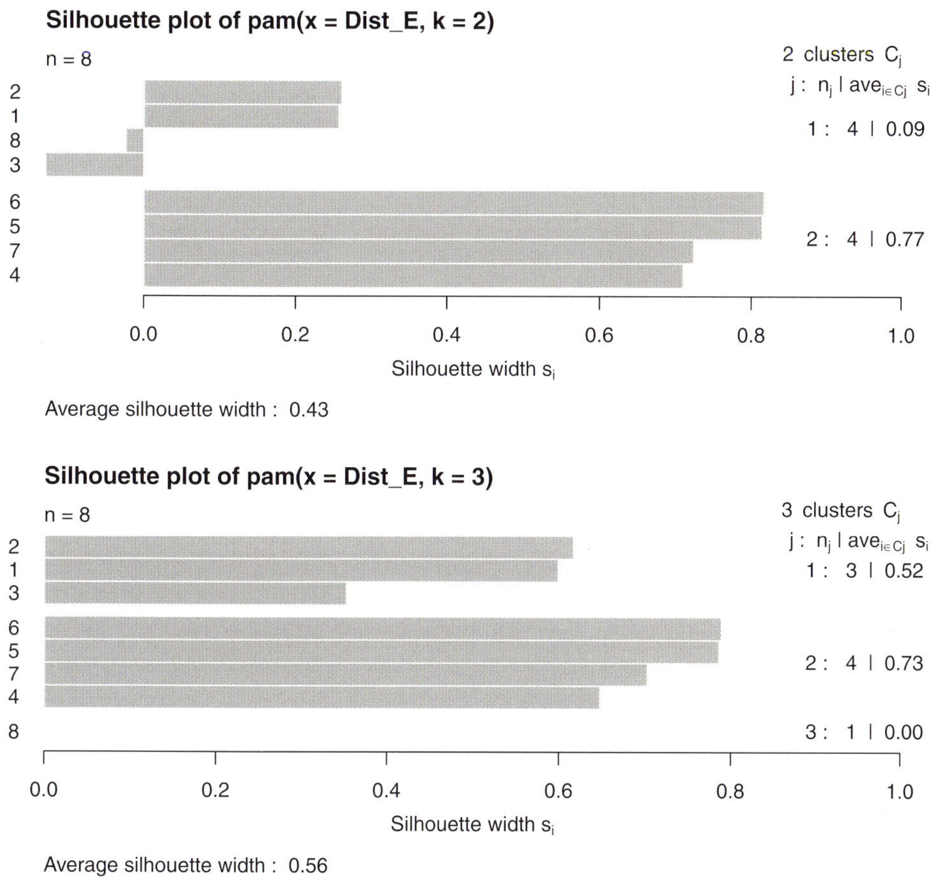

Abbildung 11.11: Silhouettenplots für Clusteranalysen mit den Patientendaten für euklidische Distanzen, für Lösungen mit zwei Clustern (oben) und mit drei Clustern (unten).

11.3.2 K-Medoid Lösung für das Jahreszeitenbeispiel

Möchte man die Silhouetten-Analyse nicht „per Hand“ durchführen, gibt es die Funktion `pamk` aus dem Paket *fpc* (Hennig, 2020). Diese Funktion vergleicht die Silhouettenkoeffizienten für Lösungen mit unterschiedlich vielen Clustern und wählt dann automatisch die optimale Clusterzahl. Wir benutzen zur Illustration die Ergebnisse der PCA zu den Jahreszeiten aus ▶*Kapitel 10*, die wir für Sie weiter aufbereitet haben. Die Datei *Jahreszeiten.csv* enthält die Mittelwerte der Einschätzungen für die vier Jahreszeiten pro Person, also die Mittelwerte für Frühling, Sommer, Herbst und Winter, jeweils berechnet aus den Ratings für die entsprechenden Monate (z. B. März, April und Mai für den Frühling). Wir möchten nun wissen, ob sich die befragten Studierenden hinsichtlich der Vorliebe für bestimmte Jahreszeiten unterscheiden, ob es also unterschiedliche Cluster gibt, wie viele das sind, und wie diese sich unterscheiden.

Eine zentrale Frage dabei ist natürlich wieder, ob uns eher der Abstand zwischen den Untersuchungsobjekten (hier: Personen) oder deren Kovariation hinsichtlich der vier Jahreszeiten interessiert. Die Abstände wären beispielsweise interessant, wenn uns interessieren würde, ob es Studierende gab, die eher niedrigere Ratings für alle Jahreszeiten (Mittelwerte der Ratings für je drei Monate) vergaben, und solche, die eher hohe Angaben machten. Die Korrelationen scheinen jedoch in diesem Fall das passendere Maß zu sein. Sie würden angeben, ob sich die StudienteilnehmerInnen in ihren relativen Präferenzen für die Jahreszeiten ähneln, unabhängig davon, ob sie generell hohe oder niedrige Ratings vergaben. Vermutlich mochten die meisten TeilnehmerInnen den Sommer lieber als den Winter. Aber gibt es vielleicht auch eine Gruppe mit der umgekehrten Präferenz?

Um dieser Frage nachzugehen, brauchen wir zunächst eine Distanz-Korrelationsmatrix. Die können wir entweder direkt aus den Ausgangsdaten berechnen oder mit der Funktion `get_dist` aus dem Paket `factoextra` mit dem Argument `method = "pearson"`:

```
library(factoextra)
JZ_corr_dist <- get_dist(Jahreszeiten, method = "pearson")
```

Nun benutzen wir die Funktion `pamk` aus dem Paket *fpc*, die uns gleich die Lösung mit der optimalen Clusterzahl liefert. Dabei geben wir als möglichen Range für die Clusterzahl zwei bis fünf Cluster vor (`krange = 2:5`):

```
library(fpc)
JZ_corr <- pamk(JZ_corr_dist, krange = 2:5)
```

Die optimale Anzahl der Cluster finden wir mit:

```
JZ_corr$nc
```

```
 2
```

Da die Funktion `pamk` die Funktion `pam` benutzt, ist die Ausgabe für Erstere teilweise etwas sperrig. Für manche Ausgaben muss man auch Ergebnisse der Funktion `pam` mitberücksichtigen. Möchte man beispielsweise die Medoide finden (das müssen ja tatsächliche multivariate Datenpunkte sein), dann erhält man diese mit:

```
JZ_corr$pamobject$medoids
```

```
 "140" "167"
```

Die Medoide sind also die multivariaten Datenpunkte (Werte für Frühling, Sommer, Herbst und Winter) für die Studierenden mit den Ordnungsnummern 140 und 167 in unserer *Jahreszeiten* Datei. Wegen der generell einfacheren Ergebnisdarstellung mit der Originalfunktion (`pam`) machen wir nun noch mal die Analyse direkt mit dieser Funktion – wir kennen ja nun die Anzahl der Cluster, die wir suchen:

```
library(cluster)
JZ_corr_pam <- pam(JZ_corr_dist, k = 2)
```

Zum Vergleich wieder die Ausgabe der Medoide:

```
JZ_corr_pam$medoids
```

```
  "140" "167"
```

Wir können uns nun auch noch den Silhouettenplot für diese Lösung ansehen:

```
plot(JZ_corr_pam)
```

▶*Abbildung 11.12* zeigt, dass der zweite (kleinere, $n = 29$) Cluster inhomogener ist als der erste (Silhouettenkoeffizient = 0.32) und dass drei Untersuchungsobjekte sich schlecht in den Cluster einfügen. Der Koeffizient für die Gesamtlösung (Average silhouette width) ist mit 0.61 aber durchaus im akzeptablen Bereich.

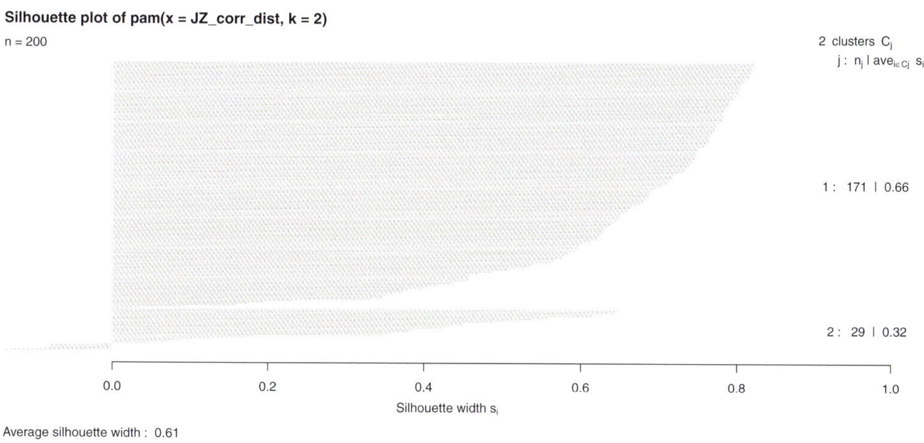

Abbildung 11.12: Silhouettenplot für die Zwei-Cluster-Lösung mit den Jahreszeitendaten.

Nun möchten wir natürlich auch sehen, inwiefern sich die zwei Cluster voneinander unterscheiden. Dazu benötigen wir zunächst einmal die Zuordnung von Untersuchungsobjekten zu Clustern. Die erhalten wir mit dem Zusatz `clustering`:

```
Cluster_zuordnung <- JZ_corr_pam$clustering
```

Der Übersichtlichkeit halber betrachten wir nur die Zuordnung der ersten zehn (von 200) Untersuchungsobjekten zu Clustern (mit der Funktion head):

```
head(Cluster_zuordnung, 10)
```

```
 1  2  3  4  5  6  7  8  9 10
 1  1  1  1  1  2  1  2  1  1
```

Wir sehen also, zu welchem der beiden Cluster die Untersuchungsobjekte zugeordnet wurden. (Wenn Sie sich alle Zuordnungen ansehen, werden Sie bemerken, dass unsere zwei Medoide, wie nicht anders zu erwarten, unterschiedlichen Clustern zugeordnet sind – Fall 140 zu Cluster 1 und Fall 167 zu Cluster 2). Für weitere Analysen fügen wir mit der Funktion cbind die Variable mit der Clusterzuordnung zur existierenden Datei mit den Jahreszeitenratings hinzu:

```
Jahreszeiten_Cluster <- cbind(Jahreszeiten, Cluster_zuordnung)
```

Wir brauchen jedoch gesonderte Werte für die zwei Cluster. Deswegen teilen wir die neue Datei in zwei auf: eine, die nur die Daten für Cluster 1, und eine andere, die nur Daten für Cluster 2 enthält:

```
Cluster1 <- Jahreszeiten_Cluster[Cluster_zuordnung == 1,]
Cluster2 <- Jahreszeiten_Cluster[Cluster_zuordnung == 2,]
```

Nun können wir Boxplots für die zwei Cluster zeichnen, je einen Boxplot für eine Jahreszeit:

```
par(mfrow = c(1, 2))
boxplot(Cluster1[, 1:4], xlab = "Cluster 1 (n = 171)",
        ylab = "Rating",
        col = c("lightblue", "yellow", "green", "grey"))
boxplot(Cluster2[, 1:4], xlab = "Cluster 2 (n = 29)",
        ylab = "Rating",
        col=c("lightblue", "yellow", "green", "grey"))
par(mfrow = c(1, 1))
```

Wir sehen in ▶*Abbildung 11.13*, dass die Personen in den zwei Clustern sich tatsächlich vor allem in ihrer Präferenz für den Sommer voneinander unterscheiden. Die Anzahl der Personen in den beiden Clustern liefert uns beispielsweise die Funktion table:

```
table(Cluster_zuordnung)
```

```
Cluster_zuordnung
  1   2
171  29
```

Die Befragten im „Majoritätscluster" (171 von 200) mögen, wie erwartet, den Sommer am meisten und den Winter am wenigsten (▶*Abbildung 11.13*, links). Im „Minoritätscluster" (20 von 2000, rechts in der Abbildung) bekommt der Winter sogar eine leicht höhere Präferenz als der Sommer und der Jahreszeiten-Spitzenreiter ist dort der Herbst, direkt gefolgt vom Frühjahr.

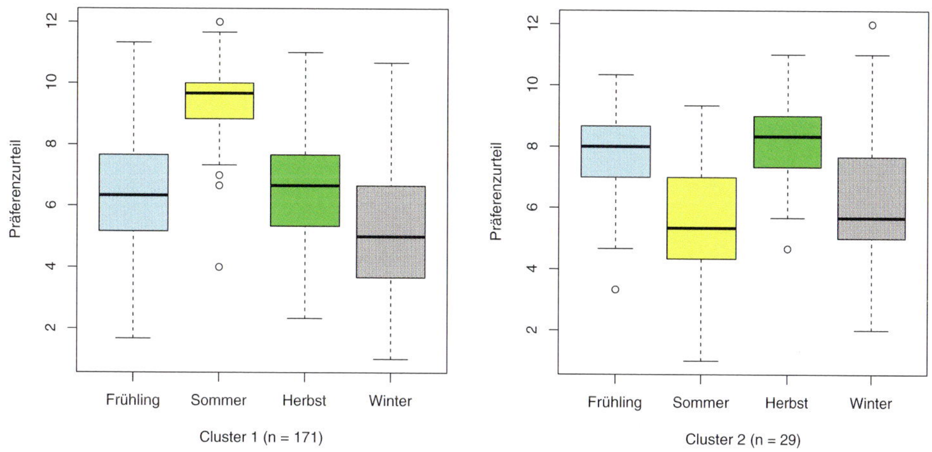

Abbildung 11.13: Präferenzen für die vier Jahreszeiten in den zwei Clustern der K-Medoid Lösung mit der Distanz-Korrelationsmatrix als Ausgangsbasis.

11.4 Hierarchische Verfahren: Variationen

Wir sehen uns auch in diesem Abschnitt das Datenbeispiel mit den Präferenzen für die vier Jahreszeiten an. Dabei beschränken wir uns wieder auf die Distanz-Korrelationsmatrix, da uns in diesem Fall eine Kovariations-Fragestellung deutlich sinnvoller erscheint als eine Abweichungs-Fragestellung. Wir betrachten zwei agglomerative hierarchische Methoden, die Ward Methode und die Complete Linkage Methode.

11.4.1 Ward Methode für das Jahreszeitenbeispiel

Die Funktion `agnes` (*a*gglomerative *nes*ting) aus dem Paket *cluster* bietet sehr flexible Möglichkeiten, agglomerative hierarchische Clusteranalysen durchzuführen. Zunächst analysieren wir die Korrelationen zu den Jahreszeitendaten mithilfe der Ward Methode. Dazu benutzen wir wieder die Distanz-Korrelationsmatrix *JZ_corr_dist*, die wir in *Abschnitt 11.3.2* berechnet haben:

```
JZ_agnes_ward <- agnes(JZ_corr_dist, method = "ward")
```

Wir sehen uns diesmal nur das Dendrogramm an (Argument `which.plot = 2`):

```
plot(JZ_agnes_ward, which.plot = 2, labels = F)
```

Ein Blick auf das Dendrogramm (▶*Abbildung 11.14*) legt zwei mögliche Lösungen nahe, eine Zwei- und eine Drei-Cluster-Lösung, je nachdem, wo in dem Dendrogramm man den Schnitt macht.[7] Wir machen diese beiden Lösungen noch etwas sichtbarer

7 Der „Agglomerationskoeffizient" (*Agglomerative Coefficient*) hat eine ähnliche Bedeutung wie der „Teilungskoeffizient" (*Divisive Coefficient)* beim Diana Algorithmus (siehe *Abschnitt 11.2.2*). Wie dieser hat er einen Wertebereich von 0 bis 1: je höher, desto besser die Lösung (siehe auch Kaufman und Rousseeuw, 1990).

dadurch, dass wir zwei horizontale Linien zeichnen. Schaut man, wie viele senkrechte Striche von diesen Linien aus nach unten gehen, findet man entweder zwei („Zwei-Cluster-Lösung") oder drei („Drei-Cluster-Lösung"):

```
abline(h = 6, lty = 5, col = "red")
abline(h = 4.5, lty = 2, col = "blue")
text(150, 6.2, "2-Cluster Lösung", col = "red")
text(90, 4.7, "3-Cluster Lösung", col = "blue")
```

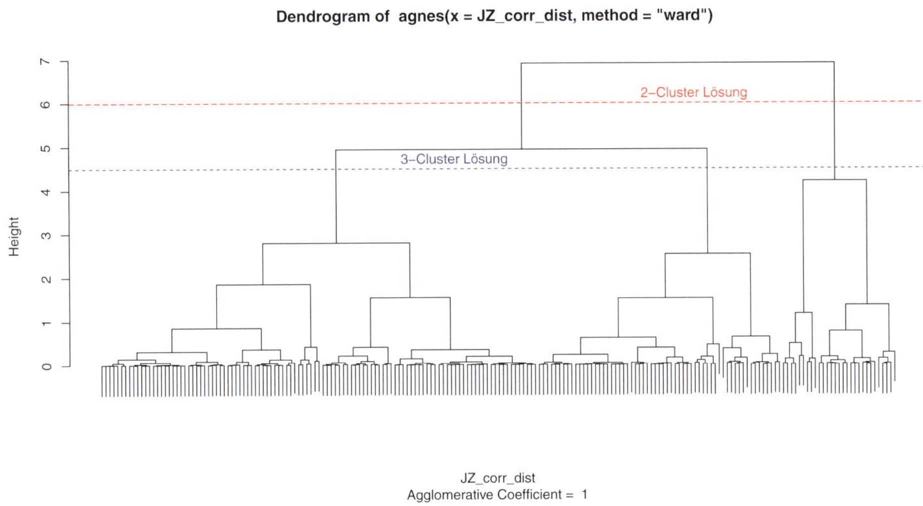

Abbildung 11.14: Dendrogramm für das Ergebnis der Ward Methode (Jahreszeitendaten).

Die Clusteranalyse ist ja eine explorative Methode. Deswegen spricht nichts dagegen, sich beide Ergebnisse anzusehen und dann zu überlegen, welches von beiden inhaltlich sinnvoller sein könnte. Dazu benötigen wir noch die Zuordnung der Untersuchungsobjekte zu den Clustern. Das geschieht mithilfe der Funktion `cutree`:

```
Cluster_ward_2 <- cutree(JZ_agnes_ward, 2)
Cluster_ward_3 <- cutree(JZ_agnes_ward, 3)
```

Um weitere Analysen durchführen zu können, fügen wir die zwei neuen Variablen mit der Clusterzugehörigkeit an den *data.frame* mit den Ratings für die Jahreszeiten an:

```
Jahreszeiten_Cluster_ward <- cbind(Jahreszeiten, Cluster_ward_2, Cluster_ward_3)
```

Sehen wir uns zunächst die Zwei-Cluster-Lösung an. Wie viele Personen befinden sich in den beiden Clustern?

```
table(Cluster_ward_2)
```

```
Cluster_ward_2
  1   2
171  29
```

Das sind erstaunlicherweise dieselben Zahlen, die wir auch beim K-Medoid Verfahren bekommen haben (*Abschnitt 11.3.2*). Nun zeichnen wir noch die entsprechenden Boxplots. Dazu teilen wir die 200 Untersuchungsobjekte in der Datei zunächst nach ihrer Clusterzugehörigkeit auf und zeichnen wieder die Boxplots für die Jahreszeitenpräferenzen nebeneinander:

```
Cluster1_ward_2 <- Jahreszeiten_Cluster_ward[Cluster_ward_2 == 1,]
Cluster2_ward_2 <- Jahreszeiten_Cluster_ward[Cluster_ward_2 == 2,]
par(mfrow = c(1, 2))
boxplot(Cluster1_ward_2[, 1:4], xlab = "Cluster 1 (n = 171)",
        ylab = "Präferenzurteil",
        col = c("lightblue", "yellow", "green", "grey"))
boxplot(Cluster2_ward_2[, 1:4], xlab = "Cluster 2 (n = 29)",
        ylab = "Präferenzurteil",
        col = c("lightblue", "yellow", "green", "grey"))
```

Ein Vergleich von ▶*Abbildung 11.15* und ▶*Abbildung 11.13* macht deutlich, dass die Zwei-Cluster-Lösung für die Ward Methode zwar nicht völlig identisch, aber trotzdem sehr ähnlich der Zwei-Cluster-Lösung für die K-Medoid Methode ist.

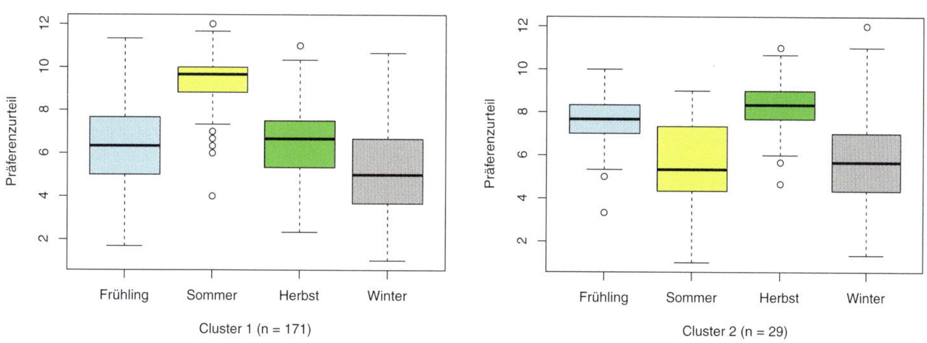

Abbildung 11.15: Zwei-Cluster-Lösung für die Ward Methode (Jahreszeitendaten).

Nun sehen wir uns noch die Drei-Cluster-Lösung für die Ward Methode an. Wir wissen schon, dass der dritte Cluster 29 Personen umfasst, aber wie viele sind in den ersten beiden Clustern? Wieder gibt uns die Funktion `table` die Antwort:

```
table(Cluster_ward_3)
```

```
Cluster_ward_3
  1   2   3
110  61  29
```

Zum Zeichnen der Boxplots brauchen wir wieder die Cluster-Zugehörigkeiten:

```
Cluster1_ward_3 <- Jahreszeiten_Cluster_ward[Cluster_ward_3 == 1,]
Cluster2_ward_3 <- Jahreszeiten_Cluster_ward[Cluster_ward_3 == 2,]
Cluster3_ward_3 <- Jahreszeiten_Cluster_ward[Cluster_ward_3 == 3,]
par(mfrow = c(1, 3))
boxplot(Cluster1_ward_3[, 1:4], xlab = "Cluster 1 (n = 110)",
        ylab = "Präferenzurteil",
        col = c("lightblue", "yellow", "green", "grey"))
boxplot(Cluster2_ward_3[, 1:4], xlab = "Cluster 2 (n = 61)",
```

```
        ylab = "Präferenzurteil",
        col = c("lightblue", "yellow", "green", "grey"))
boxplot(Cluster3_ward_3[, 1:4], xlab = "Cluster 3 (n = 29)",
        ylab = "Präferenzurteil",
        col = c("lightblue", "yellow", "green", "grey"))
par(mfrow = c(1, 1))
```

Während die Boxplots für den dritten Cluster identisch zum zweiten Cluster in der Zwei-Cluster-Lösung sind (niedrigste Präferenz für den Sommer), lässt sich der vormals erste Cluster noch in zwei interessante Untercluster aufteilen (▶*Abbildung 11.16*). Obwohl die Personen in beiden Clustern den Sommer am meisten präferieren, ist den Mitgliedern des zweiten Clusters der Winter und vor allem der Herbst lieber als der Frühling. Vielleicht hängt das mit der wachsenden Anzahl von Heuschnupfen-Geplagten, auch unter den Studierenden, zusammen?

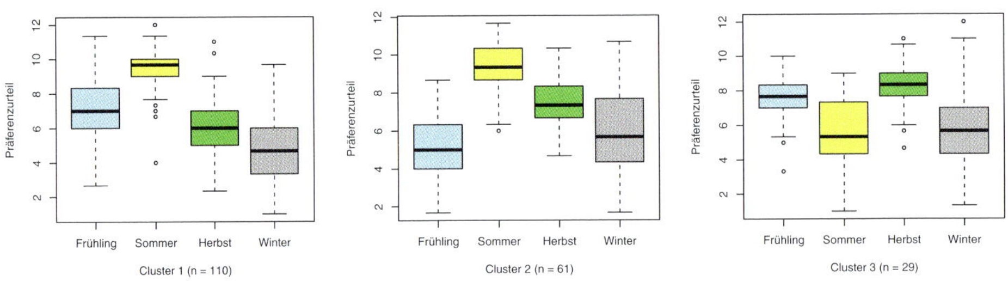

Abbildung 11.16: Drei-Cluster-Lösung für die Ward Methode (Jahreszeitendaten).

11.4.2 Complete Linkage Methode für das Jahreszeitenbeispiel

Wir führen nun zum Vergleich dieselbe Prozedur durch wie in *Abschnitt 11.4.1*, außer dass wir eine andere Aufteilungsmethode benutzen. Die Complete Linkage Methode, die wir verwenden werden, führt üblicherweise zu recht kompakten Clustern:

```
library(cluster)
JZ_agnes_complete <- agnes(JZ_corr_dist, method = "complete")
```

Wir sehen uns wieder nur das Dendrogramm an:

```
plot(JZ_agnes_complete, which.plot = 2, labels = F)
```

Diesmal ist die Entscheidung über die Anzahl der Cluster einfach (▶*Abbildung 11.17*): Es lassen sich sofort drei Cluster erkennen, die in etwa gleich weit voneinander entfernt sind.

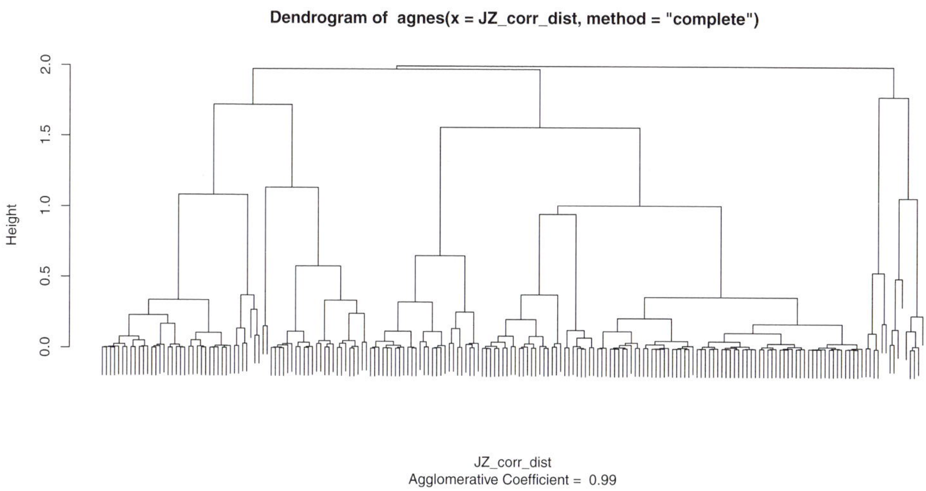

Abbildung 11.17: Dendrogramm für das Ergebnis der Complete Linkage Methode (Jahreszeitendaten).

Wir ordnen nun wieder die Untersuchungsobjekte den Clustern zu (mit der Funktion `cutree`) und fügen die zwei neuen Variablen mit der Clusterzugehörigkeit an den *data.frame* mit den Ratings für die Jahreszeiten an:

```
Cluster_complete <- cutree(JZ_agnes_complete, 3)
Jahreszeiten_Cluster_complete <- cbind(Jahreszeiten, Cluster_complete)
Cluster1_complete <- Jahreszeiten_Cluster_ward[Cluster_complete == 1,]
Cluster2_complete <- Jahreszeiten_Cluster_ward[Cluster_complete == 2,]
Cluster3_complete <- Jahreszeiten_Cluster_ward[Cluster_complete == 3,]
```

Wie viele Personen befinden sich in den drei Clustern?

```
table(Cluster_complete)
```

```
Cluster_complete
  1   2   3
 65 120  15
```

Hier sehen wir schon, dass die Complete Linkage Lösung von der Ward Lösung abweicht. Nun zeichnen wir die entsprechenden Boxplots für die jahreszeitlichen Präferenzen in den drei Clustern:

```
par(mfrow = c(1, 3))
boxplot(Cluster1_complete[, 1:4], xlab = "Cluster 1 (n = 65)",
        ylab = "Präferenzurteil",
        col = c("lightblue", "yellow", "green", "grey"))
boxplot(Cluster2_complete[, 1:4], xlab = "Cluster 2 (n = 120)",
        ylab = "Präferenzurteil",
        col = c("lightblue", "yellow", "green", "grey"))
boxplot(Cluster3_complete[, 1:4], xlab = "Cluster 3 (n = 15)",
        ylab = "Präferenzurteil",
        col = c("lightblue", "yellow", "green", "grey"))
par(mfrow = c(1, 1))
```

Wir sehen in ▶*Abbildung 11.18*, dass der größte Cluster (Cluster 2) den jeweils größten Clustern der Ward Lösungen entspricht: höchste Präferenz für den Sommer, geringste für den Winter und Frühling und Herbst in etwa gleichauf. Auch der kleinste Cluster (Cluster 3) entspricht in etwa dem kleinsten Cluster in der Drei-Cluster-Lösung für die Ward Methode, nur dass der Sommer bei den Mitgliedern des dritten Clusters diesmal noch deutlich unbeliebter ist (und der Winter noch etwas beliebter). Die ersten beiden Cluster unterscheiden sich hinsichtlich der Präferenz für den Winter. Die Mitglieder des ersten Clusters präferieren den Winter leicht im Vergleich zu Frühling und Herbst.

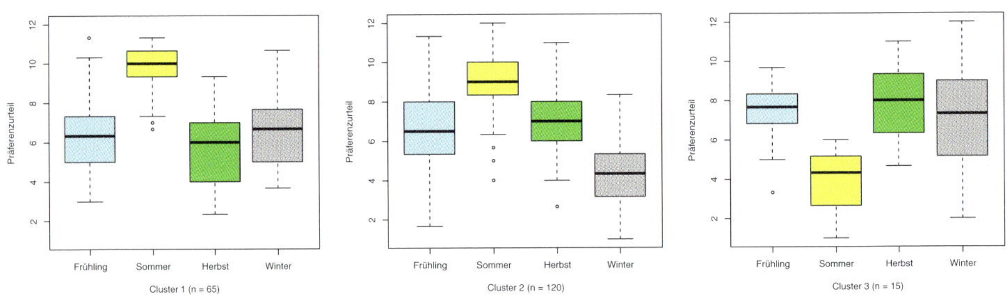

Abbildung 11.18: Drei-Cluster-Lösung für die Complete Linkage Methode (Jahreszeitendaten).

11.5 Weitere Aspekte der Clusteranalyse

Wie eingangs schon erwähnt, existiert eine unübersichtliche Vielfalt von formalen Clustermethoden, von denen Sie auch die meisten in R-Paketen implementiert finden werden, wenn Sie nur lange genug suchen. Wir haben Ihnen in diesem Kapitel eine Sammlung von Verfahren vorgestellt, partitionierende und hierarchische, die häufig angewandt wurden und werden. Wenn Sie keine sehr speziellen Daten und/oder Fragestellungen haben, sollten Sie mit diesen Verfahren gut auskommen. Insbesondere die agglomerativen hierarchischen Methoden (wie die Ward Methode oder die Complete Linkage Methode) oder die K-Means, beziehungsweise die K-Medoid Methode sollten in den meisten Fällen brauchbare Lösungen erzeugen – im Idealfall identische. Bei unseren Beispielen ist Ihnen sicher aufgefallen, dass die Lösungen zwar meist recht ähnlich, aber zumindest auf den ersten Blick nie identisch waren. Das legt natürlich zwei Fragen nahe: Wie kann man Ergebnisse unterschiedlicher Methoden miteinander vergleichen? Und natürlich auch: Was ist die beste Methode? Auch zur (teilweisen) Beantwortung dieser beiden Fragen gibt es einige R-Funktionen. Bevor wir uns diese ansehen, kommen wir aber noch auf einen Punkt zurück, den Sie oben vielleicht vermisst haben: Was macht man, wenn die Daten nicht intervallskaliert sind?

11.5.1 Behandlung nominal- und ordinalskalierter Daten

Viele Funktionen zur Clusteranalyse, wie beispielsweise die Funktion `hclust` und die Funktionen `pam`, `diana` und `agnes` aus dem *cluster* Paket arbeiten sowohl mit Originaldaten als auch mit Distanzmatrizen (was auch wir meist gemacht haben). Solche Distanzmatrizen können sowohl aus Abstandsmaßen als auch aus Korrelationen berechnet werden. Manche Funktionen machen das für Sie. Beispielsweise berechnet die Funktion `get_dist` aus dem Paket *factoextra* die Rangkorrelationen (Kendall's Tau und Spearmans Rho) aus Originaldaten und wandelt sie in eine Distanz-Korrelationsmatrix um. Aber man kann beliebige Korrelationsmatrizen auch per Hand in Distanz-Korrelationsmatrizen umrechnen und dann benutzen. Wie das geht, haben wir in *Abschnitt 11.2.1* anhand von Pearson-Korrelationen gezeigt. Außerdem lassen sich natürlich auch beliebige selbsterstellte Distanzmatrizen nutzen.

Mit der Funktion `dist` ist es möglich, direkt eine Distanzmatrix aus binären Daten, also aus Variablen, die nur jeweils zwei Werte haben, zu berechnen. Das geht mit dem Argument `method = "binary"`. Wir sehen uns ein kleines Beispiel an. Nehmen wir an, wir wären an vier binären Variablen für zehn Personen interessiert – das Zutreffen der jeweiligen Eigenschaft ist immer mit 1 kodiert und das Nichtzutreffen mit 0:

```
Gesund     <- c(1, 1, 1, 1, 1, 0, 0, 0, 0, 0)
Blond      <- c(1, 0, 1, 0, 1, 1, 1, 1, 1, 0)
Vegetarier <- c(1, 1, 1, 0, 1, 1, 0, 0, 0, 1)
Meditiert  <- c(0, 1, 1, 1, 1, 0, 1, 0, 1, 1)
Daten_dichotom <- cbind(Gesund, Blond, Vegetarier, Meditiert)
```

Wir sehen beispielsweise, dass Person 1 (die erste Zeile im Datensatz *Daten_dichotom*) gesund, blond und VegetarierIn ist, aber nicht meditiert, und dass Person 2 gesund ist, nicht blond, VegetarierIn und meditiert. Nun wird mittels der Funktion `dist` die Distanzmatrix dadurch erzeugt, dass für jedes Personenpaar der Anteil von Variablen, bei denen nur einer der beiden Werte vorhanden ist (1, 0 oder 0, 1), an allen Variablen, bei denen mindestens einer der beiden Werte vorhanden ist. berechnet wird:

```
Dichotom_dist <- dist(Daten_dichotom, method = "binary")
round (Dichotom_dist,2)

      1    2    3    4    5    6    7    8    9
2  0.50
3  0.25 0.25
4  0.75 0.33 0.50
5  0.25 0.25 0.00 0.50
6  0.33 0.75 0.50 1.00 0.50
7  0.75 0.75 0.50 0.67 0.50 0.67
8  0.67 1.00 0.75 1.00 0.75 0.50 0.50
9  0.75 0.75 0.50 0.67 0.50 0.67 0.00 0.50
10 0.75 0.33 0.50 0.67 0.50 0.67 0.67 1.00 0.67
```

Betrachten wir wieder die Personen 1 und 2. Bei zwei der vier Variablen trifft nur bei jeweils einer Person das Merkmal zu (Person 1 ist blond, Person 2 nicht und Person 1 meditiert nicht, während Person 2 das tut). Bei allen vier Variablen ist das entsprechende Merkmal aber mindestens einmal vorhanden. Deswegen ist der Koeffizient für den Vergleich der ersten beiden Personen 2/4 oder 0.5 (links oben in der Matrix). Diese Distanzmatrix kann nun für beliebige Arten von Clusteranalysen benutzt werden.

11.5.2 Wie kann man Ergebnisse aus unterschiedlichen Verfahren vergleichen?

Wir haben in diesem Kapitel nur zwei Datensätze benutzt, unter anderem, um die Ergebnisse unterschiedlicher Verfahren ausgiebig vergleichen zu können. Für gleiche Ausgangsinformationen, Distanzen oder Korrelationen haben unterschiedliche Verfahren in beiden Fällen recht ähnliche Ergebnisse erbracht. Wir haben auch zwei Möglichkeiten des Vergleichs illustriert. Der vermutlich wichtigere Vergleich ist der in Bezug auf relevante Variablen. Dazu haben wir uns für die Ergebnisse zu den Jahreszeitendaten ausführlich Boxplots zu den Präferenzen für die vier Jahreszeiten angesehen. Solche Vergleiche sind natürlich nicht beschränkt auf die Variablen, die die Grundlage für die Clusteranalyse waren. Manchmal wird es bei Clusteranalysen hauptsächlich darum gehen, herauszufinden, ob sich die Cluster auch hinsichtlich weiterer theoretisch relevanter Variablen unterscheiden. Eine andere Art des Vergleichs besteht darin, die Clusterergebnisse direkt miteinander zu vergleichen, wozu sich hauptsächlich Dendrogramme anbieten.

Für den Vergleich zweier Dendrogramme gibt es eine eigene Funktion in R, `tanglegram` aus dem Paket *dendextend* (Galali, 2015). Zur Illustration vergleichen wir die Ergebnisse aus zwei hierarchischen Clusteranalysen mit unserem Patientendatensatz und euklidischen Distanzen als Ausgangsbasis (*Abschnitt 11.2.2*): die Complete Linkage Lösung (*Pat_aggl_E*), also eine agglomerative Variante, und die Diana Lösung (*diana_ED*), ein partitionierendes Verfahren. Da die Funktion `diana` Dendrogramme etwas anders repräsentiert als die Funktion `hclust` (mit der wir die agglomerative Analyse durchgeführt haben), müssen wir die zwei Ergebnisse vergleichbar machen, was mit `as.hclust` möglich ist.

```
library (dendextend)
Pat_div_E <- as.hclust(diana_ED)
```

Und nun können wir das „Tanglegramm" zeichnen.

```
tanglegram(Pat_aggl_E, Pat_div_E,
           main_left = "Agglomerative Lösung (Complete Linkage)",
           main_right = "Divisive Lösung (Diana)")
```

▶ *Abbildung 11.19* verdeutlicht, dass die zwei Lösungen zwar unterschiedliche Strukturierungen haben, aber inhaltlich völlig äquivalent sind.

Die Funktion `cor.dendlist` aus demselben Paket berechnet auch Ähnlichkeitskoeffizienten (den sogenannten *Baker Index* und die *Cophenetische Korrelation*, siehe Galali, 2020). Die Koeffizienten variieren in beiden Fällen von –1 bis 1, wobei ein Wert von 0 bedeutet, dass die Dendrogramme unkorreliert sind. Als Voreinstellung gibt die Funktion beide Koeffizienten aus. Zunächst müssen jedoch geeignete Datenstrukturen mit den Funktionen `as.dendrogram` und `dendlist` erstellt werden:

```
D_aggl <- as.dendrogram(Pat_aggl_E)
D_div  <- as.dendrogram(Pat_div_E)
Dendro_liste <- dendlist(D_aggl, D_div)
cor.dendlist(Dendro_liste)
```

```
      [,1] [,2]
[1,]    1    1
[2,]    1    1
```

Die beiden Zeilen und Spalten in der Ausgabematrix repräsentieren die zwei Dendrogramme und in der Diagonale würde man deswegen immer Einsen erwarten (Korrelation eines Dendrogramms mit sich selbst). In diesem Fall sind allerdings auch die anderen zwei Werte 1, was nichts anderes bedeutet, als dass die zwei Dendrogramme in unserem Fall inhaltlich identisch sind.

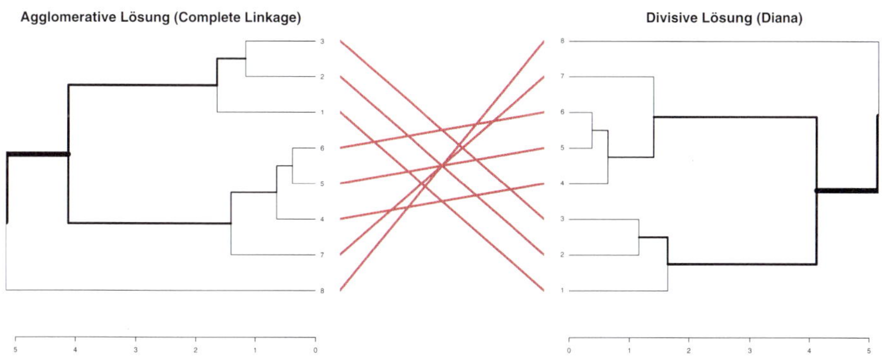

Abbildung 11.19: Tanglegramm für den Vergleich der Ergebnisse einer agglomerativen (links) und einer partitionierenden (rechts) hierarchischen Clusteranalyse (Patientendaten).

11.5.3 Was ist die beste Methode?

Wenn es so viele clusteranalytische Methoden gibt, wäre es natürlich günstig, gleich die beste auszuwählen. Die Vielfalt der Methoden deutet jedoch gerade darauf hin, dass die Suche nach der besten Methode ein schwieriges Unterfangen ist. Tatsächlich braucht man, wie Sie gesehen haben, für eine Clusteranalyse neben der Auswahl der Clustervariablen immer zwei methodische Schritte. Der erste – und ein sehr wichtiger – Schritt besteht darin, ein geeignetes Ähnlichkeits- oder Abstandsmaß zu wählen. Man sollte sich also überlegen, welcher Aspekt für die aktuelle Analyse wichtiger ist: Kovariation oder Distanz. Wir haben beispielsweise argumentiert, dass in unserem Jahreszeitenbeispiel die Kovariation wichtiger ist, weil es ja um die relativen Unterschiede zwischen den Jahreszeitenpräferenzen geht, nicht um die absoluten. In diesem Fall, das heißt, wenn es eine A priori Rechtfertigung für eine der beiden Arten von Maßen gibt, macht es keinen Sinn, auch Analysen mit der anderen Art von Maßen durchzuführen. Bei dem Beispiel mit den Patienten könnte man argumentieren, dass die absoluten Abstände wichtiger sind (alle Abstandsmaße sind immer positiv – wie man auch an den Varianten der Minkowski Metrik – siehe *Abschnitt 11.2.1* – unschwer erkennen kann). Wenn man Klarheit über diesen zentralen Auswahlschritt hat, kann die Auswahl der Clusteralgorithmen, der zweite Schritt, schon etwas eingeschränkt werden. Beispielsweise ist K-Means Clustering nicht möglich (wohl aber K-Medoid Clustering), wenn die Ausgangsbasis Ähnlichkeitsmaße sind. Hat man sich für ein Distanzmaß entschieden, ist die Standardwahl wohl die euklidische Distanz (entsprechend der Hypotenuse eines rechtwinkligen Dreiecks im zweidimensionalen Fall). Wenn es jedoch sinnvoll ist, Abstände „um die Ecke" zu messen, dann wäre die Manhattan- oder City-Block-Metrik (entsprechend der Summe der Katheten) die beste Wahl. Möchte man die Abstände akzentuieren, also großen Abständen noch größere Bedeutung zuweisen, dann läge es nahe, die quadrierte euklidische Distanz zu benutzen.

Für die Auswahl der Clusteralgorithmen gibt es keine eindeutigen Regeln, jedoch einige Heuristiken. Möchte man möglichst kompakte Cluster bekommen, böte sich eine hierarchische Clusteranalyse mit der Complete Linkage Methode an. Hat man Grund zur Annahme, dass der Datensatz Ausreißer enthält, sollte man eine stabile Methode, wie etwa den K-Medoid Algorithmus, verwenden. Detailliertere Vorab-Analysen kann man mit der Funktion `clValid` aus dem gleichnamigen Paket (Brock et al., 2008, 2020) durchführen. Wir sehen uns ein Beispiel mit „internen Maßen" und „Stabilitätsmaßen" an.[8] Eines der internen Maße kennen Sie schon, den Silhouettenkoeffizienten, mit einem Wertebereich von –1 bis 1 (1 ist das Optimum, siehe *Abschnitt 11.3.2*). Ein weiteres Maß, die *Konnektivität* (*connectivity*) zeigt das Ausmaß der Verbundenheit der Cluster an und hat einen Wertebereich von 0 (Optimum) bis unendlich und das dritte Maß, der *Dunn Index* ist das Verhältnis zwischen der kleinsten Distanz zwischen Untersuchungsobjekten in unterschiedlichen Clustern zur größten Distanz innerhalb eines Clusters. Auch dieser Koeffizient variiert zwischen 0 und unendlich und sollte möglichst groß sein. Die von der Funktion berechneten Stabilitätsindizes, *APN* (*average proportion of nonoverlap*), *AD* (*average distance*), *ADM* (*average distance between means*) und *FOM* (*figure of merits*) beruhen alle darauf, dass die Gesamtlösung (alle Variablen, z. B. alle Jahreszeiten) mit Lösungen verglichen wird, bei der eine Variable (z. B. der Frühling) weggelassen wird. Je geringer die Änderungen in der Clusterstruktur, desto stabiler die Clusterlösung.

Wir demonstrieren die Funktion wieder mit den Patientendaten (*Pat_standard*) und wollen wissen, ob wir eine hierarchische Clusteranalyse (`"hierarchical"`) durchführen sollen, die K-Means (`"kmeans"`) oder die K-Medoid (`"pam"`) Methode anwenden sollen, oder ob doch ein partitionierendes Verfahren (`"diana"`) besser wäre. Zusätzlich gibt `clValid` (wie auch `NbClust`, siehe *Abschnitt 11.2.3*) die optimale Clusteranzahl mit aus. Wir legen von vornherein fest, dass uns nur interessiert, ob es zwei oder drei Cluster sein sollen. Als Ähnlichkeits-/Distanzmaß wählen wir die Voreinstellung, die euklidische Distanz (andere Optionen wären „correlation" und „manhattan"):

```
library(clValid)
Große_auswahl <-
  clValid(Pat_standard, nClust = 2:3,
          clMethods = c("hierarchical", "kmeans", "pam", "diana"),
          validation = c("internal", "stability"), neighbSize = 7)
```

8 Diese Funktion wurde offensichtlich von Biologen entwickelt, weil sie auch „biologische Validierungsmaße" (insbesondere für das Clustern von Genen) enthält, die unseres Erachtens in Psychologie und Sozialwissenschaften (noch) keine große Rolle spielen dürften.

Die „Nachbarschaftsgröße" (Argument neighbSize) ist notwendig für die Berechnung der Konnektivität. In unserem Beispiel mit insgesamt acht Patienten gibt es maximal sieben Nachbarn (die anderen Patienten). Die Funktion summary zeigt die Ergebnisse, wobei wir uns hier auf die Darstellung der „Optimal Scores", also die Empfehlung beschränken:

```
summary(Große_auswahl)

   Optimal Scores:
                Score  Method       Clusters
   APN          0.0000 hierarchical 2
   AD           0.6365 hierarchical 3
   ADM          0.0000 hierarchical 2
   FOM          0.3376 hierarchical 3
   Connectivity 3.5929 hierarchical 2
   Dunn         1.1105 hierarchical 2
   Silhouette   0.5620 hierarchical 3
```

Wir sehen, dass die Entscheidung für den Clusteralgorithmus eindeutig ist. In unserem Fall sollte eine (agglomerative) hierarchische Analyse durchgeführt werden. Darüber, ob eine Zwei- oder eine Drei-Cluster-Lösung optimal ist, sind sich die Indizes nicht einig. Die vier Stabilitätsindizes überhaupt nicht (APN und ADM sprechen für die Zwei-Cluster-Lösung, während AD und FOM eine Drei-Cluster-Lösung nahelegen) und bei den internen Maßen gibt es eine leichte Präferenz für die Zwei-Cluster-Lösung. Wenn wir allerdings das größte Vertrauen in die Silhouettenmethode hätten, würden wir uns für eine Drei-Cluster-Lösung entscheiden. Bei der Entscheidung über die optimale Clusteranzahl sind wir allerdings so weit wie vorher. An diesem Punkt können inhaltliche Erwägungen helfen. In unserem Beispiel ist Patient 8 so unterschiedlich zu den anderen, dass eine Drei-Cluster-Lösung wohl die angemessenere ist. Sie sehen also: Bei der Wahl der richtigen statistischen Methode ist nahezu immer ein gewisses Maß an subjektiver Entscheidung nötig.

Zusammenfassung

Wenn man Untersuchungsobjekte (Personen, andere Lebewesen oder Dinge) in Gruppen, Kategorien oder Cluster zusammenfassen und dabei die entsprechenden Werte in vielen (theoretisch fundierten) Variablen benutzen möchte, gibt es grafische und formale Verfahren. Der Einsatz grafischer Verfahren ist vor allem bei nicht zu vielen Untersuchungsobjekten sinnvoll. Wir zeigen in diesem Kapitel, wie man mithilfe von R entsprechende multivariate Plots erstellen kann: multivariate Barplots, Star-Plots, Segment-Plots und Chernoff-Gesichter. Danach illustrieren wir für repräsentative Ansätze der formalen Clusteranalyse – partitionierende und hierarchische Verfahren –, wie man zunächst die Ausgangsdaten aufbereitet, indem Ähnlichkeits- und Distanzmaße festgelegt und daraus entsprechende Matrizen erstellt werden. Wir demonstrieren die Berechnung von Clusterlösungen für zwei partitionierende Verfahren, K-Means und K-Medoid, sowie für eine Auswahl von hierarchisch agglomerativen Verfahren und der Diana-Methode, einem hierarchisch divisiven Verfahren. Darüber hinaus stellen wir verschiedene R-Funktionen vor, die es ermöglichen, eine Abschätzung über die optimale Anzahl von Clustern zu treffen, die Güte von Clusterlösungen zu bewerten und die Entscheidung über die Wahl eines geeigneten Verfahrens zu erleichtern.

Die R-Funktionen in diesem Kapitel

In diesem Kasten stellen wir Ihnen die Funktionen, die wir in diesem Kapitel benutzt haben, noch einmal zusammen. Dabei lassen wir aus Gründen der Überschaubarkeit die Argumente weg (die Argumente der jeweiligen Funktionen und deren mögliche Belegungen erhalten Sie immer durch die Eingabe von `?funktionsname`). Wenn Funktionen nicht aus dem Standard-R stammen (*base* Paket), dann werden sie zusammen mit dem Paket, aus dem sie stammen, aufgelistet (`Paket::Funktion`). Funktionen, die Sie bereits aus früheren Kapiteln kennen, sind hier weggelassen.

Funktion	Kurze Beschreibung
`cluster::agnes`	Berechnet agglomerative hierarchische Clusteranalysen
`as.hclust`	Wandelt Ergebnisse aus ausgewählten Clusteranalysen in `hclust` Objekte um
`dendextend::cor.dendlist`	Korreliert zwei Dendrogramme (benötigt speziellen Input, der mit den Funktionen `as.dendrogram` und `dendlist` erstellt wird)
`cutree`	Ermittelt Zugehörigkeit von Untersuchungsobjekten zu Clustern
`cluster::diana`	Führt eine divisive hierarchische Clusteranalyse durch
`clValid::clValid`	Berechnet mehrere Indizes zur Entscheidungsfindung für die Auswahl von Clusteralgorithmen und der optimalen Anzahl von Clustern
`dist`	Erstellt Distanzmatrizen aus ausgewählten Ähnlichkeits-/Distanzmaßen
`aplpack::faces`	Zeichnet Chernoff-Gesichter
`factoextra::fviz_dist`	Visualisiert Distanzmatrizen
`factoextra::get_dist`	Erstellt Distanzmatrizen für ausgewählte Ähnlichkeits-/Distanzmaße
`hclust`	Führt (agglomerative) hierarchische Clusteranalysen durch
`kmeans`	Führt K-Means Clusteranalysen durch
`NbClust::NbClust`	Berechnet Indizes zur Auswahl der optimalen Anzahl von Clustern für ausgewählte Verfahren
`cluster::pam`	Führt partitionierende Clusteranalysen durch
`fpc::pamk`	Führt partitionierende Clusteranalysen durch und findet dabei die optimale Anzahl von Clustern
`stars`	Zeichnet Star-Plots (inklusive Segment-Plots)
`t`	Transponiert Datenmatrizen (Zeilen werden Spalten und Spalten werden Zeilen)
`dendextend::tanglegram`	Erstellt „back-to-back" Dendrogramme zum Vergleich zweier clusteranalytischer Lösungen

Tabelle 11.1: Nützliche Funktionen für Clusteranalysen

Ergänzende und weiterführende Literatur

Kaufman, L. and Rousseeuw, P.J. (1990). *Finding groups in data: An introduction to cluster analysis.* New York: Wiley.

(Gut verständliches Einführungsbuch in die Clusteranalyse und die Basis für das `cluster` *Paket)*

Kassambara, A. (2017). *Practical guide to cluster analysis in R.* STHDA (*http://sthda.com*)

(Wie der Titel sagt)

Kapitel 8 in Backhaus, K., Erichson, B., Plinke, W., & Weiber, R. (2018). *Multivariate Analysemethoden: Eine anwendungsorientierte Einführung* (15. Aufl.) (S. 434–495). Berlin: Springer.

(Kurze Einführung in die Clusteranalyse)

Literaturverzeichnis

Adler, D., & Kelly S. T. (2020). vioplot: violin plot. R package version 0.3.5. *https://github.com/TomKellyGenetics/vioplot*

Adler, D., Murdoch, D., and others (2020). rgl: 3D Visualization Using OpenGL. R package version 0.100.54. *https://CRAN.R-project.org/package=rgl*

Afshartous, D., & Preston, R. A. (2011). Key results of interaction models with centering. *Journal of Statistics Education, 19*(3). *https://doi.org/10.1080/10691898.2011.11889620.*

Anscombe, F. J. (1973). Graphs in statistical analysis. *American Statistician, 27*, 17–21.

Backhaus, K., Erichson, B., Plinke W., & Weiber, R. (2018). *Multivariate Analysemethoden: Eine anwendungsorientierte Einführung (*15. Aufl.). Berlin: Springer.

Bakeman, R. (2005). Recommended effect size statistics for repeated measures designs. *Behavior Research Methods, 37*(3), 379–384.

Bao, K. J., & Schreer, G. (2016). Pets and happiness: Examining the association between pet ownership and wellbeing. *Anthrozoös, 29*(2), 283–296.

Behrendt, S. (2014). lm.beta: Add standardized regression coefficients to lm-objects. R package version 1.5-1. *https://CRAN.R-project.org/package=lm.beta*

Bentler, P. M. & Kano, P. (1990). On the equivalence of factors and components. *Multivariate Behavioral Research, 25*, 67-74.

Ben-Shachar, M. S., Lüdecke, D., & Makowski, D. (2020). effectsize: Estimation of Effect Size Indices and Bortz, J., & Schuster, C. (2010). *Statistik für Human- und Sozialwissenschaftler* (7. Aufl.). Berlin: Springer.

Brock, G., Pihur, V., Datta, S. and Datta, S. (2008). clValid: An R Package for cluster validation. *Journal of Statistical Software, 25*(4). *http://www.jstatsoft.org/v25/i04.*

Brock, G., Pihur, V., Datta, S. and Datta, S. (2020). clValid: Validation of clustering results. *https://cran.r-project.org/web/packages/clValid/index.html*

Brown, N. R., & Siegler, R. S. (1993). Metrics and mappings: A framework for understanding real-world quantitative estimation. *Psychological Review, 100*, 511–534.

Bruce, P., & Bruce, A. (2017). *Practical statistics for data scientists.* O'Reilly Media.

Burkhardt, M. (2019). Formale Modelle zur Verarbeitung und Schätzung von Auftretenshäufigkeiten. *https://nbn-resolving.org/urn:nbn:de:bsz:ch1-qucosa2-330976*

Burkhardt, M., Titz, J., & Sedlmeier, P. (2022). *Datenanalyse mit R: Fortgeschrittene Verfahren.* Hallbergmoos: Pearson.

Burkhardt, M., & Titz, J. (2020). cofad: Contrast analysis for factorial designs. R package version 0.1.1. *https://CRAN.R-project.org/package=cofad*

Champely, S. (2020). pwr: Basic Functions for Power Analysis. R package version 1.3-0. *https://CRAN.R-project.org/package=pwr*

Charrad, M. Ghazzali, N., Boiteau, V., & Niknafs, A. (2014). NbClust: An R package for determining the relevant number of clusters in a data set. *Journal of Statistical Software*, 61, 1-36. *http://www.jstatsoft.org/v61/i06/*

Chatterjee, S. & Hadi, A. S. (2012). *Regression analysis by example* (5th ed). Hoboken: Wiley.

Chernoff, H. (1973). The use of faces to represent statistical association. *JASA, 68*, 361–368.

Cleveland, W., S. (1979). Robust locally weighted regression and smoothing scatterplots. *Journal of the American Statistical Association, 74*, 829–836.

Cleveland, W. S., & Devlin, S. J. (1988). Locally-weighted regression: An approach to regression analysis by local fitting. *Journal of the American Statistical Association, 83*, 596–610.

Cohen, J. (1988). *Statistical power analysis for the behavioral sciences* (2nd ed.). Hillsdale, NJ: Lawrence Erlbaum Associates.

Cohen, J. (1992). A power primer. *Psychological Bulletin, 112*, 155–159.

Cohen, J., Cohen, P., West, S.G. and Aiken, L.S. (2013). *Applied Multiple Regression/Correlation Analysis for the Behavioral Science.* New York: Routledge.

Cook, R. D., & Weisberg, S. (1982). *Residuals and influence in regression.* New York: Chapman & Hall.

Cumming, G. (2012). *Understanding the new statistics: Effect sizes, confidence intervals, and meta-analysis.* New York: Routledge.

Deshpande, J. V., Naik-Nimblakar, U., & Dewan, I. (2018). *Nonparametric statistics: Theory and methods.* New Jersey: World Scientific.

Fabrigar, L. R., Wegener, D. T., MacCallum, R. C. & Strahan, E. J. (1999). Evaluating the use of exploratory factor analysis in psychological research. *Psychological Methods, 4*, 272–299.

Fox, J. & Weisberg, S. (2019). *An R Companion to applied regression* (3rd ed). Thousand Oaks CA: Sage.

Friendly, M. (2002). Corrgrams: Exploratory displays for correlation matrices. *The American Statistician, 56*, 316–324.

Furr, R. M. (2004). Interpreting effect sizes in contrast analysis. *Understanding statistics, 3*(1), 1–25. *https://doi.org/10.1207/s15328031us0301_1*

Galili, T. (2015). dendextend: an R package for visualizing, adjusting, and comparing trees of hierarchical clustering. *Bioinformatics, 31*, 3718–3720.

Galili, R. (2020). Introduction to dendextend. *https://cran.r-project.org/web/packages/dendextend/vignettes/dendextend.html*

Gigerenzer, G. (1981). *Messung und Modellbildung in der Psychologie.* München: Reinhardt.

Harrell, F. E. et al. (2020). Hmisc: Harrell Miscellaneous. R package version 4.4-2. *https://CRAN.R-project.org/package=Hmisc*

Hartigan, J. A. and Wong, M. A. (1979). Algorithm AS 136: A K-means clustering algorithm. *Applied Statistics, 28*, 100–108.

Hayton, J. C., Allen, D. G., & Scarpello, V. (2004). Factor retention decisions in exploratory factor analysis: A tutorial on parallel analysis. *Organizational Research Methods, 7*(2), 191–205.

Hebbali, S. (2020). olsrr: Tools for building OLS regression models. *https://cran.r-project.org/web/packages/olsrr/index.html*

Hennig, C. (2020). fpc: Flexible procedure for clustering. *https://cran.r-project.org/web/packages/fpc/index.html*

Hofmann, R. C. (1978). Complexity and simplicity as objective indices of descriptive of factor solutions. *Multivariate Behavioral Research, 13*, 247–250.

Hollander, M., Wolfe, D. A., & Chicken, E. (2014). *Nonparametric statistical methods* (3rd ed). Hoboken: Wiley.

Hubert L.J., & Arabie, P. (1985). Comparing partitions. *Journal of Classification, 2*, 193–218.

Hyndman, R. J., & Fan, Y. (1996). Sample quantiles in statistical packages. *American Statistician, 50*, 361–365.

Iacobucci, D., Schneider, M. J., Popovich, D. L., & Bakamitsos, G. A. (2017). Mean centering, multicollinearity, and moderators in multiple regression: The reconciliation redux. *Behavior Research Methods, 49*, 403–404.

Jaccard, J. & Turrisi, R. (2003*). Interaction effects in multiple regression* (2nd ed). Thousand Oaks: Sage.

JASP Team (2020). JASP (Version 0.14.1) [Computer software]. *https://jasp-stats.org/*

Jolliffe, I., T. (2002). *Principal component analysis.* (2nd ed). New York: Springer.

Kaufman, L. and Rousseeuw, P.J. (1990). *Finding groups in data: An introduction to cluster analysis.* New York: Wiley.

Kassambara, A., & Mundt, F. (2020). factoextra: Extract and visualize the results of multivariate data analyses. R package version 1.0.7. *https://CRAN.R-project.org/package=factoextra*

Keith, T. U. (2019). *Multiple regression and beyond* (3rd ed). New York: Routledge.

Kelley, K. (2017). MBESS (Version 4.0.0 and higher) [computer software and manual]. Accessible from *http://cran.r-project.org*

Kim, S. (2015). ppcor: Partial and semi-partial (part) correlation. R package version 1.1. *https://CRAN.R-project.org/package=ppcor*

Lakens, D., & Caldwell, A. R. (2021). Simulation-based power analysis for factorial analysis of variance designs. *Advances in Methods and Practices in Psychological Science*, 4, 1-14.

Langsrud, Ø. (2003). ANOVA for unbalanced data: Use Type II instead of Type III sums of squares. *Statistics and Computing, 13*(2), 163–167.

Lawrence, M. A. (2016). ez: Easy analysis and visualization of factorial eperiments. R package version 4.4-0. *https://CRAN.R-project.org/package=ez*

Lebart, L., Morineau, A., Piron, M, (2000). *Statistique exploratoire multidimensionnelle.* Paris: Dunod.

Lemon, J. (2006) Plotrix: a package in the red light district of R. *R-News, 6(4)*, 8–12.

Levene, H (1960) Robust tests for equality of variances. In: I. Olkin, et al (Eds). *Contributions to probability and statistics. Essays in honor of Harold Hotelling* (pp. 278–292). Stanford: Stanford University Press.

Maechler, M., Rousseeuw, P., Struyf, A., Hubert, M., Hornik, K. (2021). cluster: Cluster analysis basics and extensions. R package version 2.1.2. *https://CRAN.R-project.org/package=cluster*

Mair, P., Groenen, P. J., & de Leeuw, J. (in press). More on multidimensional scaling and unfolding in R: smacof version 2. *Journal of Statistical Software. https://cran.r-project.org/web/packages/smacof/vignettes/smacof.pdf*

Mauchly, J. W. (1940). Significance test for sphericity of a normal n-variate distribution. *The Annals of Mathematical Statistics, 11*(2), 204–209.

Moosbrugger, H., & Hartig, J. (2002). Factor analysis in personality research: Some artefacts and their consequences for psychological assessment. *Psychologische Beiträge, 44*, 136–158.

Nesterko, Y., & Glaesmer, H. (2019). Warum fragen wir nicht direkt nach? *Psychologische Rundschau, 70*, 101–108.

Neyman, J. (1950). *First course in probability and statistics.* New York: Henry Holt & Company.

Pedersen, W. C., Miller, L. C., Putcha-Bhagavatula, A. D., & Yang, Y. (2002). Evolved sex differences in the number of partners desired? The long and the short of it. *Psychological Science, 13*, 157–161.

Pingitore, R., Dugoni, B. L., Tindale, R. S., & Spring, B. (1994). Bias against overweight job applicants in a simulated employment interview. *Journal of Applied Psychology, 79*(6), 909-917.

Revelle, W. (2019). psych: Procedures for Psychological, Psychometric, and Personality Research. Northwestern University, Evanston, Illinois. R package version 1.9.12. *https://CRAN.R-project.org/package=psych*

Rosenthal, R., Rosnow, R. L., & Rubin, D. B. (2000). *Contrasts and effect sizes in behavioral research: A correlational approach.* Cambridge: Cambridge University Press.

Rosenthal, R., & Rubin, D. B. (2003). $r_{equivalent}$: A simple effect size indicator. *Psychological Methods, 8*, 492–496.

Rousseeuw, P. J. (1987). Silhouettes: a graphical aid to the interpretation and validation of cluster analysis. *Computational and Applied Mathematics, 20*, 53–65.

RStudio Team (2020). RStudio: Integrated Development for R. RStudio, PBC, Boston, MA URL *http://www.rstudio.com/.*

Schäfer, T., & Schwarz, M. A . (2019). The meaningfulness of effect sizes in psychological research: Differences between sub-disciplines and the impact of potential biases. *Frontiers in Psychology.* 10:813. *doi: 10.3389/fpsyg.2019.00813*

Sedlmeier, P., & Renkewitz, F. (2018). Sedlmeier, P. & Renkewitz, F. (2018). *Forschungsmethoden und Statistik: Ein Lehrbuch für Psychologen und Sozialwissenschaftler* (3. überarbeitete und erweiterte Auflage). Hallbergmoos: Pearson

Shapiro, S. S., & Wilk, M. B. (1965). An analysis of variance test for normality (complete samples). *Biometrika, 52*(3/4), 591–611.

Siegel, S. (1957). Nonparametric statistics. *The American Statistician, 11*, 13–19.

Signorell, A. et mult. al. (2021). DescTools: Tools for descriptive statistics. R package version 0.99.40. *https://cran.r-project.org/package=DescTools*

Snook, S. C. & Gorsuch, R. L. (1989). Component analysis versus common factor analysis: A Monte Carlo study. *Psychological Bulletin, 106*, 148–154.

Stanley, D. J., & Spence, J. R. (2018). apaTables [computer software and manual]. *https://cran.r-project.org/web/packages/apaTables/vignettes/apaTables.html*

The jamovi project (2021). jamovi (Version 1.6) [Computer Software]. *https://www.jamovi.org*

Theodoridis, S. & Koutroumbas, K. (2003). *Pattern recognition* (2nd ed). Amsterdam: Academic Press.

Tingley, D., Yamamoto, T., Hirose, K., Imai, K. and Keele, L. (2014). mediation: R package for causal mediation analysis. *Journal of Statistical Software, 59*, 1–38.

Titz, J. (2020). mimosa: A modern graphical user interface for 2-level mixed models. *Journal of Open Source Software, 5*, 2116.

Tufte, E. R. (2001). *The visual display of quantitative information (2nd ed).* Cheshire: Graphics Press.

Tukey, J. W. (1977). *Exploratory data analysis.* Reading, MA: Addison Wesley.

Verzani, J. (2005). *Using R for introductory statistics.* Boca Raton: Chapman & Hall

Wei, T., & Simko, V. (2017). R package "corrplot": Visualization of a correlation matrix (Version 0.84). Available from *https://github.com/taiyun/corrplot*

Welch, B. L. (1938). The significance of the difference between two means when the population variances are unequal. *Biometrika, 29*, 350-362.

Wickham, H., & Grolemund, G. (2017). *R for data science: Import, tidy, transform, visualize and model data.* O'Reilly. *https://r4ds.had.co.nz/*

Wickham, H., & Hester, J. (2020). readr: Read Rectangular Text Data. R package version 1.4.0. *https://CRAN.R-project.org/package=readr*

Wiedenbeck, M., & Zull, C. (2010). Clusteranalyse. In. C. Wolf & H. Best (Hg.). *Handbuch der sozialwissenschaftlichen Datenanalyse* (S. 525–552). Wiesbaden: VS Verlag für Sozialwissenschaften.

Wolf, H. (2019). aplpack: Another plot package (version 190512). *https://cran.r-project.org/package=aplpack*

Wright, K. (2018). corrgram: Plot a correlogram. R package version 1.13. *https://CRAN.R-project.org/package=corrgram*

Index

A

Abbildungen
- Achsenbeschriftungen 123
- Aufteilung der Zeichenfläche 109
- Legende 123

Alphafehler-Kumulierung 194
Arbeitsverzeichnis 28
Argumente in R 18
Assoziationsplot 95
Ausreißer 48, 54, 62, 79, 82, 84, 118, 254

B

Balkendiagramm
- multivariat 298

Binomialverteilung 140
Bonferroni-Korrektur 194
Boxplot 53

C

Chernoff-Gesichter 301
Chi-quadrat
- Anpassungstest 232
- Unabhängigkeitstest 233

Clusteralgorithmen
- Average Linkage 311
- Complete Linkage 311
- hierarchisch agglomerativ 311
- hierarchisch divisiv 313
- K-Means 309
- K-Medoid 317
- partitionierende Verfahren 308
- Single Linkage 311
- Ward Methode 311, 323

Clusteranalyse
- Abstandsmaße 305
- Ähnlichkeitsmaße 303
- Banner Plot 314
- Dendrogramm 311
- Vergleich von Dendrogrammen 330

Clusteranzahl bestimmen
- algorithmische Ansätze 314
- Silhouetten-Methode 318

Console 14
Cook'sche Distanz 250

D

Daten löschen in R 22
Datensatz
- *csv*-Format 28
- einlesen in R 28
- Einlesen mit Editor 30
- erzeugen 21
- *txt*-Format 28
- Variablen adressieren 22

Density Plot 143
Dichtefunktion 47
Dummy-Variable 255

E

Eckige Klammern in R 19, 23
Effektgröße
- abhängige Messungen 183
- Cohen's f^2 196
- f 205
- f^2 251
- g 223
- generalisiertes Eta-quadrat 198
- h 231
- (partielles) Eta-quadrat 195
- $r_{alerting}$ 215
- $r_{contrast}$ 215
- $r_{effectsize}$ 214
- w 233

F

Faktorenanalyse
- Hauptachsenmethode (PFA) 289
- Hauptkomponentenmethode (PCA) 283
- Rotation 287
- Unterschied zwischen PCA und PFA 282

Faktorenextraktion
- Kaiser-Kriterium 285
- Parallel-Analyse 285
- Scree-Test 285

FALSE 16
Fehlende Werte in R 25
Fehlerbalken 42
Five-Number-Summary 50
Freiheitsgrade 143
Funktionen erstellen in R 40
Funktionen in R 18

G

Gesetz der großen Zahlen 145
  bei Anteilen 148
  bei Mittelwerten 149
Größendiagram
  (sizeplot) 81
Grundgesamtheit 136

H

Häufigkeitstabelle 58
  Anteile 60
  Randsummen 59
  zweidimensional 59
Hilfe-Funktion in R 177
Histogramm 43, 143
  zweiseitig 179
Homoskedastizität 249

I

Index in R 19, 23

K

Kollinearität 264
Konfidenzintervall 136, 153
  für Anteile 157
  für Mittelwerte 159
Kontingenztafel 96
Kontrastanalyse
  Vorteile 212
Kontrastgewichte 212, 215
Korrelation
  Cramer's V 96
  Kendall's Tau 92
  Partialkorrelation 88
  Phi-Koeffizient 95
  Produkt-Moment Korrelationskoeffizient 75
  Rangbindungen 93
  Spearman's Rho 92
Korrelogramm 279
Kovarianzanalyse 204
  mittels Regression 256
Kruskal-Wallis-Test 240
Kurvilineare Zusammenhänge 127

L

Lagemaße 38
  arithmetisches Mittel 39
  getrimmtes arithmetisches Mittel 62
  gewichtetes arithmetisches Mittel 61
  Median 48, 49
  Modalwert 58
Legende zeichnen 60
Leverage 250
Loess 124
long-Format 186, 189
Lowess 124, 130

M

Mann-Whitney U-Test 236
Mediatoranalyse 272
  Diagramm 273
Minkowski-Metrik 305
Moderatoranalyse
  grafische Veranschaulichung 269
Mosaikplot 97
Multipler Determinationskoeffizient 247
  adjustiert 247

P

Paket
  Installation 26
  Update 27
Pakete in R 26
Partialkorrelation 115
Population siehe Grundgesamtheit 136
Populationskennwert 137
Post-hoc-Tests 193
Potenzleiter 127, 130
Poweranalyse
  Anteile 231
  Chi-quadrat Tests 233
  für Mittelwerte 164, 167
  für Mittelwertsunterschiede 184
  Varianzanalyse 205

Q

Q-Q Plot 249
Quantilplot 90
Quartil 49

R

R
  Hilfe-Datei 19
  installieren 14
  Listen 23
  Matrizen 23

R-Code
  evaluieren 21
R-Datentypen
  character 20
  data.frame 21
  factor 20
  logische Werte 16
  numerische Werte 15
  Operatoren 17, 18
  Zeichenketten 16
Regression
  Determinationskoeffizient 105, 108
  Kleinste-Quadrate-Lösung 105
  Konstante 105
  Prädiktor 105
  Regressionsgerade 105
  Regressionskoeffizient 105
  Residualwerte 105, 108, 115
  standardisierter Koeffizient 113
  Standardschätzfehler 105, 108
Residualplot 114, 248
R-Projekt 14
R-Script 15
RStudio 13
  Console 15
  installieren 14
  Project erstellen 14
  R-Script erstellen 15
  Workspace 15
Runde Klammern in R 18

S

Segment-Plot 300
Signifikanztest 136
  für Anteile 166
  für Mittelwerte 167
Signifikanztest für Anteile
  mit vorgegebenem Wert vergleichen 229
  zwei Anteile vergleichen 230
Signifikanztest für Mittelwertsunterschiede
  abhängige Messungen 181
  zwei unabhängige Gruppen 176
Sonnenblumendiagramm 79
Spaltennamen in R 22
Stamm-Blatt-Diagramm 51
  zweiseitig 53, 187
Standardnormalverteilung 64
Star-Plot 300
Stichprobenverteilung 137
  empirische 139, 142
  für Anteile 137
  für Mittelwerte 141, 162
  theoretische 140
Streuungsdiagramm 73, 82
  mit Boxplots 78
Streuungsdiagramm-Matrix 83
Streuungsmaße 38
  Interquartilsabstand 49
  mittlere absolute Abweichung 63
  Spannweite oder Range 50
  Standardabweichung 39
  Varianz 39

T

Test auf Sphärizität 202
TRUE 16
Tukey-HSD 194
t-Verteilung 143

V

Varianzanalyse
  Einfaktorielle 188
  für abhängige Messungen 197, 202
  gemischtes Design 204
  Interaktion 192
  Mehrfaktorielle 190
Vierfeldertafel 95
Violinplot 182

W

wide-Format 186
Wilcoxon-Vorzeichen-Rang-Test 238
Workspace 14

Z

Zeilennamen in R 22
Zentraler Grenzwertsatz 145, 151
Zentrieren von Prädiktoren 263
Zufallsstichprobe 138
Zusammenhang
  linear 72
  nichtlinear 82, 124
Zuweisungsoperator 17
Zuweisungsoperator in R 19
z-Verteilung siehe Standardnormalverteilung 64
z-Wert 64

PSYCHOLOGIE

ps psychologie

Peter Sedlmeier
Frank Renkewitz

Forschungsmethoden und Statistik für Psychologen und Sozialwissenschaftler

3., aktualisierte und erweiterte Auflage
ISBN 978-3-86894-321-4
49.95 EUR [D], 49.95 EUR [A], 58.40 sFr*
1120 Seiten

*unverbindliche Preisempfehlung

Forschungsmethoden und Statistik für Psychologen und Sozialwissenschaftler

BESONDERHEITEN

Das beliebte und häufig eingesetzte Lehrbuch bietet eine umfassende und verständliche Einführung in alle wichtigen Grundlagen der psychologischen und sozialwissenschaftlichen Forschungsmethodik. Auf die Bedürfnisse von Studierenden angepasst, werden Konzepte und Verfahren möglichst intuitiv und anhand zahlreicher einprägsamer Beispiele aus dem Forschungsalltag erklärt ohne dabei an Präzision einzubüßen. Eine klare Sprache und viele einprägsame Beispiele unterstützen den Lernprozess.

EXTRAS ONLINE

Für Dozierende:

- Folien mit Abbildungen und Tabellen des Buchs für den Einsatz in der Lehre

Für Studierende:

- Übungsaufgaben mit Lösungen

Pearson

http://www.pearson.de/4321